Zu diesem Buch »Die Tatsachen sprechen für sich. Aber es ist kaum etwas zu verstehen.« Das, in der Tat, ist die Außenansicht der »dritten Industriellen Revolution«, die heute die Schlagzeilen, die Kongreßthemen und die Strategien der Forschungs-, Wirtschafts- und Technologiepolitik bestimmt. Aber sie beeinflußt auch unseren Alltag: die Welt, in der wir leben. Noch sind die Auswirkungen der neuen Wissenschafts- und Technologieentwicklungen erst unzureichend zu erkennen. Denn für sie ist charakteristisch, daß sie in Institutionen vorangetrieben werden, die gegen die Öffentlichkeit abgeschottet sind: in Laboratorien, in »Denkfabriken«, in informellen Gremien, in den Planungsbüros der Großen Industrie (und längst nicht mehr im staatlichen Sektor). Bevor sich die künftige Wirklichkeit mitsamt ihrer politischen, ökonomischen und gesellschaftlichen Rationalität in »harten Tatsachen« manifestiert, ist sie auf eine zugleich planvolle und blindwirkende Weise gemacht worden. Tat-Sachen zu schaffen ist damit zu einem Vorgang geworden, in den Wissenschaften in vielfältiger Weise einbezogen sind.

Die Studie von Lothar Hack befaßt sich mit diesem teilweise bewußten und planvollen Einsatz von Wissenschaft und technologischen Systemen (von der Elektronik bis zur Großchemie, von der Ausbildung neuer Wissensformen bis zur »Industrialisierung immaterieller Produktionsprozesse«). Gestützt auf ein reichhaltiges Datenmaterial, untersucht er die mit dem »neuen Industrialisierungsschub« verknüpften Macht- und Steuerungsinteressen, und zwar vor Vollendung der Tatsachen.

Der Autor Lothar Hack, Privatdozent am Fachbereich Gesellschaftswissenschaften der Johann Wolfgang Goethe-Universität in Frankfurt/M., leitet zur Zeit ein Forschungsprojekt (DFG) über »Frühe Formen der Forschungsplanung (Industrieforschung)«.

Publikationen: *Subjektivität im Alltagsleben* (1977); *Leistung und Herrschaft* (1979); *Die Wirklichkeit, die Wissen schafft* (1985). Aufsätze in fachwissenschaftlichen und politischen Zeitschriften, Jahrbüchern etc.

Lothar Hack

Vor Vollendung der Tatsachen

Die Rolle von
Wissenschaft und Technologie
in der dritten Phase
der Industriellen Revolution

Fischer Taschenbuch Verlag

Originalausgabe
Veröffentlicht im Fischer Taschenbuch Verlag GmbH,
Frankfurt am Main, März 1988

Umschlaggestaltung: Jan Buchholz/Reni Hinsch
Gesamtherstellung: Clausen & Bosse, Leck
Printed in Germany
ISBN 3-596-26564-9

Inhalt

Vorbemerkung 9

Einleitung: Die dritte Phase der Industriellen Revolution ist keine »technische Revolution« 15

1. Vom kurzen Ende der »nachindustriellen Gesellschaft« . . 18
2. Vorlauf: Was ist revolutionär an industriellen Revolutionen? 28
3. Warum erst jetzt oder Was ist neu an der dritten Phase der Industriellen Revolution? 34
4. Ablauf: Es gibt keine einfache »Entwicklungslogik« des Industriesystems 44
5. Herausforderungen an die Soziologie 47

I. Komplexität der Organisation:
Konstruktionen des forschungspolitischen Dreiecks

1. Elektronische Fruchtbarkeitsriten 55
2. Organisierte Undurchsichtigkeit: das forschungspolitische Bermuda-Dreieck 59
   a) Empirische und analytische Differenzierungen des Wissenschaftssystems 62
   b) Die spezifischen Funktionen der transnational organisierten Industrieforschung 68
   c) Funktion der Innovation bzw. der Erneuerung des wissenschaftlichen Wissens 71
3. »Structure follows strategy«. Dimensionen des Politischen 78
   a) Tatsachenfeststellungen 79
   b) Gesellschaftliche Formen und Mechanismen der Forschungsplanung 86

II. Die gesellschaftliche Erzeugung von Sachzwängen

Formen und Mechanismen der Forschungspolitik in der Bundesrepublik Deutschland

1. Verfallszeiten. Der Kampf um die Wissenschaft 97
a) Industrie- und Forschungspolitik der Alliierten 100
b) »Ohne Forschung stirbt die Wirtschaft« 108
c) Anfänge einer gesellschaftlich und politisch koordinierten »Forschungspolitik« 111
d) Auswirkungen internationaler Entwicklungen auf die westdeutsche Forschungspolitik 119
2. Gestaltung realitätsmächtiger Konstruktionen 128
a) Ausgangsbedingungen 128
b) Der zügige Wiederaufbau industrieller Forschungseinrichtungen, das Beispiel der Großchemie 131
c) Wissenschaftsinstitutionen im Wandel 140
3. Rationalisierung der »Sachzwänge« durch eine entgeisterte Wissenschaft 156
a) Wissenschaftliche Lebenswelt, frühzeitig kolonialisiert 156
b) Eigene Legislative für Sachgesetzlichkeiten 159

III. Organisation der Komplexität

Zum gesellschaftlichen Prozeß der Erzeugung wissenschaftlicher Tatsachen und technologischer Artefakte

1. Macht schafft Tatsachen. Aber wann und wie? 165
a) Muß man der Technik folgen? 168
b) Dunkles Gestalten 172
c) Industriegeschichtliche Re-Konstruktionen 179
Exkurs ins kulturelle Milieu: Indizien vergangener Untaten, symbolisches Aus-Handeln von Tat-Sachen 189
2. Der »weiche Bauch der Wissenschaft«: Innenansichten der Wissenschafts- und Technologieproduktion 194
a) Die soziale Konstruktion wissenschaftlicher Tatsachen 195
b) Was man mit Denkfabriken machen kann 203
3. Zweierlei Muß und Maß: Macht braucht Wissen, Macht schafft Wissenschaft 211

a) Handhabungssysteme großindustrieller Wissensformen 211
b) Einerlei oder zweierlei soziale Tatsachen 214

IV. Mechanismen und Formen der Erzeugung von Irreversibilität und Reversibilität

1. Veränderungen im Zugriff der industriellen Wissensformen 219
2. Bearbeitung der Zeit: Antizipation, Simulation, Reversibilität 227
3. Umgang mit der normativen Kraft des Faktischen 233

Anmerkungen 239

Literaturverzeichnis 280

Bildnachweis 304

Register
Personenregister 305
Sachregister 312
Verzeichnis der Institutionen und Organisationen 315

Vorbemerkung

Nichts ist so konkret wie das neue Auto vor der Tür oder der gut bestückte Kühlschrank in der Küche. Nichts ist hand-greiflicher als der Telephonapparat und die Fernbedienung des TV-Gerätes. Ohne nachzudenken, kann man begreifen, daß sie da sind und wozu sie da sind, jedenfalls solange sie funktionieren.

Etwas komplizierter wird die Sache schon bei der Drehbank oder dem kompakten Bearbeitungszentrum in der Fabrikation und der Schreibmaschine, dem Multifunktionsterminal oder dem Scanner im Büro: die funktionsgerechte Bedienung muß gelernt werden; es braucht oft langjährige Erfahrung, bis man die Alltagsroutinen beherrscht. Aber auch hier vertreibt die physische Präsenz der technischen Artefakte alle überflüssigen metaphysischen Fragen. Solche technischen Produkte sind Tatsachen. Man kann an ihnen rütteln und schrauben, aber ihre Existenz läßt sich nicht bestreiten.

Zu überlegen bleibt bestenfalls, welche *Folgen* es hat, wenn nahezu jeder Haushalt mit einem Telephonapparat ausgestattet ist; und man mag die Konsequenzen analysieren, die neue Sachinvestitionen in Fabrik und Büro für die Arbeit der Beschäftigten haben. Aber daß investiert werden muß, liegt in der Logik der Sache. Schließlich ist die verschärfte Weltmarktkonkurrenz eine Tatsache. Und wer nicht in der Lage ist, Tatsachen als solche anzuerkennen, kann gar nicht mitreden.

Schließlich ist es auch eine unbestreitbare Tatsache, daß die Entwicklung neuer Techniken und komplexer Technologien die sozialen und politischen Lebensbedingungen der Menschen immer stärker bestimmt. Energieversorgungssysteme und Datennetze, Nachrichtensatelliten und Textverarbeitungssysteme, rechnergesteuerte Verkehrsführung und Lichtsatzverfahren belegen diese allgemeine Tendenz hinlänglich. An allen diesen Bereichen aber läßt sich zugleich zeigen, daß die Technologieentwicklung ihrerseits immer verbindlicher durch Wissenschaft bzw. durch vorgängige Forschungsarbeit bestimmt und angeleitet wird.

Die allgemein verbreitete Vorstellung ist, daß die wissenschaftlich-technologische Entwicklung ihrer eigenen Logik folgt und von wissenschafts- und forschungspolitischen Entscheidungen inhaltlich nicht beeinflußt, sondern nur gefördert oder gehemmt werden kann, je nachdem, wohin die finanziellen Mittel gelenkt werden. Dieses Interpretationsmuster ist tatsächlich vorzüglich geeignet, die realen Prozesse der wissenschaftlichen und technologischen Entwicklung abzudecken, indem es sie den Blicken der Öffentlichkeit und der Aufmerksamkeit der wissenschaftlichen Interpreten entzieht.

Bei genauerer Betrachtung zeigt sich, daß Wissenschafts-, Forschungs- und Technologie*politik* keineswegs primär eine Angelegenheit des staatlich-administrativen Bereichs ist, sondern in wesentlichen Zügen von den großen Industrieunternehmen, den wissenschaftlich-technischen Verbänden und anderen gesellschaftlichen Institutionen definiert wird, die über die besten Kompetenzen und Ressourcen auf diesem Gebiet verfügen (s. Teil I). Die Verfügung über die Forschungspotentiale ist zugleich eine reale Grundlage der gesellschaftlichen Auseinandersetzung, eine *Machtquelle* ersten Ranges; das zeigt sich vor allem in gesellschaftlichen und politischen Umbruchsituationen, in denen die institutionellen Regulative der weiteren Entwicklungen neu eingestellt werden (s. Teil II).

Beachtet man diese Prozeduren und Mechanismen, so zeigt sich, daß die »Sachzwänge«, die in den wissenschaftlich-technologischen Konstrukten enthalten sind, zuvor in diese eingebaut worden sind, manchmal absichtsvoll und planmäßig, öfter gedankenlos und blindwütig. Die Ergebnisse der organisierten Arbeit von Naturwissenschaftlern, Ingenieuren, Technikern etc. sind Tat-Sachen, in die gleichzeitig theoretisches Wissen, technische Regeln und gesellschaftliche Bewertungen eingegangen sind. Die entscheidende Frage muß deshalb sein zu klären, *wie diese Tatsachen gemacht* worden sind (s. Teil III), nach welchen Kriterien und Interessen sich die Produktion neuer Technologien richtet und wie die wissenschaftlichen Tatsachen zustande kommen, die den technologischen Produktionsprozessen zugrunde liegen. Im Verlaufe dieser Interpretationen zeigt sich, daß es ein Bestandteil des Erzeugungsprozesses ist, dem ganzen Vorgang den Anstrich zu geben, mit der Vollendung der Tatsachen könne man ein für allemal vergessen, wie sie zustande gekommen sind. Zu diesem Anschein tragen nicht zuletzt die verschüchterten Interpretationen bei, die sich nach dem Muster »Technik und soziale Folgen« immer schon vor vollendete Tatsachen gestellt sehen und sich ganz auf die Bewältigung sozialer Abfallprobleme abdrängen lassen.

Die Funktionalisierung von naturwissenschaftlicher Forschung auf technologische Entwicklungen und industrielle Produktionsprozesse begründet die strategische Bedeutung von Forschungsorganisationen, Denkfabriken und Wissenschaftsindustrien, wenn es darum geht, Zukunftsgestaltung durch vorgezogene Konstruktion unwiderruflicher Tatsachen zu betreiben. Die Bearbeitung der zeitlichen Strukturen der Gesellschaft wird zum Instrument gesellschaftlicher Auseinandersetzungen, wie die teilweise atemraubenden Prozesse der Beschleunigung der wissenschaftlich-technologischen Entwicklung zeigen (s. Teil IV). Die Verfügung über die wissenschaftlichen Methoden und Verfahren und die technologischen Konzepte und Apparaturen ist hierfür unerläßlich.

Entgegen den ideologischen Interpretationen, die daraus einen Weg in die »Wissensgesellschaft«, »Informationsgesellschaft«, »Wissenschaftsgesellschaft« oder sonstige Formen der »nachindustriellen Gesellschaft« konstruieren wollen, erweist eine genauere Analyse der Tatsachen und ihrer Strukturzusammenhänge aber, daß es sich hierbei nur um eine neue Phase der Industrialisierung handelt, die allerdings zu einer beträchtlich *veränderten Form der Industriegesellschaft* führen wird. Allerorten ist denn auch die Rede von einer »neuen Industriellen Revolution«, wobei es nahezu beliebig zu sein scheint, ob man dabei von einer zweiten, dritten oder vierten Industriellen Revolution spricht. Will man diesen begrifflichen Wirrwarr auflösen, ist es erforderlich, genauer zu bestimmen, welche früheren Phasen der Industriellen Revolution es möglicherweise bereits gegeben hat und, vor allem, nach *welchen Kriterien* man hierbei gegebenenfalls unterscheiden will (vgl. das Einleitungskapitel).

Dabei zeigt sich, daß das herkömmliche Verständnis von »Industrie« längst in Auflösung begriffen und durch einen neuen, weiteren und abstrakteren Begriff ersetzt worden ist. An die Stelle der »Schornsteinindustrien« treten, nicht nur in politischen Sonntagsreden, »Zukunftsindustrien« und »Technologieparks«, also Arbeitsbereiche, die vor allem durch die *Industrialisierbarkeit immaterieller Produktionsprozesse* gekennzeichnet sind. Kommunikationsindustrien, Prozesse der elektronischen Datenverarbeitung und der Softwarefabrikation zeigen an, daß es neu zu überlegen gilt, was unter »Industriearbeit« und »Produktion« zu verstehen ist und worin der Tatsachen-Charakter von technologischen Systemen und Netzen eigentlich begründet ist. Nicht einzelne technische Artefakte, die auf Warenmärkten erworben werden, sind das Kennzeichen der technologisch sedimentierten Zwangsläufigkeiten, sondern soziale Strukturzusammenhänge, die in technologische Systeme eingebaut oder, besser, eingewoben worden sind. Isolierte Tatsachen, die man durch Anfassen und Schütteln begreifen kann, sind nur scheinbar die verläßlichen Zeugen einer fraglos gegebenen Wirklichkeit. Genaugenommen sind sie das Resultat von Abstraktionsprozessen, durch die die Strukturzusammenhänge gekappt und die Produktionsprozesse der Fakten vergessen gemacht worden sind. Das einzelne Auto vor der Haustür ist Teil des gesellschaftlichen Verkehrssystems, der Telephonapparat ist Bestandteil eines weiträumigen und komplexen Kommunikationsnetzes, das industrielle Bearbeitungszentrum wird durch den Gesamtzusammenhang des industriellen Produktionsverbundes bestimmt.

Es ist wichtig, darauf zu insistieren, Tatsachen als solche wahrzunehmen und ihre jeweiligen Struktur- und Bedeutungszusammenhänge freizulegen, zumal es sich nicht mehr um bloße Schludrigkeiten und schlechte Gewohnheiten handelt, wenn Tatsachen verdreht und verschleiert werden, sondern die Vorspiegelung falscher Tatsachen zu den geläufigen Ritualen der Inszenierung der Macht gehört. Die Prozeduren und Mechanismen, die hierfür entwickelt und eingesetzt werden, bedienen sich immer selbstverständlicher und rigoroser der Methoden, die von den Wissenschaften zur Verfügung gestellt werden.

Die Stabilität von Fakten resultiert nicht aus ihrer Unverrückbarkeit als Einzelphänomene, sondern aus den *Strukturzusammenhängen* ihrer Erzeugung, ihrer Vernetzung und ihrer gesellschaftlichen Normierung, Interpretation, Bewertung und Anerkennung. All das wird erkennbar, wenn man sich auf die *Prozesse* einläßt, die *vor Vollendung der Tatsachen* liegen. Will man sich gegen die geläufigen Formen der »Politik der vollendeten Tatsachen« wehren, für die Wissenschaft und Technologie zum wichtigsten Instrumentarium geworden sind, so gibt es wohl nur die eine Möglichkeit: sich genau anzusehen, *wie Tatsachen gemacht* und wie sie als unwiderruflich verkleidet werden.

Hierbei handelt es sich nicht, wie oberflächliche Beobachter meinen könnten, um einen »Königsweg« zur allgemeinen Lösung techniksoziologischer Probleme. Es geht um etwas ganz anderes. Die Untersuchung der Entstehungs- bzw. Erzeugungsprozesse wissenschaftlicher Tatsachen und technischer Artefakte zielt auf eine *perspektivische Öffnung*, auf eine veränderte *Thematisierungsform* und eine dem korrespondierende *Theoretisierungsstrategie*, durch die den veränderten Formen der Realitätsproduktion, die sich inzwischen herausgebildet haben, überhaupt erst Rechnung getragen werden kann. Kurz, es geht *nicht* um einen spezifischen *Weg*, sondern um eine theoretisch reflektierte neue *Methode*, mit deren Hilfe man Suchstrategien und Problemstellungen in zeitgemäßer Weise neu aufbauen kann.

Die Institutionen der Wissenschaftsproduktion, insbesondere die weitgehend abgeschotteten Einrichtungen der Industrieforschung und der Rüstungsforschung, haben in den letzten Jahrzehnten eine herausragende strategische Bedeutung erlangt, womit sich zugleich der soziale Ort beträchtlich verändert hat, an dem forschungs-, technologie- und industriepolitische Entscheidungen getroffen werden.

Diese »Deregulierung« politischer Prozesse und Verfahren und ihre Privatisierung in informellen Gremien begründen den Handlungsspielraum und das Steuerungspotential eines erneuerten »Arkanums«, dessen Zentrum keineswegs im staatlich-administrativen Sektor liegt. Nur in Krisen- und Umbruchsituationen werden die Funktionsmechanismen erkennbar. Mit unkonventionellen Methoden und auf der Grundlage von empirischem Material, das nicht für die öffentliche Diskussion bestimmt war, lassen sich die Abläufe zwischen den seltenen Perioden rekonstruieren, in denen relativ offen darum gekämpft wird, wie die weitere Richtung der gesamtgesellschaftlichen Abläufe festgelegt werden soll.

Es gibt ernstzunehmende Anzeichen dafür, daß wir uns tatsächlich in einer neuen, »dritten Phase der Industriellen Revolution« (s. Einleitung) befinden. Ihr Kennzeichen sind veränderte Formen der Realitätserzeugung, insbesondere neue Methoden der gesellschaftlichen Bearbeitung von Zeit. Der bewußte und planvolle Einsatz von Wissenschaft und komplexen technologischen Systemen ist eine unerläßliche Voraussetzung für diesen erneuten Industrialisierungsschub.

Eine neue Phase der Industrialisierung bzw. der Industriellen Revolution ist, man muß es vielleicht nicht weiter betonen, keine nationale Angelegenheit einzelner Industriegesellschaften. Die schärfer werdende Weltmarktkonkurrenz, deren Begleitumstände und Folgen fast unvermittelt in die Problemstellungen der einzelnen Nationalstaaten durchschlagen, werden zwar in den USA, in Japan und in den europäischen Ländern unterschiedlich aufgenommen bzw. vorangetrieben, aber die grundlegenden Problemstrukturen sind in vieler Hinsicht ähnlich. Der folgende Text konzentriert sich auf die Bedingungen in der Bundesrepublik Deutschland, an entscheidenden Stellen werden jedoch die Verweisungszusammenhänge zumindest angedeutet, die über die Grenzen des nationalen Territoriums hinausführen.

Man weiß es aus Kolportageromanen und Polit-Thrillern im Fernsehen: nicht alles, was auf Tatsachen beruht, ist deshalb schon gelungen. Es kommt darauf an, wie solide die Fakten recherchiert sind und wie man mit ihnen umgeht. Man muß die Tatsachen drehen und wenden, jedenfalls aufdecken. Man versucht, die Spuren zu lesen und die Chiffren zu entziffern.

Zwischen Sherlock Holmes und Günter Wallraff aber liegt ein riesiges Terrain sozialwissenschaftlicher Erhebungen, Analysen und Interpretationen. Die Geborgenheit von Tabuzonen und die Sicherheit der in ihnen Agierenden verdanken sich manchmal nur der theoretisch angeleiteten oder verordneten Ahnungslosigkeit einer Sozialforschung, die ihr reflexives Vermögen verloren und sich ganz jener Form der Wissenschaft verschrieben hat, die »sich rechnet«. Wenn die »Wissenschaft zur Ware« (Gibbons/Wittrock, 1985) wird, wird sie marktgängig und (ver-)käuflich. Aber sie verliert dann auch die Fähigkeit zu sehen, was Tatsachen sind: gemacht und veränderbar.

Frankfurt am Main Oktober 1987

Einleitung: Die dritte Phase der Industriellen Revolution ist keine »technische Revolution«

Kein Zweifel, wir leben in großen Zeiten. In einer Periode säkularer Umbrüche. Jedenfalls in Zeiten großer Worte. Die gesellschaftlichen Strukturen scheinen flüssig und transparent zu werden. Die Konturen sind wieder klarer zu erkennen. Die Tatsachen sprechen für sich. Aber es ist kaum etwas zu verstehen. Unübersichtlichkeit ist angesagt.

Bruce Nussbaum (1983) konstatiert eine globale »Verlagerung der Achsen von Macht und Reichtum« in den pazifischen Raum, prognostiziert den »Niedergang Deutschlands« und entfacht eine wollüstige publizistische Panik.[1] John Naisbitt (1984) entdeckt genau zehn »Megatrends«, die »unser Leben transformieren«. Der Übergang »von der Industriegesellschaft zur Informationsgesellschaft« ist dabei noch der harmloseste. Was immer die Zukunft bringen mag, der Weg führt in die »transindustrielle Gesellschaft« (Harman, 1978) bzw. in die »Kommunikationsgesellschaft des nächsten Jahrhunderts«.[2] Kappt man auch noch die Nachrichtenkabelschnüre, die wenigstens mittelbar einen Kontakt mit der äußeren Realität herstellen könnten, so mag man sich heute bereits in einer »Wissenschaftsgesellschaft« (Kreibich, 1986) wähnen.

Das Mindeste, was man an historischen Tendenzaussagen vorgeben muß, sind eine »Kolonialisierung der Lebenswelt« (Habermas, 1982) und eine »Krise der Arbeitsgesellschaft« (vgl. Matthes, 1982), jedenfalls das »Ende der Arbeitsteilung« (Kern/Schumann, 1984) und das »Ende der Massenproduktion« (Piore/Sabel, 1985). Einer abgestumpften Öffentlichkeit gegenüber kann man sich offenbar nur noch mit kategorialem Gebrüll bemerkbar machen. Die Beweislast wird ohnehin auf die Werbeabteilungen der Verlage und die Marketingstrategen der Medienkonzerne verlagert. Die Beschleunigung des Wissensumschlags bezieht sich auch auf den Umschlag der Un-Kenntnis. Wen interessieren heute noch die verdrehten Tatsachen von gestern?

Man kann es aber natürlich auch noch eine Nummer größer haben. Der Festkörperphysiker Hans Queisser (1985) vertritt die These, die Eisenzeit gehe nunmehr zu Ende, es beginne die »Siliziumzeit« (oder vielleicht auch die »GaAszeit«, wenn das Silizium durch Gallium-Arsenid abgelöst wird). Um den revolutionären Umbruch zu kennzeichnen, in dem wir uns gegenwärtig befinden (sollen), ist dem Politikwissenschaftler Karl W. Deutsch (1980) nur noch der Vergleich mit der »neolithischen Revolution« vor zehntausend Jahren dramatisch genug. Damals lernten die Menschen, Nutzpflanzen anzubauen und Tiere zu domestizieren, Töpferarbeiten zu verrichten und Steinwerkzeuge zu schleifen. (Entsprechend werden heute vermutlich die Wissenschaft domestiziert und die Bastionen der kritischen Intelligenz geschleift.) Diese »Agrarrevolution« vor zehn Jahrtausenden hält Alvin Toffler (1980) denn auch für die erste der »drei Wellen«, die er in seiner »sozialen Wellenfrontanalyse« unterschieden wissen möchte. Bis zur zweiten Welle, der »Industriellen Revolution«, vergingen immerhin fast hundert Jahrhunderte. Nach nur zwei weiteren Jahrhunderten schwappt nun die dritte Welle über die Menschheit, die »superindustrielle Revolution« (Toffler, 1975).

Während sich die einen noch frohgemut auf dem »Weg in die nachindustrielle Gesellschaft« (Bell, 1974; Bühl, 1986; Scharpf, 1986; Kreibich, 1986) sehen, konstatieren andere Auguren eine *neue Industrielle Revolution*, wobei man achtlos gleichzeitig die »zweite«, »dritte« oder »vierte« Industrielle Revolution abzählt. Hinter uns liegen bereits die »Mikroelektronik-Revolution« (Nussbaum) bzw. die »elektronische Revolution« (Zeidler, 1982), eine »Revolution en miniature« (Braun/Macdonald, 1978), und die »Informations-Revolution«. Links und rechts neben uns können wir die Verwerfungen beobachten, die die »High-Tech-Revolution« (Kreibich) und die »Wissensrevolution«[3] bewirken. Unmittelbar vor uns dämmern mit der Fünften Computergeneration die Chancen und Gefahren der »2. Computerrevolution« (Feigenbaum/McCorduck, 1984). Über, unter und in uns vollziehen sich allenthalben wissenschaftliche und technische Revolutionen: produktions- und kommunikationstechnische, informations- und gentechnologische Umwälzungen allüberall. Die neue französische Zeitschrift *Science & Techniques* führt kühl und keß den Untertitel: »Pour la révolution de l'intelligence«. Gemeint ist vor allem die sogenannte »künstliche Intelligenz« (Artificial Intelligence = AI), mit der die Abwertung und Zerstörung der natürlichen Intelligenz (Vernunft) kompensiert werden soll. Die (oft nicht nur) phonetische Nähe von »AI« zu »CIA« (Central Intelligence Agency) bringt das inzwischen vorherrschende Verständnis von »Erkenntnissen« und ihrer umwerfenden Bedeutung klar zum Ausdruck.

Welche Interessen hinter den Sprachregelungskampagnen und Schlagwortjagden stecken, läßt sich an den groß aufgezogenen Berichten der US-amerikanischen Wirtschaftspresse ablesen. Ende Juni 1980 brachte *Business Week* ein spezielles Themenheft mit 90 Seiten zum Problemkomplex »The reindustrialization of America« heraus. Das Titelblatt zeigte einen Uncle Sam, der – ganz in der Art, wie er anderthalb Jahrzehnte zuvor auf Plakaten zur Teilnahme am Vietnam-Krieg aufgerufen hatte – entschlossen einen Schraubenschlüssel schwenkte, womit die Absicht dokumentiert wurde, die Re-Industrialisierung Amerikas zur gemeinsamen Sache des ganzen Landes zu machen. Die Redaktion von *Business Week* beabsichtigte nicht weniger, als einen »spezifischen *Plan zur Re-Industrialisierung*« vorzulegen, dessen Notwendigkeit und Konturen folgendermaßen begründet wurden:

»Die US-Wirtschaft muß sich einem fundamentalen Wandel unterwerfen, wenn sie ein gewisses Maß an wirtschaftlicher Lebensfähigkeit zurückgewinnen will, ganz zu schweigen von einer Führungsrolle in den letzten zwanzig Jahren dieses Jahrhunderts. Das Ziel muß nichts Geringeres als die Re-Industrialisierung Amerikas sein. Eine bewußte Anstrengung, Amerikas Produktionskapazität zu erneuern, ist die einzige wirkliche Alternative zu dem in den letzten 15 Jahren erlittenen *jähen Verlust der Konkurrenzfähigkeit*, von dem die diesjährige Welle der Betriebsschließungen im ganzen Land nur die deutlichste Manifestation ist.

Re-Industrialisierung wird rasante *Veränderungen der grundlegenden Institutionen* erforderlich machen, ebenso wie der Rahmenbedingungen der Wirtschaftspolitik (economic policymaking) und der Art und Weise, wie die Hauptakteure der Wirtschaftsszene – Wirtschaft, Arbeit, Regierung und Minderheiten – darüber denken, was sie in die Wirtschaft reinstecken und was sie dabei rausbekommen. Aus diesen Veränderungen muß ein *neuer sozialer Kontrakt zwischen diesen Gruppierungen* erwachsen, gegründet auf die spezifische Anerkennung dessen, was jeder zum beschleunigten wirtschaftlichen Wachstum beizutragen hat und was jeder dabei zu bekommen erwarten kann.« (S. 56)

Beschrieben und analysiert werden in dem Heft von *Business Week* detailliert »das Problem« des Niedergangs der US-amerikanischen Industrie und seine Ursachen; es werden Einzelheiten einer möglichen »Lösung« vorgestellt, die den neuen Sozialkontrakt ebenso enthält wie Formen der staatlichen Unterstützung für Industrie, Investitionen und Handel. Die abschließende Frage »Wird es funktionieren?« konzentriert sich darauf zu untersuchen, was die USA von ihren Rivalen auf dem Weltmarkt lernen können.

Begriff und Konzept der »Re-Industrialisierung«, die dem Politikwissenschaftler Amitai Etzioni zugeschrieben wurden[4], waren von Anfang an umstritten. Vor allem die *aktive Rolle des Staates*, die mit der von *Business Week* erhobenen Forderung nach einer selektiven Industriepolitik notgedrungen einhergehen muß, wurde vom Wirtschaftsmagazin

Fortune[5] nachhaltig in Frage gestellt. Auch hier allerdings wurde herausgearbeitet, daß die Defizite und Mängel der US-amerikanischen Industriestruktur allmählich zu einer Gefährdung nicht nur des Wohlstandes, sondern zunehmend auch der militärischen Stärke zu werden drohten.

Wichtiger im vorliegenden Zusammenhang ist, daß das Re-Industrialisierungs-Konzept eine Reaktion auf Prozesse darstellt, die seit dem Ende der siebziger Jahre als *De-Industrialisierung* beschrieben und beklagt wurden. In dem Bericht (Blackaby, 1978) über eine »Konferenz über De-Industrialisierung«, die sich allerdings vorwiegend mit den entsprechenden Problemen in Großbritannien beschäftigte, heißt es lakonisch: »[...] es war die allgemeine Einschätzung der Konferenz, daß [...] De-Industrialisierung mit einer allgemeinen wirtschaftlichen Krankheit zusammenhängt, die dringend der Heilung bedarf« (S. V).

In einer anderen De-Industrialisierungsstudie, die in der Publikationsreihe der »Annals of the American Academy of Political and Social Science« herauskam (Summers, 1984), wurde festgestellt: »Die Vision der nachindustriellen Gesellschaft ist in eine de-industrialisierte Wirklichkeit transformiert worden.« (S. 14) Die Träume von einem besseren Leben, die einst mit dem Begriff der »nachindustriellen Gesellschaft« verbunden worden seien, hätten sich mittlerweile zerschlagen.

Während die These von der heraufziehenden »nachindustriellen Gesellschaft« noch durch die Feuilletons und Soziologisierstuben geisterte, wurden also die politischen Macher und ihre Ratgeber bereits aktiv. In Großbritannien wurde das Jahr 1986 zum »Jahr der Industrie« ausgerufen. Eine Beratergruppe des japanischen Wirtschaftsministeriums MITI legte einen Bericht vor mit dem Titel *Basisplan für die Industriegesellschaft des 21. Jahrhunderts*. Die Regionalverwaltung von Flandern propagierte ein industriepolitisches Konzept mit dem publicity-trächtigen Titel *Dritte Industrielle Revolution von Flandern/DIRV*.[6] Auch in der bundesdeutschen parteipolitischen Szenerie war jetzt nicht mehr die Rede vom »Ausstieg aus dem Industriesystem«. Gefragt war jetzt der »ökologische Umbau der Industriegesellschaft«.

1. Vom kurzen Ende der »nachindustriellen Gesellschaft«

Läßt man die großspurigen Interpretationsversuche einmal beiseite, so ist bemerkenswert, daß gleichzeitig das »Ende der Industriegesellschaft« verkündet und eine neue Runde der Industrialisierung eingeläutet werden kann, wobei letztere wohl wieder eine »Industrielle Revolution« darstellt. Wenn die erste Industrielle Revolution vor 200 Jahren den Anfang der Industrialisierung begründete, dann, so soll man wohl annehmen, wird eben die neue Industrielle Revolution deren Ende bewirken. Was wäre dann aber »industriell« an dieser Revolution?

Die These von der heraufziehenden »nachindustriellen Gesellschaft« wird, je nach Kontext und Belieben, in unterschiedlichen Varianten angeboten: als »Dienstleistungsgesellschaft«, als »Informationsgesellschaft« oder »Kommunikationsgesellschaft«, als »Wissensgesellschaft« oder auch als »Wissenschaftsgesellschaft« (jedenfalls als kategoriales Do-it-yourself-Unternehmen). Die Vertreter aller dieser Varianten berufen sich im Zweifelsfall auf das »Nachindustrialismus«-Konzept von Daniel Bell (1964, 1975), obwohl dessen grundlegende theoretische Ungereimtheiten und die zahlreichen empirischen und methodischen Fehler dieser Argumentation offensichtlich sind.[7]

Alle Interpretationsvarianten, in denen das »Ende der Industriegesellschaft« vorhergedacht wird, können sich auf eine Tatsache stützen, die bis vor kurzem unbestritten war. Der Anteil der Beschäftigten des »verarbeitenden Gewerbes«[8] hat in allen spätkapitalistischen Industriegesellschaften seit Anfang der sechziger Jahre ständig abgenommen.

Selbst dieser scheinbar gradlinige und quasi naturgesetzlich wirkende Trend ist allerdings in den letzten Jahren deutlich gebrochen worden. In der Bundesrepublik Deutschland wurden seit dem Beschäftigungstief im Winter 1983/84 bis zum Spätsommer 1986 mehrere hunderttausend industrielle Arbeitsplätze neu geschaffen. In der Elektroindustrie stieg die Zahl der Arbeitsplätze in zweieinhalb Jahren von 903 000 auf 1 003 000 und erreichte damit wieder die Höhe des Jahres 1974.[9] Im Maschinen- und Anlagenbau wuchs die Zahl der Beschäftigten 1985 um ca. 43 000 und im ersten Halbjahr 1986 um weitere 16 000 und erreichte damit zur Jahresmitte 1986 1 067 000 Personen.[10] Im Straßenfahrzeugbau erhöhte sich die Zahl der Arbeitsplätze um ca. 60 000, in der Chemieindustrie immerhin um mehr als 10 000. Selbst in der Druckindustrie nahm die Anzahl der Beschäftigten 1985 wieder zu.[11] Einige der großen Industriekonzerne erhöhten ihre Inlands-Belegschaften im genannten Zeitraum um 20 000 Personen, so VW und Siemens.

Dieser Trendbruch hat ganz unterschiedliche Ursachen. (1.) Etwa die Hälfte der neuen Arbeitsplätze in der Metallindustrie dürfte auf die Arbeitszeitverkürzungen zurückzuführen sein, die die IG Metall 1984 durchsetzte (vgl. Steinkühler, 1986). (2.) Insbesondere in der Elektro/nik/industrie, aber auch in anderen Sektoren der Investitionsgüterindustrie, dürfte ein realer Wandel des Industrialisierungsmusters zum Durchbruch gekommen sein. (3.) In der Automobilindustrie hingegen sind, international, so hohe Überkapazitäten aufgebaut worden, daß Ende der achtziger Jahre auch in der Bundesrepublik mit einem deutlichen Einbruch gerechnet werden muß.

Vor diesem Hintergrund lassen sich die Nachindustrialisierungs-Theorien leichter sortieren und schärfer konturieren.

Der Abbau der Beschäftigtenzahlen im »verarbeitenden Gewerbe« seit etwa 25 Jahren geht in den Industriegesellschaften einher mit einer entsprechenden Ausweitung sog. »Dienstleistungsberufe«, zu denen nach den gängigen Drei-Sektoren-Konzepten (s. Fourastié, 1949) alles gerechnet wird, was nicht zu Landwirtschaft und Bergbau (Primärer Sektor) bzw. Industrie und Handwerk (Sekundärer Sektor) gezählt werden konnte. Der vorgeblich säkulare Trend zur »Tertiarisierung«, der allen Theoremen vom »Ende der Industriegesellschaft« zugrunde liegt, hat seine Ursache bzw. Grundlage nicht zuletzt darin, daß eine Residualkategorie immer weiter aufgebauscht wurde.

Die wichtigsten empirisch gestützten Einwände gegen das Konzept der heraufziehenden »Dienstleistungsgesellschaft« sind wohl die folgenden:

1. Wichtige »Dienstleistungsbereiche« sind frühzeitig industrialisiert worden, mittlerweile hochmechanisiert und elektrifiziert, wenn nicht gar automatisiert. Das gilt für große Sektoren des Transport- und Verkehrswesens (Bahn- und Flugbetrieb), für das gesamte Nachrichten- und Kommunikationssystem der grauen Bereiche des Postwesens (Telephon- und Telexnetze) und natürlich für die Elektrizitätserzeugung, deren Zuordnung zu dem Drei-Sektoren-Schema umstritten blieb. Schon früh wurde mit dem Zwitterbegriff der »Dienstleistungsindustrien« (s. Fricke, 1971) gespielt. Mittlerweile erweist es sich als sinnvoll, die »Dienstleistungsgesellschaft als Industriegesellschaft« (Huber, 1984, S. 165 ff.) zu begreifen bzw. als deren Bestandteil.

2. Die Industrialisierung des Verkehrs- und Transportwesens geht inzwischen allerdings weit über die öffentlichen Netze hinaus. Formulierungen wie »Transportindustrie«[12] haben längst ihre bloß metaphorische Bedeutung verloren; die Bezeichnungen »industrial vehicles« bzw. »véhicules industrielles« für den Bereich der Nutzfahrzeuge belegen das ebenso wie der Aufbau von weitgehend automatisierten »Paketfabriken« im Versandhandel (Hack/Hack, 1985a).

3. Industrialisierungsprozesse betreffen aber auch bereits jene »Dienstleistungen« im engeren Sinne, bei denen die unmittelbare soziale Komponente des »Dienens« ausschlaggebend ist: Man mag die Industrialisierung von Arztpraxen und Krankenhäusern (»Gesundheitsfabriken«) ignorieren, solange man gesund ist, und man kann die Orte der Freizeit- und Vergnügungsindustrien meiden. Als das internationale Tauziehen um das »Euro-Disneyland« entschieden wurde, schrieb *Le Monde*[13] nicht nur von einer »sehr florierenden neuen Industrie«,

einem »big business«, sondern von einer »industrie lourde«; bei einer Investitionssumme von ca. 2 Milliarden Dollar und einem Beschäftigungsvolumen von 100000 neuen Arbeitsplätzen ist der Begriff der »Schwerindustrie« vielleicht weniger irreführend als die pauschale Rede von der »nachindustriellen Dienstleistungsgesellschaft«.

4. Generell gibt es, entgegen den einfachen Annahmen der Theoretiker der Dienstleistungsgesellschaft, kein natürliches Gefälle in Richtung auf eine Zunahme personenbezogener Dienstleistungen. Viel häufiger und typischer ist ein Ablaufmuster, das sich am trivialen Beispiel der Wäschereinigung anschaulich machen läßt. Einst einer der schlimmsten Bestandteile der Hausfrauentätigkeit (»Waschtag«) wurde ein großer Teil der Wäsche in den fünfziger Jahren in kommerzielle Wäschereien gegeben, die man als »Dienstleistungsbetriebe« bezeichnen kann und die die Wäsche »schrankfertig« zurückbrachten. Später setzte bekanntlich die industrielle Massenproduktion von Haushaltswaschmaschinen ein, was zu einer weitgehenden Rückverlagerung der »Dienstleistungen« in die private Sphäre führte (Gershuny, 1981). Gleichzeitig wurde ein erheblicher Teil der Dienstleistungsarbeit in unbezahlte Arbeit zurückverwandelt.[14]

5. Strukturanaloge Entwicklungen gibt es schon seit längerem in der industriellen Arbeitsorganisation. Bestandteil und teilweise Bedingung der Rationalisierung und Mechanisierung der manuellen Industriearbeit war von Anfang an die Ausgliederung spezieller Angestelltenfunktionen der Berechnung, Kontrolle und Überwachung. Schreibarbeiten wurden zunächst in den Kontors an Stehpulten (von Männern) erledigt. Die starke Ausweitung der Anforderungen zur »Verschriftlichung« aller Betriebsvorgänge führte frühzeitig zum Einsatz von Schreibmaschinen, gegebenenfalls mit Zählwerken zur Registrierung der Zahl der Anschläge, und zu organisatorischen Rationalisierungen auch in der Büroarbeit (Braverman, 1977). Aber erst der Gebrauch von rechnergesteuerten Textsystemen und Multifunktionsterminals hat in den letzten Jahren auf eine Stufe der Büroautomation geführt, die es nahelegt, von einer durchgängigen »Industrialisierung der Büroarbeit« (Kumar, 1983, S. 209) zu sprechen. Nichtindustrialisierbare Funktionen, wie die Planung und Konzipierung der Informationsprozesse, werden auch jetzt wieder ausgegliedert.

Faßt man zusammen, so ist zweierlei festzuhalten. Erstens sind die Begriffe »Industrie« und »Dienstleistung« nicht trennscharf gegeneinander; die jeweils gemeinten Wirklichkeitsbereiche überschneiden sich. Die Begriffe liegen offenbar auf verschiedenen Abstraktionsebenen. Auch theoretische Interpretationen müssen sich darauf einstellen, daß umfassende Prozesse und Mechanismen der Industrialisierung von Dienstleistungsarbeiten möglich sind. Zweitens sind personenbezogene Dienstleistungen keineswegs das »natürliche Ende« von Strukturveränderungen in der gesellschaftlichen Organisation der Arbeit, sondern häufiger ein kommerzialisiertes Zwischenstadium auf dem Wege zu einer erneuten Industrialisierungsrunde, die übrigens wieder zur Folge haben kann, daß Teilprozesse, die noch nicht industrialisierbar sind, ausgegliedert und als »Dienstleistungen« kommerzialisiert werden können.

Bezieht man die These vom bevorstehenden Ende der Industriegesellschaft auf den vorgeblichen »Wandel zur Dienstleistungsgesellschaft«, so hat sie sich weitgehend selbst erledigt. In dieser Hinsicht liegt die »nachindustrielle Gesellschaft« hinter uns – in den USA waren es etwa die Jahre zwischen 1964 und 1967 (s. Kumar, S. 185), in der Bundesrepublik Deutschland mag man, mit der obligaten Verzögerung, die Zeit zwischen 1973 und 1978 nehmen.[15]

Seit Anfang der achtziger Jahre hat eine andere Interpretationsvariante Konjunktur. Jetzt geht es um den rasanten Übergang von der Industriegesellschaft zur *Informationsgesellschaft* oder gleich zur Kommunikationsgesellschaft.[16] An den Versuchen, dieses Theorem zu begründen, sind zwei Argumentationsstrategien bemerkenswert und aufschlußreich, die beide unter Berufung auf Bell vorgetragen werden.

Das erste Argument besagt, »Information« sei zu einem neuen Produktionsfaktor (Eggeling, 1985) geworden bzw. zu einer neuen »umwandelnden Kraft« (Bell, 1975), die nunmehr an jene Stelle getreten sei, die in der Industriegesellschaft »die Energie« eingenommen habe. Die implizite Logik dieses Arguments ist nicht sonderlich überzeugend. Bezeichnend ist jedenfalls, daß die Industriegesellschaften eben nicht als »Energiegesellschaft« apostrophiert wurden. Energieversorgungsgesellschaften spielten zwar eine wichtige, aber keine ausschlaggebende Rolle. Kraftmaschinen (Dampfmaschine, Elektromotor) und Transmissions- bzw. Übertragungseinrichtungen sind wichtige Bestimmungsmerkmale der frühen Industrialisierungsphasen, sie sind jedoch nicht identisch mit »der Industrie«. Der Begriff »Energie« liegt auf einer tieferen Abstraktionsebene. Der Verdacht liegt nahe, daß das auch auf die »Information« zutrifft, gerade auch dann, wenn »Information« nicht schlicht als »Produktionsfaktor« aufgefaßt wird, sondern als Prozeß.

Zweitens gibt es bei dem Versuch, den Übergang »von der Industriegesellschaft zur postindustriellen Informationsgesellschaft« einigermaßen systematisch zu begründen, immer wieder (Naisbitt, 1984) eine Argumentationsfigur, die in dem Buch von Feigenbaum/McCorduck (1984) über die Fünfte Computer-Generation besonders deutlich ausgeprägt ist. Über viele Seiten hinweg, ganze Kapitel hindurch ist durchaus plausibel die Rede von der zunehmenden Bedeutung der »Informationsindustrie« (S. 30) und der »Wissensindustrie« (S. 16, 145, 158), vom Aufbau »informationsbezogener, wissensintensiver Industrien« (S. 157) oder von der »Industrialisierung künstlicher Intelligenz« (S. 145). Gleichzeitig aber werden alle diese »neuen Industrien« und ihr Bedeutungszuwachs ganz selbstverständlich als Beleg für die Tendenz zur »*nach*industriellen Gesellschaft« ausgegeben (S. 35 ff., 162, 172).

Für den Widerspruch in dieser Argumentationsfigur gibt es systematisch wohl nur zwei mögliche Auflösungen.[17] Entweder wird der Begriff »Industrie« auf die alten »Schornsteinindustrien« beschränkt und an Stahl und Eisen, Schmutz und Lärm gekoppelt. Die Rede von »Informations- und Wissensindustrien« ist dann eher eine laxe Metapher, die gar keine Gemeinsamkeiten mit »anderen Industrien« bezeichnen soll. Das müßte dann allerdings zumindest erläutert und begründet werden. Oder aber »Information« und »Informationsgesellschaft« sind als neue Oberbegriffe zu »Industrie« und »Industriegesellschaft« gedacht, in denen ein größerer Allgemeinheitsanspruch formuliert und ein höheres Abstraktionsniveau ausgedrückt werden sollen. Dem widerspricht es dann allerdings, wenn »Information« als funktionales Äquivalent von »Energie« vorgestellt wird (s. a. Feigenbaum/McCorduck, S. 157) oder wenn von »Industrialisierung künstlicher Intelligenz« gesprochen wird. Zweckmäßiger und systematisch klarer scheint es hingegen zu sein, das Verständnis von »Industrie« und »Industriegesellschaft« so zu erweitern, daß es auch industrialisierte Informationsprozesse zu berücksichtigen erlaubt.

Die These von der wachsenden Relevanz von Information und Kommunikation stützt sich vor allem auf den tatsächlichen Bedeutungszuwachs von Informations- und Kommunikations*industrien*. Sie *könnte* sich berufen auf die systematische Anwendung von Informationssystemen im Rahmen der industriellen Güterproduktion: als »Information in den Fabrikhallen« wird vor allem die Tendenz interpretiert[18], Informations- und Materialflüsse besser zu synchronisieren.

Die These von der heraufziehenden »Informationsgesellschaft« ist nicht dazu geeignet, zentrale Motive der neuesten Industrialisierungsphase aufzunehmen, für die die »Industrialisierung der Wissenschaft« von zentraler Bedeutung ist. Daß »die Wissenschaft eine Industrie geworden« sei, vermutete John D. Bernal schon 1964. J. R. Ravetz widmete dem Thema ein ganzes Buch (1973). Konnte man in dieser Terminologie zunächst noch einen starken metaphorischen Überschuß ausmachen, wie er auch in dem seinerzeit üblichen Sprachgebrauch von »Denkmaschinen« und »Denkfabriken« zum Ausdruck kam, so hat sich die Situation in den letzten vier, fünf Jahren insofern verändert, als nunmehr tatsächlich »Software-Fabriken« (Hirschberg, 1981) errichtet werden und die »Industrialisierung von Programmierarbeit« (Eggeling, 1985) tatsächlich schrittweise vollzogen wird. Der industrielle Fachverband »Informations- und Kommunikationstechnik« rechnet denn auch neuerdings die etwa 100000 Beschäftigten von Software-Unternehmen zum Einzugsbereich der Elektronikindustrie.[19]

Das tatsächliche Ausmaß der Veränderungen, die im Verlaufe der letzten zehn, fünfzehn Jahre im Bereich der Industriearbeit und ihrer Organisationsformen stattgefunden haben, wird durch eine Reihe von Ungenauigkeiten und Ungereimtheiten kaschiert, die in die statistische Berichterstattung eingebaut sind.

Es handelt sich dabei um zahlreiche Mängel, die ursprünglich relativ belanglos waren, die aber durch die organisatorischen und technologischen Veränderungen des Industrialisierungsprozesses allmählich so stark vergrößert wurden, daß die offiziellen Statistiken zunehmend als Fehlberichterstattung angesehen werden müssen. Einige Beispiele:

1. Ingenieurfirmen und Unternehmen des Anlagenbaus werden üblicherweise zum »Dienstleistungssektor« gerechnet, obwohl sie in der Regel Spezialaufgaben auf dem Gebiet der Errichtung von Industrieanlagen verrichten. Häufig sind es nur vergleichsweise belanglose gesellschaftsrechtliche Differenzen, die darüber entscheiden, ob die Planung und Konstruktion eines riesigen Fabrikkomplexes als »Industriearbeit« firmiert, weil sie vom Funktionsbereich »Ingenieurwesen« oder »Anlagenplanung und -bau« eines Industriekonzerns durchgeführt werden, oder als »Dienstleistungstätigkeit«, weil eine juristisch selbständige Gesellschaft die Ingenieursarbeiten verrichtet.

2. Wenn der Konzern General Motors zum Beispiel das Unternehmen EDS/Electronic Data Systems aufkauft und zu einem Großunternehmen mit mehr als 40000 Beschäftigten ausbaut, dabei die 600 Beschäftigten der verschiedenen DV-Abteilungen von Opel in die EDS auslagert, schafft er nicht nur ein durchrationalisiertes Steuerungsinstrument für den gesamten multinationalen Konzern. GM kann damit auch zugleich der IG Metall den Zugang zu unternehmensstrategisch wichtigen Wissensbereichen beträchtlich erschweren.[20] Zugleich aber macht GM unversehens aus den 600 verlagerten DV-Beschäftigten, die bei Opel zur »Industriebelegschaft« gerechnet wurden, »Dienstleistungs«-Personal, weil EDS als juristisch selbständiges Unternehmen statistisch eben als »Dienstleistungsbereich« verrechnet wird.

3. Gründet ein japanischer, US-amerikanischer oder koreanischer Automobil- oder Elektronikkonzern (Toyota, Hitachi, Rocky-Goldstar etc.) in der Bundesrepublik Deutschland eine Vertriebsniederlassung, so ist diese der Definition der offiziellen Statistik zufolge ein »Dienstleistungs«-Unternehmen. Be-

sonders problematisch ist das im gesamten Bereich der Elektro- und Elektronikindustrie, aber auch in wichtigen Sektoren des Maschinen- und Anlagenbaus, weil hier die Installationen und Montagen von Anlagen und Großapparaturen häufig notwendiger und integraler Bestandteil der industriellen Produktionsprozesse sind.

4. Im April 1985 errichtete das Elektronikunternehmen A.T.&T. in München ein Design-Center mit 20 Beschäftigten. Hier werden mit Computerhilfe anwendungsspezifische integrierte Schaltungen entworfen. Die Entwürfe werden anschließend per Satellit in die USA gefunkt und dort produziert. Weitere Design-Centers bestehen bereits oder sind im Aufbau (Düsseldorf, Madrid, London, Paris).[21] Solche Zentren zählen der offiziellen Statistik zufolge zur »Dienstleistung«, auch wenn sie vermittels der neuen Kommunikations- und Produktionstechnologien integrale Bestandteile der industriellen Produktion sind.

5. Nicht zuletzt als Ergebnis der neuen »Flexibilisierungspolitik« der konservativen Regierungen ist es für die Unternehmen interessant geworden, ihre Stammbelegschaften zu reduzieren und Arbeitsspitzen mit geliehenen Arbeitskräften zu bewältigen. Die Beschäftigten der Zeitarbeitsfirmen aber gehören per definitionem zum »tertiären Sektor«, auch wenn sie bei AEG oder TEVES tätig sind.

Geht man, um solche Fehler zu vermeiden, zurück auf die Ausgangsdaten (Primärmaterial), in denen die *gegenwärtigen Sozialstrukturen der organisierten Industriearbeit* noch relativ unverfälscht zum Ausdruck kommen (s. Hack/Hack, 1985a), so zeigen sich dramatische Umbrüche. Mit Arbeiten in der »unmittelbaren Produktion« materieller Güter sind in vielen Industrieunternehmen nur noch 10 bis 15 % der Beschäftigten befaßt. Der größere Teil der Facharbeiter ist in Vertrieb und Wartung, Forschung und Entwicklung, Ingenieurwesen und Werkstätten tätig, also nicht mehr in der Fertigung. Zugleich liegt der Anteil der Angestellten in vielen Industrieunternehmen inzwischen bei 65 % und sogar darüber. Die Zahl der Hochschul- und Fachhochschulabsolventen ist in wichtigen Hochtechnologie-Unternehmen teilweise bereits größer als die der Facharbeiter.

Erst vor diesem Hintergrund wird verständlich, warum führende Repräsentanten der Großindustrie davon sprechen können, es zeichne sich bereits deutlich ein »strukturell neuer Typus von Industriegesellschaft« ab (Beckurts, 1985a), der nicht zuletzt dadurch gekennzeichnet sei, daß »sich das Schwergewicht industrieller Wertschöpfung[22] zunehmend weg [verlagert] von der Produktion und hin zu Entwicklung und Entwurf, also *von der Fabrik zum Labor* und zum Büro«. Auch impliziert die Entwicklung zu immer komplexeren technologischen Systemen, daß ein wachsender Anteil der industriellen Wertschöpfung in den Fachberatungszentren und Serviceabteilungen produziert wird bzw. in den Funktionsfeldern Montage und Installation, Reparatur und Kundendienst. Das gilt seit langem für den gesamten Bereich von Investitionsgütern und technischen Infrastruktureinrichtungen (Elektrizitätswerke, Ampelanlagen); es trifft mittlerweile auch für den wachsenden Bereich der langlebigen Konsumgüter zu.

Aber auch in der unmittelbaren Produktion selbst werden die einzelnen Prozesse zunehmend miteinander vernetzt und mittels Rechner mit den anderen Verfahrensketten verknüpft. Die aktuelle Zielrichtung der Integration wird von kompetenter Seite folgendermaßen formuliert: »In der Fertigungstechnik sollen die drei großen Verfahrensketten eines Produktionsprozesses – also Auftragsabwicklung, Produktentwicklung und Produktherstellung – nahtlos miteinander verkoppelt werden. Ziele sind größere Flexibilität, verbesserte Produktqualität und möglichst geringere Durchlaufzeiten.« (Beckurts, 1985b, S. 2). In der computerintegrierten Fertigung (CIM) werden Kommunikationssysteme aufgebaut, die jeweils als übergeordnete Produktions-Leitsysteme die Einzelsysteme integrieren und den gesamten Produktionsablauf steuern, kontrollieren und überwachen sollen. Die hierfür installierten Rechner- und Kommunikationssysteme dienen zwar auch zur Beschleunigung der automatischen Produktion[23]; die dabei verwendeten Informationsflüsse sind allerdings keine eigenständigen »Produktionsfaktoren«, sondern *immaterielle Produktionsprozesse*, deren fortschreitende Industrialisierbarkeit[24] erst die systematische Verknüpfung von Produktionsplanung, Fertigungssteuerung und Materialfluß mit den Arbeiten in den kaufmännischen und technischen Büros, den Entwicklungs- und Konstruktionsbüros (s. CAD/CAM) und den Vertriebsabteilungen möglich macht.

Rechnet man die immateriellen Produktionsprozesse potentiell zum Gegenstandsbereich der »Industriearbeit« hinzu, muß die traditionelle Identifikation von »Industriearbeit« mit »Fabrikarbeit« und »materieller Güterproduktion« aufgegeben werden. In der Rede von den »Zukunftsindustrien« der Mikroelektronik, der Kommunikations- und Informationsindustrien und der Gentechnologie/Bioindustrie hat sich dieser erweiterte Industriebegriff im übrigen längst stabilisiert.

Spielerisch und kritisch zunächst, dann eher nur noch konstatierend und beschreibend hat sich dieses breitere Verständnis von »Industrie« seit langem in immer mehr Bereichen der Arbeit durchgesetzt. Nicht mehr das materielle Substrat, die physische Beschaffenheit der Produkte ist kennzeichnend für industrielle Produktionsprozesse, sondern die gesellschaftliche Formbestimmung der Herstellungsprozesse und der zugehörigen Vertriebsapparate. Von der Filmindustrie als »Traumfabrik« war bereits vor mehr als vier Jahrzehnten gesprochen worden. Mit dem Essay über die »Kulturindustrie« hatten Horkheimer und Adorno (1944/1947) die industrielle Verformung kultureller Gehalte zu kritisieren versucht; ähnliche Motive bestimmten auch die Arbeiten über die »Bewußtseinsindustrie« (Enzensberger, 1962) und über die »Programmindustrie« (Negt/Kluge, 1972). Mittlerweile sind die kritischen Intentionen in einer uneingeschränkt affirmativen industriepolitischen Ausrichtung aufgegangen: Auf der Eröffnungsveranstaltung der Frankfurter Buchmesse 1985 waren sich der westdeutsche Wirtschaftsminister und der französische Kulturminister einig in der Forderung nach einer Stärkung der »audio-visuellen europäischen *Programmindustrie* für Film und Fernsehen«, wobei der Kulturminister insistierte, es gebe in Europa ohnehin schon »eine *blühende Kulturindustrie*«.[25] Man sollte immerhin zur Kenntnis nehmen, daß der sprichwörtliche »Kulturbetrieb« von internationalen Medienkonzernen wie Bertelsmann oder Warner Communications in eine veritable Kulturindustrie transformiert wurde.

Inzwischen ist die industrielle Produktion einer zweiten, immateriellen Formation der sozialen Realität (s. Anders, 1956) so weit fortgeschritten, daß neuere Beschreibungen und Analysen der Computerkultur von »Mechanisierung des Geistes« (Turkle, 1984) oder »Technologisierung des Inneren« (Johnson, 1980) sprechen können.

Greifbar und anschaulich wurde der Wandel industrieller Produktionsformen, der mit der Ablösung vom materialen Substrat der Produkte verbunden ist, als Mitte der siebziger Jahre in der *Druckindustrie* die jahrhundertealte Arbeit »am Blei« in kurzer Zeit durch die neuen Technologien des Licht- bzw. Fotosatzes abgelöst wurde. Zum Einsatz von rechnergesteuerten Text-Systemen/RTS und von Video Display Terminals/VDT kommen neue elektronische Übertragungstechniken, die den dezentralen Druck von Zeitungen und Zeitschriften mit geringem Aufwand ermöglichen. Soziologisch aufschlußreich ist, daß damit (elektronisch vermittelte) Transportvorgänge zum integralen Bestandteil von Produktionsprozessen werden. Bei der Entwicklung dieser Methoden der Übertragung von Druckvorlagen haben im übrigen bereits die Techniken Pate gestanden, die für die Übertragung von Fernsehbildern (Auflösung in Bildpunkte) erdacht wurden.[26]

Unstrittig war und ist jedenfalls, daß es sich bei dem, was jetzt ohne Blei hergestellt wird, nach wie vor um »Druck*industrie*« handelt. Hinzu kommt die Relativierung der Abgrenzungen zwischen Redaktionsarbeit und Satz; dieser Trend wird noch verstärkt durch die Entwicklung von

»Redaktionssystemen« und »Produktionssystemen« (Mast, 1983), in denen die elektronische Produktion und Speicherung von Texten neu organisiert wurden. Die immaterielle Produktion von Texten in den Redaktionen wird so verändert, daß sie bereits als Teil der materiellen Produktion von Zeitungen konstruiert wird. Die Auswirkungen auf die innerbetrieblichen Machtverhältnisse sind weitreichend, wie der englische Druckerstreik im Winter 1985/86 um die »Festung Wapping« des Verlegers Murdock gezeigt hat.

2. Vorlauf: Was ist revolutionär an industriellen Revolutionen?

Nimmt man die auf den letzten Seiten zusammengestellten Argumente zusammen, sollte hinreichend plausibel sein, daß es sinnvoll ist, von einem im Entstehen begriffenen »strukturell neuen Typus von Industriegesellschaft« zu sprechen. Das impliziert allerdings ein entsprechend verändertes Verständnis von »Industrie« und »Industriearbeit«.

Will man die Konturen dieser »neuen Industriegesellschaft« genauer bestimmen und die Dramatik des Wandels ausmachen, die mit ihrer Entstehung verbunden ist, braucht man zumindest ein grobes Verständnis des bisherigen Ablaufs des Industrialisierungsprozesses der letzten beiden Jahrhunderte. Wie notwendig ein solcher Vorlauf ist, zeigt sich nicht zuletzt daran, daß gegenwärtig gleichzeitig von der zweiten, der dritten und der vierten »Industriellen Revolution« gesprochen und geschrieben wird, wobei sich alle drei Etikettierungen auf die Verhältnisse beziehen, die Mitte der achtziger Jahre des 20. Jahrhunderts in der Bundesrepublik Deutschland und vergleichbaren Ländern gegeben sind.

Von einer zweiten Industriellen Revolution ist die Rede bei Steinmüller (1981), Schaff (1985) und Noble (1986), wobei fast bruchlos die gleichen Argumente verwendet werden, die bereits in den fünfziger Jahren gebraucht wurden. Die immer wieder genannten Stichworte sind Computer und Automatisierung, Kommunikation und Mikroelektronik, wobei, wie in dem Artikel[27] von Hans Zettler (1983), der Beginn teilweise genau datiert wird, auf das Jahr 1948 beispielsweise.

Mit der dritten Industriellen Revolution rechnen die meisten Autoren und Publikationen, so Balkhausen (1978) und eine nichtssagende Vortragsserie an der Ruprecht-Karls-Universität (1982/1984), so Beckurts (1983), der damalige Forschungsleiter von Siemens, oder Steinkühler (1986), der damalige stellvertretende Vorsitzende der IG Metall. Hans Heigert schrieb einen Zeitungs-Kommentar[28] über die »Herausforderungen einer Revolution« und bezog sich dabei ebenfalls auf das On-dit der »dritten industriellen Revolution«, wobei er feststellte, es herrsche nur Konsensus darüber, daß sie sich in »turbulenter Geschwindigkeit« vollziehe.

Bereits bei der vierten Industriellen Revolution ist[29] der Präsident des Bundeskartellamtes, Prof. Wolfgang Kartte, angekommen. In einem Rundfunk-Kommentar[30] wurde im Frühjahr 1986 der Kommunistischen Partei Italiens vorgehalten, sie sei zwar ein wenig lernfähig geworden, aber »die Probleme der vierten industriellen Revolution [habe] sie bisher noch nicht einmal zur Kenntnis« genommen. Im übrigen verweist Stahlschmidt (1977, S. 10) darauf, daß bereits die Rationalisierungsbewegung in den zwanziger Jahren dieses Jahrhunderts als »dritte industrielle Revolution« gedeutet worden sei.

Allen Interpretationen ist gemeinsam, daß sie ihre jeweilige Terminologie bzw. Zählweise mit großer Beiläufigkeit verwenden, so daß man als Leser bzw. Zuhörer den Eindruck haben muß, jeder außer einem selbst wisse Bescheid. Tatsächlich aber werden die Leerformeln selbst in thematisch einschlägigen Publikationen[31] nicht mit inhaltlichen Überlegungen bedacht. Vielleicht ist auch das nur ein Ausdruck der »turbulenten Geschwindigkeit« der gesellschaftlichen Strukturveränderungen.

Solange man gleichzeitig die zweite, dritte oder vierte Industrielle Revolution vorzählen kann, bleibt der Rückbezug auf vergangene gesellschaftliche Struktur- und Formveränderungen vage. Wenn aber die Konturen der gegenwärtigen Veränderungen nicht einmal in groben Strichen gegenüber der Vergangenheit abgehoben werden können, ist es ausgeschlossen, ein Verständnis dessen zu entwickeln, was zur Zeit neu entsteht. An eine planvolle Beeinflussung und Gestaltung künftiger Formen gesellschaftlicher Realität ist nicht einmal zu denken, solange die Strukturen der sozialen Realität der Gegenwart grundlegend falsch oder gar nicht verstanden werden.

Der einzige feste Bezugspunkt[32] in dem Wirrwarr verschiedener industrieller Revolutionen ist der, daß es im England des ausgehenden 18. und des beginnenden 19. Jahrhunderts »die Industrielle Revolution« gegeben hat, in der, zusammen mit der Französischen Revolution von 1789, die Fundamente der bürgerlichen, industriekapitalistischen Welt gelegt wurden, des »modernen« Gesellschafts- und Wirtschaftssystems zumal, mit seinen Autonomieansprüchen gegenüber staatlichen Eingriffen (Habermas, 1962), in vieler Hinsicht aber auch des kulturellen Selbstverständnisses[33] der seitherigen Geschichte.

Wenn es seit »der Industriellen Revolution« neue grundlegende industrielle Umbrüche gegeben hat, dann wird sie eben zur »ersten Industriellen Revolution«. Will man den Rückbezug auf die Interpretationen der säkularen Entwicklung der menschlichen Gattungsgeschichte (Ribeiro, 1968; Toffler, 1980) offen halten, aber den Industrialisierungsschub der Gegenwart nicht unangemessen aufwerten, mag es sinnvoll sein, für die achtziger Jahre dieses Jahrhunderts von einer »neuen Phase der Industriellen Revolution« zu sprechen. Die englische Industrielle Revolution des ausgehenden 18. Jahrhunderts könnte man demnach als »erste Phase der Industriellen Revolution« bezeichnen.[34]

Entgegen der vereinfachenden Annahme, die Industrielle Revolution in England sei primär eine »Folge technologischer Umwandlungen« (Landes, 1973, S. 15) gewesen, kann man davon ausgehen, daß sozioökonomische Bedingungen wie die Verfügbarkeit eines großen einheimischen Marktes und eines staatlich gesicherten Exportmarktes wichtige Voraussetzungen für den gesamten Prozeß der frühen Industrialisierung gewesen sind.[35] Unstrittig ist, daß der Einsatz neuer Kraftmaschinen (Dampfmaschine) und Arbeitsmaschinen (Spinn- und Webmaschinen) wichtige technische Innovationen der ersten Phase der Industriellen Revolution darstellte.

Zumindest von gleicher Bedeutung waren die rigide Trennung von Arbeit und Nichtarbeit und die damit verbundenen neuen Mechanismen der Durchsetzung von Arbeitsdisziplin (Thompson, 1980a) sowie neue Formen der Arbeitsteilung. Vielleicht entscheidend für die weitere historische Entwicklung waren freilich neue Formen der Macht und der Kontrolle, die mit der sozialen Existenzform der Lohnarbeit, der Behandlung der »Ware Arbeitskraft« als »variables Kapital« und der Verfügung über das Arbeitsprodukt anderer durchgesetzt wurden (vgl. Braverman, 1977).

Vor diesem Hintergrund läßt sich eine »zweite Phase der Industriellen Revolution« genauer bestimmen, deren Anfänge im letzten Drittel des 19. Jahrhunderts liegen.[36] Sie ist historisch gekoppelt an die Entstehung neuartiger Industriezweige, vor allem der schwachstrom- und starkstromtechnischen Industrien (Telegraphen, Funk, Dynamo, Elektromotor) und der Teerfarbenindustrie der synthetischen Chemie, der Automobilindustrie und später der Flugzeugindustrie etc.

In aller Kürze lassen sich folgende Strukturmerkmale der zweiten Phase der Industriellen Revolution unterscheiden:

1. Sie ist *auf wissenschaftlicher Grundlage* errichtet, wofür sich im angelsächsischen Sprachgebrauch der Begriff der »science based industries« eingebürgert hat. Insbesondere die Starkstromtechnik, die synthetische Chemie, die physikalisch begründete Optik und die verschiedenen Formen der großtechnischen Verfahren setzten von Anbeginn wissenschaftliche *Theorien und Methoden* sowie entsprechende *Meßverfahren und -instrumente* voraus. Traditionelle Formen handwerklichen Wissens (Färber), sofern sie bei der Entstehung dieser Industrien überhaupt eine Rolle spielten, wurden weitgehend oder vollständig entwertet.

2. Möglich wurden nun neue Formen und Größenordnungen der *Massenproduktion*[37], was zu veränderten Strategien der Steigerung des *Massenkonsums* führte.

3. Wachsende *Konzentration und Zentralisation* des Kapitals und, damit zusammenhängend, eine bis dahin im wirtschaftlichen Bereich ungeahnte Größenordnung von auf Dauer gestellten Unternehmensorganisationen mit vielen tausend Beschäftigten begründeten auch veränderte *Formen der Arbeitsteilung*.

4. Die neuen Methoden der fortschreitenden *funktionalen Ausdifferenzierung* der industriellen Arbeitsteilung wurden ermöglicht durch neu entwickelte Mechanismen und Prozeduren der *Kontrolle und Koordination* sowohl des Arbeitsprozesses als auch der Arbeitskräfte (vgl. Braverman, 1977; Kocka, 1969). Die dabei forcierte Tendenz zur Versachlichung betrieblicher Herrschafts- und Kontrollformen wurde insbesondere durch den Gebrauch sozialtechnischer Methoden vorangetrieben, durch die die Arbeitsprozesse so umgerüstet und verändert wurden, daß sie zugleich teilbar, planbar und beherrschbar gemacht wurden. F. W. Taylors »wissenschaftliche Betriebsführung« gab in vergleichsweise einfacher Form die prinzipiellen Bedingungen an, die in den folgenden Jahrzehnten immer weitergehend umgesetzt wurden (REFA, MTM, Work Factor; Wertanalyse etc.).

5. Das Ergebnis der »wissenschaftlichen Fundierung« der neuen Industrien war die Errichtung industrieller Forschungslaboratorien und die Ausdifferenzierung einer eigenständig organisierten *Industrieforschung* seit den achtziger Jahren des 19. Jahrhunderts.[38]

Bereits vor Beginn des Ersten Weltkrieges lagen somit die grundlegenden Strukturmerkmale der zweiten Industrialisierungsphase vor. Wesentliche Entwicklungsmöglichkeiten, wie der Aufbau von Systemen der Massenproduktion und des Massenkonsums, konnten allerdings erst nach dem Zweiten Weltkrieg realisiert bzw. voll ausgeschöpft werden. Die politischen, militärischen, ökonomischen und soziokulturellen Krisen und Umbrüche zwischen 1914 und 1945 sperren sich gegen eine Interpretation, die sie primär auf Technik- und Industrialisierungsfolgen zurückführen wollte. Dennoch war die Bedeutung der neuen kartellierten Großindustrien und industriell produzierten Großtechnologien und der durch sie induzierten gesellschaftlichen und politischen Verwerfungen den politischen und sozialen Konflikten vergleichbar, die aus anderen Ursachen resultierten.

Dieser Interpretationsskizze zufolge gehören zur zweiten Phase der Industriellen Revolution auch die *technischen Versorgungsnetze* der Elektrizitätsgewinnung und -übertragung[39], des Fernsprech- und Fernschreibverkehrs sowie, später, auch die Sende- und Übertragungseinrichtungen für Rundfunk und Fernsehen. Die Vernetzung der zunächst vereinzelt entstandenen Eisenbahnstrecken wurde im Grunde erst mit der Elektrifizierung erreicht, die erst lange nach dem Ende des Zweiten Weltkrieges umfassend realisiert wurde.

Die Errichtung dieser technischen Versorgungsnetze wurde häufig von großen Privatunternehmen initiiert und auch ausgeführt. In den meisten Ländern aber übernahmen relativ früh staatliche oder halbstaatliche Organisationen Bau, Betrieb und Kontrolle der kapitalintensiven Infrastruktureinrichtungen. Der soziale Gehalt dieser frühen technischen Netze ist dadurch gekennzeichnet, daß sie Benutzungsmöglichkeiten bereitstellten, die die Staatsbürger als *Kunden* individuell wahrnehmen konnten, in der Regel durch den privaten Kauf von Apparaten und Geräten (Radio, Fernseher, Waschmaschine, Kühlschrank), deren Einsatz zudem individuell reguliert werden kann, durch Sender- und Programmwahl oder generell durch die Knöpfe zum Ein- und Abschalten.

Man mag solche öffentlichen technischen Versorgungsnetze als »Dienstleistungsindustrien« (Fricke) bezeichnen, weil ihre Produkte »nicht lagerfähig«[40] seien, oder vielleicht doch besser als »Industrialisierungsdienstleistungen«. In jedem Fall sind sie konstitutiver Bestandteil jener Gesellschaftsformation, die von allen Interpreten unbestritten als »Industriegesellschaft« bezeichnet wird. Es ist jedoch irreführend, die »Dienste« von Post und Bahn, Elektrizitätswerken und Funkhäusern kommentarlos als Teil des »Tertiärbereichs« vorzustellen, zusammen mit Gaststätten, Krankenhäusern und Schulen zu rubrizieren und alles gemeinsam als Beleg für eine »neue Dienstleistungsgesellschaft« auszugeben (vgl. dazu auch Kumar, 1983).

An den technischen Versorgungsnetzen ist noch ein anderer Aspekt soziologisch aufschlußreich. Auf- und Ausbau dieser Netze vollzog sich über Jahrzehnte hin weitgehend im gesellschaftspolitischen Arkanbereich der Geschäftsbeziehungen zwischen den privatwirtschaftlichen Produzenten der Kraftwerke, Hochspannungsübertragungseinrichtungen, Sendeanlagen etc. und den halbstaatlichen Auftraggebern. Zwar mußten die technischen Netze und Anlagen *geplant* und entsprechende Investitions*entscheidungen getroffen* werden; aber diese Prozesse wurden weitgehend aus der öffentlichen Diskussion ausgeblendet, so daß jeweils erst die sozialen Folgen der »technischen Abläufe« Aufmerksamkeit erregen konnten.

Unstrittig ist, daß die durchgängige Verfügbarkeit von Elektrizität sowohl die Arbeitsbedingungen als auch das Leben in den privaten

Haushaltungen nachhaltig verändert hat. Unbezweifelbar ist auch, daß die Ausweitung der Telephonnetze und die Zunahme der Fernsprechapparate in Büros und Haushalten die Kommunikations- und Verkehrsformen verwandelt hat. In allen diesen Fällen aber gingen den »rein technischen« Prozessen soziale und ökonomische Abläufe der Investition und Planung voraus, die es gestatten, auch schon für diese Phase der Industrialisierung den Prozeß der Technologieentwicklung als »sozialen Produktionsprozeß« (Noble, 1977) aufzufassen.

Das Muster der sozialen Ausblendung und Privatisierung der Erzeugung technischer Anlagen, Apparate und Maschinen ist natürlich bei den internen Investitionsentscheidungen privater Industrieunternehmen besonders weitgehend und konsequent verwirklicht. Eine anerkannt »gesellschaftliche« Komponente erhalten die unternehmensinternen Industrialisierungsprozesse erst dann, wenn sie marktrelevant werden – wenn neue oder schlechte Waren angeboten werden oder wenn die Arbeitsmärkte durch veränderte Qualifikationsanforderungen oder durch Massenentlassungen empfindlich tangiert werden.

Ob die technologische Entwicklung als »gesellschaftlich exogener« Vorgang gesehen wird oder als »sozialer Produktionsprozeß«, der eine »soziale Formgebung« (MacKenzie/Wajcman, 1985) der Technologie einschließt, ist demnach nicht nur eine Frage des jeweiligen Standes und der spezifischen Formen der Technikentwicklung selbst, sondern immer auch *Ausdruck der gesellschaftlichen Machtverhältnisse*, vor allem bezüglich des Rechts, nach Maßgabe der eigenen Interessen auf den Produktionsprozeß neuer Technologien Einfluß nehmen zu können.

Was das heißt, läßt sich an einem aktuellen Beispiel zeigen. In der Automobilindustrie wird seit einigen Jahren eine immer engere Verbindung hergestellt zwischen der Entwicklung und Konstruktion neuer Kraftfahrzeugmodelle einerseits und der produktionstechnischen Auslegung der Massenfertigung andererseits.[41] Letztere legt dabei in vieler Hinsicht zugleich die künftigen Arbeitsplatzstrukturen fest. Wenn man nun hört, daß es den Betriebsräten großer Automobilkonzerne untersagt ist, mit den Ingenieuren und Konstrukteuren der Entwicklungsabteilungen überhaupt zu sprechen, weil das den Geheimhaltungsvorschriften für neuere Modelle widerspräche, dann erkennt man, daß es nicht ein »naturgesetzlicher Ablauf der produktionstechnischen Entwicklung« ist, der die Betriebsräte darauf verpflichtet, immer nur die »sozialen Folgen« der technischen Abläufe zu behandeln, sondern eine spezifische, machtstrategisch gesicherte Konzeption der Weltmarktkonkurrenz in der internationalen Automobilindustrie. Von »Technokorporatismus« (Weber, 1985) kann hier, jedenfalls soweit es die Beteiligung der Gewerkschaften bzw. der Betriebsräte betrifft, keine Rede sein.

Erst allmählich scheint sich in den Gewerkschaften die Einsicht durchzusetzen, daß neue Technologien *gemacht* werden. Die anschließende Frage ist dann, wo und wie das geschieht. Die traditionelle Festlegung der Funktion der Gewerkschaften sieht etwa folgendermaßen aus:

»Die Zusammenhänge zwischen technischem Fortschritt, Produktivitätsentwicklung und Beschäftigung sind zwar komplex, aber keineswegs undurchschaubar. Im Gegenteil, sie haben sich dem kritischen Beobachter des Wirtschaftsgeschehens der letzten Jahre in ihrer unübersehbar engen Kausalität geradezu aufgedrängt. Diese Kausalitätskette hat ihr erstes Glied in dem, was zu technischem Fortschritt führt – also *vor allem in Forschung und Entwicklung*. Der *gewerkschaftliche Anspruch*, den technischen Fortschritt unter soziale Kontrolle zu nehmen, *richtet sich* – sieht man einmal von politisch motivierten Ausnahmen ab – *aber nicht auf diese Stufe*, sondern auf die Umsetzungsphase.«[42]

Mittlerweile wird im DGB explizit die Forderung erhoben, das »qualifizierte Mitbestimmungsrecht der Betriebs- und Personalräte bei technischen Neuerungen« müsse »bereits im Forschungs- und Entwicklungsstadium ansetzen«.[43]

3. Warum erst jetzt oder Was ist neu an der dritten Phase der Industriellen Revolution?

In seiner sozialpolitischen Zuspitzung ist der zuletzt skizzierte Problembereich Ausdruck der Strukturveränderungen, die sich seit dem Ende der siebziger Jahre deutlich abzeichnen. Während früher die Ergebnisse der Forschungs- und Entwicklungslaboratorien in mühseliger und zeitraubender Umsetzung in die industrielle Praxis überführt werden mußten, sind die industriellen FE-Strategien durch systematische Einbeziehung von Problemen der »Serienreifmachung« und der »Fertigungsüberleitung« so viel realitätsnäher geworden, daß sie die sozialen und ökonomischen Strukturen der materiellen Produktionsprozesse, die nach den Modellen und Berechnungen ausgerichtet werden, bereits weitgehend vorwegnehmen und festlegen. Daß in der Elektronik und anderen »Zukunftsindustrien« neue Fertigungsanlagen immer öfter als völlig neue Fabriken auf der grünen Wiese errichtet werden, ist Ausdruck dieser Strukturveränderungen. Fabrikplanung wird dabei zum übergeordneten Teil der allgemeinen Fertigungsplanung; Materialfluß und Durchlaufzeiten werden mit der gleichen Akribie wissenschaftlich vorbereitet und kontrolliert (»Logistik«) wie die technologische Auslegung der neuen Fertigungsanlagen.

Diese systematischen Formen der Vernetzung von Teilprozessen sind ein zentrales Bestimmungsmoment der neuen, dritten Phase der Industriellen Revolution. Erstaunlicherweise aber ist das Motiv einer zweiten oder dritten »Industriellen Revolution« bereits in dem Jahrzehnt nach 1945 in einer ganzen Reihe von Varianten vorgetragen worden – um dann für gut zwei Jahrzehnte aus der Diskussion zu verschwinden.[44]

Nicht sonderlich kenntnisreich war Helmut Schelskys (1954) Versuch, nach einer als »Epoche der Kraftmaschinen« definierten »ersten Phase der Industriellen Revolution« eine auf die Schwachstromtechnik gegründete »zweite Industrielle Revolution« zu konstruieren. Nicht viel präziser waren die Bemühungen auf dem SPD-Parteitag in München (1956), nach einer »ersten Industriellen Revolution« der Dampfmaschinen und Textilfabriken eine »2. Industrielle Revolution« ausfindig zu machen, als deren Manifestationen neben den Düsenverkehrsflugzeugen die Atomenergie, bzw. die durch sie erschlossenen unerschöpflichen Energiereserven, und die Automatisierung angesehen wurden.[45] Seltsamerweise berief sich der Protagonist Leo Brandt dabei unter anderem auf den englischen Physiko-Chemiker und Wissenschaftspolitiker Alexander King (1956), der aber bereits von einer »dritten Phase der Industriellen Revolution« sprach, die er zwar auch auf »Atomenergie und automatische Produktionskontrolle« zu gründen suchte, die er aber zugleich als »soziale Phase« der Industrialisierung bezeichnete.[46]

Diese Überlegungen mündeten in den folgenden Jahren in die allgemeine Debatte über die »sozialen Folgen der Automation« (vgl. Friedrichs, 1963), um anschließend mit dieser zu verschwinden, als sich nicht Arbeitslosigkeit einstellte, sondern Arbeitskräftemangel.[47] Da es weder zu einer sozialhistorischen Klärung noch zu einer soziologischen Reflexion des Interpretationsmusters der verschiedenen »industriellen Revolutionen« und der Phasenkonstruktionen kam, konnten die Argumente ungeklärt und ungefiltert Anfang der achtziger Jahre wieder aufkommen (King, 1982; Schaff, 1985).

Kenntnisreicher und entsprechend brauchbarer waren zwei Interpretationsskizzen, die bereits in den vierziger Jahren formuliert, aber offenbar nicht sonderlich beachtet worden waren. Der französische Industriesoziologe Georges Friedmann (1950) überlegte, ob es nach der ersten Industriellen Revolution nicht eine zweite gegeben habe, die etwa um 1880 begonnen habe und sich auf »eine Fülle technischer Neuerungen« habe stützen können, wobei er vor allem an die verschiedenen »Anwendungsformen der Elektrizität« (S. 266) dachte. Den für die damalige Gegenwart vermuteten »Beginn einer dritten Industriellen Revolution« wollte allerdings auch Friedmann vor allem an die Atomenergie[48] gebunden wissen. Wie die Entwicklung der folgenden Jahrzehnte zeigen sollte, war auch dieses Interpretationsmuster noch zu konkretistisch, um den Strukturveränderungen der industriellen Entwicklungsschübe gerecht werden zu können.

Die interessanteste Variante ist wohl die Interpretation des Physikers Lew Kowarski (1948, 1949), der – in Anlehnung an entsprechende Überlegungen John Desmond Bernals (1946) – eine »zweite Phase der Industriellen Revolution« mit der »organisierten angewandten Forschung« verband.[49] Vor diesem Hintergrund notierte Kowarski dann eine »dritte Phase der Industriellen Revolution«, die dadurch gekennzeichnet sein werde, daß »die Wissenschaft sich als Initiator und Leiter der industriellen Praxis« herausbilden werde (Kowarski, 1978, S. 151).

Diese enge Verknüpfung von Wissenschaft und Industrie ist für die dritte Phase der Industriellen Revolution wohl tatsächlich grundlegend geworden. Nur mußte erst eine Vielzahl von sozialen und ökonomischen, wissenschaftlichen und technischen Vorbedingungen erfüllt sein, bevor dieser neue Strukturzusammenhang verwirklicht werden konnte. Die Realisierung der Bedingungen für die »*Verwissenschaftlichung der Industrie*« und der »*Industrialisierung der Wissenschaft*« erwies sich als dermaßen komplex und kompliziert, daß sie drei volle Jahrzehnte in Anspruch nahm. Erforderlich war eine ungeheure Steigerung des Niveaus der Realabstraktion, in der zugleich die Transformation schöpferischer Tätigkeiten in organisierte wissenschaftliche Arbeitsprozesse durchgesetzt und deren Kommensurabilisierung selbst mit einfachsten Prozessen manueller Arbeit konstruiert werden mußten.

Es kann also nicht darum gehen, die gesellschaftlichen Strukturveränderungen und die wissenschaftlich-technologischen Innovationen der sechziger und siebziger Jahre zur bloßen Latenzphase oder gar zur sozialen »Inkubationszeit« zu erklären, in der »sich etwas entwickelt« habe, was dann in den achtziger Jahren »zum Ausbruch« gekommen sei, wie bei Schizophrenie oder einer Virusinfektion. Auch wenn sich in der neuen Industrialisierungsphase ein beängstigendes *Destruktionspotential* angesammelt hat, das Günther Anders (1980) geradezu zum zentralen Definitionsmerkmal seiner Interpretation der »dritten Industriellen Revolution« gemacht hat; und selbst wenn man diese Zerstörungstendenz als Symptom »gesellschaftlicher Krankheit« interpretieren würde, ist die Übernahme von Ausdrücken der medizinischen Anamnese oder der Psychologie abweichenden Verhaltens wenig geeignet, ein angemessenes Verständnis der vielfältigen Formen der Vorbedingungen der neuen, dritten Phase der Industriellen Revolution zu begründen.

Vor allem verschüttet solche Metaphorik jedes Verständnis der Mechanismen und Prozeduren der *Erzeugung sozialer Realität*, die inzwischen entwickelt worden sind und die man kennen muß, wenn man ernsthaft an eine politische und gesellschaftliche Gestaltung der weiteren Entwicklung denken will.

Mittlerweile läßt sich eine ganze Reihe von Argumentationsmustern ausfindig machen und zusammenstellen, mit deren Hilfe Ausmaß und Dramatik der gegenwärtigen gesellschaftlichen Strukturveränderungen so stark herausgearbeitet werden sollen, daß man ernsthaft von einer neuen Phase der Industriellen Revolution sprechen kann.

Erstens. In den eher spärlichen systematischen Begründungsversuchen dominiert zweifellos der Hinweis auf die naturwissenschaftlichen und technologischen Fortschritte, die zur rasanten Miniaturisierung der elektronischen Bauelemente geführt haben (Balkhausen, 1978; Bekkurts; Queisser, 1985). Von hier aus läßt sich auch der Übergang zur Ausbreitung der Digital-Technik begründen, die ihrerseits die »Verklammerung der drei Techniken« der numerischen Datenverarbeitung, der allgemeinen Informationsverarbeitung und der Informationsübermittlung (Theenhaus, 1985) erst möglich gemacht hat.

Zu ergänzen wäre dieses Argument durch Verweis auf den komplexen Prozeß der Entwicklung der Computer Sciences bzw. der Informatik (Mainzer, 1979; Eggeling, 1985) und die Arbeiten zur »künstlichen Intelligenz« (Feigenbaum/McCorduck, 1984; Fleck, 1984), auch wenn deren Bedeutung umstritten ist (Dreyfus, 1972/1985).

Entgegen den monokausalen Annahmen der mikroelektronischen Revolutionstheorie ist auf die vergleichbare Bedeutung der Molekularbiologie (Bernal, 1939/1964; Yoxen, 1981) bzw. der Gentechnologie (Hack/Hack, 1985a, 1985b) hinzuweisen, die nicht nur beträchtliche Auswirkungen auf die chemische und pharmazeutische Industrie hat[50], sondern auch das gesamte gesellschaftliche Verständnis der Lebensprozesse insgesamt beeinflussen wird, was im übrigen den engen Bezug zu den Arbeiten zur »künstlichen Intelligenz« einschließt. Die Rede ist inzwischen schon von der »Bio-Gesellschaft von morgen«, die die »Informationsgesellschaft ab(löse)«.[51] Geschwindigkeit ist alles. Zumindest bei der Verwendung von Schlagworten.

Die *Beschleunigung* der genannten Abläufe in den letzten Jahren ist denn auch das hervorstechende Merkmal, wenn man versucht, die Bedeutung dieses Faktorenkomplexes einzuschätzen. Insgesamt aber handelt es sich wohl eher um evolutionäre Prozesse, deren einzelne Entwicklungsschritte lediglich immer schneller aufeinander folgen. Nicht ohne Grund sprechen Feigenbaum/McCorduck von einer einfachen Abfolge der ersten vier Computer-Generationen – gekennzeichnet durch die Verwendung von Röhren, Transistoren, integrierten und höchst-integrierten Schaltkreisen – und vermuten erst für die bevorstehende Fünfte Computer-Generation eine »2. Computer-Revolution«. Die Vorberichte deuten aber auch hier eher auf evolutionäre Entwicklungen.

Die forcierte Weltmarktkonkurrenz im Bereich der Mikroelektronik schlägt sich nicht zuletzt in der Beschleunigung der Errichtung von immer neuen Fabrikationsstätten für die jeweils neueste Miniaturisierungsstufe nieder. Damit sind bereits auch ökonomische Motive im Spiel. Eine Reihe von detaillierten sozialwissenschaftlichen Untersuchungen[52] hat gezeigt, in wie starkem Maße ökonomische und militärische Interessen von Anfang an in die Entwicklung der Mikroelektronik, der Computertechnologie und der Informatik eingegangen sind.

Auch der Übergang von der Analogtechnik zur Digitaltechnik erfolgte im übrigen keineswegs nur nach rein technischen Kriterien, sondern unter sorgfältiger Berücksichtigung ökonomischer Kriterien, wobei die Miniaturisierung der elektronischen Bauelemente Ende der siebziger Jahre die Digitaltechnik endgültig begünstigte. Das Interesse, Datenverarbeitung und Nachrichtentechnik zusammenzufassen, folgte zunächst aus den (militärisch überlagerten) Problemen der Raumfahrt. Entscheidend aber wurden wohl die Bemühungen in den transnationalen Industriekonzernen, ihre weltweiten unternehmensinternen Kommunikationsprozesse und Datenverarbeitungsapparate zu verkoppeln und zu rationalisieren.

Man kann also sagen, daß die naturwissenschaftlichen und technologischen Prozesse eine Reihe von notwendigen Bedingungen darstellen, für sich genommen aber, auch als Gesamtkomplex, keine hinreichende Erklärung für einen neuen revolutionären Umbruch bilden. Die Entwicklung verläuft eher kontinuierlich, wenn auch mit wachsender Geschwindigkeit. »Institutionalisierung der Innovation« (Kieser, 1984) wird zu einer veränderten Definition der Unternehmensorganisation, in deren Rahmen Innovationen und strategische Planung nicht mehr nur Aufgabenstellung bestimmter Funktionsbereiche sind.

Zweitens. Ökonomische Interessen und Motive spielen nicht nur im externen Bezug auf die Weltmarktkonkurrenz eine wichtige Rolle, auch innerorganisatorische Kontrollprobleme der transnationalen Konzerne haben – bei mehreren hunderttausend Beschäftigten und über hundert Fabrikationsstätten in mehreren Dutzend Ländern – eine qualitativ neue Bedeutung erhalten. Unbestreitbar hängt damit auch das Interesse zusammen, die ausgeuferten Bereiche zu rationalisieren und kontrollierbar zu halten bzw. zu machen. »Technisierung geistiger Arbeit« wird denn auch als Begründung für eine neue zweite Industrielle Revolution (Steinmüller, 1981) genannt. Zwar werden Konzepte wie das »Büro der Zukunft« und die »Fabrik der Zukunft« zunehmend in einem Atemzug abgehandelt (Beckurts, 1985b; Theenhaus, 1985) und zugleich im Zusammenhang der neuen Kommunikationstechnologien diskutiert, aber dabei wird das gemeinsame ökonomische Rationalisierungsinteresse eher erklärungsbedürftig.

Tatsächlich dürfte die Bedeutung der »Verwissenschaftlichung der Industrie« für die Arbeit von Naturwissenschaftlern und Ingenieuren weniger darin liegen, daß auch diese nunmehr Mechanismen der Taylorisierung und Mechanisierung ausgesetzt wird, die in mancher Hinsicht denen vergleichbar sind, die im Verlaufe eines ganzen Jahrhunderts in den verschiedenen Bereichen der materiellen Produktion entwickelt worden sind. Wichtiger im Bereich der wissenschaftlich-technischen Arbeitsprozesse ist wohl eine durchgängige Beschleunigung des Wissensumschlags. Das impliziert einerseits eine kontinuierliche *Entwertung des beruflichen Wissens* durch Prozesse der Transformation in technologische Systeme und forciertes Veralten und andererseits eine beträchtlich verstärkte Anstrengung zur *ständigen Erneuerung des beruflichen Wissens* durch eine Vielzahl von Weiterbildungsveranstaltungen.[53]

Ein eher implizites, aber weitreichendes Motiv sind die beiden »Ölpreisschocks« von 1973 und 1979 bzw. das in ihre Nähe gerückte allgemeine Argumentationsmuster von den »Grenzen des Wachstums« (Meadows u. a., 1973). Auch wenn die im engeren Sinne ökonomischen Argumente dieses Interpretationsmusters nicht zu bestreiten sind, besteht die Bedeutung der Krisensituation von 1973/1974 wohl eher darin, daß schlagartig erkennbar wurde, daß man die gesellschaftlichen Interdependenzen und die ökologischen Vernetzungen beachten mußte, die den isolierten Aktionen des Wirtschaftens ihren realen Zusammenhang geben. Auf die Tagesordnung kamen Probleme des schonungsvollen Umgangs mit knappen Ressourcen ebenso wie der Folgen und Begleitumstände sozioökonomischer Handlungsketten.

Die modernen Informations- und Kommunikationstechnologien lassen sich somit auch als eine Antwort auf diese sozialstrukturell verändert wahrgenommene ökonomische Gesamtsituation verstehen. Ein neuer gesellschaftlicher Bedarf an Technologien zur Verarbeitung eines gesteigerten Komplexitätsniveaus wäre demnach entstanden. Auch wenn dieses Argument richtig sein dürfte, vermag diese Konstellation allerdings nicht zu erklären, warum bei der Entwicklung von Computer- und Softwaresystemen jene Formen dominieren, die nicht einfach als neutrale Problemlösungstechniken konzipiert sind, sondern die immer zugleich als Kontroll- und Herrschaftstechnologien (Briefs, 1984) funktionieren können.

Ökonomische Motive sind unzweifelhaft wichtig, um die Richtung zu erklären, die der wissenschaftliche und technologische Prozeß nimmt. Und sie sind unerläßlich, um die Herrschaftsimplikationen der neueren Technologieentwicklung zu begreifen (Ullrich, 1977). Ökonomische Motive und Ursachen sind ausschlaggebend, wenn man verstehen will, warum die sozialen Implikationen eines Jahrzehnte andauernden Prozesses der wissenschaftlich-technologischen Arbeit plötzlich als Problem »sozialer Folgen« in die öffentliche Diskussion eingelassen werden.

Was nicht nur in den industriellen Forschungs- und Entwicklungslaboratorien an Veränderungen der industriellen Sozialstrukturen über Jahre hin als »privatissimum« behandelt wurde, schlägt Mitte der achtziger Jahre in gesamtgesellschaftliche Strukturveränderungen um. Dieses Motiv der unvermittelten Vergesellschaftung von Strukturveränderungen ist sicher ein wichtiges Bestimmungsmerkmal der dritten Phase der Industriellen Revolution. Dabei handelt es sich nicht so sehr um ein Problem der öffentlichen Wahr-Nehmung, sondern primär um den Ausdruck der Verfügung über die Generierung von Industrialisierungsprozessen.

Drittens. Soziokulturelle Motive zur Erklärung des gegenwärtigen Strukturwandels tauchen bisweilen unter dem fragwürdigen Titel des »Wertewandels« auf (Zukunftsperspektiven, 1983), unter dem sich eine schmiegsam gewordene Art der Soziologie wichtig machen kann. Tatsächlich geht es eher darum, daß soziale Organisationen Funktionsäquivalente entwickelt haben für das, was noch vor wenigen Jahrzehnten als »motivationaler Antrieb« in den individuell verbindlichen Werten und Normen verankert sein mußte.

Wichtiger für den vorliegenden Zusammenhang sind reale gesellschaftliche Individuierungsprozesse, die auf umstrukturierte Bedingungen familialer und schulischer Sozialisation und auf jahrzehntelangen Umgang mit technisch vermittelter Unterhaltung zurückgeführt werden können. Diese neuen Formen der »Individuation« lassen sich interpretieren als Bereitschaft, sich in vorgegebene Sozialformen ohne eigenen Rest (Identität) »einzubringen«. Mit diesen »individuierten Subjekten« liegen genau jene sozialen Bausteine vor, auf die sich Strategien stützen können, die eine »Unternehmenskultur als Produktionsfaktor« (Heinen, 1985) zu begründen versuchen. »Human capital« in diesem Zuschnitt wird dann zusammen mit Sachinvestitionen und FE-Aufwendungen zur einheitlichen Größe der »Zukunftsinvestitionen« kombinierbar – Ausdruck einer realen Angleichung von Menschen, Maschinen und Wissensbeständen.

Viertens. Die Motive der Flexibilisierung der Unternehmensorganisation und der dafür nutzbaren Züchtung produktivitätssteigernder Unternehmenskulturen verweisen auf das eigentlich Neue der dritten Phase der Industriellen Revolution: die industrialisierbare Produktion sozialer Realität. Anders als bei den herkömmlichen technischen Versorgungsnetzen, die Benutzungsmöglichkeiten eröffnen, sind in die neuen technologischen Kommunikations- und Informationssysteme soziale, ökonomische und kulturelle Verstrebungen verbindlich eingelassen.

Auf der einen Seite impliziert dies Formen des immer systematischeren Einsatzes von Wissenschaft, durch die integrierte Strukturzusammenhänge aufgebaut werden können, wie die des Computer Integrated Manufacturing/CIM oder der Integrated Systems Digital Networks/ISDN. Voraussetzung hierfür waren vielfältige mühselige Kleinarbeiten, durch die materielle Produktionsprozesse in Fließprozesse – Materialfluß, Durchlaufzeiten, Chemisierung, Prozeßdatenverarbeitung in »Realzeit« – umgewandelt und ehemals »geistige Arbeiten« zugleich zu immateriellen Produktionsprozessen umgerüstet wurden.[54] Diese Angleichung vormals »unvergleichlicher« Arbeitsprozesse stellt eine qualitativ neue Form der Realabstraktion dar. Auf der anderen Seite bedeutet das die Entwicklung neuer Mechanismen und Prozeduren des Umgangs mit der sozialen Realität. Wie die theoretisch angeleiteten Simulationen sind auch elektronische Prozesse der immateriellen Produktion prinzipiell reversibel. Sie können widerrufen (Video-Display) und beliebig gestoppt werden; der gesamte Ablauf kann retrogressiv organisiert und gesteuert werden (Gunn, 1982). Die linearen bzw. seriellen Prozesse der Informationsverarbeitung sollen demnächst, in der fünften Computer-Generation, mit Hilfe neuer Parallel-Architekturen in komplexere Verarbeitungsformen überführt werden (Feigenbaum/McCorduck, 1985, S. 31). Mit der in Arbeit befindlichen dritten Roboter-Generation sollen neue Optimierungsstrategien realisiert werden, durch die das »funktionsorientierte Wissen der Konstrukteure« mit dem »fertigungstechnischen Wissen der Arbeitsplaner« verknüpft werden kann

(Spur, 1985). Die neuen Flexibilisierungskräfte der immateriellen Produktionsprozesse werden allmählich auf die materiellen Produktionsprozesse ausgedehnt.

Die mit diesen Veränderungen eng zusammenhängende neu geschürte Technikeuphorie weist sicher eine ganze Reihe von Ähnlichkeiten mit der Gründerphase der siebziger Jahre des 19. Jahrhunderts auf. Überkapazitäten sind absehbar, in den Bereichen der Mikroelektronik und des Kraftfahrzeugbaus bereits vorhanden, bei Softwareberatungsfirmen zumindest zu vermuten. Zugleich sind allerdings neue Formen der gesellschaftlichen Entwertung von Produktionsanlagen und Wissensbeständen entwickelt worden, die auch das Problem der »Kapazitätsauslastung« beeinflussen.

Gegenüber den siebziger Jahren des 19. Jahrhunderts besteht das Neue, das die dritte Phase der Industriellen Revolution kennzeichnet, allerdings darin, daß mit den großen transnationalen Konzernen ein neuartiger Vergesellschaftungsmechanismus zur Verfügung steht. Das heißt zum einen, daß nationalstaatliche Kontroll- und Interventionsmöglichkeiten in erheblichem Maße unterlaufen und außer Kraft gesetzt werden können. Das meint zum anderen umfassende Diversifizierungstendenzen, durch die traditionelle produktbezogene Industrieunternehmen zu industriellen »Technologiekonzernen« um- und ausgebaut werden.

Die Übernahme der Elektronikunternehmen Kienzle und Hartmann & Braun durch Mannesmann und Triumph-Adler durch VW sowie der Aufbau von Krupp Atlas Elektronik erfolgten bereits vor einigen Jahren. Seit Mitte der achtziger Jahre aber gibt es eine neue Qualität der Strukturveränderungen in industriellen Technologiekonzernen. Von General Motors, das mit Hughes Aircraft und EDS zwei Technologieunternehmen akquirierte, wird berichtet[55], das Unternehmen wolle in den nächsten Jahren einige tausend »Wissensingenieure« neu einstellen. General Electric, das selbst über ein FE-Potential (1984) von 2,3 Milliarden Dollar verfügt, erwarb mit RCA ein forschungsintensives Großunternehmen mit einem FE-Potential von 243 Millionen Dollar, also umgerechnet etwa 600 Millionen DM.[56]

Der Aufkauf von MTU, Dornier und AEG durch Daimler-Benz war zwar auch ein industriepolitisch wichtiger Vorgang; aufschlußreich ist jedoch, daß es sich vermutlich um den forschungspolitisch folgenreichsten Entscheidungsprozeß handelt, den es in der Geschichte der Bundesrepublik Deutschland gegeben hat: innerhalb weniger Monate wurde eines der größten industriellen Forschungs- und Entwicklungspotentiale, mit mehr als 10000 Wissenschaftlern, Ingenieuren usw. und einem jährlichen FE-Budget von mehr als 1,5 Milliarden DM, auf mehr als das Doppelte vergrößert. Gegenstand des Unternehmens Daimler-Benz sind nicht mehr so sehr »Kraftfahrzeuge«, sondern *technologische Verkehrssysteme* aller Art.

Welches Vergesellschaftungspotential hier angesammelt ist, zeigt sich exemplarisch an der Strategie von General Motors, als internationales Standardisierungsprogramm für die Prozeß- und Fertigungsautomatisierung das eigene System MAP (Manufacturing Automation Protocol) durchzusetzen[57], wobei die Tatsache, daß konzernintern ca. 50000 Datenstationen (bei ca. 800000 Beschäftigten) verfügbar sind, dem Unternehmen als Machtbasis dienen kann. Die Siemens-Konzepte zur Bürorationalisierung (»Büro 1990«, »Büro 2000«) konnten ebenfalls auf der Basis hausinterner Ressourcen entwickelt und vorangetrieben werden.

In allen genannten Beispielen ist die Verfügung über komplexe Wissenssysteme und die dafür erforderlichen »Wissensträger« ausschlaggebend. Für die Aufkäufe der Elektronik- und Raumfahrtunternehmen waren deren umfangreiche FE-Apparate besonders wichtig. Dazu gehören nicht nur Forschungsinstitute und eingespielte Projektteams, sondern auch die Bestände an Patenten, Lizenzen und Kooperationsverträgen mit anderen Unternehmen. Die Beispiele MAP und »Büro 2000« belegen darüber hinaus, über welch umfangreiches sozio-technologisches Testgelände diese industriellen Technologieunternehmen verfügen können, auf dem sie neue komplexe Technologiesysteme relativ ungestört erproben und verbessern können, bevor sie diese »nach draußen«, auf die (Welt-)Märkte, werfen.

Diese intraindustriell entwickelten und erprobten Industrialisierungsmuster werden aber zugleich auf ganz anderen Wegen auf »fremdes« Terrain in anderen Wirtschaftszweigen übertragen. Kaufhauskonzerne setzen Methoden des »industrial engineering« ein, um Planung und Realisierung von komplexen Projekten mechanisierter Warenverteilungssysteme zu verbessern und den Materialfluß bzw. die »Materialflußgestaltung« zu rationalisieren.[58] Durchgespielt wird der »Transfer industriebetrieblich-produktionswirtschaftlicher Erkenntnisse auf den Produktionsbereich von Banken« (Haak, 1982). Industrialisierung wird damit zu einem generalisierten Mechanismus der Realitätserzeugung, der inzwischen weit über die materielle Güterproduktion hinaus erprobt wird.

Ausgegeben werden diese Vorgänge als Technisierungsprozesse oder als »technische Revolutionen«[59], die zuvor ganz und gar ihres gesellschaftlichen Charakters entkleidet wurden. Zwar wäre es falsch, den »sozialen Produktionsprozeß« von Technologien (Noble) umstandslos mit dem industriellen Prozeß der Erzeugung technologisch manifestierter sozialer Realität gleichzusetzen, doch gibt es in beiden Fällen eine durchgängige Dimension der sozialen De-Kontextualisierung bzw. De-Politisierung (vgl. auch Ronge, 1978). Für die Stabilisierung von Herrschaftsinteressen in der und durch die Technologie sind diese Depolitisierungsmechanismen recht brauchbar.

»Hoch-Technologie« läßt sich leicht gegen alle Forderungen ausspielen, die auf basisdemokratischen Formen der Willensbildung insistieren. Die Entscheidungsprozesse, die zur erfolgreichen Bewältigung der Probleme einer verschärften Weltmarktkonkurrenz erforderlich sind, lassen sich leicht in die »sozialen Reinsträume« der Machtzentren verlegen, in denen Investitionsprogramme und Industrialisierungsstrategien festgelegt werden, wie im »Münchner Kreis«. Es sind vor allem die Entscheidungszentren der transnationalen Konzerne (OECD, 1985), in denen über FE-Strategien, Technologie- und Industriepolitik und die dazugehörigen Transferprozesse verfügt werden kann.

Der »revolutionäre« Charakter der dritten Phase der Industriellen Revolution hat vor allem mit diesen neuen Formen einer de-politisierten industriellen Produktion der sozialen Realität zu tun. Dennoch wäre es falsch, eine einfache Ablauflogik der bevorstehenden Entwicklung anzunehmen.

4. Ablauf: Es gibt keine einfache »Entwicklungslogik« des Industriesystems

In den fünfziger und frühen sechziger Jahren waren »Modernisierungstheorien« en vogue, die eine mehr oder weniger eindimensionale »Logik der Industrialisierung« (C. Kerr u. a., 1956/1960, S. 43ff.) unterstellten, die die Ablaufmechanismen der Industrialisierung in allen Ländern der Erde anleiten werde.

Die Kritik an derartigen Konzepten bezog sich einerseits darauf, daß sie die Rückwirkungen der Industrialisierungsprozesse in den reich gewordenen Ländern des Nordens (Kolonialisierung, Imperialismus etc.) nicht beachteten (Hobsbawm, 1970; Ribeiro, 1968). Die Kritik richtete sich andererseits darauf, daß mit der einfachen Industrialisierungslogik alle Probleme der gesellschaftlichen Formbestimmung unterschlagen würden. Mit der analytisch begründbaren Unterscheidung zwischen »spätkapitalistischen« Produktionsverhältnissen und »industriellen« Produktivkräften (Adorno, 1969) schien es schließlich gelungen zu sein, die »Eindimensionalität« aufzubrechen – bis klar wurde, daß die gesellschaftlichen Formbestimmungen der Industrialisierung auch die Produktivkräfte geprägt hatten, bis in die wissenschaftlich-technischen Grundlagen hinein (Marcuse, 1964; Ullrich, 1977).

Die Vorstellung, daß die Herrschaftsstrukturen nur mehr zusammen mit den großtechnischen Apparaturen und Anlagen des »Industriesystems« abgestreift werden könnten, kam damit allerdings unversehens in die Nähe konservativer ideologischer Vorstellungen (Bell), daß sich die »nachindustrielle Gesellschaft« ohnehin auf sanfte und selbstverständliche Weise von den industriellen Strukturen lösen und sich damit auch gleich in eine nachkapitalistische Gesellschaft verwandeln werde.[60]

Heute bestreitet wohl niemand mehr, daß es sich bei den »fortgeschrittenen« Industriegesellschaften Westeuropas, Japans und der USA um »kapitalistische« Gesellschaften handelt. Der neue Industrialisierungsschub der achtziger Jahre wird aber fast durchweg wieder nach dem Muster einer eindimensionalen Ablauflogik interpretiert, der zufolge alle Länder dieselbe Förderung »der Zukunfts- resp. Schlüsselindustrien« zu betreiben haben. »Sieger« auf diesem scheinbar so klar definierbaren und geradlinigen Weg werde das Land sein, das über die effektivste Spitzenforschung und den elegantesten Technologietransfer verfügt, also die größte Geschwindigkeit vorlegen und Weltmarktanteile einheimsen kann.

Es läßt sich zeigen, daß diese einfache Ablauflogik der Industrialisierung auch heute nicht gilt. Als Vorbild zur Bekämpfung der *Arbeitslosigkeit*, die mit der dritten Phase der Industriellen Revolution auf absehbare Zeit einhergeht, wird seit einigen Jahren das Beispiel der USA angeführt, wo seit 1980 im »Dienstleistungssektor« fünf Millionen neue Arbeitsplätze entstanden sein sollen.

Den Zahlenangaben des US-Department of Labor zufolge gab es in den USA 1984 69,7 Millionen Beschäftigte im »Dienstleistungsgewerbe« und 19,4 Millionen in der »verarbeitenden Industrie«, also ein Verhältnis von 3,5 : 1. Allerdings hat es dieser Erhebungstechnik zufolge in den USA wohl nie eine wirkliche »Industriegesellschaft« gegeben: bereits 1960 betrug das Verhältnis 2:1; 33,8 Millionen Personen im Dienstleistungsbereich, 16,8 Millionen in der Industrie.[61]

Es spricht sich allmählich herum, daß diese aufgeblasene »Dienstleistungs«-Kategorie jede Aussagekraft verloren hat. Herumgesprochen hat sich inzwischen auch, daß die in den USA massenhaft neugeschaffenen Arbeitsplätze in vielen Fällen sehr schlecht bezahlt sind und häufig menschenunwürdige Arbeitsbedingungen einschließen.

Wichtig ist aber noch etwas anderes. Zur Weltmachtrolle der USA gehört eine Konzentration der Förderung des militärisch-industriellen

Komplexes, dessen Kehrseite bereits seit langem eine dem korrespondierende De-Industrialisierung ziviler Industriesektoren ist.

Anläßlich der Fusion von General Electric und RCA wurde in der Wirtschaftspresse kritisiert[62], die großen US-amerikanischen Unternehmen suchten sich auf dem heimischen Markt zunehmend Nischen, die vor ausländischer Konkurrenz geschützt seien – insbesondere im Verteidigungssektor und im Dienstleistungsbereich.

Die Reagan-Administration ist diesem Schonraumkapitalismus mit ihrer Rüstungspolitik (SDI) sehr entgegengekommen, wobei das »deficit spending« zu enormen Steigerungen der Zinssätze und des Dollarkurses führte, die sich faktisch in einer weiteren Verschlechterung der Konkurrenzfähigkeit wichtiger ziviler Industriebranchen niederschlugen. Ganze Konsumgüterbranchen wie elektrotechnische Haushaltsgeräte und die Schuhindustrie, aber auch Zweige der Investitionsgüterindustrie (Schuhmaschinen) wurden weitgehend an die ausländische Konkurrenz verloren. Diese selektive De-Industrialisierung ist also keineswegs »der normale Weg der fortschreitenden Industrialisierung«, sondern Ergebnis einer spezifischen Politik im Dienste des militärisch-industriellen Komplexes.

Zugleich bedeutet das Programm der Militarisierung und Industrialisierung des Weltraums (SDI) eine Form der Konzentration der Forschungs- und Entwicklungsarbeiten, die keineswegs einer neutralen Industrialisierungslogik entspricht. Einer IABG-Studie[63] zufolge ist der zivile Nutzen von Rüstungsprojekten auf prinzipielle bzw. übertragbare technische Lösungen beschränkt: Flugzeuge müssen starten, fliegen und landen können, das gilt für Verkehrsflugzeuge ebenso wie für Bomber. Hochgezüchtete Jagdbomber hingegen erfordern Entwicklungs- und Ingenieursarbeiten, die für den zivilen Flugverkehr nahezu belanglos sind.

Wenn es nun stimmt, daß in die neuen komplexen technologischen Systeme soziale Strukturierungen bereits eingebaut werden, die die jeweiligen Anwendungsbedingungen präformieren, dann wird eben auch die »über-irdische«, destruktive und schon ganz formal a-soziale Technologieprogrammatik von Rüstungskonzepten andere Herstellungsbedingungen gebieten und andere Anwendungsbedingungen implizieren, als es bei Technologiekonzepten der Fall ist, bei denen von Anfang an bedacht wird, daß sie als technisch sedimentierte Arbeits- und Lebensbedingungen wirksam werden sollen.

Die in den USA betriebene selektive Industrialisierung und De-Industrialisierung ist Resultat ganz spezifischer politischer Entscheidungen bzw. Prioritäten. Sie ist nicht Ausdruck des einzig möglichen Industrialisierungsprozesses bzw. einer ihm angeblich inhärenten »Logik«. Andere industriepolitische Strategien sind möglich. Sie sind aber nur realisierbar, wenn die zugrunde liegenden wissenschafts- und technologiepolitischen Konzepte bewußt und planvoll an den Möglichkeiten einer gesellschaftlichen »Formgebung der Technologien« (MacKenzie/Wajcman, 1985) orientiert werden. Dazu genügt es nicht, unterschiedliche Anwendungsmöglichkeiten und Folgen fertiger Technologien zu bedenken und abzuschätzen, wie jetzt allerorten gefordert wird.[64] Die jeweiligen Industrialisierungsprozesse müssen von ihrem Anfangsstadium an auch als industriepolitische Strategien gesehen werden. Das aber läßt sich nur vorstellen, wenn auch der wissenschaftliche Vorlauf bei der Erzeugung neuer Technologien als sozialer Prozeß begriffen und der öffentlichen Diskussion und Kontrolle zugänglich gemacht wird. Dabei können erweiterte Konzepte der gewerkschaftlichen Mitbestimmung hilfreich sein.[65] Auf dieser institutionellen Ebene allein aber lassen sich die Probleme nicht angemessen stellen und lösen. Gesellschaftliche Planung und politische Steuerung der wissenschaftlich-technologischen Abläufe sind nur dann denkbar und sinnvoll, wenn sie die Besonderheiten und Eigentümlichkeiten dessen kennen und beachten, was sie planen und steuern sollen (Ravetz, 1973). Wissenschaftliche Forschung und technologische Entwicklung lassen sich nicht mit den Methoden planen und steuern, die in einer durchrationalisierten Hemdenfabrik (Weingart, 1984) oder auf einem Rangierbahnhof ausreichen mögen.

Die systematische Organisation wissenschaftlicher Arbeitsprozesse ist in mancher Hinsicht ein Paradox: Sie ist im Grunde gar nicht möglich, und sie geschieht täglich in Tausenden von Laboratorien, in der Bundesrepublik Deutschland wie in den USA oder der UdSSR. Will man dieses Paradox verstehen, muß man die Zusammenhänge zwischen sozialer und kognitiver Organisation wissenschaftlicher Arbeitsprozesse betrachten. Davon handelt dieses Buch.

5. Herausforderungen an die Soziologie

Die neuere sozialhistorische Forschung »behandel[t] die [erste] Industrielle Revolution nicht im engeren, technologisch-ökonomischen Sinne als Revolution von Produktionsprozessen oder als Gewichtsverlagerung zwischen ökonomischen Sektoren, sondern als Gesamtkomplex eines Wandels, bei dem technisch-wirtschaftliche Entwicklungen eingebettet sind in sozio-kulturelle Veränderungen«.[66] In diesem veränderten historischen Verständnis von Industrialisierungsschüben und der Rolle, die technologische Abläufe und Sprünge dabei spielen, bilden sich vielfältige Erfahrungen und Überlegungen der letzten Jahrzehnte ab (s. Hobsbawm, 1969; Thompson, 1980a; 1980b). Es wäre fatal, wenn es nicht gelingen würde, dieses breitere und reflektiertere sozialwissenschaftliche Verständnis auch bei der Interpretation des gegenwärtigen Industrialisierungsschubes anzuwenden.

Macht man sich von den unbedarften Erwartungen einer nahe bevorstehenden »nachindustriellen Gesellschaft« frei, so gibt man auch die Hoffnung auf einen blind wirkenden Geschichtsmechanismus auf, der zufolge eine »unsichtbare Hand« den Industriemüll wegräumen werde, der sich in vielen Jahrzehnten angesammelt hat. Inzwischen weiß man, daß die Produktion von Mikrochips mit einer beträchtlichen chemischen Belastung der Umwelt verbunden ist. Die intellektuelle Umweltverschmutzung, die mit den riesigen Datenbanken verbunden ist und mit den Datenschatten, die sie auf die Biographien und Verkehrsformen der Menschen werfen, eröffnet eine neue Problemdimension, die heute erst in Umrissen erkennbar ist.[67]

Zum Verständnis der neuen Form der Industriegesellschaft, auf die wir (uns) zutreiben, gehört es zu erkennen, daß die »Kulturindustrie« ihre Metaphorik abgestreift[68] hat und zu einem zentralen, wenn auch trivialen Bestandteil des Funktionszusammenhangs von Arbeits- und Lebensbedingungen geworden ist. Die fortschreitende Industrialisierung und Vernetzung der sozialen Informations- und Kommunikationsstrukturen kümmert sich nicht um geistesgeschichtlich begründete Kolonialisierungsverbote. Gefordert ist aber zugleich eine veränderte Einsicht in die Geschichte der »Industriekultur« (vgl. Ruppert, 1983), wozu allerdings auch gehören würde, daß Kultur nicht als Seidentapete mißverstanden wird, die man über die harten, anstößigen Tatsachen eines in seiner Art unbeeinflußbaren Industrialisierungsprozesses zu spannen versucht.

Gerade die Sozialwissenschaften sind dabei vor die Herausforderung gestellt, die tiefgreifenden Widersprüche und Ambivalenzen der komplexen Industrialisierung aufzunehmen und sie rekonstruktiv zu klären. Von einer einfachen »Logik der industriellen Entwicklung« auszugehen, ist dabei wenig hilfreich. Statt dessen gilt es, die gesellschaftlichen und politischen Formbestimmungen ausfindig zu machen, deren systematische Ausblendung dem wissenschaftlich-technologischen Prozeß erst seine Unabwendbarkeit verleiht, die er nicht »hat«, sondern zugeschneidert »bekommt«. Das beginnt bei den alltäglichen Banalitäten, an denen die Sozialwissenschaften sorgfältig und systematisch vorbeiblikken. In wissenschaftlichen Projektteams und in Werteanalysegruppen, in Qualitätszirkeln und bei der Arbeit an Versuchsständen wird selbstverständlich und anhaltend diskutiert, welche Schritte der Problemlösung und der Optimierung unternommen werden müssen, um mit den jeweiligen Aufgaben fertigzuwerden (vgl. Barnes, 1971; Burawoy, 1979). Hier werden Industrialisierungsprozesse tatsächlich beeinflußt und in gewollte (wenn auch nicht immer erwünschte) Bahnen gelenkt. Sie wissen es nicht, aber sie tun es (Marx). Würde man dieser Tatsache der notwendigen gesellschaftlichen Diskussion zur Bestimmung der technologischen Entwicklung ernsthaft Rechnung tragen, würde man sie breiter gestreut als Arbeit organisieren, gäbe es vermutlich schon heute keine Arbeitslosigkeit mehr.

Alexander King hat 1956 die von ihm (damals schon) vermutete bzw. gesichtete dritte Phase der Industriellen Revolution als »soziale Phase« bezeichnet und darin vor allem auch eine Herausforderumg der Soziologie gesehen. In dem Maße aber, in dem der soziale, und das heißt auch: beeinflußbare, Charakter der Technologieentwicklung und des gesamten Industrialisierungsprozesses immer deutlicher zutage getreten ist, ist die Soziologie aus der Diskussion ausgeschaltet worden. Die »Logik« dieser Entwicklung ist nicht schwer zu verstehen. Man wundert sich jedoch über die Lautlosigkeit und die Reibungslosigkeit, mit der das geschehen konnte.

Gefragt ist nur eine Soziologisierung von Restgrößen, die übrigbleiben, wenn die naturwissenschaftlichen und technischen, die ökonomischen und rechtlichen, die psychischen und ethischen Probleme abgeräumt sind. Solange die von Soziologen zu bearbeitenden Fragestellungen sich auf »soziale Folgen von...« reimen, wird die Frage nach dem »Entstehungszusammenhang von Technologien« ein Fremdkörper bleiben. Die Förderung eines »Forschungsverbundes sozialwissenschaftlicher Technikforschung«, die vom BMFT 1985 aufgelegt wurde[69], wird daran kaum etwas ändern. Die tatsächliche Zielvorstellung, die der Bundesforschungsminister mit diesem Konzept verbindet, wurde im September 1986 bekannt gemacht:

»In den Sozialwissenschaften werden vor allem Vorhaben gefördert, die auf die technische Entwicklung hin orientiert sind. So soll ermittelt werden, welche Einstellungen in der Bevölkerung das Verständnis für eine neue Technologie begünstigen, so daß sie eingeführt werden kann. Der Einfluß von Medien auf diese Einstellungen sowie die Haltung der Jugend zum technischen Fortschritt werden untersucht. Zu Technikfolgenabschätzungen werden Szenarien entwikkelt.«[70]

»Akzeptanzforschung« ist der gängige Ausdruck für derartige Formen sozialwissenschaftlicher Forschung, die ausschließlich dazu dienen, Reibungsverluste bei der Einführung neuer Technologien zu vermeiden. Solange die Industriesoziologie ihre Berührungsangst vor der Wissenschaftssoziologie und der Technikgeschichte nicht verliert, ist sie kaum in der Lage, ein besser fundiertes Verständnis des Ablaufs technologischer Entwicklungen zu gewinnen.

Eine Soziologie, die weiträumige und übergreifende Strukturzusammenhänge zu formulieren in der Lage ist, ist um so dringlicher, als restsoziologische Problemstellungen längst in den technologischen Großforschungseinrichtungen untergebracht worden sind. GMD, GID, KfK, KFA und HHI leisten sich kleinere sozialwissenschaftliche Forschungsgruppen, die jene Facetten erhellen sollen, die von den naturwissenschaftlichen und ingenieurwissenschaftlichen Scheinwerfern im dunkeln gelassen werden: soziologische Restlichtverstärker bestenfalls. Für die Aufgabenstellung der Abteilung »Wirtschafts- und sozialwissenschaftliche Begleitforschung« des HHI heißt das unter anderem:

»Die Arbeiten der Abteilung [WiSo] haben zum Ziel, die Nutzungspotentiale neuer Informations- und Kommunikationstechniken und ihre wirtschaftlich-gesellschaftlichen *Auswirkungen* zu untersuchen. Die große Bedeutung der Informations- und Kommunikationstechniken als innovative Basistechnologien wird heute allgemein anerkannt, ihre Schlüsselfunktion bei der Aufrechterhaltung der Wettbewerbsfähigkeit, aber auch ihr Rationalisierungspotential mit seinen *Folgen* für Unternehmensstrukturen, Qualifikationsanforderungen (und damit für die Aus- und Weiterbildung) und die Effekte auf dem Arbeitsmarkt sind unbestritten. [...]

Die Abteilung WiSo war in den Jahren 1980 bis 1983 hauptsächlich mit Arbeiten für die Enquêtekommission ›Neue Informations- und Kommunikationstechniken‹ des Deutschen Bundestages und mit der wissenschaftlichen Begleitforschung zur Bildschirmtexterprobung in Berlin beschäftigt. Seit Mitte 1983 wurde das Projekt ›Nachfrageimpulse und Marktaussichten für Systeme der vermittelten Breitbandinformation‹ bearbeitet. Diese Untersuchung befaßt sich mit den Nutzungsformen und Nutzungspotentialen zukünftiger Glasfasernetze unter technischen und wirtschaftlichen Gesichtspunkten.«[71]

Die größte sozialwissenschaftliche Forschungsgruppe besteht gegenwärtig wohl an der Kernforschungsanlage (KFA) in Jülich. Zu ihrer Funktion heißt es in einem Übersichtsartikel (Mock, 1986): »Großforschung spielt sich nicht im luftleeren Raum ab. Gerade ihre sozialen und politischen Folgen werden auch an der KFA untersucht, in einer eigenen Programmgruppe ›Technik und Gesellschaft‹, die über 20 Mitarbeiter hat. Dort werden Fragen wie die Sozialverträglichkeit von

Energiesystemen, aber auch bestimmte Aspekte der Technologiefolgen-Abschätzung behandelt.«

So sinnvoll und nützlich solche Formen der sozialwissenschaftlich aufgefütterten Interdisziplinarität auch sein mögen, solange es in der ganzen Bundesrepublik Deutschland keine einzige Institution gibt, in der eine konsequent sozialwissenschaftliche Form der Thematisierung der gesellschaftlichen Funktion von Wissenschaft und Technologie die Forschungsfragestellungen leitet und Naturwissenschaftler und Ingenieure ihrerseits interdisziplinäre Hilfestellungen leisten, muß man davon ausgehen, daß die Abwertung der Sozialforschung und ihre submissive Kasernierung in Technologieforschungsanstalten das Ergebnis wissenschaftspolitischer Entscheidungen ist.

Die relativ günstigen institutionellen Bedingungen, die für die Erstellung begrenzter arbeitsplatzsoziologischer Studien gegeben sind, ändern an dieser Konstellation wenig. Die Konzentration auf einen verengten Bereich traditioneller Fabrikarbeit hat das Gesamtgebiet der Strukturveränderungen der Industriegesellschaft gerade jenen freihändigen Interpretationen der »nachindustriellen Gesellschaft«, der »Wissenschaftsgesellschaft« etc. überlassen (s. Hack, 1986a), die das »Ende der Industriegesellschaft« um so leichter prognostizieren, je solider ihre Unkenntnis der tatsächlichen industriellen Arbeitsbedingungen ist.

Man muß den Tatsachen schon ins Auge sehen, wenn man beschreiben will, wie sie sich verändern. Von der Metaebene der wissenschaftstheoretischen Reflexion aus sind sie oft nicht einmal zu sehen. Man kann sich aber in die Tatsachen auch vergaffen, wie das Kaninchen in die Schlange. Will man die gehärteten Fakten als Teil der versteinerten Verhältnisse zum Tanzen bringen, muß man sich schon die Mühe machen, herauszubekommen, wo und wie sie »ausgebildet« worden sind und, vor allem, wie die Musik gemacht wird. Dazu ist es erforderlich, die Strukturzusammenhänge theoretisch zu interpretieren. »Die Krise schreit nach rigoroser intellektueller Arbeit und nicht nach deren Reduzierung«, schrieb Norman Birnbaum (1970, S. 415), als er die kurzatmigen Interpretationen einer vorgeblichen »nachindustriellen Revolution« zerpflückte.

Auch solche Interpretationen tragen ihr Teil dazu bei, »Tatsachen« als solche einzukleiden. Tat-Sachen werden von Menschen gemacht. Sie sind das fest-gestellte Ergebnis voraufgegangener Handlungen bzw. »Taten«. Sind sie erst einmal vollendet, haben sie häufig schon deshalb das Recht auf ihrer Seite, jedenfalls die normative Kraft des Faktischen. Aber auch die Eigendynamik und Autonomie der wissenschaftlich-technologischen Entwicklung ist eine Tat-Sache. Auch sie wird, unter bestimmten organisatorischen Bedingungen, von Menschen gemacht. Man muß sich also auf die Prozesse ihrer Herstellung einlassen; dazu gehört auch der abschließende Anstrich, der besagt, daß der Entstehungsprozeß der Tatsachen nunmehr irrelevant gemacht worden ist.

Dieser doppelte Prozeß der sozialen Produktion von Fakten und der gleichzeitigen De-Kontextualisierung von Tatsachen ist ein genuin soziologisches Problem. Darum geht es in den folgenden Kapiteln vor allem. Auf beiden Ebenen des Prozesses aber spielt Wissenschaft eine zentrale, wenn nicht gar ausschlaggebende Rolle.

Will man die Tatsachen vor ihrer Vollendung kennenlernen, muß man sich ansehen, wie sie im gesellschaftlich organisierten Arbeitsprozeß der Wissenschaft gemacht werden, in den Forschungslaboratorien und Technika, aber auch draußen, in den gesellschaftlichen Freilandversuchen. Das Potential zur Erzeugung unverrückbarer Tatsachen aber macht die Wissenschaft zugleich interessant und bedeutend als *Instrument der Macht*. Auch darum geht es in den folgenden Kapiteln. Vor allem darum. Daß »Wissenschaft zum Job (zu werden) droht«[72], ändert daran gar nichts. Im Gegenteil. Wie in einer recht makabren Battelle-Studie angenommen wird, sind die »Brainworkers« »die *Schlüsselfiguren* des soziotechnischen Fortschritts«.[73] Gerade weil sie sich auf den Schachbrettern der politischen und ökonomischen Machtspielchen hin- und herschieben lassen, sind sie und das von ihnen erarbeitete Wissen so gut zu gebrauchen. Der Ausdruck »brain-drain« bekommt hier eine neue Bedeutung, die die Problemzusammenhänge bis zur Kenntlichkeit verzerren kann.

I. Komplexität der Organisation: Konstruktionen des forschungspolitischen Dreiecks

1. Elektronische Fruchtbarkeitsriten

Die Bilder und Metaphern variieren, aber die jeweils gemeinte Grundtatsache ist die gleiche. Es geht um eine möglichst reibungslose Verzahnung von Wirtschaft und Wissenschaft [1] oder um den »Zündfunken für Firmengründungen« [2], den die Forschung mit ihren Geistesblitzen zu bewerkstelligen hat.

Eine wirklich geschlossene Metaphernkette ist aber wohl nur in jenem Grenzbereich zwischen industrieller Hochtechnologie und naturverbundener Wachstumseuphorie gezüchtet worden, in dem sich eine neue szientifisch-technizistische Naturwüchsigkeit angesiedelt hat. Auf diesen High-Tech-Feldern werden Forschungs- und Technologieparks angelegt, in denen eine andauernde wechselseitige Befruchtung von Wissenschaft und Wirtschaft stattfindet. Kultur, Kunst und Bildung stellen den Humus, aus dem die naturwissenschaftlichen und technologischen Ideen sprießen, die sich dann im warmen Regen staatlicher Förderungsmaßnahmen üppig entfalten können.

Der Vorteil dieser Metaphernkette ist, daß sie sich nach Belieben industrialisieren läßt. Man kann umschalten auf rechnergesteuerte Klimakammern der Ideenproduktion, auf elektronisch geregelte Beschleunigung der Befruchtungs- und Wachstumsprozesse, auf gezielte Verbesserung der Ausbeute beim wirtschaftlichen Ausstoß.

Der tatsächliche politische Gehalt, der sich in dieser publizistischen Metaphorik verbirgt, ist beträchtlich. Eine genau kalkulierte und dosierte Forschungsstrukturpolitik, die sich als Politik der Technologieförderung versteht, wird zur Industriepolitik und als solche zugleich zur Wirtschafts-, Außen-, Kultur- und Sozialpolitik. »Forschung schafft Innovation, Innovationen führen zu Investitionen, und ohne Investitionen gibt es keine dauerhafte Arbeitsplatzsicherung«, lautet einer der Kernsätze der Regierungserklärung des Ministerpräsidenten von Baden-Württemberg vom 19. Juni 1984. [3]

Arbeitsplätze aber entstehen nicht nur in diversen Bereichen der industriellen Produktion. Ein extrem exportabhängiges Industrieland benötigt gut ausgebildete Verkäuferstäbe und Expertenteams zur Planung überseeischer Fabrikationsstätten. Absolventen traditioneller »Orchideenfächer« wie Arabistik, Sinologie und Japanologie können endlich ihre Kenntnisse fremder Länder und Sprachen ökonomisch nutzbringend einsetzen.[4]

Nach diesem Muster, für das die Japan Incorporated Pate gestanden hat, das aber auch mit der guten alten deutschen »Volksgemeinschaft« verwandt ist, rücken staatliche Behörden, Wirtschaftsunternehmen und Hochschulen enger zusammen. Jede der drei Organisationen hat ihre spezifischen Aufgaben zu erfüllen; die Grundlage des gesamtgesellschaftlichen Kooperationszusammenhangs freilich sind ein tiefverankerter Konsens und eine fraglos-freudige Versöhnungsbereitschaft. Mögliche Konflikte werden nach außen gewendet und stabilisieren die Konkurrenzbeziehungen zwischen den gesellschaftlich-politischen Konglomeraten. Die einzelnen Bundesländer konkurrieren um Forschungsinstitute, Industrieansiedlungen und Nobelpreisträger. Im Rahmen der verschärften Weltmarktkonkurrenz schließen sie sich zusammen, gegebenenfalls mit anderen westeuropäischen Ländern gegen Japan und die USA. Jedenfalls haben forschungs-, wissenschafts- und technologiepolitische Überlegungen und Maßnahmen in den letzten Jahren eine strategische Bedeutung erlangt, deren rituelle Beschwörung in eigentümlichem Mißverhältnis steht sowohl zu den wissenschaftlichen Prozeduren und Inhalten als auch zum weithin ungeklärten Strukturzusammenhang der realen Beziehungen zwischen politischen Handlungen, wissenschaftlichen Abläufen und wirtschaftlichen Prozessen.

Löst man sich ein wenig aus den Fängen der Metaphorik, so ergibt sich das realitätsbezogene Bild eines Prozesses, der sich zwischen Staat, Wissenschaft und Wirtschaft bzw. Industrie abspielt und in dem sich wie in einer Kaskade (vgl. Schaubild I.1) die Ergebnisse der Grundlagenforschung in den Bereich der angewandten Forschung ergießen, dort umgeformt werden in neue technologische Produkte und Verfahren, aus denen sich wiederum die industrielle (Massen-)Produktion speist. Schließlich müssen die gefertigten Konsumgüter, Maschinen und Anlagen verkauft bzw. installiert werden, was den Prozeß insofern zum Abschluß bringt, als es zum Rückfluß der Mittel (finanziellen Ressourcen) führen kann, mit denen der gesamte Prozeß aufs neue in Gang gesetzt werden kann.

Die jeweiligen Zuständigkeiten der »Partner« Staat, Wissenschaft und Wirtschaft lassen sich in diesem Modell relativ leicht voneinander abgrenzen. Aufgabe »der Wissenschaft« ist die Gewinnung bzw. Erzeugung neuen grundlegenden Wissens und dessen Umsetzung in anwendungsbezogene Forschungsfragestellungen. Hier gibt es zwar eine

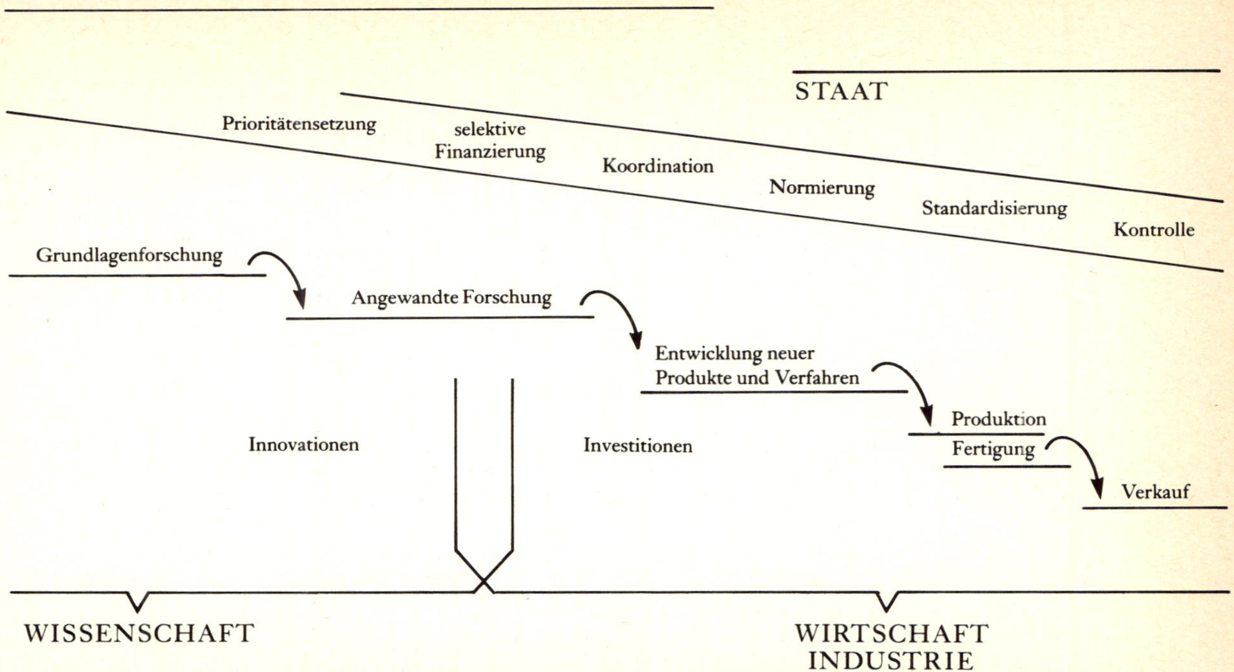

Schaubild I. 1: Forschungs- und technologiepolitisches Kaskadenmodell

kleine Zone der Zuständigkeitsüberlappung zur Wirtschaft bzw. Industrie; deren Funktion aber ist es vor allem, den unteren Bereich der Kaskade zu besorgen, also innovative Ideen schrittweise in verkaufbare Produkte zu überführen.

Dem Staat schließlich fallen Aufgaben der gesetzlichen Normierung und Standardisierung sowie der Kontrolle zu. Die Autonomie der Wissenschaft und die Eigenverantwortung der Unternehmen begrenzen, dem Modell zufolge, die Steuerungs- und Regelungsmöglichkeiten des Staates auf Prioritätenauswahl bzw. selektive Finanzierung von Forschungsbereichen, denen er eine besondere politische oder gesamtgesellschaftliche Bedeutung beimißt. Die Funktion des Staates wäre es demnach nur, den Lauf der Dinge zu regulieren und, neuerdings, zu beschleunigen. Die Verfügung über die Inhalte liegt demnach ganz und gar in der Kompetenz der Wissenschaft und der Industrie.

Und noch etwas anderes ist in dem Schaubild I.1 unzweideutig geklärt. Die Richtung des Prozesses geht eindeutig von links (oben) nach rechts (unten). Rückkoppelungsschleifen und ähnliche Komplikationen sind in diesem einfachen Ablaufmodell (noch) nicht zugelassen.

Orientiert man sich an dem forschungs- und technologiepolitischen Kaskadenmodell, so kann man sich allerdings nur schwer vorstellen, wie und warum es – angesichts der jeweiligen Funktionsbesonderheiten und klaren Kompetenzabgrenzungen – im Verlauf der letzten Jahre zu einem immer enger werdenden Verbundsystem zwischen Staat, Wissenschaft und Wirtschaft hätte kommen sollen. Will man das verstehen, muß man sich das forschungspolitische Dreieck schon ein wenig genauer ansehen.

2. Organisierte Undurchsichtigkeit: das forschungspolitische Bermuda-Dreieck

Staat, Wirtschaft und Wissenschaft als Partner (Sobotta, 1967) vorzustellen, die ihre je besonderen Aufgaben und Ressourcen in der gemeinsamen Förderung der wissenschaftlichen Forschung und der technologischen Entwicklung zusammenbringen, entspricht einer deutschen Tradition, die bis zu den Gründungsgeschichten der Physikalisch-Technischen Reichsanstalt (1887) und der Kaiser-Wilhelm-Gesellschaft (1911) zurückverfolgt werden kann. Der Staat als Sachwalter des (sehr spezifisch verstandenen) *Allgemeininteresses* sah sich in die Situation versetzt, institutionelle und finanzielle Vorkehrungen zur Förderung der Grundlagenforschung treffen zu müssen, deren Ergebnisse industriell (und militärisch) nutzbar gemacht werden konnten, was wiederum der Stärke des ganzen Reiches zugute kommen sollte.

Anders als in Großbritannien, wo sich das Wissenschaftssystem in einem relativ politik-fernen gesellschaftlichen Freiraum entfalten konnte, war das deutsche Universitätssystem – Ort der akademischen, autonomen Wissenschaft – seit Beginn des 19. Jahrhunderts als staatlicher Aufgabenbereich eingerichtet. Auch die Industrie entwickelte sich in wichtigen Branchen wie der Stahlindustrie (Krupp) und der Elektroindustrie (Siemens & Halske) in sehr viel größerer Nähe zum Staat als beispielsweise in Großbritannien, wo sich das Bürgertum eine weitgehend staatsfreie Sphäre gesellschaftlichen Handelns erkämpfte. Eine Partnerschaft zwischen Staat, Wissenschaft und Wirtschaft hatte also im Deutschen Reich geringere soziale Distanzen zu überbrücken als etwa in England. Dennoch ist zu bedenken, daß der Geheimrat als Staatsbeamter, der Gelehrte und der Fabrikant auch im Deutschen Reich in verschiedenen Welten lebten. (Daß von Industriearbeitern und ihren Gewerkschaften hier wie im folgenden keine Rede ist, liegt an den hier geltenden Bedingungen, auf die sich alle Konstruktionen des forschungspolitischen Dreiecks einlassen müssen, wenn die Tatsachen nicht völlig verdreht werden sollen.)

Sieht man von der Sonderentwicklung der in Südwest- und Westdeutschland beheimateten Chemieindustrie ab, so kann man mit einiger

Berechtigung sagen, daß sowohl »die Wissenschaft« wie auch »die Wirtschaft« in (der Bundesrepublik) Deutschland erst nach 1945 institutionell in größerer Unabhängigkeit vom Staat betrieben werden konnten. Die Erfahrungen des totalitären Staatsdirigismus während des Nationalsozialismus schlugen sich in dieser liberalen Definition gesellschaftlicher Freiräume ebenso nieder wie die Eingriffe und Reglementierungen der westlichen Alliierten, insbesondere der USA.[5]

Um so erstaunlicher ist es, daß bereits seit Anfang der sechziger Jahre von der wachsenden wechselseitigen Durchdringung der »Sphären« berichtet wird. An Helmut Schelskys (1961) technokratischer These von der »umfassenden Verwissenschaftlichung unseres Daseins« entzündete sich eine heftige Debatte um die »Verwissenschaftlichung der Politik« (Habermas, 1963). In bemerkenswerter Weise reduzierte sich die Auseinandersetzung auf die Alternative, ob technische Sachzwänge den Spielraum politischen Handelns und damit ipso facto jedweder Form demokratischer Willensbildung auslöschen oder ob »wissenschaftliche Beratung der Politik« (Friedrich, 1970) nicht neue pragmatische Spielräume eröffne, die gerade durch politische Nutzung des »wissenschaftlichen Fachverstands« begründet werden könnten.

Vor dem Hintergrund US-amerikanischer Erfahrungen bedachte P. Weingart (1970 b) auch die Gegentendenzen der »Integration der Wissenschaft in die Politik«, nämlich »die parallel sich entwickelnde Politisierung der Wissenschaft«: »der Staat [hat] seine Regulierungs- und Versorgungsfunktionen auch auf den Bereich der Wissenschaft ausgedehnt und sich dabei planerischer Elemente bedient. Während das Selbstverständnis von Staat und Wissenschaft weitgehend unverändert bleibt, vollzieht sich gleichsam ›unter‹ ihm ein umfassender struktureller Wandel. Die Funktionsausweitung des Staates führt zu einer gegenseitigen Durchdringung von Staat und Wissenschaft« (S. 13). Erst sehr viel später (Weingart, 1982; 1983) wird es zum Problem, inwiefern die »Politisierung« nicht zur »Auflösung [des] institutionellen Kerns« der Wissenschaft (1983, 228) und zu deren allmählicher De-Professionalisierung (235 f.) führen werde.

Im Rahmen dieser Diskussion um das Verhältnis von Wissenschaft und Politik wurde die dritte Säule in der Regel nur beiläufig erwähnt, um gleich wieder in Vergessenheit zu geraten. Bezeichnend hierfür ist die Argumentation von Habermas (1968 c), der auf die »zusammenlaufenden Rückkoppelungen« von Wissenschaft und Technik sowie von Technik und Verwertung verweist, um dann fortzufahren: »Mit der Industrieforschung großen Stils werden Wissenschaft, Technik und Verwertung zu einem System kommunizierender Röhren [!]. Heute hat die staatliche Auftragsforschung, die in erster Linie den technischen Fortschritt auf militärischem Gebiet fördert, diesen Platz eingenommen.«[6]

Der wissenschafts- und technologiepolitische Zusammenhang zwischen Staat und Wirtschaft wurde in den siebziger Jahren in beiden Einflußrichtungen thematisiert. Einerseits wurden die Anforderungen der Kapitalreproduktion an eine zeitgemäße staatliche Wissenschaftspolitik (Hirsch, 1974) zu bestimmen versucht, wobei die »administrative Gewährleistung allgemeiner Produktionsbedingungen« (S. 7) im Vordergrund stand. Andererseits ging es um die kritische Wertung der sozialliberalen Versuche (Matthöfer), »Forschungspolitik als Strukturpolitik« (Ronge, 1977) zu betreiben, also die wirtschaftspolitischen Handlungschancen einer sozialdemokratisch geführten Regierung durch den Einsatz forschungspolitischer Instrumente zu erhöhen. Die widersprüchliche Ausgangslage, daß der Staat kaum für etwas zuständig und verantwortlich sein könnte, was er »nicht steuern kann« (S. 10), begrenzt V. Ronge zufolge die Möglichkeiten einer solchen politischen Strategie.

Obwohl in beiden Fragerichtungen Wissenschaft im Verhältnis zum Staat (s. Ronge, S. 109ff.) bzw. als Aspekt der »science based industries« (Hirsch, 119ff.) als dritter Pol in die Diskussion der Beziehungen zwischen Staat und Kapital bzw. Industrie aufgenommen wird, bleibt sie als Institution und vor allem als epistemologisches bzw. propositionales System doch ziemlich unterbelichtet.

Während in den USA in den sechziger Jahren umfangreiches Material zusammengetragen wurde und ausführliche Erörterungen zum »industriell-militärisch-wissenschaftlichen Komplex« (Merton, 1970, XI) und zugleich kritisch-polemische Überlegungen angestellt wurden über einen Strukturwandel von der akademischen zur »industrialisierten Wissenschaft« (Ravetz, 1971), blieb die Diskussion über das forschungspolitische Dreieck in der Bundesrepublik Deutschland weitgehend auf den Staat als den »politischen« Pol und seine jeweiligen Bezüge zur Wissenschaft bzw. Wirtschaft beschränkt. Die Begrenzungen dieses Gesamttableaus der Interpretationen zeigen sich, wenn man einigen Aspekten genauer nachgeht, die bisher eher beiläufig notiert worden sind:

a) Was ist eigentlich empirisch unter dem »institutionellen Kern« der Wissenschaft (Weingart) zu verstehen, und welche Kriterien verwendet man, um ihn genauer zu bestimmen?

b) Läßt sich die unproblematische Gleichsetzung von »Staat« und »Politik« bei genauerer Analyse aufrechterhalten?

c) Welche Rolle spielt die Industrieforschung, die in fast allen Untersuchungen von Einzelaspekten des forschungspolitischen Dreiecks irgendwo am Horizont erscheint, aber bei jedem Versuch, ihr näherzukommen, sofort wieder im Nebel verschwindet?

Wir haben uns daran gewöhnt, und es ist ja auch so schön praktisch, den einzelnen sozialen Bereichen klare Aufgabenstellungen zuzuweisen. Der Staat ist zuständig für Politik und Verwaltung; Theorien und experimentelle Ergebnisse erhält man von der Wissenschaft; die Wirtschaft bzw. die Industrie hat materielle Güter zu erzeugen, zu verkaufen und die dazu erforderlichen finanziellen und technischen Vorkehrungen zu treffen.

Der Vorteil (oder Nachteil) der erwähnten drei Fragestellungen ist, daß sie zu empirisch faßbaren Wirklichkeitsformationen und theoretischen Erwägungen führen, die mit diesem einfachen Bild nicht mehr sonderlich viel zu tun haben. Es sind die intermediären Bereiche und die Zwischentöne, die den effektiven Funktionszusammenhang des forschungspolitischen Dreiecks überhaupt erst möglich und denkbar machen.

a) Empirische und analytische Differenzierungen des Wissenschaftssystems

Die Ausdifferenzierung eines eigenständigen sozialen Systems der Wissenschaft ist insgesamt ein relativ neues historisches Phänomen, dessen Anfänge sich auf die Mitte des 17. Jahrhunderts datieren lassen, wie die Gründungsdaten der Akademien belegen: der Academia del Cimento (Akademie des Experiments) in Florenz (1657), der Royal Society in London (1662/3) und der Académie des Sciences in Paris (1666). Kennzeichnend war zunächst eine relativ enge Verknüpfung von theoretischen und technischen oder praktischen Problemstellungen. Erst im 18. und 19. Jahrhundert kam es zu einer institutionellen Trennung zwischen den Wissenschaften und der praktisch orientierten technischen Entwicklung.[7]

Die Konzeption der »Autonomie« der akademischen Wissenschaft läßt sich als erfolgreiche Stilisierung eines empirischen Gemenges ansehen, in das verschiedenartige Realitätsbezüge eingegangen sind (vgl. Ravetz, 1973, 49). Zum einen bezieht sie Motive aus der Situation der englischen Amateurwissenschaftler, für die freie Problemwahl sehr wohl mit (ökonomischen) Nützlichkeitserwägungen verknüpfbar war. Zum anderen nimmt sie Elemente der deutschen Universitätsstruktur auf, und zwar sowohl die staatlich abgesicherte Schonraumsituation der Ordinarien, deren wissenschaftlicher Handlungsspielraum in vielfältiger Weise begrenzt war, als auch der Privatdozenten, deren Zugang zur wahren akademischen Freiheit häufig mit Existenzunsicherheit einherging.[8] Bedenkt man diese doppelte Stilisierung, so kann man mit einigem Recht sagen: »Gegen Ende des 19. Jahrhunderts waren die deutschen Universitäten das Zentrum der organisierten Forschung, und man kann sagen, daß das System der akademischen Wissenschaft hier seine größten Augenblicke erlebte.« (Ravetz, 1973, 43)

Aber obschon man der akademischen Wissenschaft einen bevorzugten sozialen Ort zugestehen kann, ist damit noch keineswegs ausgemacht, welche Strukturbestimmungen für dieses soziale System »Wissenschaft« kennzeichnend und für seine Eigenständigkeit ausschlaggebend sind. Als institutionelles Ziel der Wissenschaft läßt sich die »stete Erweiterung gesicherten Wissens« (Merton, 1957) beschreiben, womit zugleich Aspekte der gesellschaftlichen Organisation und Steuerung sowie Probleme der Formbestimmungen des wissenschaftlichen Wissens selbst ins Spiel kommen: was gilt als »gesichertes Wissen«, und mit Hilfe welcher kognitiver Prozeduren und Mechanismen werden wissenschaftliche Argumente abgeschlossen? Diese Interdependenz von sozialen und kognitiven Aspekten »der Wissenschaft« kann man in einer ersten Annäherung als »Argumentations- und Handlungszusammenhang zugleich« (Weingart, 1974, 20) bezeichnen, als dessen prospektive Träger gemeinhin die »wissenschaftlichen Gemeinschaften« gelten.

Sieht man sich die bisher erwogenen Bestimmungen des sozialen Systems der Wissenschaft genauer an, so lassen sich zumindest vier Dimensionen analytisch unterscheiden[9]:

1. Wissenschaft als Teil der kulturellen Tradition. Bereits die Annahme, daß eine »stete Erweiterung« des wissenschaftlichen Wissens Funktionsbestimmung der sozialen Institutionalisierungsform ist, bezeichnet eine »wachstums-orientierte Dimension wissenschaftlichen Wissens«, die sie als Bestandteil einer entsprechend ausgerichteten Kultur der europäischen Neuzeit ausweist. Man denke an das Verständnis von Wissenschaft und Erkenntnis, das für andere Kulturen grundlegend und kennzeichnend war/ist, dem zufolge einziges und höchstes Ziel des legitimierten Wissens die kanonisierte und kontrollierte *Auslegung* heiliger Texte oder die kontemplative *Anschauung* des Wesens der Dinge und die Einsicht in die Wiederkehr des Gleichen ist.

Die »Integration der Wissenschaft, sowohl in die weitere kulturelle Tradition der Gesellschaft als auch in ihre institutionelle Struktur, konstituiert die primäre Basis der Institutionalisierung wissenschaftlicher

Untersuchung als Teil der Sozialstruktur«.[10] Die besondere Form der wissenschaftlichen Rationalität, die sich seit dem 17. Jahrhundert in Europa herausgebildet und durchgesetzt hat, ist Bestandteil einer übergreifenden Rationalisierung, deren Fundament und zugleich Pendant in den sozioökonomischen Formveränderungen zu suchen ist.

2. Wissenschaft als Aussagensystem bzw. als epistemologisches System. Darstellbar ist diese Seite der Wissenschaft an der Geltung von »Basis-Normen wissenschaftlichen Wissens«, wie der logischen Klarheit oder Präzision der besonderen Propositionen, der logischen Konsistenz der wechselseitigen Implikationen der Propositionen, der Allgemeinheit der involvierten Prinzipien und der empirischen Validität (Parsons, 1951, p. 335). Diesem propositionalen Begriff von Wissenschaft gemäß läßt sich die soziale Realität von Wissenschaft als System von wissenschaftlichen Resultaten und Erkenntnissen begreifen.

3. Wissenschaft als Interaktions- und Kommunikationssystem. Was in dem »stummen Gespräch« mit seinen lebenden und toten Kollegen des für sich allein forschenden Gelehrten kaum erkennbar war, ist in dem arbeitsteiligen Kooperationszusammenhang des organisierten Wissenschaftsbetriebs offenbar geworden: Wissenschaft als »Argumentationszusammenhang« ist ein genuin sozialer Prozeß, in dessen Verlauf »wissenschaftliche Tatsachen« geschmiedet und gehärtet sowie der Stellenwert und die Präsentation von Argumenten ausgehandelt werden.[11]

4. Wissenschaft als organisiertes sozioökonomisches Subsystem. Die Professionalisierung wissenschaftlicher Arbeit bedeutet ja nicht nur, daß Amateure und Laien hier nichts mehr zu suchen (und zu finden) haben; impliziert ist eine Vielzahl hochspezialisierter Ausbildungsgänge (nicht nur im akademischen Bereich) und eine weitgehende Regulierung der Zulassungsbedingungen. Wissenschaft ist aber auch insofern »zum Beruf« geworden, als ihre Ausübung in ein enges Netz von Entlohnungsformen und hierarchischen Strukturen eingebunden ist sowie in übergreifende Organisationsmuster, die durch die vorgegebenen Verwendungszusammenhänge in einer ganz anderen Weise definiert sind, als es sich aus der bloßen Logik von Interaktions- und Kommunikationszusammenhängen ergeben würde.

Sieht man sich vor dem Hintergrund des derart analysierten und bestimmten »Sozialsystems Wissenschaft« die empirisch kontrollierbare Realität[12] der Verteilung der Forschungspotentiale in der Bundesrepublik Deutschland an (vgl. Schaubild I.2), so ergeben sich einige überraschend deutliche Veränderungen in dem üblichen Bild des forschungspolitischen Dreiecks Staat, Wirtschaft und Wissenschaft.

Zunächst fällt auf, daß alle drei Sozialbereiche über eigenständige

Forschungsressourcen verfügen.[13] Bei der staatlichen Forschung handelt es sich im wesentlichen um Ressortforschung, die man kurz definieren kann als »Entscheidungshilfe für die sachgemäße Erfüllung der Ressortaufgaben« (Jakob, 1985, 560). Dabei handelt es sich in aller Regel um die »Inanspruchnahme und Indienststellung der Wissenschaft zum Zwecke der Entscheidungshilfe in Politik, Gesetzgebung und Verwaltung« (S. 546), während Forschung im strengeren Sinne – als auf neue Erkenntnisse gerichtete Tätigkeit[14] – eher die Ausnahme ist.

Sieht man von einigen interessanten Vorläufern ab, so läßt sich der Beginn dieser eigenständigen Staatsforschung an der 1887 gegründeten Physikalisch-Technischen Reichsanstalt festmachen, die wesentlich auf Initiativen von Werner von Siemens und anderen Industriellen aus dem Bereich der neu entstehenden »science based industries« zurückging.[15] Für die Zwecke der »Materialprüfung und Messung, die mit der industriellen Praxis nicht Schritt gehalten hatten« (Weingart, 1975a, 413), mußten sich die (traditionellen) staatlichen Kontroll- und Überwachungsbehörden mit dem notwendigen wissenschaftlichen Vermögen ausrüsten, das in einer in industriellem Umbruch begriffenen Gesellschaft ebenfalls auf stete Sicherung des neuesten Standes der wissenschaftlichen Forschung ausgelegt werden mußte.

Neben die wissenschaftliche Umrüstung des Meß- und Prüfwesens und der Eichämter traten schon bald Aufgaben der human- und veterinärmedizinischen Gesundheitsversorgung. Die Vorhaltung eines wissenschaftlichen Beurteilungspotentials (auf dem je aktuellen Stand) diente also zunächst der Aufsicht und Kontrolle, Normierung und Standardisierung.[16]

Aber bereits die Errichtung der komplexen Versorgungsnetze für elektrische Energie und vor allem für das Funk- und Nachrichtenwesen zog vielfältige Planungsaufgaben nach sich, bei denen anwendungsbezogene Forschungsprobleme bewältigt werden mußten. Mit der in den letzten Jahrzehnten vollzogenen Ausweitung der Staatsfunktionen erwuchs der Ressortforschung eine Reihe zusätzlicher Aufgaben, die man mit Beratung, Förderung, Vorsorge (Lundgreen u. a., 1985, 12f.) umschreiben kann. Insbesondere der Ausbau[17] der staatlichen Ressortforschung liefert die empirische Grundlage für teilweise recht drastische Pointierungen: »Die Sphären staatlicher Aufgaben und wissenschaftlicher Forschung bewegen sich seit langem und mit steigender Geschwindigkeit aufeinander zu.« (Jakob, 1985, 527) Tatsächlich aber handelt es sich nicht um getrennte »Sphären«, sondern um die Inkorporation wissenschaftlicher Kompetenzen mit angegliederten Forschungsfunktionen in den Staatsapparat.

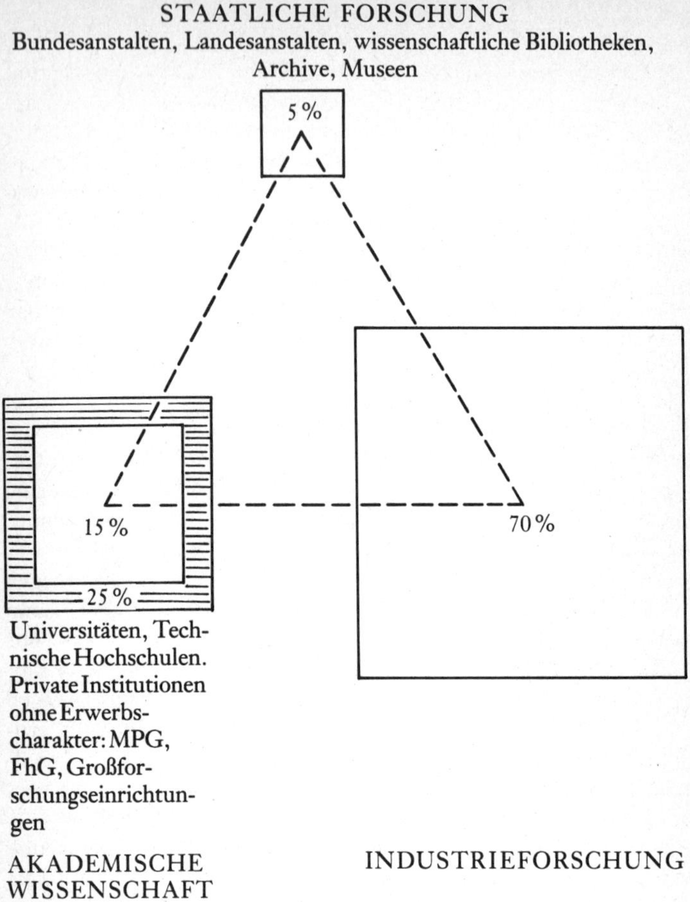

Schaubild I.2: Das relative Gewicht wissenschaftlicher Institutionalisierungsformen (Bundesrepublik Deutschland, 1985)

Als bevorzugter Ort der akademischen Forschung gilt zwar nach wie vor die Universität; deren in den letzten zwei Jahrzehnten vollzogener Ausbau zum Massenbetrieb hat aber die Lehraufgaben und Verwaltungsfunktionen so sehr in den Vordergrund geholt, daß die universitäre Forschung in der Bundesrepublik Deutschland heute höchstens noch 10% des gesamten Forschungspotentials darstellt. Aufgabe der Universitäten und Technischen Hochschulen ist zunächst die primäre wissenschaftliche Sozialisation, der sich in den Forschungseinrichtungen in der Regel eine sekundäre wissenschaftliche Sozialisation anschließt, die teilweise mehrere Jahre in Anspruch nimmt. Eine Sonderrolle spielen allerdings viele TH-Institute, an denen in enger Kooperation mit der Industrie grundlegende anwendungsbezogene Forschungsprojekte durchgeführt werden.[18] Im übrigen hat die fortschreitende Ausdifferenzierung von wissenschaftlichen Disziplinen und, dementsprechend, von Ausbildungsgängen die vormalige bzw. behauptete Einheit der »universitas litterarum« so nachhaltig aufgesplittert, daß mit gutem Grund von der »Multiversität« (Kerr, 1963) gesprochen worden ist.

Akademische Forschung im Sinne eigenständiger Grundlagenforschung und zugleich professioneller Stabilisierung findet noch am ehesten in den 60 Instituten (und Forschergruppen) der Max-Planck-Gesellschaft statt.[19] Auch hier allerdings gibt es seit einigen Jahren eine verstärkte Tendenz zur Ausrichtung der Forschungsprojekte auf industrielle Anwendungen.

Im Schaubild I.2 sind auch die zwölf Großforschungseinrichtungen der BRD und die Fraunhofer-Gesellschaft mit ihren 34 Instituten zum Bereich der »akademischen Wissenschaft« gerechnet worden, was nur mit großen Einschränkungen richtig ist (die Schraffur soll diese Einschränkungen zum Ausdruck bringen). Großforschungseinrichtungen wie die DFVLR, das Kernforschungszentrum in Karlsruhe, die Kernforschungsanlage in Jülich und die Institute der Fraunhofer-Gesellschaft wären mit dem größten Teil ihres Forschungspotentials in einem Zwischenbereich des Dreiecks der FE-Ressourcen anzusiedeln.

Selbstgesteuerte und theorieorientierte akademische Forschung spielt quantitativ vermutlich keine sehr viel größere Rolle mehr als die durch hoheitliche Eingriffs-, Kontroll-, Überwachungs- und Monopolrechte gesteuerte (Lundgreen u. a., 1985, 8ff.) staatliche Forschung, die an der Sicherung der Staatsfunktionen der Daseinsvorsorge und Gewährleistung von Infrastruktureinrichtungen orientiert ist. Das dominierende forschungspolitische Thema in der zweiten Hälfte der achtziger Jahre scheint ohnehin die Intensivierung der Zusammenarbeit von Universitäten und öffentlichen Forschungseinrichtungen mit der Industrie bzw. der Industrieforschung zu sein.[20]

Zumindest quantitativ ist die Industrieforschung ohnehin bereits der weitaus größte Forschungssektor (vgl. Schaubild I.2); akzeptiert man die derzeit vorherrschende Fragestellung der Technologieentwicklung und der Verbesserung der industriellen Wettbewerbschancen der Bundesrepublik Deutschland auf dem Weltmarkt, so ist die besondere Bedeutung der industriellen FE-Organisationen ohnehin nicht zu bestreiten. Um so bemerkenswerter ist, daß dieser Gegenstandsbereich aus der öffentlichen und fachwissenschaftlichen Diskussion weitgehend ausgespart worden ist.

b) Die spezifischen Funktionen der transnational organisierten Industrieforschung

Die besondere strukturelle Definition der industriellen Forschung und Entwicklung ergibt sich daraus, daß sie technologiegesteuert und marktorientiert betrieben wird, also zugleich funktionsgesteuert und erfolgsorientiert ist. Dieser spezifische »Praxisbezug« begründet die Vorherrschaft industrieorientierter Definitionen von Forschungsfragestellungen in den (häufigen) Verbundprojekten mit Instituten der akademischen Forschung.

Kennzeichnend für diese Konstellation ist weiterhin die privatwirtschaftliche und privatrechtliche Definition der wissenschaftlichen Technologieentwicklung. So sind von den 52 Milliarden DM, die 1985 in der Bundesrepublik Deutschland für Forschung und Entwicklung aufgewendet wurden, 38 Milliarden DM (73 %) von den Unternehmen ausgegeben worden, was für die beiden letzten Jahrzehnte bemerkenswerte Steigerungsraten einschließt (vgl. Tab. I.1). 31,3 Milliarden DM wurden von den Unternehmen selbst aufgebracht, über sechs Milliarden DM stammten aus den Bundesministerien, davon 2,7 aus dem Bundesministerium für Forschung und Technologie (BMFT), 2,1 aus dem Verteidigungsministerium (BMVtg) und 1,1 aus dem Bundeswirtschaftsministerium (BMWI).[21] Weitere Gelder, insbesondere für Klein- und Mittelbetriebe, stellen Landesministerien für Wirtschaft, Verkehr oder Industrie zur Verfügung.

Angesichts dieser Größenordnungen ist es nicht verwunderlich, wenn die organisierte Industrieforschung inzwischen gesamtgesellschaftliche Funktionen übernommen hat, deren wichtigste wohl die folgenden sind:

1. Integrations- und Vergesellschaftungsfunktion. Während grundlegende neue Ideen und technologische Innovationen nach wie vor häufig von kreativen Einzelgängern (Zuse, Wankel) oder in Kleinunternehmen entstehen, liegt die gesellschaftliche Funktion der großen Industriekonzerne mit ihren Heerscharen von Physikern, Chemikern, Ingenieuren

Tab. I. 1: Forschungs- und Entwicklungsaufwendungen der Wirtschaft in der Bundesrepublik Deutschland (1965 bis 1985)

Wirtschaftsbereich	FuE-Gesamtaufwendungen in Milliarden Mark[1]							
	1965	1975	1977	1979	1981	1984[2]	1985	1986
Energiewirtschaft, Wasserversorgung, Bergbau	0,12	0,50	0,74	1,15	1,11	2,09		
Verarbeitendes Gewerbe	*4,21*	*13,66*	*16,05*	*22,21*	*26,13*	*32,06*		
Chemische Industrie	1,25	3,82	4,46	5,06	6,01	7,11*		
Maschinenbau	0,36	1,71	1,77	3,06	3,31	3,83*		
Herstellung von Kraftwagen und deren Teilen	0,45	1,62	2,05	3,10	3,92	5,22*		
Luft- und Raumfahrzeugbau	0,21	1,31	1,28	1,47	1,76	1,86*		
Elektrotechnik	1,14	3,67	4,46	6,02	6,79	8,36*		
Übriges verarbeitendes Gewerbe	0,80	1,54	2,03	3,50	4,35	5,37*		
Restliche Wirtschaftsabteilungen	0,10	0,38	0,43	0,47	0,60	0,89		
Insgesamt	*4,43*	*14,54*	*17,23*	*23,83*	*27,84*	*35,03*	*38,00*	

* ohne Gemeinschaftsforschung

Jahr	FuE-Aufwendungen[1]			FuE-Personal[1]	
	Insgesamt	Pro Kopf der Wohnbevölkerung	*Anteil am Bruttosozialprodukt*	Insgesamt	*Je 10000 Erwerbstätige*
	Mrd. Mark	In Mark	In Prozent	In 1000	Anzahl
1965	*4,425*	75,49	0,97	142	*53*
1975	*14,540*	235,87	1,41	186	*74*
1977	*17,227*	280,79	1,44	198	*79*
1979	*23,826*	387,80	1,71	238	*92*
1981	*27,843*	451,17	1,80	243	*93*
1984[2]	*35,030*	500,00	2,00	249[3]	*124*[3]

[1] Unternehmen und Institutionen für Gemeinschaftsforschung (IfG)
[2] Bisher unveröffentlichte Daten, für 1984 zum Teil Schätzungen aufgrund der Plandaten
[3] umgerechnet auf Vollzeitbeschäftigte

Quellen: Stifterverband für die Deutsche Wissenschaft; *Die Zeit* Nr. 3, 10. Januar 1986; *VDI nachrichten* Nr. 8, 21. Februar 1986.

und Technikern vornehmlich in der Ausarbeitung und Durchsetzung neuer Technologien, was insbesondere in der Nachrichten- und Datentechnik eine Vielzahl von Vernetzungen, Normierungen und Standardisierungen bedeutet. Zudem sind die wichtigsten technologischen Innovationen häufig so kapitalintensiv und an die Verfügbarkeit großer, interdisziplinärer Forschungsgruppen gebunden, daß sie nur mehr in (internationalen) Großprojekten realisiert werden können.

Welche sozialen und ökonomischen Vorbedingungen, Implikationen und Konsequenzen mit solchen Mammutunternehmungen verbunden sind, läßt sich am Beispiel des MEGA-Projekts erkennen, bei dem es um die parallele Entwicklung von 1-Mbit- und 4-Mbit-Speichern geht, die in enger Kooperation zwischen Philips, in Eindhoven, und Siemens, in München, betrieben wird und die auf vier Jahre (bis 1989) angelegt ist.[22] »Die nationale Bedeutung von MEGA« beschrieb der Projektleiter, Hans Friedrich (1985), folgendermaßen:

»Die Bewältigung dieser Herausforderung ist eine *gemeinsame Aufgabe von Hochschulen, Instituten und der Industrie*. Dabei müssen sich die wissenschaftlichen Programme *nahtlos an die Industrieprogramme anfügen* können, damit eine effektive Zusammenarbeit und ein Ergebnistransfer möglich ist. Mit dem MEGA-Projekt ist die Zielsetzung der Industrie so weit gesteckt, daß die Wissenschaft daran orientiert ein anspruchsvolles Programm entwickeln kann, das in Zukunft wiederum die Voraussetzung für weitere Industrieprogramme liefert, um den nationalen Erfolg langfristig abzusichern. Damit hat nun auch die Bundesrepublik Deutschland ein Szenario, das im Anspruch vergleichbar ist mit ähnlichen Programmen in USA und Japan. Ein hervorragendes Beispiel hierfür ist das Verbundprojekt ›Röntgenlithographie‹. In enger Kooperation mit dem Fraunhofer-Institut und den deutschen Halbleiterherstellern wird in Berlin/Bessy/ die Belichtungstechnik mit Röntgenstrahlen entwickelt, die einen Vorsprung in einer Schlüsseltechnik für feinste Strukturen sichert. Wir stellen heute fest, daß mit MEGA nicht nur in der Siemens AG eine Aktivität entstanden ist, die der Herausforderung modernster Technik gerecht wird, sondern daß auch an den Forschungsinstituten und Hochschulen ein homogeneres und anspruchsvolleres Mikroelektronikprogramm entsteht. In einer Technik, die sich durch eine derart rasche Dynamik wie die Mikroelektronik auszeichnet, ist *die Orientierung auch der Institute an den industriellen Zielsetzungen erforderlich*. Zu oft war in der Vergangenheit das Scenario der deutschen Mikroelektronikforschung durch eine Vielfalt von Einzelprogrammen gekennzeichnet, die eine Zuordnung in ›Aufgaben der Industrie‹ und ›Aufgaben der Instituts- und Hochschulforschung‹ häufig nicht ermöglichten. Das Engagement des Bundesministeriums für Forschung und Technologie im Submicron-Projekt hat in diesem Sinne Positives bewirkt. Es besteht Zuversicht, daß die beachtlichen nationalen Ressourcen konzentriert werden können, um in der Schlüsseltechnologie Mikroelektronik die jetzt gesteckten Ziele zu erreichen und den Erfolg langfristig zu sichern.«[23]

Um seine forschungs- und industriepolitische Katalysatorfunktion spielen zu können, muß das BMFT insgesamt 320 Millionen DM aufwenden.[24] Als diese enorme Forschungssubvention in der Öffentlichkeit zunehmend auf Kritik[25] stieß, wurde von Unternehmensseite hervorgehoben, das Beherrschen dieser Technologie liege nicht nur im Interesse der Firma, sondern im Interesse der ganzen Volkswirtschaft; im übrigen hätte Siemens die Mega-bit-Entwicklung und -Fertigung in anderen Ländern, zum Beispiel in den USA, unter (kosten-)günstigeren Bedingungen realisieren können – dann hätte es in der Bundesrepublik Deutschland aber auch keine neuen Arbeitsplätze gegeben.[26]

Das Argument ist plausibel: in solchen wissenschaftlichen und technologischen Großprojekten bündeln sich tatsächlich die Interessen der ganzen Volkswirtschaft, gleichzeitig dienen sie als Integrationsmechanismus der nationalen Forschungspotentiale. Die einschlägigen Forschungsinstitute an den Hochschulen und den öffentlichen Großforschungseinrichtungen bekommen von hier aus ihre Aufgabenstellung und auch ihren Stellenwert zugewiesen.

Die Personalpolitik von Siemens trägt dieser Definition Rechnung. Innerhalb eines Jahres wurde der FE-Apparat des Unternehmens um fast 10% auf ca. 36000 Personen aufgestockt; mit 1931 Neueinstellungen allein in der Fachrichtung E-Technik bedeutet das, daß Siemens etwa ein Viertel der rd. 7000 Hochschulabgänger des Jahrgangs 1985 eingestellt hat.[27] Dem korrespondieren Personalentscheidungen im Top-Management: Nachdem Siemens 1980 den damaligen Vorstandsvorsitzenden der Kernforschungsanlage Jülich angeworben und 1981 zum Leiter des Zentralbereichs Technik, und damit auch der Zentralforschung, gemacht hatte[28], wurde im März 1986 mit dem Inhaber des Lehrstuhls für experimentelle Festkörperphysik der Universität Hamburg, Prof. Hans Günter Danielmeyer, ein weiterer forschungspolitisch ausgewiesener Wissenschaftler als künftiger Leiter des Zentralbereichs Forschung und Technik akquiriert.[29]

Es scheint für Insider keine Frage zu sein, wo die forschungs- und technologiepolitischen Entscheidungen getroffen und die Weichenstellungen vorgenommen werden. Auch theoriestrategisch scheinen die Universitäts-Institute ihre Eigenständigkeit weitgehend verloren zu haben.

c) Funktion der Innovation bzw. der Erneuerung des wissenschaftlichen Wissens

Schon seit Jahrzehnten spielt der Vertriebsapparat von Siemens – mit jeweils etwa 40000 Beschäftigten im Inland und Ausland – eine wichtige Rolle im Bereich der Investitionsgüterindustrie. Im Bereich der

Werkzeugmaschinenindustrie der BRD ist zumindest seit Ende der siebziger Jahre[30] eine breit angelegte Informationsstrategie verfolgt worden, die für den verbreiteten Einsatz der Elektronik in diesem Industriezweig wohl von besonderer Bedeutung war. Nicht zuletzt vor diesem Hintergrund ist die großangelegte Initiative von Siemens zu verstehen, im Verlauf von fünf Jahren ca. 100 Millionen DM in Kooperationsprojekte mit Hochschulen zu investieren, wobei es insbesondere um die Modernisierung der apparativen und instrumentellen Ausstattung von TH-Instituten geht.[31]

Bezeichnend für die neue Situation sind aber Projekte, die – z. B. an der Universität Saarbrücken – gerade zur Entwicklung »neue[r] Gestaltungsmöglichkeiten in Forschung und Lehre« (Schuchmann, 1985, 915) führen sollen. Die Beschleunigung der technologischen Entwicklung auf dem gesamten Gebiet der Elektronik, aber auch der Materialforschung, der neuen Werkstoffe etc., und die zunehmende Abhängigkeit der Forschungsfragestellungen von modernen Instrumenten und Apparaten haben eine Konstellation erzeugt, in der nicht mehr nur die technikwissenschaftlichen Disziplinen, sondern auch Bereiche der Physik und der Chemie, der Biologie und der Medizin von industriellen Entwicklungen abhängig werden. Was hier am Beispiel von Siemens belegt worden ist, hätte auch an den entsprechenden Aktivitäten von IBM, Nixdorf u. a. vorgestellt werden können. In einem eng gewordenen Markt für Elektro/nik-Ingenieure, Informatiker etc. dienen diese Hochschulkooperationen natürlich auch dazu, die Rekrutierungschancen der Unternehmen zu verbessern. Das ändert allerdings nichts daran, daß ganze Disziplinen ihrer Ausbildungsaufgabe an den Hochschulen nur noch im Rahmen solcher engen Industriekooperationen nachkommen können.

2. Funktion des transnationalen Wissenschafts- und Technologietransfers. Sieht man sich die internationale Streuung der FE-Einrichtungen der großen transnationalen Industrieunternehmen an (vgl. Tab. I.2), so wundert man sich nicht mehr so sehr, wenn es in einer neuen OECD-Studie (1985) zur Wissenschafts- und Technologiepolitik einigermaßen lakonisch heißt: »Die Entwicklung, die Ausbreitung und der Transfer von Technologie sind zunehmend zu einem internationalen Prozeß geworden, in dessen Mittelpunkt die multinationalen Unternehmen stehen. Solche Firmen, die heute etwa 75 % aller industriellen FE-Aufwendungen auf sich vereinigen, bestimmen häufig die Geschwindigkeit und die Richtung der Innovation in ihren Industriezweigen und sind, durch die ihnen angeschlossenen Unternehmen, die wichtigsten Träger des internationalen Technologietransfers.«[32]

Bekannt sind die marktstrategisch kalkulierten Innovationskonzepte

Tab. I. 2: Transnationale Forschungs- und Entwicklungsorganisationen multinationaler Industrieunternehmen

Unternehmen mit Zentrale in	Beschreibung der FE-Organisation	In der Bundesrep. Dtld. (1985) Personen	FE-Aufw.	FE-Aufwendungen insgesamt 1984	1985	1986
			(jeweils in Mio. DM)			
Philips Eindhoven/ NL	8 Forschungszentren in 6 Ländern Zentrale in Eindhoven Aachen, Hamburg	700				
	150 Entwicklungslaboratorien in 25 Ländern ca. 10 in der BRD	4 300				
	Insgesamt: ca. 25 000		480	3 250	3 580	3 750
IBM Armonk/ N. Y.	3 Forschungszentren in 2 Ländern Zentrale in Yorktown Heights ca. 40 Entwicklungszentren, davon etwa 20 außerhalb der USA (in mindestens 10 Ländern) Entwicklungszentrum Böblingen	1 714				
	Progr. entw.-zentr. Sindelfingen	316				
	Wissenschaftl. Zentr. Heidelberg	ca. 25				
	Insgesamt: ca. 35 000		ca. 350	ca. 8 500	ca. 9 500	ca. 10 500
Siemens München	3 Forschungszentren (1 in den USA; ca. 30 Entwicklungszentren, davon mindestens 16 im Ausland, in mindestens 8 Ländern)					
	Insgesamt: 36 000	ca. 30 000	4 200	3 803	4 799	ca. 5 500

Quellen: Hack/Hack (1985 a). Wieß (1985). Geschäftsberichte der Unternehmen. *IBM-Nachrichten* Nr. 268, S. 70/71; Dezember 1985, S. 65 ff. *Frankfurter Allgemeine Zeitung* Nr. 54, 5. März 1986

von IBM bei der Einführung neuer Computerfamilien oder von japanischen Elektrounternehmen bei der Durchsetzung technischer Standards bei Videogeräten etc. Die nun angepeilten technologischen Sprünge bei der weiteren Miniaturisierung (4-, 16-Mbit), der Fünften Computergeneration oder der Fabrikautomatisierung (s. MAP) sind allerdings so kapitalintensiv und unmittelbar weltmarktabhängig, daß selbst die größten multinationalen Industriekonzerne in den letzten Jahren dazu übergegangen sind, kreuz und quer Forschungs- und Entwicklungskooperationen einzugehen, vorzugsweise (aber nicht nur) im sogenannten »pre-competitive-Bereich«. Neben dem MEGA-Projekt von Siemens und Philips gibt es Kooperationen zwischen Siemens, Machine Bull und ICL auf dem Computersektor, mit einem gemeinsamen Forschungsinstitut in München; gemeinsame FE-Unternehmungen von Philips und A. T. & T.; A. T. & T. und Olivetti; IBM und Control Data etc.[33]

Da einige Konzerne jeweils über mehr als hundert Fertigungsstätten und eine noch größere Zahl von Vertriebsniederlassungen in mehr als hundert Ländern verfügen, sind sie in der Lage, nicht nur technische Konzepte, sondern auch Organisations- und Ausbildungskonzepte in einem Maße zu transferieren, wie das zur Zeit keine politische Institution vor- oder nachmachen könnte. Die einzige realitätsmächtige Alternative zu diesen neuen industriellen Netzwerken (OECD, 1985, 42) scheint derzeit in einem Konzept zu liegen, bei dem militärstrategisch motivierte Geheimhaltungsimperative zu einer rigorosen Kontrolle forschungs-, technologie- und industriepolitischer Projektdefinitionen verwendet werden (vgl. auch Stock, 1986).

In einem Bericht[34] über das Interesse der Rüstungskonzerne der USA an der sogenannten »Strategic Defense Initiative/SDI« heißt es dazu:

»Überrennt die Eigendynamik der Rüstungsbranche die Entscheidungen der Politiker? Es ist zu befürchten. Schon lange bestimmt die Rüstungsindustrie der USA die strategischen Konzepte der NATO mit (also auch die des Warschauer Paktes). Nicht mehr die Militärs geben der Technik die Ziele vor, sondern die Großen des militärisch-industriellen Komplexes liefern mit den Waffensystemen auch gleich die Verteidigungsdoktrin.

Phantasie? Dämonisierung der Macht von Konzernen, die in Wahrheit doch nur die Nachfrage von Politikern bedienen? Kaum.

In den siebziger Jahren gab der Luft- und Raumfahrt-Konzern Rockwell, literarischer Interessen sonst nicht verdächtig, eine Broschüre unter dem Titel ›Space – America's Frontier‹ heraus, deren geistiger Vater der pensionierte Luftwaffen-Offizier Morgan W. Sambom war.

In dem Heft wird zunächst ein düsteres Bild von Amerikas Zukunft entworfen: schwindendes Wachstum, wachsende Abhängigkeit von Import-Energien,

Verlust militärischer Vorherrschaft und Niedergang der nationalen Moral. Die Raumfahrt, meinten die Rockwell-Autoren, könne diese Trends umkehren.

Der Wiederaufbau nationaler Größe, so die industriellen Vordenker, sollte in mehreren Schüben verlaufen und im Jahre 2000 zu dem beabsichtigten glanzvollen Ergebnis führen: der Okkupation des Weltraums durch lasergestützte Raumstationen, die angeblich ›unmittelbare, schnelle und zuverlässige Herrschaft und Kontrolle über sämtliche militärische Kräfte‹ erlaube.

Das verlockende Angebot der Industriemanager an die Regierung der USA lautete schlicht: Weltherrschaft. Das Rockwell-Buch hatte damit SDI gedanklich konzipiert, lange schon bevor Präsident Reagan 1983 seine Star-Wars-Rede hielt.

Um die gigantische Dimension des Projekts zu umreißen, sprechen Amerikas Offizielle bereits von acht Manhattan-Projekten. Das Projekt Manhattan zum Bau der Atombombe hatte seinerzeit fünf Jahre gedauert. Das Mondlandeprogramm, schon ein Stück aufwendiger, acht. Für SDI aber veranschlagen die vorsichtigsten Schätzungen mindestens 30 Jahre.

Das Tempo der Entwicklung bestimmen die großen Zwölf im weltweit tätigen militärisch-industriellen Komplex der USA: McDonnall Douglas, General Dynamics, Lockheed, Boeing, General Electric, Hughes, United Technologies (UTC), Raytheon, Litton, Grumman, Martin Marietta und natürlich Rockwell International.« (S. 145)

Das Interesse gerade dieser zwölf Unternehmen am Rüstungsgeschäft allgemein und an SDI im besonderen läßt sich anhand der einschlägigen Unternehmensdaten dokumentieren: vgl. Tab. I.3.

In den Haushaltsansätzen für die Jahre 1985 bis 1990 sind für das SDI-Programm insgesamt 32,2 Milliarden $ vorgesehen. »Mit diesem Geld wird die Forschungs- und Entwicklungsarbeit der großen privaten Unternehmen in Sachen SDI bezahlt – obwohl das Defizit im amerikanischen Haushalt die horrende Summe von über 210 Milliarden Dollar erreicht hat. Die Firmen selbst bezahlen nichts.« (a. a. O., S. 148)

IBM, dessen Interesse am SDI-Projekt gering ist, hat in seinem Forschungszentrum die ersten 350 SDI-Forschungsprojekte (1983 und 1984) auswerten lassen; im Ergebnis wird festgestellt, der Nutzen von SDI für die zivile Wirtschaft sei gering, wenn nicht negativ: »[Die] Aufträge im Wert von 1,8 Milliarden DM seien zu 87 Prozent an zehn große Rüstungskonzerne gegangen. Das Programm bremse sogar die zivile Forschung, weil die auf 25 Milliarden Dollar geschätzten Kosten und der Personalbedarf anderweitig benötigte Ressourcen abschöpften. So würden für das SDI-Projekt bis 1987 etwa 14000 Ingenieure, Techniker und Naturwissenschaftler benötigt, während in der Zivil-Wirtschaft ein großer Mangel an solchen Fachleuten bestehe.«[35]

Sieht man davon ab, daß solche zyklopischen Projekte immer auch ökonomische und psychologische Mobilisierungs- und Integrationsfunktionen haben, so sorgt diese Politik der vollendeten Tatsachen auch dafür, die wissenschaftlich angeleiteten Technisierungs- und Industrialisie-

Tab. I. 3: Bedeutung des SDI-Projekts und des Rüstungsgeschäfts für die Industriekonzerne der USA (1983/1984)

Unternehmen	Gesamt-Umsatz 1984 in Mio. $	Beschäftigtenzahlen 1984	Eigene FE-Aufwendungen (1984, in Mio. $)	SDI-Verträge Absolut (Mio. $)	SDI-Verträge In %	Rüstungsgeschäft Absolut (Mio. $)	Rüstungsgeschäft In %
1. Boeing, Seattle	10354,0	86600	506,0	364,3	22,4	4600	3,42
2. Lockheed, Burbank	8113,4	81300	378,0	240,2	14,7	5000	3,72
3. McDonnall Douglas, St. Louis	9662,6	88391	370,4	236,8	14,5	7700	5,75
4. LTV, Dallas	7046,1	58600	17,2	211,0	12,9		
5. Teledyne, Los Angeles	3494,3	47600	90,5	115,4	7,1		
6. Rockwell International, Pittsburgh	9322,1	105759	302,1	88,7	5,4	6200	4,66
7. TRW, Cleveland	6061,7	93524	146,9	76,3	4,7		
8. Hughes Aircraft*	5800			34,8	2,1	3200	2,42
9. AVCO, Greenwich	2081,0	26502		30,6	1,8		
10. Litton, Beverly Hills	4899,5	65500	104,3	25,3	1,5	2400	1,83
Summe 1.–10.				1423,4	87,4		
General Dynamics, St Louis	7839,0	99000	202,9			6000	4,46
General Electric, Fairfield/Conn.	27947,0	330000	1038,0			4500	3,38
United Technologies, Hartford	16331,7	205500	1012,0			3200	2,40

* Mitte 1985 für gut $ 5 Mrd. von General Motors aufgekauft (Handelsblatt vom 7. 6. 1985).

Quellen: Fortune April 29, 1985: The Largest U. S. Industrial Corporations, pp. 154ff.
Business Week July 8, 1985: R&D Scoreboard, pp. 70ff.
Der Spiegel Nr. 40, 25. November 1985: Aufträge für die nächsten 30 Jahre (Nach drei Jahrzehnten nuklearer Hochrüstung brauchen Amerikas Waffenkonzerne SDI zum Überleben), S. 145–149

rungsprogramme unter die verschärften Geheimhaltungsbedingungen militärischer Vorhaben zu stellen. Obwohl der größte Teil der Forschung ohnehin unter partiellen (temporären) oder vollständigen militärischen und ökonomischen Geheimhaltungsauflagen[36] betrieben wird, stellen diese Konditionen dennoch eine ständige Verletzung der regulativen Normen der internationalen »wissenschaftlichen Gemeinschaften« dar; tatsächlich scheinen offene Diskussionen im engeren Umkreis der wissenschaftlichen Spezialöffentlichkeiten keineswegs selten zu sein. Vergleichbares gilt in der Industrieforschung, wo marktnahe Entwicklungsprojekte ebenfalls als geheime Verschlußsachen behandelt werden. Nicht nur in den »pre-competitive«-Bereichen, in denen Kooperationen mit anderen Unternehmen und Hochschulen keineswegs selten sind, sind die Wissenschaftler und Ingenieure der konkurrierenden Industrieunternehmen in der Regel relativ gut über den Forschungsstand bei der Konkurrenz informiert, da es jeweils gut ausgebaute Netze der formellen (Tagungen, Kongresse, Messen) und informellen Kontakte gibt.

Durchsetzen und mit Hilfe von Regulativen und Sanktionen sichern läßt sich Geheimhaltung im wissenschaftlichen Bereich wohl am ehesten dann, wenn ganze Felder zu militärischen Sperrgebieten erklärt werden, mit rigorosen Zugangsbeschränkungen in detaillierter Abstufung. Die militärische Definition von Forschungs- und Technisierungsprojekten mit (potentiell anschließenden) industriellen Anwendungsbezügen impliziert zudem spezifische soziale – besser: a-soziale – Strukturierungen der technologischen Konzepte. Der militärische Einsatz von Technologien gibt Anwendungsbedingungen vor, in denen soziale Erwartungen und Bedürfnisse der »Betroffenen« keine Rolle zu spielen brauchen. »Viele Menschen« können hier, komplexitäts-reduzierend, als »Mega-Tote« gedacht werden.

3. »Structure follows strategy«. Dimensionen des Politischen

»Die sozialen Beziehungen sind dann *politisch*, wenn sie über den Staat vermittelt werden.«[37] Diesem traditionellen Verständnis von Politik entsprechend werden Industriepolitik und Forschungspolitik zweifelsfrei vom »Staat« betrieben, der die wesentlichen Rahmenbedingungen vorgibt, also durch Gesetze und Verordnungen regelt, was als »Investition« behandelt und gegebenenfalls gefördert wird und welche Forschungsfelder und Schlüsseltechnologien durch Steuererleichterungen oder (andere) Subventionen begünstigt werden.

Nachdem Daimler-Benz innerhalb weniger Monate die Industriekonzerne MTU ganz sowie Dornier und AEG mehrheitlich erworben hatte und damit nach Umsatz (60 Mrd. DM) gerechnet zum größten und der Beschäftigtenzahl (ca. 300 000 Personen) nach zum zweitgrößten Industriekonzern der Bundesrepublik geworden war, war in der sich daran entzündenden öffentlichen Konzentrationsdebatte unstrittig, daß diese Abfolge von Entscheidungen politische Dimensionen hatte. Der Vorsitzende der Monopolkommission, Prof. Erhard Kantzenbach, erklärte in einem Interview[38] unter anderem: »Unternehmen dieser Größenordnung beeinflussen mit ihren Entscheidungen zwangsläufig die ganze Volkswirtschaft. Sie können deshalb auch *Druck auf den Staat* ausüben. Dieser kann beispielsweise kaum zulassen, daß sie zusammenbrechen. Allein diese politische Bestandsgarantie ist *Ausdruck politischer Macht*.«

Da Daimler-Benz mit den Aufkäufen zum zweitgrößten Rüstungskonzern (nach MBB) geworden war, wurden in der Öffentlichkeit auch die politischen Aspekte dieser Seite benannt. Ebenfalls vermerkt wurde, daß durch die Fusionen einer der größten »Technologie«-Konzerne des Landes entstanden war. Nur angedeutet[39] wurde hingegen, daß Daimler-Benz sein zuvor schon vorhandenes FE-Potential von 10 000 Wissenschaftlern, Ingenieuren etc. und einem FE-Budget von rd. 1,7 Mrd. DM (1985) durch die Aufkäufe mehr als verdoppelt (auf 3,45 Mrd. DM FE-Budget) und damit das zweitgrößte wissenschaftliche Technologiepotential der Bundesrepublik Deutschland errichtet hatte. Nirgends taucht auch nur andeutungsweise die Überlegung auf, daß diese Entscheidungen, begreift man sie im Zusammenhang, vermutlich die größte forschungspolitische Handlung waren, die je in der Geschichte der Bundesrepublik vollzogen wurde. Es ist deshalb nur folgerichtig, wenn der ehemalige Vorstandsvorsitzende von Daimler-Benz, Breitschwerdt, konstatiert, die Abschätzung von Technikfolgen müsse ein fester Bestandteil von »Forschung und Entwicklung« in den Unternehmen werden[39a], was deren forschungs- und wirtschaftspolitische Bedeutung noch einmal unterstreicht.

Bei dem Versuch, die hohen staatlichen Subventionen für das MEGA-Projekt zu rechtfertigen, verwies Professor Beckurts[40] auf den »unglaublich harten Hochtechnologie-Wettbewerb zwischen den USA, Japan und Europa«, in dem es bereits jetzt »um die Märkte der 90er Jahre« gehe. Um welche Größenordnungen es sich dabei handle, zeige sich, so Beckurts, am Beispiel von General Electric, von dessen FE-Ausgaben der Staat 55 % (1266 von 2304 Mrd. $) übernehme (1984) und wo der Aufkauf von RCA das Forschungspotential von GE weiter (um 243 Mio. $) erhöht habe. Und wie selbstverständlich ist in diesem Interview von der »Forschungspolitik des Konzerns« die Rede, bei der es um (langfristige) Prioritätensetzung, um Kooperationsvorhaben, um Synergieeffekte und um die Verfügbarkeit von Schlüsseltechnologien gehe, um einer möglicherweise »drohenden Embargopolitik der Konkurrenz« entgegenwirken zu können.

a) Tatsachenfeststellungen

Die genuin politischen Implikationen der unternehmensstrategischen Entscheidungen liegen also nicht nur in der puren Größenordnung der dabei ins Spiel gebrachten Potentiale und Ressourcen, sondern zugleich in der sachlichen und politischen Reichweite der betreffenden Handlungsvollzüge. Große Industriekonzerne wie Daimler-Benz, Siemens oder die drei großen Chemieunternehmen BASF, Bayer und Hoechst in der BRD oder General Electric, IBM oder Boeing in den USA verfügen über wissenschaftliches, technologisches und ökonomisches Wissen in allen möglichen »Aggregatzuständen«: von Lizenzen und Patenten über FE-Laboratorien und Rechnernetze bis zu qualifiziertem Personal in allen Disziplinen, das in seiner jeweiligen Bündelung im Rahmen der jeweiligen nationalen Volkswirtschaft nicht nur »knapp«, sondern häufig einmalig und unersetzlich ist.

»Industriepolitik ist für mich nicht mehr, aber auch nicht weniger als bewußtes politisches Denken und (anschließendes) Handeln in den veränderten Zusammenhängen des Wirtschaftens. Alles hat für mich industriepolitische Bedeutung, was dazu dient, Produktion und Produkte so zu modernisieren, daß unsere Volkswirtschaften dem Niveau und Tempo der fortgeschrittenen Industrienationen durch eigene Leistungsstärke standhalten können.

Es geht also nicht um einen fixierten Kanon von Methoden, sondern es geht – lange bevor wir in den Streit eintreten, ob eine nationalökonomisch ausgerichtete Maßnahme noch mit den Grundsätzen der Marktwirtschaft verträglich ist oder nicht – um die Erkenntnis, daß eine politisch gedachte und gewollte Strukturpolitik unverzichtbar geworden ist.«

Würde ein Wirtschaftspolitiker aus dem staatlichen Bereich eine solche Programmatik aufstellen, so würde er des »Neomerkantilismus« oder »sozialistischer Wirtschaftslenkung« bezichtigt. Als Vorstandsmitglied der Daimler-Benz AG kann Edzard Reuter solche Überlegungen in der Wirtschaftspresse[41] publizieren, ohne deswegen verunglimpft zu werden.

Die vielfältigen technologie- und industriepolitischen Aktivitäten »staatlicher Akteure« in der Mitte der achtziger Jahre scheinen dem zu widersprechen. So richtete das Bundesministerium für Bildung und Wissenschaft (BMBW) Anfang 1985 ein neues Referat IV B4 »Hochschule und Wirtschaft« ein, das »zu einer Verbesserung des Informationsaustausches, der Personalmobilität und des Ergebnistransfers in beiden Richtungen zwischen Hochschulen und Wirtschaft, Fachverbänden und gesellschaftlichen Organisationen beitragen« soll.[42] Im März 1985 wurde ein neuer Kabinettsausschuß für Technologiepolitik ernannt, dessen formaler Vorsitz beim Bundeskanzler, dessen faktische Federführung aber beim Bundesminister für Forschung und Technologie liegt; außerdem gehören dem »Technologiekabinett« die Minister für Auswärtiges, Finanzen, Wirtschaft, Verteidigung, Verkehr, Post, Bildung und Wissenschaft sowie – entgegen dem ursprünglichen Konzept des Kanzleramtsministers – für Arbeit und Soziales an.[43] Im Mai 1985 wurde, nach fast fünfzehnjährigen Auseinandersetzungen, vom Bundestag die Enquête-Kommission »Technologiefolgenabschätzung« eingesetzt. Nach knapp zweijähriger Arbeit der Enquête-Kommission umschrieb deren Vorsitzender, Josef Bugl, die Rolle der politischen Akteure in diesem Kontext aber als höchst eingeschränkt:

»Es liegt wohl in der *Logik und Struktur moderner Industriegesellschaften*, daß die Technisierung aller Lebensbereiche immer weiter vorangetrieben wird, wobei u. a. Wissenschaft, Industrie, Militär und Verwaltungen unschwer als Akteure auszumachen sind. Gegenüber dem hier geballt vorhandenen Sachverstand, der hochgradigen Fachkompetenz und dem enormen Finanzvolumen geriet das höchste Verfassungsorgan, das Parlament, in eine reaktive Rolle. Seine Funktion sowohl als Diskussions- wie auch als Entscheidungsfor(u)m für wichtige technisch-gesellschaftliche Weichenstellungen nimmt zunehmend ab.

[...] Weder die Kommission noch die übergroße Mehrheit des Bundestages verbindet mit einem derartigen Instrument die Idee, etwa zu einer Steuerung der wissenschaftlich-technischen, der industriellen und gesellschaftlichen Entwicklung zu gelangen, wie gelegentlich zu hören ist. Die Komplexität und Vielfalt des Gesamtsystems, die generell begrenzten Möglichkeiten nachgeordneter Parlamentsgremien und vor allem elementare freiheitssichernde Verfassungsgrundsätze bieten für derlei Befürchtungen keinen Raum. Insbesondere der Einwand eines drohenden ›technology arrestment‹, d. h. der Be- oder Verhinderung technischer Neuerungen ist angesichts ungebrochener Forschungs- und Innovationsintensität z. B. in den USA, trotz inzwischen 12-jähriger OTA-Tätigkeit, unbegründet.«[44]

Obwohl Bugl in der abschließenden Erörterung der Möglichkeiten, die ein institutionalisiertes TA-Instrument biete, auch die »Abkehr von reaktiven und stärkere Hinwendung des Parlaments zu antizipierenden Politikkonzepten« erwähnt, ist die restriktive und selbstgenügsame Interpretation staatlicher Technologie- und Industriepolitik doch vorherrschend.

Tatsächlich gehen die Forderungen nach einem Rückzug des Staates aus diesem ganzen Politikfeld inzwischen noch sehr viel weiter. Eine eher skurrile Komponente brachte der Bundesverband Junger Unternehmer (BJU) in die Diskussion, als er – im Kontext der Kritik an der 320-Millionen-DM-Subvention für das MEGA-Projekt – die »Abschaffung des Bundesforschungsministeriums« propagierte.[45] Aufschlußreicher ist jedoch der programmatische Aufsatz (1985) des Leiters des Grundsatzreferats im Bundesministerium für Wirtschaft, Dr. Ralf Zeppernick, der die »Forderungen nach einer neuen (staatlichen) Industrie- und Forschungspolitik« nachhaltig kritisierte, unter anderem mit der folgenden Argumentationsfigur:

»Generationen von Ökonomen haben den Nachweis erbracht, daß der Markt den Such-, Informationsverarbeitungs- und Innovationsprozeß besser bewältigt als Bürokraten in staatlichen Administrationen. In diesem Suchprozeß setzen die Marktteilnehmer mehr Wissen für ihre individuellen Entscheidungen ein, als eine zentrale Instanz sinnvoll verarbeiten könnte. Die Hayeksche Warnung vor der Anmaßung des Wissens ist aktueller denn je. Mißerfolge staatlicher Planung, gleichgültig ob sie den Namen von Fünf-Jahres-Plänen oder der Planifikation tragen, sind hierfür eindrucksvolle Beispiele. Der Staat, d. h. die Beamten, die Zukunftstechnologien festlegen und testieren müßten, haben nur eine eng begrenzte Informationskapazität; sie sind weder Besserwisser noch Zukunftsdeuter. Selbst beamtete Techniker (von Juristen und Volkswirten ganz zu schweigen) verlieren zwangsläufig schnell den Anschluß an den letzten Stand der Technik und sind damit weitgehend von den Aussagen der Antragsteller abhängig.

Kritisch zu hinterfragen ist, was die behauptete Förderung von Zukunftsbereichen und Zukunftstechnologien tatsächlich bedeutet. Der logische Widerspruch dieses Ansatzes, auf den bisher vergleichsweise wenig hingewiesen wurde, ist, daß neue Technologien und Zukunftsmärkte unbekannt sind, sonst wären sie nicht neu. Auch die Förderbürokratien, nationale wie internationale, haben nicht das Wissen über die Zukunft. Das damit *Unbekannte ist schlechterdings nicht förderbar.*«[46]

Das wäre eine denkbare Einstellung zum Gesamtbereich strategischer und operativer Planung[47] von Forschungsprojekten, neuen Technologien und Märkten, nur stimmt sie seit mehreren Jahrzehnten nicht mehr mit der Wirklichkeit überein. Zur sozialen Bewältigung des »Unbekannten« bzw. von »Unsicherheit« (s. Luhmann, 1984) sind inzwischen eine ganze Reihe von Mechanismen und Prozeduren der »organisierten Antizipation« (Bender, 1986) entwickelt worden, mit deren Hilfe Zukunft regelrecht »bewirtschaftet« (Hack/Hack, 1979) werden kann.

Worum es Dr. Zeppernick vom BMWI tatsächlich geht, macht er einige Seiten später klar:

»Weitgehend unbestritten ist staatliches Engagement in der Grundlagenforschung auch in einer Marktwirtschaft. Doch sobald das Stadium der Marktnähe erreicht ist, gilt für eine marktwirtschaftliche Forschungspolitik der Grundsatz der Subsidiarität staatlicher Aktivität. Forschung ist damit primär Aufgabe der Unternehmen, die die Entscheidungen über Produktion und angewandte Techniken treffen. Chancen und Risiken werden damit durch den Marktmechanismus zugeteilt, nicht hingegen durch den Staat. Nur in streng begründeten Ausnahmefällen ist ein staatliches Engagement vertretbar, wenn z. B. besonders risikoreiche, aufwendige, die Privatwirtschaft überfordernde Investitionen getätigt werden sollen, die aus übergeordneten gesellschaftspolitischen Gründen wünschenswert erscheinen.[...]

Hinsichtlich der Forderungen nach einer neuen Industrie- und Forschungspolitik und einer marktwirtschaftlichen Industrie- und Forschungspolitik ist oft fälschlicherweise behauptet worden, der Unterschied dieser beiden Politikansätze liege in einer ›aktiven‹ bzw. ›nicht aktiven‹ staatlichen Politik. Doch es wäre irreführend und falsch, marktwirtschaftlicher Förderpolitik Passivität oder sogar ›ordnungspolitisch begründetes Nichtstun‹ vorzuwerfen. Der zentrale Unterschied zwischen einer gezielten und damit zwangsläufig interventionistischen und wettbewerbsverzerrenden staatlichen Industrie- und Forschungspolitik einerseits und einer nichtdiskriminierenden, breit ansetzenden andererseits liegt vielmehr in dem Gegensatzpaar interventionistische versus nicht interventionistische staatliche Förderpolitik.«[48]

Es geht also nicht um den »logischen Widerspruch« bei dem Versuch der planvollen Bewältigung des Unbekannten, sondern um die Differenzierung zwischen den Zuständigkeiten staatlicher und privatwirtschaftlicher »Akteure«.

Nimmt man die programmatischen Ausführungen von Bugl und Zeppernick zusammen, so ist der Staat weder in Gestalt des Parlaments noch in der Organisationsform der Verwaltung in der Lage, aktiv forschungs- und industriepolitische Steuerung und Gestaltung zu betreiben. Obwohl allein das BMFT 1985 einen Etat von 7194 Mio. DM zu betreuen hatte und davon ca. 2700 Mio. DM an industrielle Forschungs- und Entwicklungsprojekte vergab, hätte sich die Bundesregierung, mitsamt ihrem schönen Kabinettsausschuß für Technologie, weitgehend auf die Rolle des Finanziers zu beschränken.

Dieses eher ordo-liberale Politikverständnis (Zeppernick) entspricht sicherlich nicht uneingeschränkt der tatsächlich betriebenen Forschungs- und Technologiepolitik der konservativen Bundesregierung. Für die Regierungschefs in den Bundesländern, insbesondere in Baden-Württemberg und Bayern, sind solche restriktiven Politik-Definitionen ohnehin irrelevant.[49] Nimmt man die oben zusammengestellten Äußerungen von Top-Managern der Industrie, Parlamentariern und Ministerialbeamten zusammen, so ergibt sich allerdings der Gesamteindruck, daß Forschungs- und Industriepolitik keineswegs die uneingeschränkte Domäne des Staates ist. Die großen Industrieunternehmen betreiben vielmehr eine eigene Forschungs- und Industriepolitik, bei der nicht nur volkswirtschaftliche und gesamtgesellschaftliche Aspekte eine (spezifische) Berücksichtigung finden, sondern auch Dimensionen der internationalen (Konkurrenz auf dem Weltmarkt) und transnationalen (Technologie- und Wissenstransfer) Politik eine Rolle spielen, die der an nationale Souveränitätsgrenzen gebundenen staatlichen Politik gar nicht zur Verfügung stünden.

»Verwissenschaftlichung der Politik« bedeutet also – entgegen den Vermutungen, die in den sechziger Jahren en vogue waren – keineswegs, daß Wissenschaft bzw. Wissenschaftler als deren Repräsentanten zu zentralen Akteuren in politischen Entscheidungsprozessen aufgerückt wären. Daß die Ressorts über teilweise gut ausgestattete Organisationen der staatlichen Forschung gebieten können, bedeutet zwar, daß sie über den jeweiligen aktuellen Stand des wissenschaftlichen Wissens verfügen können, wenn es um die Beurteilung und Bewertung von Kontroll- und Planungskonzepten geht; die sozial-strukturellen Grenzen »staatlichen Handelns« werden aber auf anderen Ebenen der sozioökonomischen Wirklichkeit bestimmt.

Schon gar nicht bedeutet »Verwissenschaftlichung der Politik«, daß der traditionelle Sektor der akademischen Wissenschaft zum Kernbereich einer neuen Machtelite geworden sei. »Systematisches Wissen von der Art, wie es für politische Entscheidungen (policy-making) einsetzbar ist und eine entscheidende Ressource für die Definition politischer Prozesse darstellt, wird in regierungseigenen wissenschaftlichen Einrichtungen, industriellen Forschungslaboratorien und Managementstäben, von Experten in politischen Administrationen und wahrscheinlich nur in geringem Ausmaß in akademischen Institutionen produziert. Auf diese Weise verliert Wissenschaft ihre institutionelle Identität, die man früher mit Universitäten und akademischen Einrichtungen gleichzusetzen pflegte. Die Rede vom ›wissenschaftlichen Establishment‹ wird deshalb irreführend.«[50] Nur bei der Durchsetzung ihrer Interessen im engeren Bereich der Wissenschaftspolitik gebe es ein wissenschaftliches Establishment mit »einige[r] Macht« (ebd.). Nicht die Teilhabe »der Wissenschaft« an der politischen und ökonomischen Macht ist Kennzeichen der »Verwissenschaftlichung der Politik«, sondern der nahezu vollständige Verlust der Distanz zur politischen und ökonomischen Macht. Der »weltfremde Gelehrte« früherer Jahrhunderte ertrug auch seine mißbräuchliche Vernutzung zu Herrschaftszwecken als unausweichliches Schicksal. Dennoch gab es in dieser aufgelassenen »Gelehrtenrepublik« in wichtigen Einzelfällen jenes »asketische Element in Lebensführung und Wissenschaftsverständnis« (S. 235), das in seiner ›contemplativen‹ Grundbestimmung immer auch die Fähigkeit zur »reflexiven Distanzierung vom Herrschaftsbetrieb« (S. 221) und damit eine »Form der Opposition und Auflehnung« gegen die herrschenden Mächte enthielt, wie Wolfgang Hardtwig (1985) am Beispiel des Historikers Jacob Burckhardt gezeigt hat.

»Bezogen auf das Wissenschaftskonzept heißt dies, daß der Verzicht auf jene Machtpartizipation und jenen Machtprozeß, den die Wissenschaftspraxis als gesellschaftliche Arbeit ihrerseits ermöglicht, erst die Form *rückhaltloser und vorurteilsfreier Diagnose und Analyse von Machtimpulsen und Machtstrukturen* freisetzt, die Burckhardt geleistet hat. Der Verzicht auf eine explizite Orientierungsfunktion der Historie in den Handlungsvollzügen der Gegenwart und auf die herausgehobene Stellung der Gelehrtenarbeit im gesellschaftlichen Prozeß der Überwindung von Naturzwängen bedeutet zwar den Verzicht auf persönliche Einflußnahme auf die Geschehnisse, den *Verzicht* also *auf Machtausübung auch der Wissenschaftler*, er erschließt jedoch andererseits neue und nur so zugängliche *Erkenntnismöglichkeiten*.

[...] Die Praxis historischer Reflexion, die zugleich immer eine Form der Opposition gegen Machtstrukturen und Abhängigkeiten ist, *erweitert das Ratio-*

nalitätspotential einer Gesellschaft, indem sie die Möglichkeit schafft, *Distanz zum Machtbetrieb* zu gewinnen und auf die Weise Beurteilungshorizonte zu gewinnen, welche die unmittelbaren Zweck-Mittel-Relationen durchbrechen können, an denen sich politische Praxis bevorzugt orientiert.«[51]

Die Propagierung dieser Position für die Gegenwart wäre weniger ideologisch als vielmehr hochgradig realitätsblind. Dennoch liegt in dem sozialen und kognitiven Distanzverlust großer Teile des Wissenschaftsbetriebs zum Herrschaftsbetrieb die Gefahr der Preisgabe der spezifischen Möglichkeiten wissenschaftlichen Wissens. Weingart (1982, 1983) hat die drohende De-Professionalisierung und die bereits erkennbare Deformation der kognitiven Strukturen nachdrücklich hervorgehoben, die mit einer unreflektierten »Politisierung der Wissenschaft« einhergehen.

Definiert man das forschungspolitische Dreieck als gesellschaftliches Spannungsfeld zwischen drei grundlegend *heteronomen* Bereichen, so sind mit den beiden bisher diskutierten Strukturveränderungen der (1.) durchgehenden Verfügbarkeit wissenschaftlicher Apparate und (2.) der grundlegenden Politisierung der Industrie und der Wissenschaft Momente der Gleichartigkeit einbezogen worden, die zwar die jeweiligen herkömmlichen Regulative der Wissenschaft (Theoriebezüge) und der Wirtschaft (Markt) weitgehend oder doch partiell außer Kraft gesetzt, aber zu keinen neuen adäquaten Kontrollmechanismen und Regulativen geführt haben. Während man von den Tendenzen der Verwissenschaftlichung von Politik und Industrie eine Stärkung der Rationalität und eine zunehmende Transparenz der sozialen Prozesse hätte erwarten können, vollzog sie sich tatsächlich eher als Prozeß einer unterschwelligen, privaten Politisierung. Unterhalb der institutionalisierten und formalisierten Regulative des Marktes (Wirtschaft), der Wahlprozeduren und Gesetzgebungsmechanismen (Staat) und der Regeln der Erzeugung wissenschaftlichen Wissens hat sich so etwas wie ein Verbundsystem stark personalisierter Abstimmungsmechanismen und Aushandlungsrituale entwickelt, wobei aber nur *ökonomisch bestimmbare Interessen* direkte und nachdrückliche organisatorische Unterstützung erhalten. Das bezieht sich nicht auf bloße Finanzierungsmodalitäten. Obwohl die Bundesregierung Jahr für Jahr Milliardenbeträge an die wirtschaftseigenen Forschungseinrichtungen überweist (vgl. Tab. I.4) – 1985 waren es ca. 5,15 Mrd. DM –, erkauft sie sich damit keineswegs Steuerungskapazität und Planungsberechtigung, sondern bestenfalls Informationen, aber ohne das Recht, zu publizieren.[52] Die Dominanz ökonomischer Interessen ergibt sich aus der selektiven Verfügung über Ressourcen und Handlungschancen, von der nach der vorherrschenden Auslegung des Grundgesetzes die staatlichen Organe ausgeschlossen sind.

Nur während einer kurzen Periode in der ersten Hälfte der siebziger Jahre wurde unter der Programmatik »Forschungspolitik als Strukturpolitik« versucht, den Einzugsbereich staatlicher Forschungspolitik zu erweitern. Den Grenzpunkt dieses Ausdehnungsversuchs markiert ein (programmatisch gemeinter) Aufsatz des damaligen Leiters der Unterabteilung »Forschungspolitische Grundsatzfragen und allgemeine Forschungsförderung« im BMFT, Dr. Rolf Berger, von 1974.[53] Nach einer Interpretationsskizze, in der Berger die Vereinbarkeit von »Planung« – sehr allgemein definiert als »Einwirkung auf ein Seiendes mit dem Zweck, eine Änderung an dem Seienden zu bewirken« (S. 17) – mit dem hierzulande geltenden gesellschaftlichen Wertsystem postuliert hat, bestimmt er die intendierte Reichweite staatlicher Forschungsplanung wie folgt:

»Eine übergreifende forschungspolitische Planung hat besonders die Koordination der Ressortforschung, die Abstimmung zwischen Bund und Ländern sowie die Einbeziehung der immer noch als autonom betrachteten Wissenschaft sicherzustellen; außerdem hat sich eine solche forschungspolitische Planung mit dem Problem der Einbeziehung industrieller Forschungsaufwendungen in die staatliche Forschungsplanung zu beschäftigen.« (S. 19)

Den nachdrücklichen Einspruch der Industrie(forschung) verkündete an gleicher Stelle[54] der Vorstandsvorsitzende der Deutschen Edelstahlwerke AG:

»Vor allen etwaigen Bestrebungen einer fremden Einflußnahme auf die bewährte Eigenständigkeit der von der Industrie getragenen Forschung und Entwicklung kann ... nicht eindringlich genug gewarnt werden. Daß die industriellen Unternehmen bei ihren Forschungsanstrengungen die Zusammenarbeit mit den anderen Forschungsträgern in vielfältiger Weise initiativ betreiben, muß nicht besonders betont werden.« (S. 10)

b) Gesellschaftliche Formen und Mechanismen der Forschungsplanung

Geht man von der herkömmlichen politikwissenschaftlichen Vorstellung aus, daß »Planung [...] ein Aspekt der Funktion des Staates« für den industriellen bzw. kapitalistischen Produktionsprozeß ist, also ein »Problem staatlicher Steuerung der Produktion wie umgekehrt der Abhängigkeit dieser Steuerung von der Produktion« (Ronge/Schmieg,

Tab. I. 4: Forschungsausgaben des Bundes (in Milliarden DM; 1982 bis 1986)

Ausgaben der Ministerien	1982 Ist Mrd. DM	1983 Ist Mrd. DM	1984 Soll Mrd. DM	1985 Reg.-Entw. Mrd. DM	1985 Reg.-Entw. in %	1986 Soll Mrd. DM
1. BMFT (Forschung und Technologie)	6,86	6,49	7,00	7,16	55,5	7,41
2. BMBW (Bildung und Wissenschaft)	0,92	0,99	1,01	1,01	7,9	
3. BMWI (Wirtschaft)	1,26	0,96	0,89	1,32	10,2	
4. BMVg (Verteidigung)	1,7	1,86	1,96	2,34	18,2	2,648
5. Übrige Ressorts	2,69	1,01	1,04	1,06	8,2	
Insgesamt	13,43	10,31	11,90	12,89	100	

Empfänger	1982 Ist in %	1983 Ist in %	1984 Soll in %	1985 in %	1986 in %
1. Bundeseigene Einrichtungen	11,1	8,2	7,5		
2. Einrichtungen der Länder, Gemeinden, Hochschulen	7,5	8,8	8,8		
3. Wissenschaftliche Organisationen	28,4	31,6	32,0		
4. Wirtschaft	45,8	32,5	43,3		
5. Ausland	7,2	7,9	8,4		
Insgesamt	100	100	100		

Quellen: *VDI nachrichten* Nr. 41, 25. 1. 1985; Nr. 8, 21. 2. 1986; *Wehrtechnik* H. 1, 1985, S. 31.

1973, 15), so zeigt das oben zitierte Votum nicht nur die Grenze, sondern auch das Ende der staatlichen Forschungspolitik in der Bundesrepublik Deutschland an. Man weiß allerdings seit den Arbeiten von Shonfield (1968/1965) und Braverman (1977/1974), daß Planung im Kapitalismus sich tatsächlich vorwiegend unterhalb der staatlichen Organisationsformen vollzieht. Entscheidend und weitgehend abgedunkelt sind die vielfältigen Formen intermediärer Abstimmungs- und Planungsprozeduren, die gleichsam im Innern des forschungspolitischen Dreiecks eingerichtet wurden. Dazu gehören als »privat« definierte

Organisationen wie DIN, TÜV bzw. VdTÜV, REFA, RKW etc., die teilweise hoheitsstaatliche Funktionen (s. DIN e. V.) in subsidiärer Verantwortung ausüben und die durchweg technologiepolitisch – und teilweise auch forschungspolitisch – zentrale Aufgaben der Normierung, Standardisierung, Abstimmung und des Transfers wahrnehmen. Aufschlußreich sind in diesem Kontext auch die diversen Gremien, Ausschüsse und Kommissionen. Beispielhaft in dieser Hinsicht ist der »ad hoc-Ausschuß ›Neue Technologien‹ des Beratenden Ausschusses für Forschungspolitik«, der 1971 seinen Ersten Ergebnisbericht[55] vorlegte und der folgendermaßen zusammengesetzt war:

Mitglieder des Ausschusses: W. Häfele, GfK Karlsruhe (Vorsitzender); F. Eichhorn, RWTH Aachen; H. J. Engell, MPI Stuttgart; B. Fritsch, IWF Zürich; W. Holste, VW Wolfsburg; H. Holtschmidt, Bayer Leverkusen; H. J. Queisser, Universität Frankfurt; H. Wilhelms, Siemens, UB Energietechnik, Erlangen. (Alle Professoren)

An den Beratungen nahmen ferner teil: die Ministerialbeamten Dr. W. Finke, Dr. D. Frenzel und Dr. W. Menden, alle vom BMBW; sowie Prof. H. Welker, Leiter der Forschungslaboratorien von Siemens in Erlangen.[56]

Repräsentanten der wissenschaftlichen Apparate von Staat, Wirtschaft und universitärer bzw. Groß-Forschung entwickelten und formulierten gemeinsam[57] methodische Kriterien zur »Beurteilung von technologischen Forschungs- und Entwicklungsvorhaben unter dem Aspekt der Förderung durch die öffentliche Hand«.

Unter der Überschrift »Wirtschaftspolitik und technische Entwicklung« wurden die theoretischen Vorannahmen einer zeitgemäßen Strukturpolitik folgendermaßen bestimmt:

»Die Naturwisssenschaften und die darauf aufbauende Technik haben als eine Grundlage unseres Wirtschafts- und damit auch Gesellschaftssystems eine ständig wachsende Bedeutung erlangt. Ihre Weiterentwicklung geschieht *weitgehend eigengesetzlich* und folgt im Bereich der Wirtschaft den Notwendigkeiten des Binnenmarktes und der Exportmärkte. Wegen der intensiven Verflochtenheit des geistigen und materiellen Standes unserer Gesellschaft mit ihrer technologischen und wirtschaftlichen Situation ist die Förderung und Sicherung der wirtschaftlichen Leistungsfähigkeit seit jeher eine zentrale öffentliche Aufgabe, die sich in der Wirtschaftspolitik manifestiert.

Die sich im Rahmen der Struktur- und Wachstumspolitik unter Mitwirkung des Marktmechanismus ergebende technologische Entwicklung ist gesamtgesellschaftlich in zweierlei Hinsicht unvollkommen. Sie betont einmal zwangsläufig das marktwirtschaftlich Notwendige und läßt damit soziale und humanitäre gesellschaftliche Zielsetzungen in den Hintergrund treten. Zum zweiten stellt sie wegen der Beschränktheit unserer Ressourcen nicht automatisch sicher, daß die wirtschaftliche Leistungsfähigkeit unserer Gesellschaft auf allen für uns wichtigen Gebieten erreicht wird oder erhalten bleibt. Der Planungshorizont des Konsumenten, des Unternehmers und des Politikers, dessen Aktionsmöglichkeit nur auf begrenzte Zeit gesichert ist, ist im allgemeinen sehr kurzfristig angelegt. Dies ist der Fall, weil vom Standpunkt der individuellen Interessenträger aus betrachtet ein längerfristig angelegter Planungshorizont nicht ohne Risiken ist. Hierdurch entsteht eine Divergenz der Präferenzen gegenüber einer nur langfristig sinnvollen Entwicklungssteuerung der gesamten Gesellschaft. Es gilt einerseits eine oft nur kurzfristig motivierte Subventionsflut zu zügeln, andererseits Aktionen aus einer Langzeitperspektive zur Vermeidung antizipierter Gefahren zu unternehmen.«[58]

Indem jedem »Handelnden« (Konsument, Unternehmer, Politiker) prinzipiell ein eigener »Planungshorizont« zugestanden wird, wird auch dem staatlichen Aktor die Möglichkeit planvollen Handelns konzediert – allerdings ohne Privilegierung gegenüber den anderen Akteuren. Im Gegenteil, die Orientierung der Politiker an den kurzen Zeiträumen von Legislatur- oder Wahlperioden macht auch sie zu »individuellen Interessenträgern«, die eine »nur langfristig sinnvolle Entwicklungssteuerung der gesamten Gesellschaft« nicht zu begründen vermag. Vom Staat als Repräsentanten des »allgemeinen Interesses« kann also keine Rede sein.

Da sich die naturwissenschaftliche und technische Entwicklung ohnehin »weitgehend eigengesetzlich« vollziehen, ist im Rahmen dieser Interpretation Forschungs- und Technologiepolitik auf zwei Bereiche zu beschränken. Zum einen auf die Unterstützung und Förderung, d. h. die selektive Beschleunigung der (eigengesetzlichen) Abläufe, zum anderen auf die rechtzeitige Antizipation möglicher gefährlicher Folgen dieser autonomen Prozesse. Daß wissenschaftliches und technologisches Wissen und neue Technologien *gemacht* werden, ist auch in diesem Konzept ausgeblendet, wie in der gesamten öffentlichen und sozialwissenschaftlichen Diskussion jener Jahre.

Sieht man davon ab, daß Forschungs- und Technologiepolitik auch Bestandteil der Aufgabenstellungen in den wichtigsten Wirtschaftsverbänden[59] ist, findet man die am besten ausgebauten Planungsorganisationen in den großen Wirtschaftsunternehmen, d. h. insbesondere den transnationalen Industriekonzernen und Großbanken. Entgegen den in der Öffentlichkeit vorherrschenden Vorstellungen spielen Planungsgremien und Planungsmethoden in der industriellen Produktion der Gegenwart generell eine große Rolle. Unternehmensplanung wird in vielen Zentralabteilungen von Unternehmen betrieben; Personalplanung und -entwicklung gehört zu den Aufgaben jeder Personalabteilung; Produktionsplanung, einschließlich Terminüberwachung, ist für Produktionsprozesse weithin selbstverständlich geworden. Vorgelagert sind letzteren häufig Aufgaben der Fertigungsplanung, zu denen sowohl die Fertigungseinführung wie die Planung von Fertigungsmethoden und Betriebsmitteln gehört. In einem Unternehmen wie Siemens sind allein 6600 Personen mit der Fertigungsvorbereitung und -planung beschäftigt, das sind ca. 7 % aller in der Fertigung tätigen Arbeiter und Angestellten.[60]

Die wichtigste Institutionalisierungsform der langfristigen Unternehmensplanung ist sicher die Organisation der industriellen Forschung und Entwicklung, die beispielsweise bei Siemens zwischen dem Zentralbereich Forschung, den Entwicklungszentren der Unternehmensbereiche und den werksnahen Entwicklungsabteilungen auf drei Ebenen der Unternehmenshierarchie auseinandergezogen ist[61] und damit in vielfältiger Form zugleich auf die Prozesse der wissenschaftlichen und technologischen Entwicklung außerhalb des Unternehmens, auf Marktstrukturen und Fertigungsanforderungen eingestellt werden kann. Im Sommer 1984 wurde im Zentralbereich »Forschung und Technik« ein neuer Hauptbereich »Technische Planung und Kooperation« eingerichtet[62], womit das Planungspotential noch verstärkt wird.

Über eine entsprechende Infrastruktur zur Planung und Steuerung der Forschung und Entwicklung verfügen inzwischen wohl die meisten transnationalen Industriekonzerne. Am Beispiel von Philips haben Zündorf/Grunt (1982) das vielfältige Geflecht beschrieben, mit dem Forschungsprojekte und Innovationsvorhaben geplant, gesteuert und kontrolliert werden.

Als oberstes Leitungsgremium der Philips-Forschung gibt es die »Research Directors Conference«/RDC, der alle Direktoren der Forschung angehören. Hauptaufgaben der RDC sind Festlegung und Abstimmung der Forschungsprogramme und die Entscheidungen über die Verwendung des Forschungsbudgets bzw. dessen Verteilung auf die acht verschiedenen Forschungslaboratorien (in sechs Ländern) sowie die Koordination der Forschungsaktivitäten (S. 59).

Als Stabsabteilung ist der RDC das sogenannte »Concern Research Bureau«/CRB untergeordnet, das aus zehn wissenschaftlichen Mitarbeitern und einem eigenen technischen Stab besteht. Das CRB ist die »Planungs- und Steuerungszentrale der Forschung, ohne jedoch den Laboratorien gegenüber als ›Exekutive‹ der Research Directors Conference weisungsberechtigt zu sein« (ebd.). Die Funktionen des CRB werden beschrieben mit »Sammlung von Informationen, Planung und Fortschreibung des Forschungsprogramms«, Koordination der Forschungsaktivitäten und Förderung der sozialen Integration innerhalb der gesamten Forschungsorganisation.

Für die Planung und Kontrolle der Arbeit in den 150 (werksnahen) Entwicklungslaboratorien von Philips gibt es weitere Gremien und Instanzen.

Als wichtiges internationales Forum zur Diskussion von Problemen der industriellen Forschung dienen die Tagungen der EIRMA, der European Industrial Research Management Association. Die erste EIRMA-Konferenz, im Jahre 1965 in Monte-Carlo, stand unter dem bezeichnenden Oberthema »The integration of research policy into the general policy of the firm« (EIRMA, 1965), womit die unternehmens- und forschungs*politischen* Intentionen der großen Industrieunternehmen frühzeitig unterstrichen wurden.

Die XIX. EIRMA-Konferenz des Jahres 1977, in Rotterdam abgehalten, hatte das Leitthema »Planning for research and development« (EIRMA, 1977). Top-Manager der FE-Organisationen von Sandoz, Hoechst, Unilever, Fiat, Philips usw. tauschten hier ihre Erfahrungen aus über Planungstechniken, Probleme der strategischen und operativen Forschungsplanung etc. Im abschließenden Vortrag der Tagung konstatierte Dr. K. Swart, Royal Dutch Shell: »Unternehmensplanung, wie die meisten von uns sie heute verstehen, setzt sich aus mindestens zwei Aktivitäten zusammen: der Produktion der Vision einer Zukunft oder mehrerer Zukünfte und der Produktion von einer oder mehreren Strategien, um auf diese Zukunftsvision zu reagieren« (EIRMA, 1977, S. 109).

Die erfolgreiche Umsetzung bzw. Realisierung solcher Strategien setzt die Verfügung über wichtige Ressourcen voraus. Dazu gehören zum einen die *Investitionen* in Fertigungs- bzw. Produktionsanlagen usw. Als »wichtigste strategische Investition für die Zukunft« (s. Hack/Hack, 1985a, S. 253ff.) aber gelten zunehmend die Bereiche »Forschung und Entwicklung« sowie neuerdings »Aus- und Fortbildung«. Zusammen firmieren sie immer häufiger unter dem pleonastischen Oberbegriff »Zukunftsinvestitionen«.

Die Verfügung über diese Ressourcen schafft erst die Möglichkeit, daß aus Strategien Strukturen gemacht werden können, modifizierte industrielle Sozialstrukturen etwa mit veränderten Qualifikationsstrukturen bei den Beschäftigen oder auch gewandelte Fertigungsstrukturen mit genau kalkulierten Durchlaufzeiten und neuen Flexibilitätsformen.

Man weiß allerdings auch, daß strategische und operative Planungen in der sozialen Wirklichkeit nicht einfach »realisiert« werden; die Zahl der konkurrierenden und widerstreitenden Interessen ist zu groß, die unabsehbaren Unsicherheiten der »Zukünfte« und der Umwelt zu vielfältig. Dennoch sind die strategischen Interessen bevorzugt, die sich auf die Ressourcen der (jeweiligen) Gegenwart stützen können. Denn es gilt auch: Strategien resultieren aus Strukturen; strukturelle Vorteile münden in realitätsmächtigeren Strategien. Hier liegt der systematische Nachteil aller bisherigen Versuche staatlicher Forschungs- und Industriepolitik.[63]

Neuere Entwicklungen in Elektronikkonzernen, so bei Texas Instruments/TI (Kieser, 1984), zielen darauf, den Gesamtkomplex der strategischen Planung nicht mehr als Spezialfunktion von Stabsabteilungen zu definieren, sondern als Funktionsbestimmung der gesamten Unternehmensorganisation[64]: »Das Ergebnis dieser *Institutionalisierung der Innovation* im Prozeß der strategischen Planung ist eine stärkere Orientierung der strategischen Planung an den in der Forschung sich abzeichnenden Möglichkeiten und gleichzeitig eine stärkere Ausrichtung der Forscher an Anforderungen der strategischen Planung, die nicht durch äußere Kontrolle herbeigeführt wird, sondern durch eine Einbeziehung der Forscher in die Verantwortung für Konzeption und Implementierung der strategischen Planung.« (Kieser, S. 67)

Die »Notwendigkeiten einer unternehmerischen Technologiepolitik« bzw. Forschungspolitik scheinen in neueren betriebswirtschaftlichen Arbeiten ebenso selbstverständlich zu sein wie die Vorgabe, daß die »technologiepolitische Planung der Unternehmen [...] Bestandteil der strategischen Planung« (Brockhoff, 1984,3) insgesamt sein müsse.

Dem entsprechen auch neuere Verlautbarungen der Wirtschaftsverbände. In einer »Ausarbeitung« des DIHT (1986) zum Problembereich der staatlichen Forschungsförderung[65] wird der Grundsatz der »Subsidiarität« auch für die Definition der Rolle des Staates in der Forschungs- und Technologiepolitik in Anspruch genommen. Forschungs- und Technologiepolitik könne und dürfe in einem marktwirtschaftlichen System nicht dem Staat allein überlassen werden, auch dann nicht, wenn der Mitteleinsatz beträchtlich sei. Wörtlich heißt es hierzu: »Noch immer ist auf der Basis staatlich finanzierter und durch Transfer rasch verfügbarer Grundlagenforschung ein dynamischer Wettbewerb privater Firmen die beste Garantie für technischen Fortschritt.«

Auf einem zweitägigen Forum des Instituts der deutschen Wirtschaft (IW) kam es Anfang Oktober 1986 zu einem Disput zwischen dem Hauptgeschäftsführer des ZVEI, Prof. Rudolf Scheid, und Bundesforschungsminister Riesenhuber (vgl. Kipp, 1986). Die Fragestellung der Veranstaltung »Brauchen wir eine neue Industriepolitik?« wurde dabei vom Bundesforschungsminister bündig beantwortet: »Es geht mir darum, auf die alte Industriepolitik möglichst zu verzichten und die neue erst gar nicht einzuführen.« (ebd.)

Es kann also keine Rede mehr davon sein, daß Forschungs-, Technologie- und Industriepolitik die uneingeschränkte Domäne oder auch nur die Prärogative staatlicher Institutionen oder öffentlich-rechtlicher Einrichtungen ist. Privatwirtschaftliche Unternehmen und ihre Verbände betreiben konsequent und kontinuierlich Politik in großem Stil. Die staatlichen Stellen halten sich eher vornehm zurück. Unternehmen und Verbände verfügen über *Ressourcen und Potentiale zur Strukturerzeugung* zunächst im Rahmen der teilweise riesigen Unternehmensorganisationen selbst, vermittels der technologischen Systeme und der ökonomischen Macht aber auch außerhalb des jeweiligen Konzernbereichs. Staatliche Vorschriften, die in Form von gesetzlichen Regulierungen gemeinsame Rahmenbedingungen für alle »Wirtschaftssubjekte« schaffen, sind häufig faktisch *Nachschriften* der industriepolitischen Vorgaben interessierter Unternehmensgruppen.[66] Da hier in vielen Fällen die größeren wissenschaftlichen, technologischen und ökonomischen Kompetenzen liegen, gibt es für diese privatwirtschaftliche Vor-Herrschaft (vor den politischen Entscheidungen des Staates) gute Gründe. Das Problem ist nur, daß es für diesen Gesamtbereich der privatisierten politischen Entscheidungsprozesse keine adäquaten Kontrollmechanismen gibt, die der Größenordnung und dem Ausmaß der potentiellen Konsequenzen genügen würden. Im Notfall müssen die ökonomischen und sozialen Kosten eingetretener Schadensfälle vergesellschaftet, also durch staatliche Maßnahmen aufgefangen werden.

Die Entwicklung strategischer Konzepte und deren Umsetzung in »politisches Handeln« zur Erzeugung veränderter Wirklichkeitsformationen sind demnach keineswegs eine exklusive Eigenschaft des Staates, sondern sehr wohl auch Bestandteil des Repertoires großer Wirtschaftsunternehmen.

Das hat allerdings Folgen für die andere Ecke des forschungspolitischen Dreiecks: »die Wissenschaft« und ihre soziale Strukturierung. Man hat in den letzten Jahren zu begreifen begonnen (vgl. den III. Teil), daß wissenschaftliche Tatsachen und technische Artefakte in komplexen sozialen Prozessen »gehärtet« (Knorr-Cetina, 1984) werden. In immer stärkerem Maße aber werden zuvor forschungs- und technologiepolitische Pläne geschmiedet, durch die sowohl die bloße Existenz als auch die Funktionsbestimmungen und Wirkungsweisen jener wissenschaftlichen Werkstätten präformiert werden, in denen »Erkenntnisse fabriziert« (Knorr-Cetina) werden können.

Entgegen den hochgradig ideologischen Annahmen von Daniel Bell und anderen bedeutet das, daß man aus dem besonderen strategischen Potential von Wissenschaft bzw. »theoretisch angeleitetem wissenschaftlichen und technologischen Wissen« gerade nicht umstandslos auf einen entsprechenden Bedeutungsgewinn oder Machtzuwachs der Wissenschaftler schließen kann. Die zunehmende Integration von Forschungskonzepten in die gesamte strategische Unternehmensplanung indiziert zugleich die *Vorherrschaft ökonomischer Regulative und Interessen*. Eine vorgeblich empirisch begründbare Neuauflage idealistischer Positionen der Gesellschaftstheorie oder des Politikverständnisses ist völlig unangebracht. Nicht der verfügt über die Wissenschaft und ihre Resultate, der sie im Labor oder in wissenschaftlichen Diskussionen, zusammen mit anderen, produziert.

Will man die realitätsmächtigen Formen der Forschungsplanung und ihren industriepolitischen Stellenwert verstehen, so ist es notwendig, sich jene vernachlässigte Ecke des forschungspolitischen Dreiecks genauer anzusehen, in der der planvolle Einsatz von Wissenschaft und die gezielte Entwicklung von Technologien erprobt worden sind. Empirisch greifbar wird dies in den komplexen Organisationszusammenhängen der industriellen Forschung und Entwicklung. Ihr Auf- und Ausbau in den beiden Jahrzehnten nach 1945 impliziert Strukturveränderungen der industriellen Wirklichkeit, von denen aus die Gegenwart der zweiten Hälfte der achtziger Jahre ein wenig Licht erhalten kann.

In den ökonomisch definierten und kontrollierten industriellen Forschungs- und Entwicklungslaboratorien wird die mehr oder weniger systematische Produktion wichtiger »sozialer Tatbestände« (Durkheim) und ihrer objektivierten Strukturzusammenhänge vorbereitet und konstruktiv umgesetzt, häufig lange bevor sie als vollendete Tatsachen in die allgemein zugänglichen Bereiche der sozialen Wirklichkeit entlassen werden.

II. Die gesellschaftliche Erzeugung von Sachzwängen

Formen und Mechanismen der Forschungspolitik in der Bundesrepublik Deutschland

1. Verfallszeiten. Der Kampf um die Wissenschaft*

Kennzeichen marktwirtschaftlich organisierter kapitalistischer Gesellschaften sind Vielfalt bzw. Wildwuchs der Prozeduren und Prozesse, durch die soziale Realität erzeugt wird. Märkte trennen und vermitteln die Abläufe der Produktion und der Aneignung von Gütern, der Ausbildung und Verwendung von Arbeitskräften oder auch der Erzeugung von Meinungen und Wissensbeständen und deren Übernahme oder Ablehnung. Erst mit der Aneignung »realisieren« sich die gesellschaftlichen Formbestimmungen; die »Vollendung der Tatsachen«, die aus den diversen Produktionsprozessen herausschießen, setzt die gesellschaftliche Anerkennung der jeweiligen Konsumenten voraus. Die Erzeugung sozialer Realität geschieht durch das komplexe Wechselspiel aller am Prozeß beteiligten (Wirtschafts-)Subjekte.

Die Anarchie der Marktbeziehungen und der ihr entsprechenden Interaktionsformen und -rituale ist aber nur die konkrete, bunte Seite der Realitätsformation. Die gesellschaftlichen Formbestimmungen erschließen sich nur über jene Regulatorien, die in der Produktion eine Dominanz der Verwertungsprozesse über die Arbeitsprozesse, auf den Märkten eine Vorherrschaft der Tauschwerte über die Gebrauchswerte gesichert haben. Diese Mechanismen sind hochabstrakt und anonym. Sie scheinen sich selbst zu reproduzieren. Menschliches Zutun scheint nicht erforderlich. Entsprechend wird auch die pure Existenz einer herrschenden Klasse, die hier handelnd ihre Interessen durchsetzte, negierbar.

In gesellschaftlichen Krisen- und Umbruchsituationen allerdings, wenn der scheinbare Selbstlauf der strukturellen Reproduktionen in Frage gestellt ist, wenn grundlegende Alternativen der weiteren Entwicklung auf die Tagesordnung geraten, werden nicht nur die Mechanismen der Realitätserzeugung klarer erkennbar, sondern auch die Interventionen und Strategien, mit denen die jeweils dominierenden

* Dieses Kapitel stützt sich auf Vorarbeiten zu einem Forschungsantrag, an denen auch Dipl.-Soz. Irmgard Hack beteiligt war.

gesellschaftlichen und politischen Gruppierungen ihre Interessen sicherzustellen versuchen.

Bekannt ist die juristische Dimension dieses Tatbestands. Die »konstitutive« Funktion von verfassunggebenden Versammlungen beschränkt sich allerdings auf die seltenen historischen Gelegenheiten, in denen die tradierten Potentiale der Festlegung der Mechanismen der Realitätserzeugung, zumindest vorübergehend, außer Kraft gesetzt sind. Unterhalb der juristischen Definitionen politischer Verfassungen können sich allerdings gesellschaftliche Veränderungen großen Ausmaßes vollziehen, die sich teilweise erst mit Verspätung und in gebrochener Form in den Entscheidungsprozessen der politischen Institutionen niederschlagen.

Gegenüber den herkömmlichen Interpretationsmodellen verkehren sich damit gegebenenfalls die regulativen Beziehungen grundlegend. Entgegen der Annahme, daß der Staat die »Rahmenbedingungen« vorgibt, innerhalb deren die autonomen gesellschaftlichen Subjekte »subsidiär« ihre Handlungsspielräume vorfinden, implizieren die (im I. Teil) skizzierten Kompetenzen der großen Wirtschaftskonzerne zur Entwicklung industrie- und forschungspolitischer Vorgaben die Möglichkeit, vermittels industrieller bzw. technologischer Mechanismen und Methoden soziale Realität jeweils im Vorgriff zu bestimmen und den politischen Institutionen nur die Chance zu lassen, mit gesetzlichen Normierungen und sozialpolitischen Absicherungen nachzuziehen.

In diesem Kontext der Erzeugung neuer Technologien und veränderter industrieller Strukturen kommt der Wissenschaft als privilegierter Form der sozial und kognitiv organisierbaren Antizipation von Noch-Nicht-Realisiertem ohne Zweifel eine besondere gesellschaftliche und politische Bedeutung zu. Die Verfügung über die wissenschaftlichen Ressourcen bzw. die Produktionsbedingungen neuen wissenschaftlichen und technologischen Wissens wird damit zu einem gesellschaftspolitischen und strategischen Problem ersten Ranges. Der oben notierten Annahme zufolge müßte sich die besondere Relevanz der Wissenschaft in gesellschaftlichen und politischen Krisensituationen besonders deutlich zeigen.

In der gut vierzigjährigen Geschichte Westdeutschlands war das zumindest dreimal der Fall: in der unmittelbaren Nachkriegszeit, am Ende der sog. »Rekonstruktionsperiode« und mit dem Manifestwerden der dritten Phase der Industriellen Revolution. In den Jahren nach 1945 konnten die alliierten Siegermächte erzwingen, daß das militärisch und wirtschaftlich nutzbare Forschungspotential Deutschlands offengelegt wurde. In der Zeit nach 1963 konnte die Bundesregierung die privaten

Träger der wichtigsten Forschungseinrichtungen davon überzeugen, daß ein Minimum an politischer Koordination zwischen den wissenschaftlichen Institutionen gerade auch im Interesse der Wirtschaft liegen mußte. In der ersten Hälfte der achtziger Jahre schließlich einigte sich das »forschungspolitische Dreieck« auf integrative Institutionalisierungen, mit deren Hilfe die ökonomisch definierte Effektivitätssteigerung der Wissenschaft im Sinne eines beschleunigten Technologietransfers für Zwecke der Weltmarktkonkurrenz durchzusetzen war.

Nimmt man nur diese drei Umbruchsituationen, so bekommt man bestenfalls eine schwache Ahnung des Strukturzusammenhangs. Erst wenn man die in der öffentlichen und fachwissenschaftlichen Diskussion weitgehend de-thematisierten Zwischenräume und Unterströme der Entwicklung rekonstruiert, entsteht ein verbindlicher Eindruck von den Formen der Auseinandersetzung um die Wissenschaft und deren Veränderungen.

Heute kann man mit guten Gründen die These vetreten, »daß der Kampf um die Wissenschaft gute Aussichten hat, als der tiefste Konflikt der Gegenwart Geschichte zu machen« (Schäfer, 1985, S. 235). Mitte der achtziger Jahre wird die wissenschaftliche Rationalität und ihr emanzipatorisches Potential selbst in Frage gestellt. Mitte der sechziger Jahre ging es um eine Neuabgrenzung der innenpolitischen Verfügung über die Forschungsressourcen des Landes. Nach 1945 war der Kampf um die Wissenschaft Bestandteil der Kriegsbeute der alliierten Sieger. In jeder der Konstellationen zeigten sich die machtpolitischen Implikationen, die mit der Verfügung über Wissenschaft und Forschung verbunden sind, auf andere Weise.

Um so erstaunlicher ist es, daß die Forschung in der zeitgeschichtlichen und soziologischen Literatur »trotz ihrer überragenden Bedeutung für das moderne Leben noch wenig Beachtung gefunden« (Stamm, 1981, S. 11) hat. Nach der Arbeit von Thomas Stamm über die allgemeine Forschungspolitik (bis 1965) wurden mittlerweile weitere Dissertationen veröffentlicht, so über die Forschungspolitik in Nordrhein-Westfalen (Brautmeier, 1983) und über »Wissenschaftsorganisation und Restauration« zwischen 1945 und 1952 (Osietzki, 1984). Allen diesen Arbeiten ist gemeinsam, daß sie den gesamten Bereich der Industrieforschung, bis auf wenige Verweise, aussparen und damit nur zu einem sehr rudimentären und verzerrten Gesamtbild des forschungspolitischen Dreiecks kommen können. Gerade der industriepolitische Kontext läßt den strategischen Stellenwert organisierter Forschung erkennen.

a) Industrie- und Forschungspolitik der Alliierten

Wie die Industriepolitik der Alliierten Bestandteil der allgemeinen Abkommen der Siegermächte nach der Niederlage war, so waren auch die Direktiven, Abkommen und Verträge, die die Behandlung von Wissenschaft und Forschung regeln sollten, Bestandteil der Industriepolitik.

In Quebec war am 16.9.1944 zwischen Roosevelt und Churchill bereits ein Abkommen über den Abbau der Rüstungsindustrie an Ruhr und Saar geschlossen worden, in dem Vorschläge des US-amerikanischen Finanzministers Morgenthau noch eine Rolle spielten (s. Harmssen, 161f.).

Auf den Konferenzen in Jalta und Potsdam im Februar bzw. August 1945 wurden (zwischen Roosevelt/Truman, Stalin, Churchill) Vereinbarungen über die Zerstörung des deutschen Kriegspotentials getroffen, Reparationsansprüche festgelegt und entsprechende Ausführungsbestimmungen erlassen.

Am 28.3.1946 wurde der »Level of Industry-Plan« beschlossen, d.h. ein »Plan für Reparationen und den Nachkriegsstand der deutschen Wirtschaft entsprechend den Beschlüssen der Berliner Konferenz« (Scriverius, S. VIII). Unterschieden wurden hier »verbotene Industriezweige« (16 Produktionssparten), »beschränkte« und »unbeschränkte« Produktion. Am 26.8.1947 wurde ein zweiter, revidierter »Level of Industry-Plan« verkündet, und zwar gemeinsam von den USA und Großbritannien. Er zeigte bereits eine neue Phase der Besatzungspolitik an, die auf eine Wiederbelebung der deutschen Industrie ausgerichtet war. Entsprechend verkürzte Demontagelisten für die einzelnen Besatzungszonen wurden am 16.10.1947 veröffentlicht.

Im Washingtoner Abkommen vom 13.4.1949 »über verbotene und Beschränkungen unterworfene Industrien« wurden von den Außenministern der drei »Westmächte« weiter eingeschränkte Demontagelisten beschlossen und, am folgenden Tag, von den drei Militärgouverneuren umgesetzt. Dieses Abkommen war Ergebnis der Vorschläge des »Humphrey-Ausschusses«, der eingesetzt worden war, um die widersprüchlich und kostspielig gewordene Gleichzeitigkeit von Demontage und Wiederaufbaupolitik (s. ERP) auszubalancieren.

Das Petersberg-Abkommen vom 22.11.1949 war bereits ein Abkommen zwischen der Alliierten Hohen Kommission und dem Bundeskanzler der Bundesrepublik Deutschland »betreffend Deutschlands Teilnahme an internationalen Organisationen/ wie der OEEC/ sowie Deutschlands Beitritt zur internationalen Ruhrbehörde, die Lockerung der Schiffbaubeschränkungen und die Änderung des Demontageplans« (Harmssen, S. 175f.). Festgelegt wurde damit das Auslaufen der Demontagen, wobei allerdings ausdrücklich »bestimmte Einrichtungen für Forschungszwecke, die unter dem Gesichtspunkt der Sicherheit Bedeutung besitzen«, von der neuen Regelung ausgenommen wurden. Gemeint war damit unter anderem auch die Bunaforschung von Bayer und den Chemischen Werken Hüls.

Bereits wenige Tage nach Kriegsende (»surrender«) wurde die berühmte Direktive JCS 1067 der Vereinigten Stabschefs (Joint Chiefs of

Staff) verkündet. Im Abschnitt »Wirtschaftsfragen«, im zweiten Teil der Direktive, wurden unter Punkt 31 spezielle Richtlinien zur Behandlung der Forschungseinrichtungen und der in ihnen beschäftigten Wissenschaftler angegeben: (A) Verbot aller (nicht-medizinischen) Forschung; (B) Beseitigung aller Laboratorien, die der Rüstung dienen konnten, wobei für die eigenen technisch-wirtschaftlichen Interessen der Amerikaner Ausnahmen zugelassen waren; (C) Bestimmungen für die Wiederaufnahme der Forschung, »aber erst, wenn einwandfrei festgestellt wurde, daß die geplante Forschung in keiner Weise zur Schaffung eines späteren deutschen Kriegspotentials beiträgt« (Harmssen, 1951, S. 165).

In seinem offiziösen Bericht[1] über das »Project Paperclip« kennzeichnete Clarence G. Lasby (1971) die allgemeine Funktion der Direktive JCS 1067 folgendermaßen:

»[...] JCS 1067, the interim occupation directive issued a week after the surrender (had) to guide the Supreme Commander in his administration of the American zone. The directive provided an *elaborate system of constraints for the control of German research*. It instructed the United States Group Control Council to abolish all laboratories and related institutions whose work had been connected with the building of the German war machine; to permit the resumption of scientific research only in specific cases where there was no potential threat; to regulate such research by frequent inspection and severe penalties; to provide for free disclosure of the results; and to exclude from further activity any persons who had previously held key positions in war research. These safeguards, the planners assumed, would clearly dictate the end of military technology in occupied Germany.« (S. 54/55)

Der frühe Zeitpunkt der Verkündung einer rigorosen Kontrolle der Forschungseinrichtungen verweist auf entsprechende umfangreiche Vorarbeiten der Alliierten, die teilweise bereits mehrere Jahre vor Kriegsende begonnen worden waren. Dabei spielten die Erfahrungen eine ausschlaggebende Rolle, die in den USA mit der Entwicklung, dem Bau und dem Einsatz der Atombomben (»Manhattan Project«) sowie der Funkortung (Radar) und Funkaufklärung gemacht worden waren. In der begründeten Erwartung, daß der Zweite Weltkrieg auch von der deutschen Seite als »Krieg der Physiker« geführt werde, wurden bereits in den Jahren 1942 und 1943 erste Vorbereitungen zur Ausschaltung des deutschen militärischen Forschungspotentials getroffen.

Im Sommer 1941 war das OSRD (Office of Scientific Research and Development) gegründet worden, dem ein Jahr später bereits 6000 Wissenschaftler in Universitäts- und sonstigen Forschungsinstituten über Forschungsaufträge angeschlossen waren.[2] Im Winter 1943/44 wurde in Kooperation zwischen Armee, Marine und OSRD die ALSOS-Mission gegründet (Lasby, S. 16). In einem Kapitel mit dem bezeichnenden Titel »We Prepare to Investigate German Science« setzt der Physiker S. A. Goudsmit (1947) an den Beginn von ALSOS einen Auftrag von General Groves, dem militärischen Leiter des Manhattan-Projekts, eine kleine Gruppe in die (befreiten) süditalienischen Universitätsstädte zu schicken, um dort erste Informationen über den Stand der deutschen Atombombenentwicklung zu sammeln (Goudsmit, S. 16ff.).

Bereits Ende 1942 hatte das Beschaffungsamt der US-amerikanischen Armee (»Army's Ordnance Department«) damit begonnen, entsprechend ausgebildete Teams in Kampfgebiete zu schicken, um dort Ausrüstungsgegenstände des Feindes einzusammeln, die anschließend auf den heimischen Prüfständen untersucht wurden (Lasby, S. 18).

Als die Anzahl der möglichen Ausforschungsziele – wozu Laboratorien gehörten und Forschungsberichte, Gefangene und Ausrüstungsgegenstände (Lasby, S. 18) – mit dem Vorrücken der alliierten Truppen in West- und Südeuropa die entsprechenden Verarbeitungskapazitäten der dafür eingesetzten »Ordnance and Signal Corps« und des »Chemical Warfare Service« zu übersteigen begann, wurden im Juli 1944 zusätzlich sog. T-Forces (Technische Streitkräfte) eingerichtet, zu deren Einzugsbereich auch das »Project Paperclip« gehörte.

Neben Wissenschaftlern und Ingenieuren gehörten zahlreiche Spezialisten verschiedenster Fachrichtung zu diesen wissenschaftlichen Teams, so unter anderem Fachleute für Dokumenten-Analyse (Lasby, S. 163), die mit der sachgerechten Auswertung der Informationsmengen aus Firmen- und Behördenarchiven etc. beschäftigt waren. In unterschiedlicher Anbindung an die verschiedenen Truppenteile und andere Organisationen war eine fast unübersehbare Zahl von Teams damit befaßt, hinter den kämpfenden Truppen in den jeweils neu eroberten Zugriffsbereichen möglichst umfassend und systematisch alles erreichbare wissenschaftliche und technische Wissen sicherzustellen. Nach Kriegsende schaltete sich auch das Department of Commerce der USA ein, indem es ein eigenes Office of Technical Services errichtete (Lasby, S. 163).

Zwischen militärischen und zivilen Arbeitsgruppen kam es zu zahlreichen Konflikten und Reibereien. So kritisierten leitende Mitarbeiter der FEA (Foreign Economic Administration), daß die militärischen Gruppen den »industriellen Informationen« zuwenig Beachtung schenkten. Bereits im Oktober 1944 gelang es dem FEA-Direktor, ein Technical Industrial Intelligence Committee/TIIC einzurichten, das nicht dem S. H. A. E. F. (Supreme Headquarter of the Allied Expeditionary Forces) in Paris unterstellt war. Im Januar 1945 gehörten zu TIIC etwa 300 Spezialisten aller Art, und es war eine Reihe von branchenspezifischen »subcommittees« eingerichtet worden (Lasby, S. 18ff.).

Beim S. H. A. E. F. in Paris selbst gab es eine eigene Spezialabteilung für Wissenschaft, die von dem Physiker H. P. Robertson geleitet wurde und zu der auch der Colonel Bertie Blount gehörte, der später Forschungsoffizier der britischen Besatzungszone wurde (Osietzki, 1984, S. 81). Denn Großbritannien verfügte ebenfalls über eine eigene, komplexe Apparatur zur Wissenschaftsforschung als Bestandteil der Kriegsführung. Bereits im August 1944 hatte Außenminister Anthony Eden ein German Science and Industry Committee berufen (Brautmeier, 1983, S. 15f.). Daneben gab es die Deputy Chiefs of Staffs (ebd.). Als drittes Institut wurde, in der Endphase des Krieges gegen Deutschland, innerhalb der Wirtschaftsabteilung der Control Commission / Britisches Element[3] eine Unterabteilung Forschung eingerichtet, die später ihren Sitz in Minden beim Zentralwirtschaftsamt hatte.

Trotz der Zerstörungen und des allgemeinen Durcheinanders unmittelbar nach Kriegsende kann man davon ausgehen, daß es in den Jahren 1945 bis 1947 zu einer außerordentlich umfassenden und detaillierten Bestandsaufnahme der deutschen Wissenschaft kam. Wie in einem »abgeschlossenen Labor-Experiment« wurde die »Deutsche Forschung im II. Weltkrieg« (Simon, 1947) mit ihren Erfolgen und Mißerfolgen untersucht, wobei das forschungsstrategische Konzept darin bestand, Naturwissenschaftler und Ingenieure in ihren jeweiligen Forschungsinstituten ausführlich zu befragen. Im Vordergrund standen hierbei die Institutionalisierungsformen, die teilweise genau rekonstruiert und auf ihre Stärken und Schwächen abgetastet wurden.

Die inhaltlichen Entwicklungen der wissenschaftlichen Disziplinen während der Kriegszeit waren Gegenstand der teilweise umfangreichen F. I. A. T.-, B. I. O. S-, C. I. O. S.- und J. O. I. A.-Berichte.[4] Die F. I. A. T.-Berichte (Field Information Agency, Technical) wurden unter der Leitung alliierter Wissenschaftler verfaßt und waren faktisch eine Bestandsaufnahme der gesamten Grundlagenforschung, die in Deutschland in der Zeit zwischen 1939 und 1946 in öffentlichen Institutionen und Industrielaboratorien betrieben worden war. »Ursprünglich hatte die FIAT-Kommission angeordnet, daß man ihr alle deutschen Originalarbeiten zur Bearbeitung und Übersetzung überlassen solle, durch Intervention führender deutscher Wissenschaftler aber kam die nun vorliegende Form der Berichterstattung zustande: Für je ein Stoffgebiet wurde ein anerkannter Wissenschaftler als sog. ›Seniorautor‹ ernannt, der die einzelnen Spezialgebiete an Sachbearbeiter verteilte. Alles in allem haben sich etwa 900 deutsche Wissenschaftler an der Zusammenstellung der Berichte [...] beteiligt.«[5]

Noch kritischer für die deutsche Industrie waren die B. I. O. S.-Berichte (British Intelligence Objectives Sub-Committee), wovon allein bis März 1948 2720 Studien mit einer Gesamtauflage von mehr als einer Million Exemplaren erstellt und verteilt wurden. Hierbei handelte es sich vor allem um »Overall-Reports« über die FE-Arbeiten in bestimmten Industriezweigen wie der Gummi-, Woll- oder Farbenindustrie. Später wurde betont, daß diese Berichte »auch für die einschlägige deutsche Industrie von größtem Wert« seien (Witte, 1950).

Zu den Aufgaben der Joint Intelligence Objectives Agency (J.O.I.A.), die den Vereinigten Stabschefs (Joint Chiefs of Staff) unterstellt war, gehörte die Auswertung der Berichte, in denen das Verhalten der wissenschaftlichen und technischen Spezialisten während der Nazi- bzw. Kriegszeit offengelegt wurde. »Some reports disclosed that specialists may have participated in experiments on humans, brutalized slave labor, and committed other crimes.« (Hunt, 1985, S. 17). Bereits 1946 habe das War Department der USA entsprechende Informationen unbeachtet gelassen, wenn es die spezifischen Fähigkeiten und Kompetenzen der belasteten Wissenschaftler für die eigenen Zwecke für wertvoll hielt (ebd.). 1949 seien sogar Top-Manager des I.G. Farben-Konzerns, wie Heinrich Bütefisch und Carl Krauch, die im Nürnberger Kriegsverbrecherprozeß verurteilt worden seien, von der J.O.I.A. auf ihren »Einstellungslisten« geführt worden. Auf den »Verweigerungs-Listen« (»denial«), die J.O.I.A. führte, wurden Wissenschaftler notiert, deren Dienste der Sowjet-Union verweigert werden sollten. »That gave U.S. military or industry a green light to hire them in Europe.« (Hunt, 1985, S. 23)

Zwischen 1945 und 1955 wurden etwa 765 führende deutsche Wissenschaftler und Ingenieure aus allen Teilen Deutschlands in die USA transportiert.[6] Die Ausschaltung des deutschen wissenschaftlichen Kriegspotentials wurde als tragendes Motiv frühzeitig abgelöst von dem Interesse, wichtige Forschungspotentiale nicht in die Hände der SU fallen zu lassen. Lange vor dem offenen Ausbruch des Kalten Krieges wurden aus den Bereichen Deutschlands, die später unter sowjetrussischer Besatzung standen, ganze Wissenschaftlerteams herausgeholt.[7]

Die »Jagd auf deutsche Wissenschaftler« hatte von Anfang an auch eine wirtschaftliche Komponente, in der ein neues strategisches Konzept der »intellektuellen Reparationen« (Lasby, S. 5, 8) und eine neue Form der »Ausbeutung« (»exploitation«, vgl. Lasby, S. 4, 13) zum Ausdruck kamen. In der deutschen Öffentlichkeit wurden diese Vorgänge teilweise heftig kritisiert, mit Formulierungen wie »Wissenschaftler als Beute« und »Physiker als Reparationen«.[8]

Einige der führenden Wissenschaftler entzogen sich dem Druck bzw. den Lokkungen der Alliierten ausdrücklich mit dem Argument »Wir werden hier in Deutschland dringender denn je gebraucht«; so Werner Heisenberg (s. Goudsmit). So auch Otto Hahn und F. H. Rein, die das folgendermaßen begründeten[9]: Heute »werden Wissenschaft und Wissenschaftler – von den deutschen Patenten wollen wir hier schweigen – geradezu als Objekte der ›Reparationen‹ bezeichnet und behandelt. Es ist keine Frage, daß Dinge vor sich gehen, die in der Geschichte der Wissenschaft wohl bisher einmalig sind und in jenem verhältnismäßig kleinen Kreise, der die Wissenschaft in Deutschland verantwortlich repräsentiert, erhebliche Verbitterung auszulösen beginnen. Dem Ansehen der Wissenschaft wird nicht damit gedient, wenn man wilde Gerüchte von unberufener Seite allein wirken läßt.« (S. 33)

Den veränderten politischen und wirtschaftlichen Interessen trugen die westlichen Besatzungsmächte mit der Veränderung ihrer gesetzlichen Bestimmungen Rechnung. Die im April 1945 von der US-amerikanischen Militärregierung erlassene Direktive JCS 1067 wurde im Mai 1946, im Kontrollratsgesetz Nr. 25, durch ausführliche Bestimmungen zur »Überwachung der wissenschaftlichen Forschung« ergänzt und auf die beiden anderen westlichen Besatzungszonen ausgeweitet. Alle »Forschungsstellen« (Forschungseinrichtungen) mußten jetzt genehmigt und die in ihnen beschäftigten Personen gemeldet werden. Betont wurde die Unterscheidung zwischen »Grundlagenforschung« und »angewandter Forschung«, wobei für beide genaue Definitionen in den Gesetzestext aufgenommen wurden (Artikel VII »Begriffsbestimmungen«). Bei der Grundlagenforschung wird zwischen »verboten« und »meldepflichtig« unterschieden. Bei der angewandten Forschung gibt es, neben der bloßen Meldepflicht, eine Genehmigungspflicht (Liste B) und ein vollständiges Verbot (Liste A): verboten sind, neben der »Forschung militärischer Natur«, vor allem Atomphysik, Aerodynamik, Luftfahrt, Raketen, Gasturbinen; Hydrodynamik, Schiffbau, bestimmte Teilbereiche der elektromagnetischen und akustischen Strahlung.[10]

Nach verschiedenen Bestimmungen, in denen die Reparationsansprüche der Siegermächte geregelt wurden, wozu die Industriesektoren in »verbotene« und »eingeschränkte« unterteilt wurden, wurden am 14. September 1949 von den Hohen Kommissaren der Westzonen gleichlautende »Gesetze über wissenschaftliche Forschung« (Nr. 23 resp. 231) verkündet. Gelockert wurde jetzt die Berichtspflicht. Aufgehoben wurde die Möglichkeit der Verhängung der Todesstrafe, die im Gesetz Nr. 25 noch als Maximalstrafe vorgesehen war. Noch nach der Konstituierung des I. Deutschen Bundestages und der Wahl Konrad

Adenauers zum Bundeskanzler wurden von den Alliierten Hohen Kommissaren am 15. März 1950 das Gesetz Nr. 22 und am 8. Mai 1950 das Gesetz Nr. 24 zur Überwachung der deutschen Industrie erlassen. Die Gesetze Nr. 22 und 24 ergänzten das Gesetz Nr. 23 und wurden mit diesem zusammen als Einheit angesehen.

Diese Kontrollauflagen der Alliierten, auch noch nach der Gründung der Bundesrepublik Deutschland, riefen einige Empörung hervor, die sich in Leserbriefen und Kommentaren der wissenschaftlich orientierten Zeitschriften [11] spiegelte. Allerdings kann man davon ausgehen, daß die Kontrollanforderungen der Alliierten um diese Zeit (1949/1950) nicht mehr sonderlich konsequent beachtet und im Zweifelsfall von den Wissenschaftlern bereits durch eine nichtssagende Berichterstattung unterlaufen wurden. [12] Eine effektive Kontrolle der wissenschaftlichen Forschung war ohnehin eine nur indirekt realisierbare Vorgabe gewesen. Schon das Potsdamer Abkommen sah eine alliierte Kontrolle über das deutsche Wirtschaftsleben vor »zur Überwachung aller deutschen öffentlichen und privaten wissenschaftlichen Forschungs- und Versuchsanstalten, Laboratorien usw., die mit einer Wirtschaftstätigkeit verbunden sind« (Osietzki, 1984, S. 84).

Eine der Möglichkeiten, die seit Ende der vierziger Jahre praktiziert wurde, bestand darin, die Überwachung »Forschungsüberwachungsstellen« zu übertragen, die bei den Wirtschaftsministerien der Bundesländer ressortierten. [13] Die andere, bereits erwähnte, Strategie war von Anfang an, die Forschungsbereiche nach ihrer Überwachungsbedürftigkeit aufzuteilen (»Grundlagenforschung«, »militärische Forschung«) und sich dabei nicht an den wissenschaftlichen Prozessen selbst, sondern an den Forschungsergebnissen zu orientieren, wie es das »German Science and Industry Committee« Großbritanniens tat (vgl. Brautmeier, S. 13).

Schon im April 1946 setzte sich in der Forschungsabteilung der britischen Kontrollkommission die Ansicht durch, die »beste Kontrolle [würde] darin bestehen, die friedliche Forschung zu fördern«. [14] Diese Einstellung hing wiederum eng mit dem utilitaristischen und sozial orientierten Wissenschaftsverständnis der damals regierenden englischen Labour Party zusammen, für das die Arbeiten des Physikers John D. Bernal in mancher Hinsicht bestimmend waren. [15] Dieses sozialistische Konzept, das seine Vorstellungen von der notwendigen Orientierung der Wissenschaft am gesellschaftlichen Nutzen mit nachdrücklichen Forderungen nach einer Planung der Forschung verband, geriet ab 1948 in den Mahlstrom des Kalten Krieges und wurde damit in seiner politisch-ideologischen Bedeutung ersetzt durch das Konzept der »Freiheit der Wissenschaft«, verstanden als Bestandteil der »Freiheit der Kultur«.[16]

Mit der utilitaristischen Definition von Forschung und der Ausrichtung der Wissenschaft an sozialen Bedürfnissen war zugleich eine Zuordnung zur Wirtschaftsverwaltung nahegelegt. Die entsprechende Anbindung der »Forschungsüberwachungsstellen« hatte das bereits angedeutet. »Für die Entwicklung einer eigenständigen nordrhein-westfälischen Forschungsförderungsorganisation und -politik sollte es sich als folgenschwer erweisen, daß die britische Militärregierung das Wirtschafts- und nicht das Kultusministerium mit der Überwachung und Förderung der naturwissenschaftlich-technischen Forschung beauftragt hatte. Es war das Wirtschaftsministerium, das der Forschungspolitik des Landes Nordrhein-Westfalen seine besondere Prägung gab« (Brautmeier, S. 60). Zwar gab es auch später noch Machtkämpfe zwischen Wirtschafts- und Kultusministerien sowie dem Min.-Dir. Leo Brandt im Verkehrsministerium des Landes Nordrhein-Westfalen (s. Brautmeier, S. 75), aber die Vorherrschaft des Wirtschaftsressorts blieb letztlich unbestritten. Im übrigen bewirkte die im Grundgesetz festgeschriebene Kulturhoheit der Länder, daß jeder Versuch einer bundesstaatlichen Zentralisierung von forschungs- und wissenschaftspolitischen Kompetenzen eine kulturelle Definition von Wissenschaft und Forschung vermeiden mußte (vgl. Stamm, 1981).

Aber es war wohl mehr und Grundsätzlicheres als solche föderativen und interministeriellen Kompetenzstreitigkeiten, was eine ökonomische Grundbestimmung von Forschung und Wissenschaft begründete. Denn auch General Clay – sozialistischer Ideen im Sinne einer »Bedürfnisorientierung der Wissenschaft« gänzlich unverdächtig – entschied 1946, als ihm eine Kontroverse über die Zuständigkeiten innerhalb der Militärregierung in Wissenschaftsfragen zur Entscheidung vorgelegt wurde, »Forschung [sei] vorwiegend unter ökonomischen Aspekten« zu sehen (Osietzki, S. 159). Für die Befürworter einer freien kapitalistischen Marktwirtschaft (Clay) und für die Protagonisten einer sozialistischen Planwirtschaft schien es gleichermaßen selbstverständlich zu sein, daß die Organisation von Forschung und Entwicklung den gleichen regulativen Prinzipien und Mechanismen zu unterwerfen sei wie das gesamte Wirtschaftsleben. Dabei wurde die strategische Bedeutung von Forschung und Wissenschaft von beiden Seiten ähnlich hoch eingeschätzt. »Wie die meisten grundlegenden ordnungspolitischen Entscheidungen in Wirtschaft und Gesellschaft« (Abelshauser, 1979, S. 208) werden auch in der organisierten Wissenschaft und Forschung die grundlegenden Weichenstellungen in den ersten Nachkriegsjahren vorgenommen.

b) »Ohne Forschung stirbt die Wirtschaft«

Natürlich gab es auch in der deutschen Tradition eine enge Verknüpfung von wissenschaftlichen und wirtschaftlichen Interessen, denen sich der Staat als dritter Partner im Rahmen einer gemeinsamen Arkanpolitik zuordnete. Die Entstehungsgeschichten der Physikalisch-Technischen Reichsanstalt (1887) und der Kaiser-Wilhelm-Gesellschaft (1912) sind ebenso Belege für diese Tradition wie die Unterstützung der nationalsozialistischen Autarkie- und Kriegsvorbereitungspolitik durch die Forschungsarbeiten des I. G. Farben-Konzerns.[17]

Im Juli 1939 erschien in der Zeitschrift *Der Vierjahresplan*[18] ein Artikel von Carl Krauch mit dem Titel »Forschung tut not!«. Im ersten Heft der *Physikalischen Blätter*[19] wurde 1944 ein Aufruf abgedruckt, der gleichfalls mit »Forschung tut not!« überschrieben war.

In den Wirren der Jahre 1945 und 1946 gab es offenbar andere Probleme und Prioritäten. Aber bereits 1947 erstellte Prof. Walter Weizel, der spätere Forschungsexperte der SPD-Fraktion im nordrhein-westfälischen Landtag (s. Brautmeier, S. 95), eine Denkschrift[20], deren Text den Fraktionen des Landtags von NRW sowie dem Kultus-, Wirtschafts- und Finanzminister des Landes übergeben wurde, in der der Zusammenhang zwischen »Forschung und künftigem Lebensstandard« beschworen wurde. Weizel verwies insbesondere »auf den engen Zusammenhang zwischen der naturwissenschaftlichen und technischen Forschung und der Entstehung neuer Industriezweige« (S. 409). Als Physik-Professor (an der Universität Bonn) lag es für Weizel nahe, vor allem die Beziehungen zwischen der physikalischen Forschung in den Jahren 1900–1910 und 1910–1930 mit späteren Arbeitsgebieten in den Großfirmen der Elektroindustrie, wie AEG, Telefunken, Siemens, Osram etc., zu betonen und »denselben Zusammenhang [...] zwischen chemischer Forschung und chemischer Großindustrie« (S. 410) nur als weiteren Beleg für seine Argumentation heranzuziehen. Mit wenigen Millionen (Reichs-)Mark Unterstützung könne das Land Nordrhein-Westfalen »der Forschung wahrscheinlich in wenigen Jahren zu einem bedeutenden Aufschwung verhelfen« (S. 411). 1948 wurde eine Berechnung Prof. Weizels publiziert[21], der zufolge »zum Unterhalt der wichtigsten Forschungsinstitute jährlich 35 Millionen Mark benötigt würden – das sind pro Kopf der Bevölkerung 50 Pfennig. Für den Aufbau der industriellen Forschung bedarf man etwa 40 Millionen und für die Grundlagenforschung rund 24 Millionen Mark, die lediglich langfristige Kredite darstellen«. Diese Schätzung bezog sich vermutlich auf den Gesamtbereich der Trizone. Um welche (von heute aus gesehen:

geringfügigen) Beträge es hierbei zunächst ging, zeigen die Aufwendungen des Forschungsförderungsfonds des Wirtschaftsministeriums von Nordrhein-Westfalen, der 1949 bis 1951 jeweils 2 Millionen DM aufbrachte, 1952 5 Mio. DM, 1955 6,65 Mio. DM und 1956 schließlich 9,8 Mio. DM (Brautmeier, 134/5).

Im Dezember 1948 schrieb der Chemiker Dr. Reppe (BASF) an den Kultusminister von Nordrhein-Westfalen, um die Notwendigkeit staatlicher Forschungsförderung zu betonen: »Natürlich ist bekannt, daß nur die große Notlage, in der sich die staatlichen Kassen nach der Währungsumstellung befinden, die Ursache für die außerordentlichen Sparmaßnahmen ist. Es ist indes mehr als eine leere Redensart, daß *die Wissenschaft von heute die Technik von morgen* ist, und man könnte meinen, daß eine Staatsführung, die das weiß, lieber vieles zurückstellt, um nur die Wissenschaft aufrechtzuerhalten. Was nützt es, wenn wir heute am Leben bleiben und morgen mit Bestimmtheit zugrunde gehen?«[22]

Die Währungsreform scheint die wissenschaftlichen Hochschulen und Forschungseinrichtungen generell in große finanzielle Schwierigkeiten gebracht zu haben. Die *Neue Zeitung* veröffentlichte am 14. Oktober 1948 einen Artikel mit dem Titel »Forschung in finanzieller Not«[23], in dem darauf hingewiesen wird, daß sich eine Reihe von namhaften Wissenschaftlern wie Otto Hahn, Werner Heisenberg, Adolf Windaus und Walter Gerlach um eine Beseitigung der Notlage der westdeutschen Forschung bemühten und zu diesem Zweck einen »Forschungsrat«[24] ins Leben rufen wollten.

Wissenschaftliche Gesellschaften veröffentlichten in dieser Zeit regelrechte Hilferufe, in denen die Gefahren eines längerfristigen Substanzverlustes der »deutschen Wirtschaftskraft« beschworen wurden. Im September 1948 wurde auf der Deutschen Physikertagung in Clausthal-Zellerfeld eine Denkschrift konzipiert, in der daran erinnert wurde, daß die industrielle Produktion und das Volksvermögen jeweils die »Frucht vergangener Forschung« seien. Aber: »Der Hilferuf fand in der Öffentlichkeit wenig Echo.«[25] Die Deutsche Physikalische Gesellschaft von Baden-Württemberg beschloß am 29. Januar 1949, auf ihrer Tagung in Heidelberg, eine »Denkschrift betreffs Notwendigkeit der Förderung der physikalischen Wissenschaft«.[26]

In der Zeitschrift *Wirtschaftsverwaltung* erscheinen im Winter 1948/49 Artikel mit Titeln wie »Das Stiefkind Forschung« und »Sorgen um die Forschung«.[27] »Stiefkind Forschung« wird als eine Zuschrift vorgestellt, die der Redaktion »aus Kreisen der naturwissenschaftlich-technischen Forschung zur Verfügung gestellt« wurde und die »ein in seiner

Bedeutung kaum zu überschätzendes Problem« anschneidet. In der anonym veröffentlichten Zuschrift wird kritisiert, daß »die gewaltigen Forschungslaboratorien der deutschen Großindustrie – z. B. die Zentrallaboratorien der AEG, Osram und des Siemens-Konzerns – durch die konzernfeindliche Politik« der Alliierten aufgelöst worden seien, ohne daß an anderer Stelle ein Ausgleich für diesen Verlust geschaffen worden sei.

Die *Neue Zeitung* druckte Anfang 1949[28] ein Interview mit Richard Kuhn, dem Nobelpreisträger für Chemie von 1938, das die an Deutlichkeit nicht mehr zu überbietende Überschrift trug: »Ohne Forschung stirbt die Wirtschaft«. Im Februar und März 1950 schließlich brachte *Christ und Welt* eine Serie von acht Aufsätzen »über die Lage der deutschen Wissenschaft und Forschung«. Auf der Grundlage ausführlicher Recherchen und Umfragen wurde in dieser Artikelserie erstmals so etwas wie ein Gesamtbild der »personellen und materiellen Not« der deutschen Wissenschaft bzw. der deutschen Wissenschaftler darzustellen versucht.[29] Der »Stifterverband für die deutsche Wissenschaft« gab die Texte, »überarbeitet und ergänzt«, im September 1950 als Broschüre heraus, unter dem ebenfalls nicht gerade kleinlichen Titel »Forschung heißt Arbeit und Brot« und dem Untertitel »Nächst Nahrung und Wohnung – Forschung«.[30] Bis Mitte der fünfziger Jahre folgten weitere Zeitungs- und Zeitschriftenberichte über die öffentliche Unterschätzung der Bedeutung von Wissenschaft und Forschung bzw. über die Notwendigkeit staatlicher Unterstützung.[31] Ab 1956 gab die Deutsche Forschungsgemeinschaft eine Reihe von Denkschriften heraus über »Angewandte Forschung in der Bundesrepublik Deutschland. Lage und Ausbaunotwendigkeiten«. Die »Arbeitsgemeinschaft für Forschung des Landes Nordrhein-Westfalen«/AGF, die im April 1950 gegründet worden war, gab 1957 noch einmal ein Sonderheft mit dem Titel »Wissenschaft in Not« heraus, in dem vor allem die (finanzielle) Misere der Hochschulforschung vorgestellt wurde.

Zu dieser Zeit aber hatte sich die Situation schon beträchtlich verändert – wenn auch nicht gerade für die westdeutschen Universitäten, deren Ausstattung bis weit in die sechziger Jahre hinein im großen und ganzen kärglich blieb. In Karlsruhe (1956) und Jülich (1957) war mit dem Aufbau staatlich geförderter Großforschungseinrichtungen begonnen worden, wobei es teilweise zu beträchtlichen Kompetenzstreitigkeiten zwischen Bund und Ländern kam (s. Brautmeier; Stamm; Cartellieri; Prüß).

In der öffentlichen Diskussion ging es nun nicht mehr um die mangelnde wissenschaftliche Schubkraft für neue industrielle Nutzungsformen und die deutsche Konkurrenzfähigkeit auf den Weltmärkten. Der Boom im Gefolge des Korea-Krieges hatte seine Wirkung getan. Auf dem SPD-Parteitag im Juli 1956 in München schwadronierten Carlo Schmid und Leo Brandt über »die 2. industrielle Revolution«. Der »technische Fortschritt«, die Kombination von grenzenlos verfügbarer Atomenergie und Computerisierung, entfaltete seine (zunächst noch wenig ambivalente) Faszination. Ausländische Industriekonzerne wie General Electric und Westinghouse, IBM und Philips brachten ihn nach Europa: Früchte nicht zuletzt der US-amerikanischen Rüstungsforschung.

Am Ende des Jahrzehnts war erste Skepsis spürbar. Im ersten Heft der 1959 gegründeten Zeitschrift *atomzeitalter* heißt es in den redaktionellen Vorbemerkungen (»An den Leser«) unter anderem: »Wir müssen uns die Technik wieder dienstbar machen, anstatt ihr dienstbar zu sein. Dazu müssen wie sie kennen. [...] Die Freiheit ist nicht nur durch äußere Gegner bedroht, sondern durch die gigantisch angewachsene Maschinenwelt selbst.« (S. 1)

Die »sozialen Folgen« des »technischen Fortschritts« bzw. der Automation (s. Pollock, 1956/1964) wurden zum öffentlich und fachwissenschaftlich diskutierten Problem. Die Gefahr einer neuen Arbeitslosigkeit schien virulent. Als sich statt dessen Ende der fünfziger, Anfang der sechziger Jahre Vollbeschäftigung einstellte, erstarb auch diese Diskussion. Das gesamte Problem der Erzeugung wissenschaftlichen und technologischen Wissens und seiner gesellschaftlichen und politischen Kontrollierbarkeit war unter der Oberfläche verschwunden. Nur in einem sehr verengten »politischen« Kontext tauchte es hin und wieder auf.

c) Anfänge einer gesellschaftlich und politisch koordinierten »Forschungspolitik«

Während Forschung und Wissenschaft in Westdeutschland noch unter alliierter Kontrolle standen und mehr oder weniger systematisch ausgeforscht wurden, begann bereits der Wiederaufbau wichtiger gesellschaftlicher Organisationen, die für die Koordination und Richtungsbestimmung der wissenschaftlichen und technischen Entwicklung im Nachkriegsdeutschland von beträchtlicher Bedeutung waren.

Die Deutsche Physikalische Gesellschaft und der VDI wurden bereits 1946 neu gegründet. Der DVT (Deutscher Verband Technisch-wissenschaftlicher Vereine) und das Patentamt folgten 1948, der Stifterverband für die deutsche Wissenschaft 1949, der Fonds der Chemischen Industrie bereits 1950 und die AIF (Arbeitsgemeinschaft Industrieller Forschungseinrichtungen)[32] 1954.

Größte forschungspolitische Bedeutung hatte in den Nachkriegsjahren wohl das Rationalisierungs-Kuratorium der deutschen Wirtschaft/RKW, das 1921 entstanden war und 1949 in neuer Form gegründet wurde.[33] In der Monatsschrift des RKW, *Rationalisierung*, erschienen in der ersten Hälfte der fünfziger Jahre Arbeiten zu Themen wie »Zur Rationalisierung von Forschung und Forschungsmethodik« (1951), »Die Organisation der Entwicklungstätigkeit in der Industrie« (1951), »Rationalisierung industrieller Forschungsarbeit« (1952) und »Die Bedeutung der wirtschaftsnahen Forschung für die Produktivitätssteigerung« (1953).[34] Als nationale Produktivitäts-Zentrale für die Bundesrepublik Deutschland war das RKW zugleich die deutsche Vertretung im Rahmen der »Europäischen Produktivitäts-Zentrale« / EPA und damit in die Arbeiten des Europäischen Wirtschaftsrats (OEEC) einbezogen.[35]

Die OEEC hatte frühzeitig begonnen, einen internationalen Erfahrungsaustausch insbesondere auf dem Gebiet der industriellen Gemeinschaftsforschung zu institutionalisieren. Im Anschluß an eine Studienreise zum Besuch zahlreicher FE-Einrichtungen in westeuropäischen Ländern[36] fand im Herbst 1951 in London ein erstes internationales Symposium statt, bei dem es um allgemeine Fragen der Forschungsförderung und der Auftragsforschung in »Non-for-profit-Instituten« (Pretsch, 1955) ging. Ein zweites internationales Symposium wurde im Oktober 1954 in Nancy abgehalten, mit etwa hundert Teilnehmern aus Westeuropa, den USA, Kanada und vielen Teilen des Commonwealth. »An Stelle der äußeren Form der angewandten Forschung stand jetzt ihre *innere Struktur* im Brennpunkt des Interesses.« (Pretsch, 1955, S. 105) Vertreter von Regierungen, der Wirtschaft und der Hochschulen bemühten sich, von ihrem jeweiligen Standpunkt aus Möglichkeiten einer engeren Zusammenarbeit zu bestimmen. Die deutsche Delegation in Nancy stand unter Leitung des Präsidenten der DFG, Prof. L. Raiser, und setzte sich aus zwei Hochschullehrern, zwei Forschungsreferenten aus Wirtschaftsministerien und vier Vertretern der industriellen Gemeinschaftsforschung zusammen (ebd.).

In einem frühen Bericht über »Wirtschaftswichtige Forschung und Wissenschaftsfinanzierung« (1955), in dem die Bedingungen in den USA und der Bundesrepublik miteinander verglichen wurden, hat H. Gross[37] die forschungsstrategische Sonderstellung des RKW und dessen Bezug zur OEEC folgendermaßen beschrieben:

»Wichtige Vorarbeiten für den organisatorischen Einbau einer Forschungsabteilung in den gesamten Betrieb leistet in der Bundesrepublik das Rationalisierungskuratorium der Deutschen Wirtschaft (RKW). Seiner Arbeit ist es zu danken, daß sich viele Betriebe entschlossen haben, Forschung zu betreiben. Für die Vertiefung des Bewußtseins der Bedeutung der Forschung leistet es wertvolle Arbeit. Eins seiner wesentlichen Ziele ist die Steigerung der Produktivität in den Betrieben. Hier besteht wieder eine enge Zusammenarbeit mit dem Direktorat für Produktivität und angewandte Forschung beim Europäischen Wirtschaftsrat (OEEC) in Paris, das auch international die Interessen der deutschen wirtschaftswichtigen Forschung vertritt. Der enge Zusammenhang zwischen Produktivität und Forschung tritt hier deutlich zutage. Für eine Erhöhung der Produktivität ist verstärkte Forschungstätigkeit eine wichtige Voraussetzung. Umgekehrt ermöglicht dann, wie das Beispiel Amerika zeigt, erhöhte Produktivität höhere Forschungsmittel.« (S. 22)

»Von der Rationalisierung bestehen viele Anknüpfungspunkte zur Forschung. Der wichtigste dürfte der sein, daß Rationalisierung Kostensenkung bedeutet. Gerade der Forschungsarbeit als bedeutender Kostenstelle wird eine durchgreifende Rationalisierung des ganzen Betriebes zugute kommen. Aber nicht nur für die eigentliche Forschungsabteilung eines Betriebes ist die Tätigkeit des RKW direkt oder indirekt von Nutzen, sondern auch besonders für den zwischen Forschung und Verkauf liegenden Bereich eines Betriebes. Noch größere Geldmittel als die Forschung verlangen nämlich in der Regel die Entwicklungsarbeiten, technische Beratung und Anwendungsdienst, [...].« (S. 23)

Gesellschaftliche Organisationen wie das RKW, der VDI, der DVT, der Stifterverband für die deutsche Wissenschaft oder der Verband der Chemischen Industrie / VCI hatten somit wichtige forschungspolitische Funktionen übernommen, lange bevor es, am 20. Oktober 1955, zur Gründung eines eigenen Bundesministeriums (für Atomfragen) kam. Zwar hatten die Bundesländer in ihren Wirtschafts- oder Kultusministerien schon sehr viel früher eigene Forschungsreferate eingerichtet; aber die größte forschungspolitische Bedeutung aller Einrichtungen der Bundesländer erwarb sich wohl nicht zufällig die »Arbeitsgemeinschaft für Forschung« / AGF des Landes Nordrhein-Westfalen (s. Brautmeier, 1983; Leo Brandt, 1962), die als »Bindeglied zwischen Wissenschaft, Staat und Wirtschaft« (Brautmeier, S. 119) agierte, also ebenfalls unterhalb der Ebene politischer bzw. staatlicher Institutionalisierungen. Ein Ausdruck dieser forschungspolitischen Vorgeschichte ist vermutlich auch, daß im Oktober 1956, als der bisherige Amtsinhaber, Franz Josef Strauß, ins Bundesministerium für Verteidigung wechselte, mit Siegfried Balke ein Ingenieur das Bundesministerium für Atomfragen übernahm.

In der Biographie von Dr.-Ing. S. Balke spiegelt sich der Rückbezug auf die wirtschaftlichen Interessen und gesellschaftlichen Organisationsformen der Forschungs- und Technologiepolitik mit besonderer Deutlichkeit. Balke war von 1946 bis 1971 Vorsitzender des Verbandes der bayerischen chemischen Industrie und bereits 1950 Vizepräsident der Arbeitsgemeinschaft chemischer Industrie. 1951 bis 1953 war Balke Mitglied der Geschäftsleitung der Wackerchemie GmbH, die später eine Beteiligungsgesellschaft von Hoechst wurde. Von 1953 bis 1956 leitete Balke das Bundespostministerium. 16 Jahre hatte er den Vorsitz des Deutschen Verbandes der technisch-wissenschaftlichen Vereine/DVT und wurde in dieser Zeit auch zum Präsidenten der FEANI gewählt, der europäischen Vereinigung nationaler Ingenieurverbände. 17 Jahre lang war Balke Vorsitzender der VDI-Hauptgruppe »Ingenieurausbildung« und übernahm 1973 auch den Vorsitz der neuen Hauptgruppe »Der Ingenieur in Beruf und Gesellschaft«. Von 1964 bis 1969 war Balke zugleich auch noch Präsident der Bundesvereinigung der Deutschen Arbeitgeberverbände/BDA. Weitere wichtige Funktionen waren: Vorsitzender der Vereinigung der Technischen Überwachungsvereine/VdTÜV, Vorstandsmitglied der DECHEMA, Senator der MPG, Mitherausgeber der Zeitschriften *atomwirtschaft* und *Chemische Industrie*.[38]

Im Dezember 1956, als die Bundesausgaben für Forschung im Gefolge der Einrichtung der ersten Großforschungsanlagen (Karlsruhe 1956; Jülich 1957) rapide zu steigen begannen (vgl. Tabelle II. 1), machte der CSU-Abgeordnete Richard Stücklen erstmals den Vorschlag, das Ministerium für Atomfragen umzugestalten in ein »Ministerium für Energie, Technik und Forschung; incl. Wasserwirtschaft« (Stamm, S. 226). Diese Initiative lief allerdings ins Leere, nicht zuletzt, weil sie offenbar nicht einmal mit Balke abgestimmt war, der die Aufgaben des Atomministeriums zu diesem Zeitpunkt wohl eher für zeitlich begrenzt hielt (ebd.).

Im Juli 1960 trat dann der DVT mit einer »Erklärung zur Errichtung einer politischen Instanz für Wissenschaft und Forschung« an die Öffentlichkeit; im Februar 1961 folgte eine »Entschließung zur Förderung der Natur- und Ingenieurwissenschaften in der Bundesrepublik Deutschland« (Stamm, S. 232). Man kann davon ausgehen, daß diese Initiativen nunmehr mit Balke abgestimmt worden waren, nachdem dieser 1960 zum Vorsitzenden des DVT gewählt worden war (und das Amt mit Beginn des Jahres 1961 antrat).

Die Initiativen zur Institutionalisierung einer bundesstaatlichen Kompetenz auf dem Gebiet der Forschungs- und Wissenschaftspolitik berührten nicht nur die entsprechenden Ambitionen der Bundesländer; sie gerieten auch schnell in den Einzugsbereich einer weitgehend abstrakten (realitätsfernen) Diskussion um »Freiheit der Wissenschaft« versus »Planung der Forschung«. Repräsentanten der traditionellen Wissenschaftsorganisationen sprachen sich dabei ziemlich eindeutig gegen jede

Tab. II. 1: Wiederaufbau des westdeutschen Forschungspotentials 1948–1964 (FE-Aufwendungen des Staates und der Gewerblichen Wirtschaft)

Jahr	Öffentliche Hand				Gewerbliche Wirtschaft	
	Insgesamt	Bund	Davon Verteidigung	Länder	Insgesamt	Davon Unternehmenseigene FuE
1948/49	445*	30		387	211	200
1950	308*	44		243	215	200
1951	372*	51		291	225	200
1952	448*	50		366	330	300
1953	544*	79		429	431	400
1954	622*	92		496	434	400
1955	681*	102	1	536	638	600
1956	872	162	9	637	836	750
1957	1113	306	32	693	991	900
1958	1436	428	114	815	1106	995
1959	1676	491	156	942	1413	1300
1960	1596**	432**	183**	910**	1620	1500
1961	2651	685	381	1498	1940	1800
1962	3663	990	410	2108	2229	2044
1963	4442	1069	548	2639	2746	2546
1964	5202	1338	714	2910	2805	2600

* Ohne Sondervermögen
** Neun Monate
Die Daten für die »unternehmenseigene FuE« sind bis 1955 (incl.) geschätzt.
Quelle: Stifterverband (Severitt), Wissenschaftsausgaben der Wirtschaft, 1966, S. 14 und 15.

Forschungsplanung aus. So insistierte der damalige Vorsitzende der Westdeutschen Rektorenkonferenz/WRK, Leussingk, darauf, wissenschaftliche Erkenntnis als »Annäherung an die Wahrheit« lasse sich grundsätzlich nicht planen (s. Stamm, S. 237). In seinen »Bemerkungen zu dem Plan, ein Bundesforschungsministerium zu errichten« argumentierte der Vorsitzende des Wissenschaftsrates, Ludwig Raiser, wenn möglich noch rigoroser: »Auch Raiser war der Ansicht, daß Forschungsplanung nur zu kriegführenden Staaten oder totalitären Regimes passe. ›Geplante und verwaltete‹ Forschung löse zwar manche technischen Probleme rascher, drohe aber, auf längere Sicht steril zu werden. Geistige Produktivität könne nun einmal nicht befohlen, sondern nur ›behutsam institutionell gestützt, angeregt und koordiniert‹ werden.« (Stamm, 1981, S. 243)

Balke scheint die Taktik angewendet zu haben, den bestehenden Selbstverwaltungsorganisationen der Wissenschaft die gewünschte neue staatliche Instanz gerade als »Schutz vor einem staatlichen Dirigismus« anzudienen, der andernfalls drohe (Stamm, S. 234). Zu dieser Zeit dürfte Balke die Tendenzen, sein Ministerium auszuweiten und aufzuwerten, eindeutig unterstützt haben. Im November 1962 versuchte er auf einer Tagung eines anderen Dachverbandes, des »Gemeinschaftsausschusses der Technik«/GdT, die Alternative »Freiheit oder Dirigismus« in Frage zu stellen (Stamm, S. 245). Prof. Schenck[39], Gesprächsleiter des GdT-Kolloquiums, unterstützte demonstrativ die Forderung nach einem Bundesministerium, das sich ausschließlich der Förderung der industriellen Kräfte der Bundesrepublik annehmen sollte (Stamm, S. 244).

Die partei- und regierungspolitischen Entscheidungen folgten zu dieser Zeit offenbar anderen strategischen Kalkülen. Adenauers neues Kabinett, das am 14. November 1961 benannt worden war, kam noch ohne einen Forschungsminister aus. Allerdings wurde das Atomressort um den technologieintensiven Bereich der »Weltraumfahrt« erweitert. Am 19. November 1962 traten, im Gefolge der *Spiegel-Affäre*, die vier FDP-Minister zurück, und während Balke seine Initiative zur Förderung des industriell nutzbaren Forschungspotentials startete, einigte sich Adenauer mit der FDP auf ein neues Kabinett, ohne F. J. Strauß und ohne S. Balke.[40]

Das nun tatsächlich errichtete Bundesministerium für wissenschaftliche Forschung/BMwF wurde dem Philologen Hans Lenz (FDP) übertragen, was in der Folgezeit zunächst zu zahlreichen Problemen der Kompetenzabgrenzung führte, einerseits gegenüber dem Innenministerium (Höcherl), in dessen Zuständigkeit die Wissenschaft fiel, wenn sie »als Kultur« betrachtet werden konnte, sofern sie nicht ohnehin, andererseits, in die Zuständigkeit der Bundesländer gehörte. Am 4. Juni 1964 schließlich wurde zwischen den Ministerpräsidenten der Länder und der Bundesregierung ein Verwaltungsabkommen geschlossen, durch das die Verantwortlichkeit des Bundes für Wissenschaft und Forschung anerkannt wurde (Stamm, S. 267 f.).

Als aber in der folgenden Zeit der Versuch unternommen wurde, vom neuen BMwF aus forschungspolitische Perspektiven zu entwickeln und eine Bestimmung von wissenschaftlichen Prioritäten zu betreiben, stellte sich bald heraus, daß die bestehende Datenbasis nicht einmal zu einer halbwegs brauchbaren Bestandsaufnahme der vorhandenen Forschungseinrichtungen und der in ihnen bereits betriebenen wissenschaftlichen Arbeiten ausreichte. Der 4. Deutsche Bundestag beauftragte den Bundesminister für wissenschaftliche Forschung, einen Bericht über den Stand und den Zusammenhang aller Maßnahmen des Bundes zur Förderung der wissenschaftlichen Forschung zu erstellen. Als Minister Lenz am 18. Januar 1965 den »Bundesbericht Forschung I« vorlegte, zeigte sich, wie groß die Informationslücken und Mängel schon bei der Darstellung des Ist-Zustandes waren. In den vom Minister unterzeichneten Vorbemerkungen zum 1. Forschungsbericht heißt es entsprechend zurückhaltend: »Ich möchte hoffen, daß dieser erste Forschungsbericht der Bundesregierung zum Weiterdenken anregt und daß die noch vorhandenen Mängel im offenen Gespräch zwischen Bund und Ländern, Staat und Wirtschaft geklärt werden. Nur in gemeinsamer Anstrengung kann das hier gesteckte Ziel, mit den Planungen anderer Industrienationen Schritt zu halten, erreicht werden.« Den gesellschaftspolitischen Kontext der Datenerhebung und die Grenzen der diesbezüglichen bundesstaatlichen Kompetenz deutete Staatssekretär Cartellieri (1965) genauer an: »Der erste ›Bericht der Bundesregierung über Stand und Zusammenhang aller Maßnahmen zur Förderung der wissenschaftlichen Forschung‹, der dem Parlament zu Beginn des Jahres 1965 vorgelegt werden wird, wird zeigen, wie sehr unsere statistischen Unterlagen nur als erste Schätzungsgrundlagen betrachtet werden können. Die Notwendigkeit, verläßliche Daten als Grundlage der Wissenschaftspolitik zu finden, hat zur Folge, daß man auch die Begriffe, mit denen die Wissenschaftspolitik zu arbeiten hat, wie z. B. Grundlagenforschung, angewandte Forschung, technische Entwicklung und Erprobung, schärfer umreißen muß, obwohl gerade diese Begriffe in der Praxis mehr und mehr ineinander übergehen.« (S. 7/8) Im Anhang zu dem Text wird Cartellieri noch deutlicher, was die Erstellung der forschungsstatistischen Grundlagen betrifft: »Der Stifterverband hat bei der Zusammenstellung der Unterlagen über den Bereich der ›Gewerblichen Wirtschaft‹ sowohl Zahlenunterlagen zur Verfügung gestellt als auch bei der Formulierung des Textes mitgewirkt.« (S. 41, Anm.)

Da es für die Erhebung der Daten über die FE-Aufwendungen der Wirtschaft (bis heute) keine gesetzliche Grundlage gibt, ist das Statistische Bundesamt in Wiesbaden, ebenso wie das Bundesforschungsministerium, in dieser Hinsicht auf Erhebungen des Stifterverbandes (SV) angewiesen. Immerhin veröffentlichte der Stifterverband, der entsprechende Statistiken seit 1955 führt, 1966 erstmals seine Übersicht über die »Wissenschaftsausgaben der Wirtschaft« (für die Zeit von 1948 bis 1963). Den einführenden Bemerkungen ist zu entnehmen, daß der Verband den gesellschaftlichen und politischen Bedarf an umfassenden FE-

Statistiken anerkennt, sich deren Erstellung für den Bereich der wirtschaftseigenen Forschung aber auch jetzt nicht aus den Händen nehmen lassen wollte. Staatssekretär Cartellieri jedenfalls hatte für die Geheimhaltungsbedürfnisse und Eigenmachtsicherung volles Verständnis: »Vollständige Unterlagen [...] aus der Wirtschaft, die in erheblichem Maße – [...] – eigene Forschung betreibt, wird man allerdings erst dann erhalten können, wenn man die Wirtschaft überzeugt hat, daß Angaben zur Wissenschaftsstatistik nicht für steuerliche Zwecke im Einzelfall verwendet werden.« (1965, S. 8) Glaubte man diesem Argument, so ist das Steuergeheimnis auch heute noch nicht gewahrt. Als »Nutzer für die Bereitstellung der FuE-Daten des Wirtschaftssektors« (Echterhoff-Severitt u. a., 1983, S. 6) zahlte das BMFT der 1983 gegründeten »SV – Gemeinnützige Gesellschaft für Wissenschaftsstatistik mbH« für den Zeitraum 1981–1985 639000,– DM und für den Zeitraum 1985–1988 1360826,– DM; die Begründung lautete zunächst »Sonderauswertungen aus der FuE-Statistik«, für die Periode ab 1985 geht es allgemein um die »Bereitstellung und Lieferung von statistischen Daten im FuE-Bereich Wirtschaftssektor« (BMFT, 1986, S. 509). Das Wissen bleibt weitgehend privat, die Kosten sind verstaatlicht.

Vor dem Hintergrund einer Öffentlichkeit, die mit den Fakten der Forschungslandschaft nur wenig vertraut war, kam es Anfang März 1966 zur ersten »großen«, achtstündigen Wissenschaftsdebatte im Deutschen Bundestag, der *Der Spiegel* (Nr. 9, 1966) eine Titelgeschichte widmete mit dem Thema »Forschung (Notstand:) Verblaßter Glanz«, in der es allerdings mehr um die grassierende »Bildungs-Katastrophe« ging als um institutionelle oder gar inhaltliche Aspekte der Forschungsarbeit. Bundesminister für wissenschaftliche Forschung war zu diesem Zeitpunkt bereits G. Stoltenberg, der faktisch auch den Vorsitz in dem neu ernannten »Wissenschaftskabinett« hatte, einem Kabinettsausschuß für Wissenschaft, Bildung und Ausbildung, der in der kurzen Amtsperiode des Bundeskanzlers Ludwig Erhard eingerichtet worden war und in dem insgesamt zehn Ministerien vertreten waren.

Daß die bundesstaatlichen Institutionen die forschungs- und wissenschaftspolitischen Probleme zur Kenntnis nahmen, kennzeichnete aber bereits das Ende einer grundlegenden Problematisierung dieses Bereichs. Von einer vorausschauenden und vorgreifenden staatlichen Forschungspolitik kann in dieser Periode nicht die Rede sein.

d) Auswirkungen internationaler Entwicklungen auf die westdeutsche Forschungspolitik

In den frühen sechziger Jahren war die Forschungspolitik bereits nachdrücklich in den Einzugsbereich der Wirtschaftspolitik geraten, und zwar zunächst auf dem Umweg über die OECD. Während in der Bundesrepublik Deutschland noch die politische Anweisung galt, den Begriff »Planung« tunlichst nicht zu verwenden[41], reagierte die OECD auf internationale Veränderungen der forschungspolitischen Landschaften, die die Konkurrenzfähigkeit der europäischen Wirtschaft allmählich zu verschlechtern drohten.

1960 veröffentlichte Hermann Gross im *Handelsblatt* einen Artikel, der in der Zeitschrift des Stifterverbandes, *Wirtschaft und Wissenschaft* (Nr. 30, 1960), nachgedruckt wurde unter der Überschrift »Eine Billion für naturwissenschaftliche und technische Forschung (Die Forschungs-Perspektive der sechziger Jahre)«. In diesem Artikel wurde eine Erhebung der National Science Foundation/NSF der USA referiert, in der das enorme Wachstum des industriellen Forschungspotentials der USA in den fünfziger Jahren dokumentiert wurde (vgl. Tab. II. 2). Gross kommentierte die Daten und die sich in ihnen ausdrückende forschungspolitische Situation in den USA unter anderem mit folgenden Erläuterungen:

»Die Forschung nach Kriegsende ruht zum größten Teil bei der Industrie selbst, auf die heute /1960/ etwa drei Viertel aller Ausgaben entfallen, bei einem relativ geringen Anstieg der Forschung in Universitäten und Instituten. Dabei muß man berücksichtigen, daß zumindest *ein Teil der Grundlagenforschung auch bei industriellen Laboratorien* liegt. Dies ist darauf zurückzuführen, daß heute etwa zwei Drittel der gesamten Forschungsausgaben von der Bundesregierung bereitgestellt werden, weitgehend auch an industrielle Laboratorien, die hierdurch in die Lage versetzt werden, auch nicht unmittelbar profitable Projekte durchzuführen.

Gerade in den letzten sechs Jahren dehnte sich die Forschungsarbeit der industriellen Laboratorien besonders stark aus, mit der Folge ihres wachsenden Anteils an den Gesamtausgaben. Dabei hat die Industrie vor allem Staatsgelder verbraucht, die sich in dem Zeitraum 1953/59 fast verdreifachten, während sich der Eigenaufwand der Industrie nur etwa verdoppelte. Der hohe Anteil der staatlichen Mittel an der Gesamtforschung zeigte sich erstmals 1953 im Zuge des nun anlaufenden Wettrennens der neuen strategischen Waffen mit der UdSSR. [...] Der steile Anstieg der zunehmend privatisierten Forschung wird damit begründet, daß die Industrie heute die Unvermeidbarkeit einer immer weiter erstreckten Forschung anerkannt hat und sich bewußt wird, wie sehr jetzt ein Wettrennen der Laboratorien um Leben und Tod einsetzt.«

Tab. II. 2: Ausgaben und Aufwendungen für naturwissenschaftliche und technische Forschung in den USA, nach institutionellen Trägern aufgeteilt (1946/47 bis 1969* Angaben in Mio. $)

Jahr	Staat		Industrie		Universitäten		Institute	
	Ausg.	Aufwdg.	Ausg.	Aufwdg.	Ausg.	Aufwdg.	Ausg.	Aufwdg.
1946/7	400	500	1300	1515	300	75	100	10
1953/4	970	2740	3630	2240	450	130	100	40
1956/7	1280	4960	6440	3260	600	170	140	70
1959/60	1780	7700	9400	4426	1000	204	250	100
1962*	1700	8500	11550	6165	1400	225	350	110
1969*	3060	11000	21240	16400	2900	450	800	150

* Die Zahlen für 1962 bzw. 1969 sind Extrapolationen von McGraw Hill.

Quelle: Erhebung der National Science Foundation/NSF, Washington; publiziert von McGraw Hill (1960); zitiert nach: *Wirtschaft und Wissenschaft*, Nr. 30, 1960.

Lange vor dem »Sputnik-Schock« des Jahres 1957 (vgl. Stamm, S. 196ff.) wurden in den USA insbesondere die *militärisch* definierten Forschungsprogramme forciert, deren Finanzierung der Staat übernahm, deren Durchführung aber auch damals schon vorwiegend in den Industrielaboratorien betrieben wurde.

Im April 1960 jedenfalls fand, in Ménars (Frankreich), das erste von drei europäischen Seminaren statt, auf dem vor allem innerorganisatorische Fragen der Forschungsverwaltung behandelt wurden. Es folgten zwei weitere, ähnlich ausgerichtete Tagungen im Mai/Juni 1961 im österreichischen Strobl sowie im September 1961 in Hornbaek, in Dänemark (Hetzler, 1965, S. 72).

Im Juni 1963 veranstaltete die OECD in der Villa Falconieri in Frascati/Italien ein Treffen der nationalen Experten für FE-Statistik, als dessen Ergebnis »Allgemeine Richtlinien für statistische Übersichten in Forschung und experimenteller Entwicklung« vorgeschlagen und in dem sog. »Frascati-Handbuch« veröffentlicht wurden. Abgesprochen wurden vor allem allgemein-verbindliche Standarddefinitionen der zentralen erhebungstechnischen Begriffe (Grundlagenforschung etc.), womit die internationale Vergleichbarkeit der einschlägigen Statistiken sichergestellt werden sollte. Am 18. Dezember 1964 veranstaltete die Gesprächsgruppe »Forschung in der Wirtschaft« im »Gesprächskreis Wirtschaft und Wissenschaft« gemeinsam mit der OECD in Düsseldorf eine Aussprache mit Vertretern der deutschen Wirtschaft, Wissenschaft und Verwaltung über internationale Probleme der statistischen Erfassung von FE-Ausgaben (Steimel, 1966).

Ebenfalls auf die Initiative der OECD gingen zwei Tagungen im Jahre 1965 zurück, als deren gemeinsames Ergebnis die Gründung der EIRMA (European Industrial Research Management Association) zu sehen ist.[42] Auf der Monte-Carlo-Konferenz im Februar 1965 erörterten Top-Manager der Industrieforschung das Thema »Integration von Forschung und Entwicklung in die Gesamtaktivitäten eines Industrieunternehmens« (s. EIRMA, 1965). Die Tagung im Mai 1965, wiederum im Château de Ménars im Loire-Tal, konstituierte die EIRMA als regierungsunabhängige Einrichtung, die am 1. Januar 1967 in Paris ein eigenes Sekretariat erhielt.

Als Motiv für die Gründung der EIRMA taucht bereits das Thema der »technologischen Lücke«[43] zwischen Europa und den USA auf, das in den folgenden Jahren große öffentliche Aufmerksamkeit gewann (vgl. Servan-Schreiber 1967 bzw. 1968). Im Dezember 1965 wurde die von der OECD in Auftrag gegebene Studie von C. Freeman und A. Young »The Research and Development Effort in Western Europe, North America and the Soviet Union« veröffentlicht. Hier wurde die große technologische Überlegenheit der USA dokumentiert, vor allem auf den Gebieten der Raumflug- und Luftfahrttechnik und in der elektronischen Datenverarbeitung.[44]

Auf Anregung der zweiten Konferenz der Minister für Wissenschaft und Forschung der OECD-Mitgliedsstaaten (1966) erstellte das OECD-Komitee für Wissenschaftspolitik umfangreiche Studien über die nationalen Unterschiede im wissenschaftlichen und technischen Potential der Mitgliedsländer und über die gesellschaftlichen und ökonomischen Konsequenzen, die sich daraus ergeben würden (s. Neuendorff, 1972, S. 144).

Die Gefahr eines drohenden Rückstands der naturwissenschaftlichen Forschung in der Bundesrepublik Deutschland war allerdings auch von anderer Seite schon erwogen worden. Auf der Jahresversammlung der DFG, im Juli 1963 in München, hatte deren Präsident, Prof. G. Hess, eine »Bestandsaufnahme der deutschen Forschung« versucht und dabei unter anderem gesagt: »Die Diskussion über den Rückstand ist im vergangenen Jahr wieder lebhafter geworden. Der Verband technisch-wissenschaftlicher Vereine mit seinem Präsidenten Balke und der neue Präsident der National Academy of Sciences der USA, der frühere wissenschaftliche Berater der NATO, Professor Seitz, haben in Verlautbarungen und Reden teils dramatische Akzente gesetzt. Die Resonanz war stark, Beweis der latenten Sorge und Unruhe. Im Januar d. J. prüften daraufhin die Präsidenten des Wissenschaftsrats, der MPG, der WRK und der DFG die Frage, ob man nicht Genaueres und Stichhaltigeres über Stand und Rückstand der Forschung in der Bundesrepublik aussagen könne, als es die bei näherem Zusehen problematischen Kriterien der Lizenzhöhe und der Nobelpreisträgerzahl erlauben.«[45] Das starke Engagement des DVT zeigte sich wieder im Juni 1965, als der Verband seine Jahrestagung in Düsseldorf dem Thema widmete »Förderungsmaßnahmen für die technische Entwicklung in Deutschland«.[46] In seinem Vortrag über »Umfang und Förderungsmaßnahmen der technischen Entwicklung im europäischen Ausland« sagte Helmut Krauch, Leiter der Heidelberger Studiengruppe für Systemforschung[47], unter anderem:

»In der Bundesrepublik fehlt es aber praktisch an einer intensiven Wechselwirkung zwischen Industrie, Forschung und Staat. [...]

Die Intensivierung einer Wechselwirkung zwischen Staat und Industrie bedarf freilich einer sorgfältigen Planung und neuartiger Formen der Organisation, über die man manches aus der amerikanischen und britischen Erfahrung lernen kann. In den USA erfüllen die verschiedenen Federal Contract Research Centers und gemeinnützige Institute, wie das Stanford Research Institute, eine Mittlerrolle. In diesen Instituten werden nicht nur die gesellschaftlichen und politischen Bedürfnisse analysiert, d. h. die Voraussetzungen für die Prioritätenlisten geschaffen, sondern es werden auch technische Möglichkeiten entworfen und auf ihre Ausführbarkeit untersucht.« (S. 8)

Sieht man von Krauchs (zeitbedingter) Fehleinschätzung der vom »militärisch-industriellen Komplex« der USA beherrschten Definition wissenschaftspolitischer Prioritäten ab, so bleibt der Nachdruck bemerkenswert, mit dem eine Zusammenarbeit im forschungspolitischen Dreieck Industrie/Forschung/Staat gefordert und auf die dabei unerläßlichen Planungsanforderungen hingewiesen wird.

Die tatsächlich praktizierten Kooperationsformen einer »zeitgemäßen Forschungspolitik« lassen sich anhand der Konditionen rekonstruieren, unter denen der Ministerialrat im Bundeswirtschaftsministerium, Dr. Joachim Hennenhöfer, ein einschlägiges Gutachten anfertigte. Als ausgebildeter Physiker hatte Hennenhöfer zunächst in der Physikalisch-technischen Bundesanstalt/PTB gearbeitet, war dann ins Bundeswirtschaftsministerium gewechselt und anschließend einige Jahre bei der OECD in Paris gewesen. Nach seiner Rückkehr war er vom Bundesverband der Deutschen Industrie/BDI »gebeten« worden, »auf Grund einer Analyse der in- und ausländischen Forschungspolitik der letzten Jahre Entwicklungslinien aufzuzeigen und Vorschläge für die künftige Zusammenarbeit zwischen Staat und Industrie zur Diskussion zu stellen«.[48] 1966 legte Hennenhöfer ein Gutachten vor unter dem Titel »Die

Aufgaben der deutschen Industrie im Rahmen einer zeitgemäßen Forschungspolitik«. Den Argumentationsverlauf und die Zweckbestimmung seines Gutachtens beschreibt Hennenhöfer wie folgt: »Das vorliegende Gutachten will keine eigene Konzeption für die zeitgemäße Forschungspolitik entwickeln, sondern versuchen aufzuzeigen, welchen Weg die deutsche Forschungspolitik voraussichtlich in den nächsten Jahren nehmen wird. Deshalb wurde zunächst dargestellt, wie und durch welche Institutionen die derzeitige deutsche Forschungspolitik formuliert oder beeinflußt wird. Es folgen eine Analyse der Forschungspolitik der Industrieländer der westlichen Welt und Erklärungen von Politikern, die für die deutsche Forschungspolitik maßgeblich sind. Die zeitgemäße, den künftigen Entwicklungen Rechnung tragende deutsche Forschungspolitik und *die sich daraus ergebenden Aufgaben der deutschen Industrie* stellen sich als Schlußfolgerungen aus diesen Feststellungen und Analysen dar.« (S. 7. Hervorhebung von mir.) Entsprechend besteht der Grundtenor des Gutachtens darin, der westdeutschen Industrie die Vorstellung nahezubringen, sie müsse *im eigenen Interesse* eine stärkere staatliche Forschungspolitik wünschen, da sie sonst ihre internationale Wettbewerbsfähigkeit verlieren werde, weil insbesondere die US-amerikanischen Industrieunternehmen enorme staatliche Förderungsmittel im Rahmen der Rüstungs- und Raumfahrtprogramme erhielten, woraus sich zunehmend auch Vorteile im zivilen Sektor ergäben. Wolle der westdeutsche Staat aber seine Aufwendungen erhöhen, so Ministerialrat Hennenhöfer, müsse er notgedrungen so etwas wie »Forschungsplanung« betreiben, wofür er wiederum Informationen über Art und Umfang der Industrieforschung benötige. Die gesellschaftspolitische Konstellation ist immerhin delikat. Im Auftrag der Industrie bzw. seines Bundesverbandes erstellte der Ministerialbeamte Hennenhöfer ein Gutachten, in dem er die Industrie auffordert, eine *forschungspolitische Rolle* zu übernehmen, die ihrer tatsächlichen Bedeutung und ihren eigenen Interessen im Rahmen einer verschärften Weltmarktkonkurrenz entsprechen soll, ohne auch nur den geringsten Verdacht aufkommen zu lassen, die staatliche Forschungspolitik wolle der Industrie irgendwelche Vorgaben machen. In schroffem Gegensatz zu den in jenen Jahren diskutierten Theoremen der »countervailing powers« bzw. der »Herrschaft der Verbände« verlangt ein Angehöriger der Ministerialbürokratie von der Industrie, ihre Interessen nachdrücklicher in die Definition einer nationalen Forschungspolitik einzubringen, ohne daß eine politische oder gesellschaftliche Gegenkraft (Gewerkschaften z. B.) auch nur erwähnt würde.

Am 7. November 1966 veranstaltete der BDI, im Einvernehmen mit dem Stifterverband und dem Deutschen Industrie- und Handelstag, in Essen eine Diskussion über das Hennenhöfer-Gutachten sowie über ein Memorandum zur Luft- und Raumfahrttechnik.[49] An dem Gespräch beteiligten sich vor allem Vertreter von Wirtschaftsverbänden[50] und leitende Beamte aus verschiedenen Bundesministerien. Auf eine kaum verhüllte Konkurrenzsituation mit dem BMWI deutet die Diskussionsbemerkung von Dr. Straimer, Ministerialdirigent im BMwF: »Das Gutachten von Herrn Hennenhöfer ist uns erst vor wenigen Tagen auf den Tisch gelegt worden. Wir können also in Einzelheiten dazu noch nicht Stellung nehmen.« (S. 26) Denn zu diesem Zeitpunkt verfolgte das Bundesministerium für wissenschaftliche Forschung bereits eine ähnlich breitangelegte forschungspolitische Strategie zur Herstellung von Transparenz in den öffentlichen Institutionalisierungsformen der Wissenschaftspolitik, wobei auch der Begriff der »Planung« allmählich hoffähig gemacht wurde. Im November 1966 erschien in *Wirtschaft und Wissenschaft* ein Aufsatz von Peter Menke-Glückert, ORegRat im BMwF, mit dem Titel »Systeme der Forschungsplanung (Forschungsökonomie und Forschungsplanung als Hilfe für Politik, Wirtschaft und Verwaltung)«.[51] Minister G. Stoltenberg selbst veröffentlichte 1966 einen Sammelband mit Vortragsmanuskripten zum Thema »Forschungsplanung – Möglichkeiten und Grenzen«. 1967 erschien ein repräsentativ aufgemachter Sammelband »*Staat, Wissenschaft und Wirtschaft als Partner*«, der von Dr. Johannes Sobotta, Regierungsdirektor im BMwF, redaktionell betreut worden war. Im selben Jahr erschien das von W. Cartellieri erstellte Gutachten »Die Großforschung und der Staat«. 1969 schließlich veröffentlichte Sobotta eine Darstellung des Bundesministeriums für wissenschaftliche Forschung, seinen Aufbau und seine Aufgaben.

Welches Gewicht das BMwF seit etwa 1965 der Aufarbeitung der Methoden der Forschungsplanung beimaß, läßt sich an den vom Ministerium veranstalteten Fortbildungsseminaren ablesen. Das erste fand Anfang November 1965 im Ministerium statt, wurde von der Heidelberger Studiengruppe für Systemforschung vorbereitet und beschäftigte sich vor allem mit Anwendungsmöglichkeiten der Netzplantechnik u. dgl. Ebenfalls von der Studiengruppe vorbereitet, fand das zweite Seminar, zum Thema »Forschung und Planung«[52], Anfang Juli 1966 im Kernforschungszentrum Karlsruhe statt. Als »Höhepunkt des zweiten Seminars« bezeichnete Menke-Glückert (1966) den Vortrag von Rittel/Kunz von der Studiengruppe für Systemforschung. »Hier wurde – vielleicht zum erstenmal in Deutschland – gezeigt, daß Forschungsökonomie und Forschungsplanung nicht nur im Anwendungsbereich und bei Großprojekten möglich und sinnvoll sind, sondern auch in der Grundlagenforschung.«

Die forcierte Planungsprogrammatik des BMwF kommt in den einleitenden Bemerkungen Menke-Glückerts (1966) zum Ausdruck:

»Der Fortschritt der Technik bestimmt in immer stärkerem Maße die möglichen Strategien und Erfolgschancen auch des politischen Handelns. Die Vielfalt politischer und finanzieller Anforderungen und die Fülle der zu berücksichtigenden Faktoren machen heute überlegte Planungshilfen für immer schwierigere und weittragendere Entscheidungen erforderlich. Durch Festlegung von Planungswegen oder Strategien mit alternativen Lösungsvorschlägen wird der Schritt in die Zukunft nicht mehr dem Zufall der gegenwärtigen Möglichkeiten überlassen, sondern *mit Methoden der Unternehmensforschung* (operational research) oder Systemanalyse in einer für das zu erreichende Ziel günstigen Weise vorausberechnet. Dies gilt nun nicht nur für Bereiche mit vorgegebener rationaler Ordnung (Verkehr, Raumplanung, Wohnungsbau, militärische Nachschubversorgung, Produktions- und Marktprobleme usw.), sondern auch für Bildung und Forschung.

Unter Plan soll hier jeder Entwurf, jedes Programm, jede Folge von Maßnahmen oder Arbeitsabläufen verstanden werden, in denen ein Zustand in der Zukunft gleichsam in einem Modell vorweggenommen, vorausgedacht wird.«

Am Ende seines Aufsatzes fordert Menke-Glückert nachdrücklich den »planmäßigen Ausbau« von Einrichtungen der »Forschung über Forschung (science on science)« als einer der »Existenzbedingungen einer modernen Industriegesellschaft«. Geschehen ist bis heute nur wenig.[53]

Auf der Tagung im KfZ Karlsruhe referierten schließlich auch Wissenschaftler aus der Wirtschaft, so D. Graner vom Steinkohlenbergbauverein und K. Gewald aus einer Planungsgruppe von Siemens & Halske, über Verfahren der Bewertung, Auswahl und Kontrolle von technischen Großprojekten. Handlungsleitende Fragestellung der Veranstaltung in Karlsruhe war offenbar, den »Modernisierungsrückstand« in der Bundesrepublik Deutschland dadurch zu verringern, daß »die in der Wirtschaft erprobte[n] Rationalisierung[sformen]« in den »Bereich der wissenschaftlichen Forschung« übertragen werden sollten.[54]

Der Staat begann von der Industrie zu lernen. Planungs-, Bewertungs- und Kontrollmethoden, die bei technischen Großprojekten und für Zwecke der Unternehmensforschung entwickelt worden waren, wurden auch für staatliche Instanzen interessant. Das bezog sich aber nicht so sehr auf den Staat als Träger eines »politischen Gesamtwillens«, der allgemeine forschungspolitische Richtlinien zu formulieren versuchte, als vielmehr auf den Staat als Träger der öffentlichen Großforschungseinrichtungen (KfZ, KFA, DFVLR etc.), deren Kosten explodiert waren, was auch hier die Notwendigkeit begründete, Methoden und Instrumente einzusetzen, mit deren Hilfe die wissenschaftlichen Arbeiten zumindest fiskalisch planvoll kontrolliert und damit mittelbar auch inhaltlich gesteuert werden konnten. Auf einer Diskussionsveranstaltung der »Arbeitsgemeinschaft für Forschung des Landes Nordrhein-Westfalen« sagte Gerhard Kienbaum, der Wirtschaftsminister des Landes, 1963 unter anderem: »Alle Gruppen – das Parlament, die mit der Frage beschäftigten Beamten und das Kabinett – fragen sich [...] angesichts der gewaltigen Sprünge, die beispielsweise die Ausgabepositionen für die Kernforschungsanlage in Jülich mit sich gebracht haben, wohin die Reise geht, was herauskommt und wo die Aufgabe des Staates endet.«[55] Auf der gleichen Veranstaltung der AGF gab Karl Steimel, der Leiter des Frankfurter Forschungsinstitutes der AEG, einen Überblick über verschiedene Aspekte der Industrieforschung (1963). Er skizzierte die Einordnung der Forschung »in Organisation und Arbeitsablauf eines Industrieunternehmens« und gab eine Reihe von Hinweisen auf die Wechselwirkung zwischen Physik und Elektrotechnik (S. 18) sowie die Verknüpfung von Zweck- und Grundlagenforschung am Beispiel der Halbleitertechnik (S. 20). Den allgemeinen Aspekt des »research on research« setzte Steimel dabei allerdings sofort um in die »Sorge um den Wirkungsgrad (der) Forschungsarbeiten« (S. 7) und bezog die Notwendigkeit einer »Forschung über Forschung« unvermittelt auf eine »Betriebswissenschaft der Forschung« (S. 8). Die Notwendigkeit der Planung und Koordination der Forschung standen für Steimel allerdings außer Frage.

Bei dem Versuch, für eine »zeitgemäße Forschungspolitik« eigene bundesstaatliche Kompetenzen und eine entsprechende Infrastruktur aufzubauen, zeigte sich nicht nur das enorme Informationsdefizit bezüglich großer Bereiche des nationalen Forschungspotentials (Industrieforschung); es zeigte sich auch, daß Formen und Methoden gesellschaftlicher Planung im privatwirtschaftlichen Sektor der industriellen Unternehmensorganisationen allgemein und der Industrieforschung im besonderen längst zum Arbeitsalltag gehörten. Als Andrew Shonfields Buch (1965) *Geplanter Kapitalismus* 1968 in der Bundesrepublik erschien, wurde es durch ein Vorwort des Wirtschaftsministers Karl Schiller eingeleitet.

Wirtschafts- und Forschungsplanung waren somit gesellschaftlich akzeptiert. Die industriellen Organisationsformen und vor allem die Arbeitsabläufe in den industriellen Forschungs- und Entwicklungseinrichtungen aber blieben »tabu«. Im forschungspolitischen Dreieck konnte die Industrie(forschung) ihre Sonderstellung schon dadurch sichern, daß sie dem Staat und jeder anderen Form der Öffentlichkeit den Einblick verweigerte.

Symptomatisch ist eine Diskussionsveranstaltung, die am 8. Februar 1966 in einem Hotel in Essen stattfand, und zwar im Rahmen der Gesprächsgruppe »Forschung in der Wirtschaft« des »Gesprächskreises Wissenschaft und Wirtschaft« des Stifterverbandes. Teilnehmer waren die Forschungsleiter von sieben westdeutschen Industrieunternehmen: Dr. W. Erdmann von ESSO, Prof. Dr. H. Hellmann von den Chemischen Werken Hüls, Prof. Dr. Jebsen-Marwedel (Glasindustrie); der Direktor des Pharmaunternehmens ASTA-Werke; Prof. Dr. W. Kleen von Siemens & Halske, Erlangen; Dr. H. Kregsz von Krupp; und Prof. Dr. E. Sörensen von MAN.[56] Eingeladen waren außerdem sechs Wissenschaftsjournalisten, von denen einer die Atmosphäre der Veranstaltung folgendermaßen beschrieb: »Die Partner saßen einander an den Längsseiten eines Konferenztisches gegenüber – eines Tisches, der von einem zweiten, größeren in Hufeisenform umklammert wurde. An diesem zweiten Tisch hatten sich die Mitglieder des ›Gesprächskreises‹ placiert, Wirtschaftler zumeist, und viele von ihnen sicher nicht ohne innere Vorbehalte gegenüber diesem Gespräch, das ja nicht unmittelbar dem Kontakt mit der Wissenschaft diente.« Berkefeld, der dieses Stimmungsbild verfaßte, brachte die Konstellation in einem einprägsamen Bild zum Ausdruck: »Die Industrieforschung ist wie eine verschleierte Dame. Man weiß, daß sie von Rang ist und über bedeutende Mittel verfügt, aber man weiß nicht genau, wie sie aussieht und was sie treibt.« In seinem Bericht über das zweite internationale Symposium über die Organisation der angewandten Forschung in Nancy hatte J. Pretsch bereits 1955 geschrieben: »Außerdem speist die gewerbliche Wirtschaft [...] die Forschung aus eigenen Quellen; aber die Großindustrie errichtet Zäune um ihre Bezirke, die eine Gesamtübersicht erschweren.« (S. 105) In dieser Hinsicht hatte sich zwischen 1955 und 1966 wenig geändert.

2. Gestaltung realitätsmächtiger Konstruktionen

a) Ausgangsbedingungen

Die Vorbehalte und Aversionen gegen jede Form der staatlichen Kontrolle von Wirtschaft und Wissenschaft hingen natürlich mit den Erfahrungen zusammen, die nicht nur die Repräsentanten der Industrie und der Industrieforschung mit der Willkürherrschaft und dem Staatsdirigismus während der Zeit des Nationalsozialismus hatten sammeln können.

»Seit 1933 haben wir von Jahr zu Jahr wachsend eine staatlich gelenkte Wissenschaft erlebt – eine Zweckforschung größten Stils. Wir wissen alle, wie weit das ging. Zweckforschung, angewandte Wissenschaft geht auf Kosten der freien Wissenschaft, der Grundlagenforschung. Die humanistische Tradition der freien Wissenschaft wurde übersehen. Zerstört wurde damit, von wenigen Ausnahmen abgesehen, die Tradition der großen Schulen.

Man lebte in der Forschung vom Kapital der früheren Zeiten. Es war ein großes Kapital, sonst hätte man nicht so lange davon zehren können. Aber die reine Forschung, die zunächst nur sich selbst und die in ihr ruhenden Wahrheiten zum Ziele hat, wurde nicht nur vernachlässigt, sondern verächtlich gemacht. Die Hochschulen erhielten ihr Forschungsprogramm mit fest abgestecktem Ziel. Das Seltsame geschah, daß in den Forschungsinstituten der großen Industrieunternehmungen mehr Raum und Mittel für reine Grundlagenforschung bereitstanden als an den Universitäten und Hochschulen.« (S. 195)

Die Passage stammt aus dem Manuskript[57] eines Vortrags »Über die Rentabilität unserer industriellen Forschung«, den Dr. E. Naujoks am 19. November 1948 auf der Hauptversammlung des Deutschen Kältetechnischen Vereins, in Ettlingen (Baden), hielt. Zum Thema selbst führte Naujoks aus:

»Der Begriff der Rentabilität im strengen Sinne kalkulatorischer Methode ist [...] im allgemeinen auf die industrielle Forschung nicht anwendbar, von jenen Ausnahmen abgesehen, wo ein ganz großer Treffer sofort in der Ertragsrechnung sichtbar wird.

Hohe Ansprüche an die wissenschaftliche Arbeit. Die wichtigste Aufgabe einer industriellen Forschungsabteilung ist neben der Entwicklung spezialisierter Methoden zur Betriebsüberwachung, Materialprüfung und Qualitätskontrolle die einer Vermittlungsstelle. Sie soll den Stand der freien Forschung in der Welt in ihrem speziellen Arbeitsbereich jederzeit überblicken und die sich daraus ergebenden Ansatzpunkte für den Einsatz eigener Forschungsmittel erkennen lassen. Dies ist zunächst eine Frage der wissenschaftlichen Urteilskraft. Und die Antwort auf diese Frage enthält die zweite wichtige Voraussetzung fruchtbarer industrieller Forschungstätigkeit. Je breiter und umfassender das wissenschaftliche Fundament desjenigen ist, der für die industrielle Forschung verantwortlich ist, um so sicherer wird ihm diese Urteilskraft zuwachsen.« (S. 196)

Das Bemühen, moralische Kriterien an die wissenschaftliche Arbeit anzulegen und von den Verantwortlichen (auch) in diesem Bereich »wissenschaftliche Urteilskraft« zu verlangen, mag für jene kurze Zeitspanne kennzeichnend sein, da zwischen »Zusammenbruch« und forciertem Neuaufbau auch mancher deutsche Forscher »zur Besinnung kam«.

Kriegsfolgen, Nachkriegselend und Demontagen hatten auch die Industrieforschung in Mitleidenschaft gezogen. Nach Schätzungen des britischen »Scientific and Technical Research Board« lag die Forschungstätigkeit zu Beginn des Jahres 1947 um 50–60 % unter dem Vorkriegsstand. Zu den alliierten Forschungsverboten und -auflagen kamen Materialmangel und Engpässe bei wissenschaftlichen Instrumenten und Apparaturen (Brautmeier, 1983, S. 34). Die Forschungsüberwachungsstellen wurden »beauftragt, Pläne über Materialien, Arbeitskräfte und vorhandene Finanzmittel zu erstellen, die zur Aufstellung eines Industrieforschungsplanes für die englische und die amerikanische Zone dienen sollten« (ebd.), dem die deutsche Industrie aber von Anfang an (August 1947) mit Mißtrauen gegenüberstand (S. 62).

Bereits 1948 aber begannen sich die Verhältnisse gerade für die Industrieforschung wieder zu bessern.[58] Eine der Ursachen dafür war die Definition des Zugangs zu den Mitteln des Marshall-Plans bzw. des »European Recovery Programs«/ERP bzw. die Organisation der sog. »Gegenwert-Konten«, die zu einer Begrenzung der Vergabe von ERP-Mitteln auf die wirtschaftsnahe Forschung führte. In seinem Abschlußbericht über den Deutschen Forschungsrat und seine kurze Geschichte geht H. Eickemeyer (1953) auch genauer auf die Bedeutung der ERP-Mittel für die Situation der deutschen Wissenschaft ein.

»Das praktische Ziel des ERP strebt an, die Wirtschaft der der OEEC angehörenden Länder auf einen Stand zu bringen, der so beschaffen ist, daß sie nach

1952 keine außerordentliche Hilfe mehr von außen benötigt. Diese Zielsetzung drückt schon aus, daß im ERP nur solche materielle Hilfen gegeben werden, die erwarten lassen, daß sie zeitlich begrenzten wirtschaftlichen Zielen dienen. Die wissenschaftliche Forschung kann deshalb in diesem kurzfristigen Programm an sich nur insoweit eine wirtschaftliche Unterstützung erfahren, als es möglich ist, ihre Ergebnisse schon in der zeitlich begrenzten wirtschaftlichen Zielsetzung zu realisieren. Damit schrumpft die ERP-Hilfe für die Forschung zunächst auf die *einseitige Hilfeleistung für die Industrieforschung* zusammen. Man war sich aber bewußt, daß diese von der Grundlagenforschung gespeist wird.« (S. 255) Das hatte aber keine Konsequenzen.

»Die Wissenschaft benötigt in begrenztem Umfang Warenhilfe. Sie bedarf vor allem der finanziellen Hilfe. Da die ERP-Gelder dazu bestimmt sind, die deutsche Wirtschaft im Jahre 1952 selbständig zu machen, sind sie von vornherein zweckgebunden. Die Gelder müssen deshalb auch in erster Linie für wirtschaftsnahe, das heißt für die *Industrieforschung* verwendet werden. Aber auch im Bereich dieser Industrieforschung können im wesentlichen nur Vorhaben berücksichtigt werden, die schon eine bestimmte technische und wirtschaftliche Anwendungsmöglichkeit ihrer Forschungsergebnisse erkennen lassen. Es wäre falsch, von dem engeren ERP mehr zu erwarten. Die Marshallplan-Mittel für die Forschung haben darüber hinaus noch eine zweite Zweckgebundenheit. Sie dürfen an sich nämlich nur für die Beschaffung von Apparaturen, wissenschaftlichen Geräten und Büchern, also für Realien verwendet werden. Irgendwelche Personalausgaben sind mit ihnen im allgemeinen nicht zu decken.« (S. 256. Hervorhebungen von mir.)

Die Bedeutung dieser Finanzierungshilfen ist nicht leicht einzuschätzen. Staatssekretär Hinsch aus dem Bundeswirtschaftsministerium sagte bei einer Diskussionsveranstaltung[59] der AGF Anfang 1952, es seien in den letzten zwei Jahren 30 Millionen DM Marshallplangelder »in die Forschung hineingeflossen«, und zwar in erster Linie in die wirtschaftsnahe Forschung (S. 79), wie es der Herkunft und der Bestimmung der Mittel entspreche. Eickemeyer (1953) hingegen verwies darauf, daß die für die Industrieforschung vorgesehenen Finanzmittel »bisher verhältnismäßig wenig in Anspruch genommen« worden seien, »da die für diese Kredite gestellten Bedingungen sehr scharf sind« (S. 258/9).

Mit ihrer allgemeinen und systematischen Bevorzugung der Sachmittelbesitzer (s. Huster u. a.; Welteke; Winkler) hat die Währungsreform vom 20. Juni 1948 auch für die Forschungseinrichtungen der Industrie, gerade im Vergleich mit den staatlichen Wissenschaftsinstitutionen, große Vorteile gebracht. Hinzu kam, daß »die Firmen mit eigenen Einkaufsabteilungen, Gegenlieferungen und Überpreisen« auch bei der Beschaffung von Ausrüstungen für die FE-Laboratorien in einer weitaus günstigeren Ausgangslage waren als die öffentlichen Anstalten.[60]

Man kann vermuten, daß die materielle Ausstattung und die allgemeinen Arbeitsbedingungen in den meisten industriellen Forschungs- und Entwicklungslaboratorien bereits 1949 günstiger waren als in vergleichbaren Hochschulinstituten. In einer frühen Übersicht über den Stand der deutschen Forschung haben Brücher/Münster (1949), neben den Hochschul- und MPG-Instituten, auch knapp die Situation in der Industrieforschung skizziert: »Als dritter Träger der wissenschaftlichen Forschung – und zwar auch der Grundlagenforschung – ist [...] die Industrie zu nennen. Hier sind die Arbeitsbedingungen und Möglichkeiten am besten, und zwei wichtige Arbeiten (die wichtigsten, die seit Kriegsende in Deutschland veröffentlicht wurden) stammen aus dem Forschungsinstitut der B. A. S. F. – [...] – und aus der pharmazeutischen Industrie/Bayer/[...] Da überdies die Zahl der Stellen und die Gehälter in der Industrie unverhältnismäßig höher sind als an staatlichen Instituten, ist auch hier eine Abwanderung gerade sehr befähigter jüngerer Kräfte bereits in Gang.« (S. 341)

Einschränkend heißt es allerdings anschließend: »Aber auch die Industrie hat mit bemerkenswerten Schwierigkeiten zu kämpfen. Auch ihre Mittel sind beschränkt, und auch sie leidet darunter, daß vorläufig in Deutschland nur einige Arten wissenschaftlicher Apparate und auch diese nicht immer in der gewünschten Güte zu beschaffen sind. (Man versucht neuerdings, das Nötigste über Devisenbonus A aus dem Ausland zu bekommen.) Und an einer wirksamen Unterstützung der Forschung außerhalb ihres eigenen Bereiches hindert die Industrie eine kurzsichtige Steuergesetzgebung.« (ebd.)

b) Der zügige Wiederaufbau industrieller Forschungseinrichtungen, das Beispiel der Großchemie

Obwohl die Kontrollrats-Gesetze der alliierten Hohen Kommissare weiter galten bzw. neu formuliert wurden (s. o.), läßt sich für den Zeitraum um die Jahreswende 1949/1950 von einer deutlichen Konsolidierung der Industrieforschung in Westdeutschland sprechen. »Um 1950 zeichnete sich der Beginn einer neuen Phase ab, in der man unter dem Einfluß der Rechtsstaatlichkeit im Gebiet der Bundesrepublik Deutschland nun eine mehr gezielte Aufbaupolitik des Hauses Siemens betreiben konnte. [...] Noch waren – und das gilt ganz besonders für die Entwicklungsfirma Siemens – Verbote zur wissenschaftlichen Forschung in Kraft.« (Weiher/Goetzeler, 1972, S. 129) Ferdinand Trendelenburg (1975) berichtet, daß – nach ersten Anfängen im Jahre 1946[61] –

bereits in den Jahren nach 1952 wieder wichtige Forschungsergebnisse in den Laboratorien von Siemens produziert wurden (S. 258ff.).

Besonders bezeichnend und aufschlußreich ist natürlich die Entwicklung in den Großunternehmen der Chemieindustrie, die als Nachfolgefirmen des I. G. Farben-Konzerns von den »Entflechtungs«-Maßnahmen betroffen waren, die sich bis 1953 hinzogen.[62] Während die Farbwerke Hoechst zum Beispiel erst zum 27. 3. 1953 aus der alliierten Kontrolle entlassen wurden, war in dem Unternehmen bereits in den beiden vorangegangenen Jahren mit jeweils 25 bis 30 Millionen DM so viel für Forschung und Entwicklung ausgegeben worden (vgl. Tab. II. 3), wie die im Rahmen des ERP zur Verfügung gestellten Gesamtsummen ausmachten.

Der Umschwung in der Politik der Alliierten zeigt sich deutlich am Beispiel der Bayer AG, deren Kautschuklaboratorium noch nach der offiziellen Gründung der Bundesrepublik Deutschland zu großen Teilen demontiert wurde. In der Bestandsaufnahme des Stifterverbandes von 1950 hieß es dazu anklagend:

»So ist eines der größten Kautschuk-Laboratorien der Welt – bei der Firma Bayer in Leverkusen – im Oktober 1949 auf Befehl der britischen Militärregierung teilweise demontiert worden. Dieses Kautschuk-Zentral-Laboratorium stand der ganzen deutschen Industrie zur Verfügung. Der Vorsitzende der Vereinigung britischer Kautschukfabrikanten, Mr. Naunton, verlangte noch im Herbst 1949, das Leverkusener Institut solle geschlossen werden, ›weil das britische Parallel-Institut in Croydon nur ein Bruchteil von dem sei, was es sein solle‹! Das geschah zwar nicht, aber die Entnahme von 170 Maschinen hat das Laboratorium stark entwertet. So kann das wichtigste Produkt Perbunan in Deutschland nicht mehr hergestellt und muß aus den USA eingeführt werden, wo man die deutschen Patente auswertet.«[63]

Als K. H. Lauder, der Wissenschaftsattaché an der britischen Botschaft in Bonn, im Oktober 1955 eine »kurze Übersicht über Wissenschaft und Technologie in Westdeutschland« herausgab – die Untersuchung war begonnen worden, als Lauder noch Mitglied der »United Kingdom Scientific Research Organization«, einer Abteilung der »Control Commission«, war, und wurde noch für das DSIR (Department of Scientific and Industrial Research) des Stationierungsamtes Ihrer Majestät publiziert –, berichtete er anerkennend über Auf- und Ausbau der Forschungseinrichtungen im allgemeinen[64] und der Industrieforschung der Chemiekonzerne im besonderen. Die »Farbenfabriken Bayer in Leverkusen stellen gerade für 15 Mio. DM ein Laboratorium der Zentralforschung fertig, das ohne Rücksicht auf die Kosten ausgestattet wird.

Tab. II. 3: Auf- und Ausbau der Forschungs- und Entwicklungseinrichtungen der *Hoechst AG* (1950 bis 1971)

Jahr	Umsatz Welt (Mio. DM)	Umsatz Konzern (Mio. DM)	FE-Aufwendungen Welt (Mio. DM)	FE-Aufwendungen Konzern (Mio. DM)	FE-Aufwendungen Konzern in % v. Umsatz	FE-Investitionen (Mio. DM)	Beschäftigte Konzern insges.	Beschäftigte dav.: Angest. in %	Beschäftigte Naturwissenschaft	FE-Beschäftigte Konzern insges.	FE-Beschäftigte Naturwissenschaftl.	FE-Beschäftigte Technische Angestellte
1950				jew. 25..30								
1951												
1952		761,9		34,4/37			26189	28,1	1000			
1953		942,6		44,2/55			28389	28,5	1075		rd. 450[F]	
1954		1126,7		64,0	5	60	32489	29,4	1200			
1955		1270,2		68,9	5,4		36135	29,7	1400		560[F]	
1956		1481,5		81,0	5,5		39615	30,0	1570	4700	760	
1952–1956				300								
1957		1761,0		88,7	5,1	12	42739	30,5	1750		880[A]	
1958		1889		93	4,9	12	43328	32,3	1800		800	
1959		2222		100	4,5	12,5	45363	32,2	1871	5000[A]	775[F]	
1960		2703		113	4,2	12	50332	32,6	2070		846[A]	
1961		2876		120	4,2	26	52162	33,4	2146		873[A]	
1962				125		24	53741	33,5	2185		üb. 900	
1963				136	4,1	36	54966	34,2	2251	6900[F]	950	
1964				170		40	58290	34,8	2375	7000	992	2400
1952–1964				1250								
1965				204		51	62918	36,4	2579	8200	1107	
1966				248	4,3	59	67416	37,9	2824	8800	1160[A]	
1967		6167		262	5,3	62,7	66712	39,4	2900	8670	1198	
1968	7236	5688		292	5,1		70978	38,2		8880	1190	
1969	9064	6440	410	340	5,3		76708	39,0		üb. 9500	1259	
1970	10862	7259	507	420	5,8		85919	39,7				
1971	11946	7747	537	437	5,6		82750	40,7				

Quellen: Geschäftsberichte der Hoechst AG. *Hoechst Heute*, H. 2, 1965; H. 2, 1966. Farben-Post. Eigene Berechnungen
F = Nur: Forschung und Entwicklung. A = FE incl. Anwendungstechnik

Dies ist (bereits) das vierte Forschungs- und Entwicklungslaboratorium, das von Bayer im Verlauf der letzten 18 Monate errichtet wurde. Eine Übersicht über andere Konzerne zeigt das gleiche Bild. Die Industrie legt großes Gewicht auf Grundlagenforschung, und die Laboratorien der größeren Konzerne gelten als Einrichtungen, die gut und gerne den Standard der akademischen Laboratorien erreichen. Mit dem wachsenden Bedarf an Verbesserungen bei den Produkten der Industrie steigen die Forschungskosten kontinuierlich an.« (S. 2)

Wie die späteren Veröffentlichungen des Stifterverbandes und der Unternehmen zeigen, verfügte der britische Wissenschaftsattaché Mitte der fünfziger Jahre immer noch über einen bemerkenswert genauen Überblick über die westdeutsche Forschungslandschaft, zumindest im Bereich der ehemaligen britischen Besatzungszone.

Etwas schneller noch als bei Hoechst stiegen bei Bayer in den fünfziger Jahren (vgl. Tab. II.4) die Beträge für die laufenden FE-Aufwendungen und die Investitionen in den Auf- und Ausbau der Forschungs- und Entwicklungslaboratorien; und im gleichen Tempo wurde auch die Zahl der Naturwissenschaftler, Techniker etc. in den FE-Einrichtungen erhöht.[65]

Vor diesem Hintergrund eines raschen Ausbaus der FE-Potentiale der Großunternehmen ist es zu verstehen, daß der Verband der Chemischen Industrie/VCI sich eher *forschungspolitischen* Initiativen widmete. So veranstaltete das Präsidium des VCI am 30. Oktober 1953 in Baden-Baden, im Anschluß an eine interne Besprechung, einen »Tag der Chemie«, dessen politische Funktion durch die Anwesenheit des Bundeskanzlers K. Adenauer und »maßgeblicher Vertreter der Bundesregierung« sowie die Teilnahme des US-amerikanischen Botschafters James B. Conant unterstrichen wurde. Berichtet[66] wurde, daß Adenauer die bestehende Steuerpolitik gegen die Kritik von Vertretern der Chemieindustrie verteidigte, aber zugleich auf eine bevorstehende »grundsätzliche (Steuer-)Reform« verwies.

Ein zweites Motiv der Veranstaltung, das von Prof. O. Bayer vorgetragen wurde, war die an die Regierungsmitglieder gerichtete Forderung, den nationalen Forschungsaufwand, der in der Bundesrepublik derzeit bei nur 0,4% des Volkseinkommens liege, auf mindestens 1% (wie in Großbritannien) anzuheben. »Es genüge nicht, daß die wissenschaftlichen Institute nach dem Kriege im allgemeinen wieder aufgebaut seien, vielmehr müßten sie auch mit Etats ausgestattet werden, die ein Arbeiten ohne Sorgen um den Bestand ermöglichten und *ein Abwandern der besten Köpfe in die Industrie verhinderten.*« (S. 749. Hervorhebung von mir.)

Tab. II. 4. Entwicklung des industriellen Forschungs- und Entwicklungspotentials zwischen 1949 und 1966 am Beispiel der Bayer AG

Jahr	Umsatz (Mio. DM)	FE-Aufwendungen: laufende Aufwendg. (Mio. DM)	FE-Aufwendungen: FE-Investitionen (Mio. DM)	FE-Aufwendungen: Insgesamt Absolut (Mio. DM)	FE-Aufwendungen: Insgesamt In % vom Umsatz	Beschäftigte insgesamt	FE-Beschäftigte insgesamt absolut	FE-Beschäftigte insgesamt in % aller Beschäftigten	davon Naturwissenschaftler absolut	davon Naturwissenschaftler in % aller FE-Beschäftigten
1952	825,6	38				32700				
1953	1025,1	40			3,9	36493			317	
1954	1210	50	11,7	61,7	5,1	40596	ca. 2000	4,9	ca. 400	20
1958	2010	99,7	18	117,7	5,9	52500				
1959	2459	111,8	7?	118?	4,5	55084	6674	12,1	ca. 800	12,0
1960	2820	124,6	10	134,6	4,7	58514	7191	12,3	823	11,44
1949–1960 insgesamt			106							
1961	3620	133,3	25,1	158,4	4,4	61235	7846	12,8	906	11,54
1962	4010	145,3	30,8	176,1	4,4	61420	8511	13,9	971	11,40
1963	4440	162,3	40	202,3	4,6	62606	ca. 9000	14,5	981	11
		139				49596*				
1964*	5014	168	49	217	4,3	52189				
1965	5389	193	49,1	242,1	4,5	54052	8731	16,2	947	10,85
1966	5912	204	70,5	274,5	4,6	54520	8831	16,2	984	11,14
1961–1966 insgesamt		1006	264,5	1270,5						

* Zum 1. Juli 1964 wurde die Photosparte (Agfa-Gevaert) neu organisiert. Zum Vergleich wurde auch für 1963 die entsprechend korrigierte Zahl angegeben.

Quellen: *Chemie-Ing.-Techn.* Nr. 6, 1953, S. 370–372; Nr. 8/9, 1954, S. 526f.; Nr. 8/9, 1955, S. 563f.; Nr. 5, 1961, S. 408f.; Nr. 5, 1962, S. 395f.; Nr. 5, 1964, S. 576f.; Nr. 5, 1965, S. 568f.; Nr. 5, 1966, S. 599f.; Nr. 9/10, 1967, S. 639f. Eigene Berechnungen und Zusammenstellungen. Gross, 1955, S. 33.; G. Wetzel, 1966, S. 165; Geschäftsbericht Bayer AG, 1953, S. 14.

Mit ausdrücklichem Bezug auf diese Veranstaltung schrieb W. A. Menne, der damalige Präsident des VCI, in einem der Chemieindustrie gewidmeten Sonderheft des *Volkswirt*[67] im April des folgenden Jahres, die deutsche Chemieforschung habe sich in den letzten Jahren wieder internationale Anerkennung erworben, und insofern könne man optimistisch sein. »Wir leben aber auch hier von der Hand in den Mund, oder besser gesagt, zehren ein geistiges Kapital auf, weil *die Grundlagenforschung*, die *Sache des Staates* ist, immer noch nicht die notwendige großzügige finanzielle Förderung erhält.« (S. 2)

Die Konstellation ist bemerkenswert. Die staatlichen Maßnahmen zur Förderung der »wirtschaftsnahen Forschung« und, vor allem, die bereits anlaufende Wirtschaftskonjunktur – vgl. die Daten zur Umsatzentwicklung und zu den Beschäftigtenzahlen in den Tabellen 3 und 4 – haben zu einem vergleichsweise zügigen Neuaufbau der industriellen Forschungs- und Entwicklungslaboratorien geführt. Deren relativ günstige materielle Ausstattung führt zu einer regelrechten Sogwirkung gegenüber den Universitäten und Technischen Hochschulen[68], und aus dieser Position relativer Stärke heraus können dann die Repräsentanten der Chemieindustrie und der Industrieforschung dieser Branche bereits 1954 wieder Forderungen an die staatlichen Institutionen richten, denen zufolge sie spezifische Funktionen im Rahmen des forschungspolitischen Dreiecks zu erfüllen haben.

Sieht man von der Errichtung der öffentlich finanzierten Großforschungseinrichtungen in Karlsruhe und Jülich ab, die ursprünglich im engeren Einzugsbereich der Interessen der Chemieindustrie lagen (Kernchemie), scheinen diese forschungspolitischen »Anregungen« des VCI zunächst allerdings keinen sonderlichen Erfolg gehabt zu haben. Bereits in den fünfziger Jahren gingen jedenfalls die großen Industrieunternehmen, nicht nur der Chemie- und Pharmaindustrie, dazu über, nach Abschluß der Phase der Reparatur und Konsolidierung ihrer FE-Einrichtungen teilweise sehr großzügig finanzierte, kompakte Forschungszentren zu erstellen. Den Anfang hatte das Anlagenbauunternehmen LURGI/Metallgesellschaft gemacht, das in der Zeit zwischen 1951 und 1960 in Frankfurt/M. ein neues FE-Zentrum errichtete. 1958 begann die DEGUSSA mit dem Aufbau eines neuen Forschungszentrums in Hanau-Wolfgang. Im Winter 1957/58 fielen auch die Entscheidungen in den Leitungsgremien der Hoechst AG, mit der Planung eines groß angelegten Forschungszentrums zu beginnen, dessen Investitionen ursprünglich auf 250 Mio. DM veranschlagt wurden (bis 1965), die schließlich, unter Einbeziehung weiterer Ausbaustufen, bis Ende 1983 auf fast 500 Mio. DM anwuchsen.[69]

Von Bayer wurde 1960 so etwas wie ein »Fünfjahresplan« bekanntgegeben[70], in dem ein umfangreiches Investitionsprogramm für den Ausbau der Forschungs- und Entwicklungseinrichtungen des Unternehmens konzipiert wurde: »Um den unaufhaltsam wachsenden Anforderungen an unsere Forschung gerecht werden zu können, beabsichtigen wir, etwa in den Jahren 1961 bis 1965 in allen Werken die Forschungslaboratorien und technischen Versuchsräume auszubauen. Dabei sollen nicht nur die zentralen Forschungsstätten, sondern auch die der Fabrikation und Anwendungstechnik angegliederten Einrichtungen erweitert werden. Wir planen dafür einen Beitrag von DM 120 bis 150 Mio. DM einzusetzen, der unseren gesamten in den letzten 12 Jahren für derartige Laboratoriumsbauten entstandenen Aufwand von rd. DM 106 Mio. übersteigt.« (S. 17) Wie die Tabelle II. 4 ausweist, wurde dieser Betrag tatsächlich bereits bis zum Jahre 1964 aufgebraucht. Bis 1966 waren es rd. 265 Mio. DM für FE-Investitionen, zusätzlich zu den laufenden FE-Aufwendungen, deren Gesamtsumme sich in den Jahren 1961 bis 1966 auf über 1 Milliarde DM summierte. Mitte der sechziger Jahre wurde beispielsweise auch mit dem Bau eines neuen Pharma-Forschungszentrums in Wuppertal begonnen, dessen Investitionsaufwand sich schließlich allein auf über 250 Mio. DM belaufen sollte.[71]

In den neu errichteten Forschungszentren wurde auch Grundlagenforschung betrieben, zumindest auf den Teilgebieten, die für die jeweilige Unternehmensstrategie von zentraler Bedeutung waren.

Als Mitte der sechziger Jahre die öffentliche Diskussion auflebte (vgl. Kapitel II. 1), ob und wie sich der Staat im Rahmen einer »zeitgemäßen Forschungspolitik« auch planerisch betätigen solle, wurde in den großen Industrieunternehmen bereits der zweite oder dritte Bauabschnitt ihrer neuen Forschungszentren in Betrieb genommen, deren sorgfältige *Planung* sich keineswegs nur auf die Bereitstellung der benötigten Finanzmittel bezog, sondern auch auf die Arbeitsorganisation und die konkreten Arbeitsbedingungen der wissenschaftlichen Abläufe selbst.[72]

Die bessere materielle Ausstattung der Industrieforschung, die umfangreichen Erfahrungen[73] bei der Bewältigung der Probleme, die in der komplexen Forschungsorganisation entstanden, und bei den dafür einsetzbaren Problemlösungsstrategien führten zusammengenommen dazu, daß die *Lernprozesse* bei der Bewältigung forschungspolitischer Aufgaben in der Industrie(forschung) denen der, ideologisch gebremsten, staatlichen Institutionen um viele Jahre voraus waren.

Akzeptiert man die Definition (Schatz, 1973), der zufolge politische Planung begriffen werden könne »als eine Strategie zur Erhöhung der

Steuerungs- und/oder Lernkapazität des (politischen bzw. des) politisch-administrativen Systems« (S. 12), so liegt es nahe, anzunehmen, daß »politische Planung« überall dort in Schwierigkeiten geraten mußte, wo sie keinen hinreichenden Zugang zu den Erfahrungen und Informationen und keinen steuernden Zugriff auf die Ressourcen hatte. Im Bereich der Industrieforschung war beides in der zweiten Hälfte der sechziger Jahre offensichtlich der Fall.

Als im Forschungsbericht IV der Bundesregierung (1972) ein Kapitel der »Forschungspolitischen Planung« (S. 11–16) gewidmet wurde, beschränkte sich die Skizze, neben einigen allgemeinen Bemerkungen, folgerichtig auf die »drei großen Koordinierungsbereiche«: die Abstimmung zwischen den verschiedenen Einrichtungen der Ressortforschung der Bundesministerien; die Koordinierung zwischen Bund und Ländern; und die Abstimmung mit den autonomen Wissenschaftsorganisationen, insbesondere der DFG und der MPG. Von einer Einbindung der Industrieforschung in die forschungspolitische Koordination oder gar von Planung war keine Rede. Als schließlich aus dem staatlich-administrativen Bereich derartige Weiterungen der *forschungspolitischen Kompetenz des Bundes* in die Diskussion gebracht wurden (Berger, 1974), war die kurze Phase der Planungseuphorie der sozialliberalen Bundesregierung im Grunde schon vorbei (vgl. Mayntz/Scharpf, 1973; Ronge, 1977).

Praktische Forschungspolitik wurde an anderer Stelle betrieben. Mitte 1975 hatte der »Ausschuß für Forschungs- und Wissenschaftspolitik« des BDI eine Arbeitsgruppe eingesetzt, die Erfahrungen der Zusammenarbeit mit den (staatlich geförderten) Großforschungseinrichtungen zusammenstellen sollte. Der Vorsitzende des BDI-Ausschusses, Prof. Dr. Biekert (Knoll/BASF), und der damalige Vorsitzende der Arbeitsgemeinschaft der Großforschungseinrichtungen (AGF), Prof. Dr. K.-H. Beckurts (KFA Jülich), beauftragten eine zwölfköpfige gemeinsame Arbeitsgruppe, die im Juni 1978 ihren Bericht vorlegte (s. AGF/BDI 1978), der die Möglichkeiten der Kooperation ziemlich einseitig dahingehend darstellte, daß und wie eine bessere Nutzung des AGF-Potentials durch die Industrie(forschung) institutionalisiert werden müsse.

Zu dieser Zeit hatten die wichtigsten westdeutschen Industriekonzerne der Chemie- und Elektroindustrie ihre Unternehmensorganisationen längst auf Weltmarktorientierung umgerüstet und damit begonnen, eigene transnationale Forschungs- und Entwicklungsorganisationen aufzubauen (Hack/Hack, 1985), wobei die FE-Apparate zugleich als Einrichtungen zur systematischen *Produktion wissenschaftlichen Wissens* und als *Instrument der Unternehmungspolitik* eingesetzt wurden, wie es in der

Tab. II. 5: Internationale Verteilung der FE-Einrichtungen des BAYER-Konzerns, nach FE-Aufwendungen (in Mio. DM, 1984)

	1984	
	Absolut	In %
Bundesrepublik Deutschland	1264,5	64,5
Sonst. Europa	197,5	10,1
USA	440,2	22,5
Japan	41,3	2,1
Sonstige	12,6	0,6
Insgesamt	1956,1	100

Quelle: *Forschungsschwerpunkte bei Bayer* (Presse-Seminar vom 9. bis 11. September 1985 in Große Ledder). Leverkusen. Broschüre, 136 Seiten

betriebswirtschaftlichen Diskussion seit längerem vorgeschlagen wurde.[74]

Den Schritt ins Ausland konnten nationalstaatliche Einrichtungen naturgemäß nur in sehr eingeschränkter Form (CERN, ILL; ESA, später etwa ESPRIT) nachvollziehen. Der Einsatz von FE-Apparaten im Rahmen einer transnationalen Industriepolitik verbot sich von selbst, jedenfalls für ein militärisch und politisch schwaches Land wie die Bundesrepublik Deutschland. Die Verfügung über diese transnationalen FE-Ressourcen begründete für die Folgezeit einen *forschungspolitischen Vorteil* der Industriekonzerne, den staatliche Einrichtungen weder aufholen noch kompensieren konnten. Als sich Mitte der achtziger Jahre das Problem stellte, integrative Institutionalisierungsformen und -mechanismen für das gesamte Forschungspotential des Landes einzurichten, lag teilweise bereits mehr als ein Drittel der FE-Potentiale der Industrie im Ausland (Tab. II.5).[75]

Bezeichnend sind in dieser Beziehung die forschungs- und technologiepolitischen Vorbemerkungen zum »Bundesbericht Forschung VII«, den Minister Riesenhuber im Mai 1984 vorlegte. An die Adresse der Hochschulen gerichtet, findet sich die folgende Absichtserklärung: »Auf dem Gebiet modernster Technologie befürwortet die Bundesregierung die Errichtung von Institutionen, die von vornherein auf Kooperation mit der Industrie angelegt sind.« (S. 14) Gegenüber der Wirtschaft wird zugleich besondere Zurückhaltung versprochen: »Im Sinne des Subsidiaritätsprinzips [gilt] Zurückhaltung des Staates gegenüber der Forschung und Entwicklung in der Wirtschaft, insbesondere bei inhaltlichen Vorgaben.« (S. 13) Forschungspolitik zieht sich auf den Versuch zurück, 1. die universitären bzw. staatlich finanzierten Forschungseinrichtungen zur Kooperation mit der Industrie zu ermuntern, und 2. die wirtschaftseigene Forschung mit zunehmend indirekten Förderungsmaßnahmen finanziell zu entlasten. Programmatische Ansprüche, die in den Vorjahren ohnehin nicht eingelöst wurden, werden nun expressis verbis deutlich zurückgenommen. Entsprechend heißt es im »Faktenbericht 1986 zum Bundesbericht Forschung«, der im Mai 1986 veröffentlicht wurde, die Daten des »Faktenberichts« würden unter anderem zeigen, »daß die seit 1982 eingeleitete Umorientierung der Forschungspolitik zu mehr Eigeninitiativen und zu wachsenden Anteilen der Wirtschaft sowohl bei der Finanzierung wie bei der Durchführung von Forschungs- und Entwicklungsarbeiten geführt hat«.[76]

Im Juni 1986 verabschiedete der Wissenschaftsrat seinen 16. Rahmenplan, in dem er u. a. Bund und Ländern empfahl, eine stärkere Zusammenarbeit der Hochschulen mit der Wirtschaft zu unterstützen, um insbesondere den Entwicklungen und Erfordernissen ›der Praxis‹ besser Rechnung tragen zu können.[77]

c) Wissenschaftsinstitutionen im Wandel

Wie Anfang der sechziger Jahre geben auch Mitte der achtziger Jahre die großen Industrieunternehmen und die industriellen und technisch-wissenschaftlichen Verbände Richtung und Kriterien der Strukturveränderungen vor, die für erforderlich gehalten werden, um der »japanischen und amerikanischen Herausforderung im High-technology-Bereich« Rechnung zu tragen. Zunächst setzten die großen Chemiekonzerne in einer teilweise vehementen Offensive[78] die Einrichtung staatlich finanzierter Genforschungszentren in Heidelberg, Köln, München und Berlin durch. Altehrwürdige bürokratische Organisationsformen universitärer Forschung wurden innerhalb von nur drei Jahren ausgehebelt und durch »flexiblere Strukturen« ersetzt, wobei auch gleich wichtige Instrumente und Verfahren zur Kontrolle der Drittmittelforschung an den Universitäten unterlaufen wurden.[79] Im Rahmen eines Fortbildungsprogramms der OECD für die Wissenschaftsverwaltung wurde im November 1984, in München bei Siemens, das Thema »Industrieforschung und ihre Relevanz für die Hochschulen« behandelt, wobei für den Zusammenhang der sich intensivierenden Kooperationsbeziehungen deutlich gemacht wurde, daß eine verstärkte Ausrichtung auch der Hochschulforschung am Kriterium der »Forschungseffizienz« notwendig sei. Vorgestellt wurden Modelle und Methoden der Forschungsplanung und -finanzierung, wie sie vor allem für den Bereich groß-dimensionierter industrieller FE-Projekte im Verlaufe der letzten Jahre entwickelt worden sind.[80]

Allgemeiner wurde das Thema »Wissenschaftsinstitutionen im Wandel« 1984 auf der Jahrestagung des DVT behandelt. Prof. E. Staudt sprach über »Die Rolle der Wissenschaft im gegenwärtigen Innovationsgeschehen«, Prof. W. Häfele (KFA Jülich) referierte über »Forschungseinrichtungen zwischen Starre und Dynamik«, und Prof. G. W. Becker (BAM) erläuterte den »Beitrag technisch-wissenschaftlicher Vereine zum Innovationsgeschehen«. Dr.-Ing. U. Haier, der Vorsitzende des DVT, gab als entscheidende Problemstellung die Frage vor, ob und gegebenenfalls wie es möglich sein werde, den beschleunigten wissenschaftlich-technologischen Wandel noch so zu »gestalten und aktiv zu beeinflussen«, daß er »nach menschlichen Maßstäben richtig erscheint«. (DVT, 1984, S. 6)

Auf der Jahrestagung 1985 der Landesgruppe Hessen des VDMA plädierte der Bundesminister für Forschung und Technologie, Heinz Riesenhuber, für eine deutliche Zurücknahme des Staates bei der inhaltlichen Bestimmung und Bewertung von Forschungsrichtungen[81], die er im August 1986 als neue forschungspolitische Programmatik auch in die öffentliche Diskussion brachte.[82] Fast zeitgleich wurden von Christian Lenzer, dem Vorsitzenden des Unterausschusses »Forschungs- und Technologiepolitik« im Bundeshauptausschuß Wirtschaftspolitik der CDU, Leitlinien vorgelegt, die nachdrücklich die *subsidiäre* Rolle staatlicher Forschungsförderung betonten: »Auswertung und Umsetzung von öffentlich geförderter anwendungsorientierter Forschung und Technologie sollten ›einer *autonomen*, von staatlicher Einflußnahme freien *Innovationskette*‹ überlassen werden.«[83]

Bereits im Januar 1986 veranstaltete der BDI ein Technologiegespräch, bei dem forschungs- und technologiepolitische Definitionen und Ansprüche folgerichtig eher von Unternehmens- und Verbandsvertretern als von dem ebenfalls anwesenden Forschungsminister formuliert wurden. Zum weiteren Zusammenhang gab der BDI im Juni 1986 gleich auch noch »Zehn Thesen für eine offensive Wirtschaftspolitik« dazu. Diese Überlegungen sind ebenso am politischen Subsidiaritätsprinzip (eines freigiebig finanzierenden und zurückhaltend agierenden Staates) orientiert wie die Ausführungen, die der Leiter der Abteilung Forschungs- und Bildungspolitik des BDI, im Juli 1986 in Düsseldorf, auf dem VDI-Kolloquium über die »Forschungsförderung für die 90er Jahre« vortrug (vgl. Kreklau, 1986).

Schon im März 1986 hatte die VDI-Hauptgruppe »Der Ingenieur in Beruf und Gesellschaft« einen ersten Entwurf einer VDI-Richtlinie zur Technikbewertung vorgelegt.[84] Damit kam der VDI auch der Enquête-Kommission des Deutschen Bundestages zuvor, die am 14. März 1985 eingesetzt worden war und im Juli 1986 ihren Bericht vorlegte.[85] Wenige Tage nach der Installierung der Enquête-Kommission, am 26. März 1985, hatte die Bundesregierung im übrigen den neuen »Kabinettsausschuß für Zukunftstechnologien« beschlossen, wofür allerdings zuvor in der Regierungskoalition »ordnungspolitische Bedenken ausgeräumt« werden mußten.[86]

Die wichtigste politische Änderung dürfte, neben der Novellierung des Hochschulrahmengesetzes (HRG), allerdings die Modifikation des *Steuerrechts* gewesen sein, genauer die des § 82d EStDV, durch die der Bundesminister für Finanzen, G. Stoltenberg, klarstellte, daß nunmehr auch für Wirtschaftsgüter, die zur Entwicklung von Software eingesetzt werden, die Sonderabschreibungen für Forschungs- und Entwicklungsinvestitionen vorgenommen werden dürfen. In der Wirtschaftspresse wurde der Erlaß des Finanzministers vom 26. November 1985 nachdrücklich begrüßt, wobei die Gleichbehandlung der Software, als »*immateriellem* Wirtschaftsgut«, mit anderen FE-Investitionen hervorgehoben wurde.[87]

Während es für wirtschaftsliberale Repräsentanten »ordnungspolitisch unbedenklich« war, daß der Hochschulrahmen neu gezimmert sowie Forschungs- und Technologie-Investitionen steuerpolitisch umdefiniert wurden, ist die forschungspolitische Rolle der EG-Kommission heftig umstritten. So kam es auf der 37. ordentlichen Jahresversammlung des IFO-Instituts, im Juni 1986 in München, zu einer (den Zeitungsberichten zufolge) heftigen Kontroverse zwischen Otto Schlecht, Staatssekretär im Bundeswirtschaftsministerium, und dem für die Forschungs- und Technologiepolitik zuständigen Mitglied der EG-Kommission, Karl-Heinz Narjes (CDU), darüber, wie die Europäische Gemeinschaft institutionell auf die technologischen »Herausforderungen« aus Japan und den USA zu reagieren habe.[88]

Den Hintergrund der Auseinandersetzung bilden die Forschungs- bzw. Technologieförderungsprogramme, die von EG-Gremien seit 1984 beschlossen worden sind. Dazu gehören insbesondere das Förderungsprogramm auf den Gebieten der Informationstechnologie, ESPRIT (European Strategic Program of Research in Information Technology), und der industriellen Grundlagenforschung, BRITE (Basic Research in Industrial Technologies for Europe), sowie das in Vorbereitung befindliche Programm zur Förderung neuer Kommunikationstechnologien in Europa, RACE (Research and Development in Advanced Telecommunications Technology in Europe). Den Hintergrund der Kontroverse bildete ferner die dritte EUREKA-Konferenz, die Ende Juni 1986 in London stattfand und auf der schließlich das Programm verabschiedet wurde, das in der Zwischenzeit auf ein Finanzvolumen von mehr als vier Milliarden DM und 62 Projekte angewachsen war. Auf der Londoner Konferenz wurde schließlich auch beschlossen, für die »European Research Coordination Agency/EURECA« ein kleines Büro zu installieren, das in Brüssel eingerichtet werden soll.[89]

Der EG-Kommissar Narjes beschwor auf der IFO-Tagung den globalen Zusammenhang der Weltmarktkonkurrenz und bezeichnete »ein gemeinsames europäisches Handeln als Voraussetzung, sich gegenüber den anderen Entscheidungszentren der Welt zu behaupten. Er wies unter anderem darauf hin, daß im Zeitraum 1987–1991 für Forschung und Entwicklung insgesamt in Japan rund 330 Mrd. $, in den EG-Staaten 460 Mrd. und in den USA rund 1000 Mrd. $ aufgewendet werden sollen. Seit Anfang der achtziger Jahre habe in den USA ein Aufbruch der forschungs- und industriepolitischen Aktivitäten begonnen mit dem Ziel, den Vorsprung gegenüber jedermann zu stabilisieren oder noch zu vergrößern.«[90] Um das bereits von Robert Schumann avisierte »Europa der Tatsachen« zu schaffen bzw. eine »technologische Renaissance Europas«[91] zu erreichen, seien für den Fünf-Jahreszeitraum von 1987 bis 1991 von der EG-Kommission forschungs- und technologiepolitische Förderungen in Höhe von 10,3 Mrd. Ecu (Europäische Rechnungs-Einheit), etwa 22,15 Mrd. DM, vorgesehen. Demgegenüber betonte Staatssekretär Schlecht die Vorbehalte gegen die »Staatseingriffe«, die mit den EG-Programmen und insbesondere mit dem EUREKA-Konzept verbunden seien. Schlecht wiederholte damit genau jene Einwände, die Otto Wolff von Amerongen, der Präsident des Deutschen Industrie- und Handelstages (DIHT), bereits im Winter 1985/86 mehrmals vorgetragen[92] hatte und die er schließlich am 23. August 1986, anläßlich einer Tagung in Alpbach (Österreich), mit einer scharfen Polemik gegen die »Brüsseler Programmakrobaten« und den »Programmrausch der EG« zuspitzte, was in der Wirtschaftspresse großes Echo fand. Fast gleichzeitig, am 22. August 1986, kritisierte auch der Hauptgeschäftsführer des BDI, Siegfried Mann, in einem Gespräch mit deutschen Journalisten[93] die Forschungs- und Entwicklungspolitik der EG, vor allem den »aufgeblähten Anteil der Verwaltungsausgaben im FuE-Bereich«. Der BDI-Hauptgeschäftsführer forderte, die EG solle sich darauf beschränken, »im Rahmen ihrer Binnenmarktpolitik die innergemeinschaftliche Kooperation der Unternehmen zu verbessern«. Er berief sich dabei auf entsprechende Vorschläge des westdeutschen Forschungsministers, so wie sich von Amerongen (1986, S. 7) mit seiner Kritik am »Programmrausch der EG« auf eine Äußerung des Finanzministers Stoltenberg bezog. Anfang August 1986 beschlossen die nationalen Finanz- und Forschungsminister der EG-Länder, den Budgetansatz der Kommission drastisch von 10,3 auf 7,2 Mrd. Ecu (= 15,5 Mrd. DM) zu kürzen, wobei als wichtigster Grund der »Druck der Agrarkosten« der EG genannt wurde.[94]

Während alle genannten Funktionsträger darin übereinstimmen, das forschungs- und technologiepolitische Potential der EG-Länder in der Weltmarktkonkurrenz gegen die USA und Japan zu stärken, scheint die vom DIHT-Präsidenten und vom BDI-Hauptgeschäftsführer, vom Finanzminister und vom Forschungsminister (weitgehend) gemeinsam vertretene Strategie darauf hinauszulaufen, sowohl national wie übernational den Einfluß des staatlich-administrativen Systems soweit wie möglich zurückzunehmen und zugleich Raum zu schaffen für die überfälligen Abstimmungsprozesse im EG-Bereich, die allerdings von privatwirtschaftlichen Akteuren vollzogen werden sollen. Der Bundesminister für Forschung und Technologie hat diesen Aspekt bei der Jahrestagung der Landesgruppe Hessen des VDMA deutlich hervorgehoben: »Wir haben in Europa ESPRIT organisiert als ein Programm, das die grenzüberschreitende Zusammenarbeit unterschiedlicher Unternehmen fördert. Dieses Programm soll beispielsweise bei der computerintegrierten Fertigung dazu führen, daß in verschiedenen Ländern von Anfang an gemeinsam gearbeitet wird. Auf diesem Wege sollen *gemeinsame Normen schon in der Entwicklung einer Technik* entstehen, so daß sie hinterher *nicht von öffentlichen Bediensteten ausgehandelt* werden müssen. Das heißt zusammenfassend: Alles, was *in Absprachen der Hersteller und ihrer Fachverbände* an Normen festgelegt werden kann, ist besser als das, was der Staat festlegt, weil es schneller, genauer und sachgerechter ist.«[95]

Es geht also nicht zuletzt darum, auf dem riesigen Gebiet der Telekommunikation und der Computer-Vernetzung einheitliche europäische Standardisierungen und Normierungen durchzusetzen, deren Komplexitätsanforderungen die Definitionskompetenzen der nationalen Postverwaltungen und ihrer wissenschaftlich-technischen Abteilungen zu übersteigen scheint (vgl. auch Diekhof, 1986), um überhaupt noch gegen IBM und »die Japaner« konkurrieren zu können. Da es dabei aber auch um divergierende technologiepolitische Konzepte geht, bedeutet der Rückzug des Staates und der Einrichtungen der Staatsforschung (vgl. FI/FTZ) aus dem Entscheidungsprozeß zugleich eine Eliminierung genuin politischer Gestaltungsmöglichkeiten. Technologiepolitik wird damit ausdrücklich und willentlich den technologisch »kompetenten« Industriekonzernen übertragen. Die von der Bundesrepublik auf EG-Ebene betriebene Forschungs- und Technologiepolitik hat dann vor allem die Funktion, den deutschen Industrieunternehmen einen möglichst großen Handlungsspielraum zu sichern und ihre Ressourcen, durch die Vergabe gezielter Subventionen, aufzustocken. (Vgl. auch Kipp, 1986) Dazu dient das MEGA-Projekt von Siemens und Philips ebenso wie das im Rahmen von EUREKA konzipierte »Prometheus«-Projekt, ein »Program for a European Traffic with Highest Efficiency and Unprecedented Safety«. »Prometheus« wurde von Daimler-Benz initiiert und hat das Ziel, in gemeinsamer Forschungsarbeit von 13 europäischen Autofirmen Konzepte und Lösungen zu schaffen, »die den Weg zu einem flüssigen Straßenverkehr hoher Umweltverträglichkeit mit bisher noch nie erreichter Sicherheit weisen« sollen.[96] Genuin verkehrspolitische Entscheidungen der Zukunft werden auf die Ebene privatwirtschaftlicher Technologieentwicklungen heruntertransformiert und damit faktisch »entpolitisiert«. So werden die Sachzwänge der Zukunft vorprogrammiert.

Insgesamt bedeuten die eindeutige Bevorzugung der *technologiepolitischen* Ausrichtung der gegenwärtigen Forschungs- bzw. Wissenschaftspolitik und die dabei forcierte Dominanz ausschließlich ökonomisch bestimmter *Rentabilitätskriterien*, daß das politisch-administrative System durch seine eigenen Repräsentanten auf die Rolle von Katalysatoren zurückgenommen wird, wobei sogar die Aufgabe der Entwicklung und Durchsetzung von technologischen Normierungen, in die unvermeidlich soziale Strukturierungen eingelassen sind, den großindustriellen »Akteuren« übertagen wird, was gewöhnlich mit dem Subsidiaritätsprinzip legitimiert werden soll. Das gilt auf der Ebene der EG-Entscheidungen im Prinzip ebenso wie auf der Ebene der traditionellen nationalstaatlichen Institutionen: Der Staat zieht sich aus der Forschungs- und Technologiepolitik zurück. Der Ablauf, der in der Bundesrepublik Deutschland in den sechziger Jahren erprobt wurde, wird damit weitgehend wiederholt, mit nur geringfügigen Modifikationen, die der transnationalen Organisation der industriellen FE-Einrichtungen insofern Rechnung tragen, als die eigentliche konzeptionelle und konstruktive Seite der Forschungs- und Technologiepolitik den Technologiekonzernen überlassen wird.

Das Bild sieht nur scheinbar anders aus, wenn man sich die forschungs- und technologiepolitischen Anstrengungen der Bundesländer ansieht, deren personifizierte Umtriebigkeiten den Eindruck einer

»aktiven Strukturpolitik« vermitteln sollen. Wenn es dann aber hart auf hart geht, sind die Entscheidungen des politisch-administrativen Systems auch auf der Ebene der Länder (und Gemeinden) ausschließlich darauf ausgelegt, das Wirtschaftspotential der jeweiligen Region zu fördern und alle staatlichen bzw. kulturellen »Ressourcen« auf dieses eine Ziel hin aufzumöbeln.

Dabei werden dann allerdings auch neue Formen der institutionellen Förderung von Forschung, Entwicklung und Wissenstransfer erprobt. Neben der Zusage des baden-württembergischen Kabinetts, den Bau eines neuen Pkw-Werkes von Daimler-Benz in Rastatt mit insgesamt 160 Mio. DM zu fördern, wurden auch forschungspolitische Vorgaben gemacht. Mit einiger Verzögerung, als die Konturen der Tatsachen schon erhärtet waren, gab der damalige Vorstandsvorsitzende von Daimler-Benz, Professor Werner Breitschwerdt, bekannt: »[Wir] werden in Ulm, wo die AEG in unmittelbarer Nachbarschaft zur Universität einen Neubau ihres dortigen Forschungsinstituts plant, Forschungsaktivitäten konzentrieren, die Daimler-Benz, AEG, Dornier und MTU gemeinsam betreffen, und in enger Kooperation mit dem ingenieurwissenschaftlichen Fachbereich der Universität gleichzeitig den Wissens- und Technologietransfer mit einer praxis- und bedarfsorientierten Ausbildung verbinden« (Heller, 1987). Und an anderer Stelle: »In Ulm wird [...] jetzt ein Forschungszentrum für Hochfrequenztechnik gebaut, das später vielleicht einmal die Keimzelle für ein konzernumfassendes Forschungszentrum werden könnte.«[97]

Zwar sind die meisten Technischen Hochschulen oder auch die Universität Erlangen-Nürnberg schon seit langem stark auf die Interessen der in der jeweiligen Region dominierenden Industrieunternehmen oder Wirtschaftszweige zugeschnitten, aber die neuerdings, nicht nur in Baden-Württemberg, betriebene rigorose Ausrichtung des gesamten universitären Wissenschaftsbetriebs auf kurzfristig realisierbare ökonomische Verwertungsinteressen hat doch eine neue Qualität. Die Vorstellung, daß nur jene Formen und Bereiche der Wissenschaft eine Existenzberechtigung haben, die »sich rechnen«, bezeichnet einen Mechanismus der Rationalisierung von Wissenschaft, der deren reflexive Kraft zerstören wird. Die denunziative und pejorative Verwendung des Begriffs der »Diskussionswissenschaften« (für die Geistes- und Sozialwissenschaften) ist hier aufschlußreich genug.

Erstaunlich ist es, daß die In-Dienst-Nahme der Wissenschaft für partikulare wirtschaftliche Interessen und ihre Ausrichtung auf eng definierte Effizienzkriterien nahezu reibungslos und fast ohne öffentliche Diskussion oder gar Kritik vonstatten gehen können. Bezeichnend ist, daß der weitaus größte Teil der Berichte über forschungs- und technologiepolitische Themenstellungen in der Wirtschaftspresse bzw. auf den Wirtschaftsseiten der Tageszeitungen zu lesen ist, so daß die Dominanz ökonomischer Kriterien zur Beurteilung von Wissenschaft fast selbstverständlich erscheinen kann. Zugleich mit der Zunahme der gesellschaftlichen Bedeutung von Forschung und Wissenschaft sind die Arbeitsmöglichkeiten der Wissenschaftsjournalisten eher eingeschränkt worden. Möglicherweise ist es da ein gutes Zeichen, daß die Wissenschaftsjournalisten im Sommer 1986 als »Ergänzung zu etablierten Institutionen«[98] eine eigene Wissenschafts-Pressekonferenz (WPK) eingerichtet haben, die der gestiegenen Bedeutung der Themengebiete Wissenschaft, Technik und Forschung für die gesellschaftliche Entwicklung insgesamt Rechnung tragen soll. Charakteristisch ist es jedenfalls, daß der erste Lehrstuhl für Wissenschaftsjournalismus in der Bundesrepublik, der am Fachbereich Kommunikationswissenschaften der FU Berlin eingerichtet werden soll[99], von der Robert Bosch Stiftung gestiftet werden mußte. Schließlich waren es vor 20 Jahren Wissenschaftsjournalisten, die den kecken Wunsch äußerten, den Schleier der »feinen Dame Industrieforschung« zu lüpfen. Heute sind allerdings sehr viel härtere Schranken zu überwinden.

Abb. A: »Denkfabrik« von Siemens in München-Perlach: Beschäftigt sind hier ca. 7000 Personen, davon 2000 im Zentralbereich »Forschung und Technik/ZF« und fast 5000 im Unternehmensbereich »Kommunikations- und Datentechnik/UB K«. (Luftbild freigegeben von der Regierung von Oberbayern unter GS 300/104/86)

Abb. B: Industriearbeit: VLSI-Entwurfsystem VENUS (ZTI)

Abb. C: Produktionstechnisches Zentrum Berlin. Neubau des Instituts für Werkzeugmaschinen und Fertigungstechnik (IWF) der TU Berlin und des Instituts für Produktionsanlagen und Konstruktionstechnik der Fraunhofergesellschaft (IPK). In dem unter gemeinsamer Leitung stehenden Doppelinstitut sollen ca. 300 Personen beschäftigt werden; investiert wurden mehr als 135 Millionen DM.

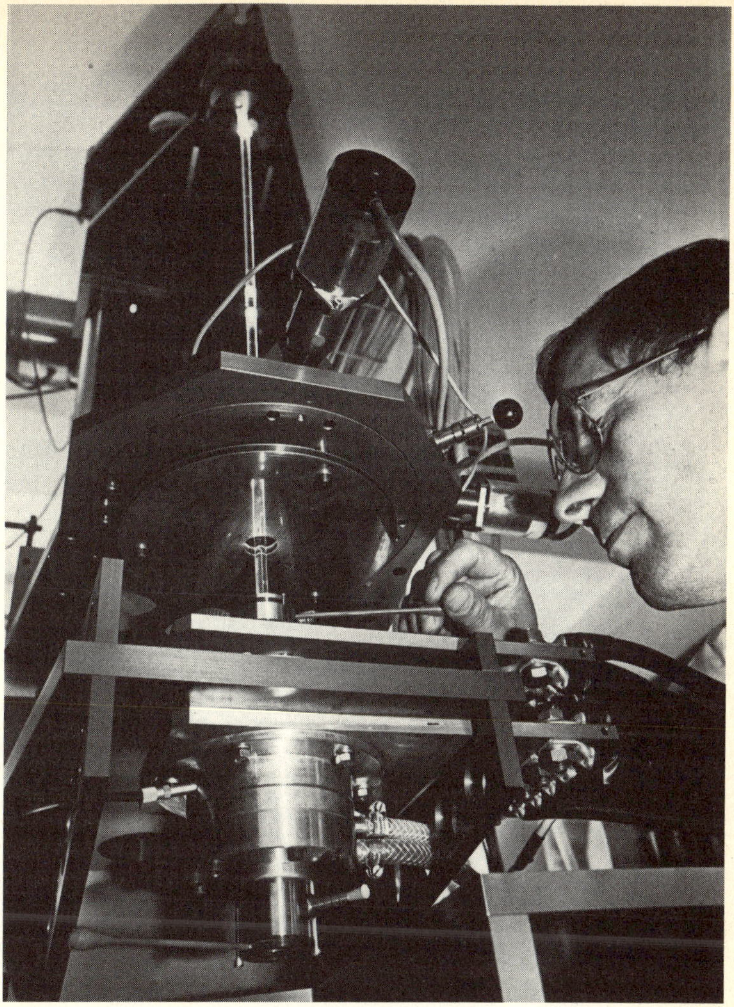

Abb. D: Industriearbeit, im Forschungslaboratorium Aachen von Philips. »Mehr als 2000 °C sind erforderlich, um Lichtleitfasern zu ziehen. Das Bild zeigt den oberen Teil einer Zieh-Apparatur: der senkrechte Glasstab ist die sog. Vorform mit einem speziellen radialen Brechungsprofil. Die Vorform, aus der die Faser gezogen wird, fährt mit konstanter Geschwindigkeit von oben in den Ziehofen. Dort wird sie in einer Argon-Atmosphäre auf die erforderliche Temperatur gebracht.«

Abb. E: Industriearbeit, im Forschungslaboratorium Aachen von Philips: Lichtleitfasern für die optische Nachrichtenübertragung. Kernstück der abgebildeten Apparatur ist der Ziehofen, der unmittelbar oberhalb des Geländers zu sehen ist. Die Vorform der Lichtleitfasern fährt von oben in den Ziehofen ein und wird bis zum Erweichen des Quarzes erwärmt. Die unten aus dem Ofen austretende Faser wird nach der Kontrolle des Durchmessers mit einer dünnen Lackschicht überzogen und durchläuft dann eine längere Ofenstrecke zum Aushärten des Lackes.

Abb. F: Massenspektrometer: Analyse kompliziertester Substanzgemische

Abb. G: Eine kleine Laborversuchsanlage zur Optimierung von Produkten resp. Verfahren

Abb. H: Laboreinrichtung im Bereich der chemischen Grundlagenforschung (im Bayer-Werk Uerdingen, wie G)

Abb. I: Pflanzenschutzzentrum der Bayer AG in Monheim, mit eigenen Instituten für Pflanzenkrankheiten, tierische Schädlinge, Unkrautbekämpfung und wissenschaftliche Formulierung sowie einem Ökologischen Institut und Einrichtungen für die Biologische und Chemische Forschung.

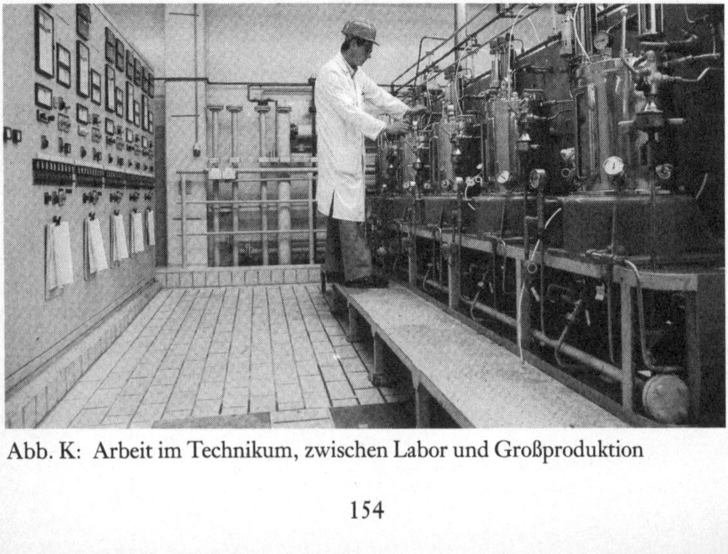

Abb. K: Arbeit im Technikum, zwischen Labor und Großproduktion

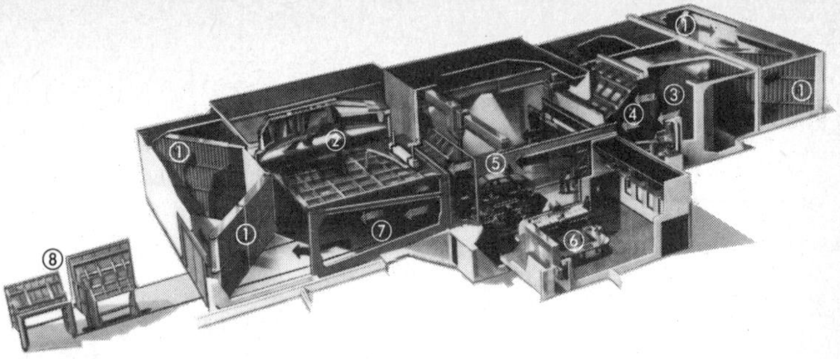

① Umlenk-Ecken
② Gebläse
③ Vorkammer mit Gleichrichter
④ Düse
⑤ Meßstrecke mit Waage und Positioniersystem
⑥ Meßwarte
⑦ Auffangtrichter
⑧ Zusatzdüse mit Auffangtrichter

Abb. L: Schematische Darstellung eines Windkanals in der Automobilindustrie (Beispiel: Ford, Köln)

Abb. M: Arbeit am Windkanal in der Automobilindustrie (Beispiel: Ford, Köln)

3. Rationalisierung der »Sachzwänge« durch eine entgeisterte Wissenschaft

Zumindest eine der Weichenstellungen, die in den achtziger Jahren eine recht reibungslose Zu- und Unterordnung des akademischen Forschungspotentials unter die Problemstellungen und Verwertungsimperative der wirtschaftseigenen Forschungspolitik möglich machten, wurde bereits in den sechziger Jahren vollzogen. Genauer gesagt handelt es sich um mehrere, unabhängig voneinander vorangetriebene Schritte der Umorientierung, als deren gemeinsamen Nenner man allerdings die Tendenz rekonstruieren kann, die naturwissenschaftlich-technischen Entwicklungsprozesse dem kritischen Reflexionsvermögen empirisch verfahrender Sozialforschung zu entziehen. Installiert wurden statt dessen konstruktiv verfahrende Sozialtechniken und sozialphilosophisch überschüssige Affirmationen einer gattungsgeschichtlichen Rationalisierungsdynamik.

a) Wissenschaftliche Lebenswelt, frühzeitig kolonialisiert

»Natürlich darf man die Zukunft nicht sich selbst überlassen. Jeder von uns hat sich Gedanken zu machen. Wir sollten uns zusammentun innerhalb der Wissenschaftszweige, auch innerhalb der Wirtschaft, um Prognosen zu stellen und aus den gegenwärtigen Tendenzen die Zukunft abzuleiten. Das geschieht auch schon in den großen Unternehmen in sehr viel stärkerem Maße, als allgemein bekannt ist. Wir sollten aber nicht innerhalb der Max-Planck-Gesellschaft etwas schaffen, was bei aller wissenschaftlichen Fassade doch dem Subjektivismus und dem Zeitgeist unterworfen ist und in dem ehrwürdigen Rahmen dieser Institution für die Öffentlichkeit etwas darstellen würde, was es seinem Wesen nach niemals sein kann.« Diese Passage gab Prof. Karl Winnacker, Vorstandsvorsitzender der Hoechst AG, im Juni 1968 auf einer Sitzung des erweiterten Verwaltungsrates der MPG zu Protokoll[100], auf der es um die Notwendigkeit und die Modalitäten der Gründung des späteren »Max-Planck-Instituts zur Erforschung der Lebensbedingungen der wissenschaftlich-technischen Welt/MPIL«, Starnberg, ging.[101]

Bevor der Industrie- und Forschungspolitiker Winnacker ausführte, warum die Industrie ein Forschungspotential nicht brauchte, weil sie, mehr »als allgemein bekannt«, bereits über dergleichen verfügte, hatte er bereits den entscheidenden Grund benannt, aus dem er und seine Kollegen ein solches Forschungsinstitut nicht wollten. Der vorgesehene Name des Instituts und die von C. F. von Weizsäcker vorgetragenen programmatischen Überlegungen verwiesen allzu deutlich auf die »Problematik einer [...] Einrichtung, die letzten Endes unter geisteswissenschaftlichen Aspekten und mit den Methoden der Geisteswissenschaften über die Entwicklung von Naturwissenschaft und Technik befinden soll«. (ebd.) Zwar wurde das MPIL gegründet; aber die grundlegenden konzeptionellen und theoretischen Defizite, die von ehemaligen Institutsmitarbeitern als eigentliche Ursache des späteren Scheiterns des soziologischen Teils des MPIL benannt werden, mögen ihre wichtigste Ursache in den Verengungen und Ausgrenzungen gehabt haben, die aus dem von Winnacker formulierten Vorbehalt folgten. Eine empirisch gerichtete Analyse der wissenschaftlich-technischen Produktionsprozesse und ihrer sozio-ökonomischen Konditionierungen war offenbar nicht gewollt. Gewollt und erwünscht war eine andere wissenschaftliche Zugriffsform. Im selben Jahr 1968 veröffentlichte der Hax-Arbeitskreis der Schmalenbachgesellschaft, in dem Professoren der Betriebswirtschaftslehre und Industriepraktiker zusammenarbeiteten, einen Arbeitsbericht über »Forschung und Entwicklung als Gegenstand unternehmerischer Entscheidungen«. Im Zentrum dieser betriebswirtschaftlichen Erörterung von wissenschaftlichen Prozessen steht dabei eindeutig das Problem der Herstellung von Rationalisierbarkeit und Planbarkeit. »Forschung und Entwicklung ist *Produktion neuen Wissens*. Wir können deshalb die Begriffe der Güterproduktion weitgehend auch auf die Wissensproduktion übertragen. Dazu gehört u. a. der Begriff der Produktionstiefe. Wie bei der Güterproduktion gibt es auch bei Forschung und Entwicklung mehrere Produktionsstufen, wobei die Tätigkeit eines Unternehmens sich auf alle Stufen erstrecken, aber auch auf einzelne Stufen beschränkt bleiben kann. In der Regel unterscheidet man bei der industriellen Forschung drei Stufen: die Grundlagenforschung, die angewandte Forschung und die Entwicklung.«[102]

Während in früheren Arbeiten zum gleichen Thema (Mellerowicz, 1958; Schätzle, 1965) noch recht vorsichtig und skrupulös reflektiert worden war, ob eine Übertragung der für die materielle Güterproduktion entwickelten Modelle und Konzepte auf die »Wissensproduktion«

gerechtfertigt werden könne, begann sich das Interpretationsschema Ende der sechziger Jahre zu verändern. Einerseits wurden die zunächst analogisierend verfahrenden Konzepte zur Interpretation der »Produktivität« von FuE immer abstrakter und formalisierter (vgl. Breßler, 1986); andererseits war die Wirklichkeit der Industrieforschung in der Zwischenzeit immer mehr *umgerüstet und umorganisiert* worden; der Einsatz immer kostspieligerer Geräte und Apparaturen und die Koordinationsprobleme immer komplexerer Forschungsvorhaben machten Formen der Kosten- und Zeitkontrolle erforderlich, die ohne Methoden der Forschungsplanung und -organisation nicht mehr realisiert werden konnten. Erfahrungen aus den wissenschaftlich-technologischen Großprojekten der Vergangenheit – die Kohleverflüssigung bei den IG Farben, das Manhattan-Projekt und die Radarforschung – und die daraus entwickelten Methoden des »Operations Research«, der Netzplantechnik usw. waren inzwischen zu formalisierten Modellen verarbeitet worden, an denen sich die tatsächlichen Abläufe der Forschungsarbeiten und die dabei anfallenden Entscheidungsprozesse zu orientieren hatten.

Die wissenschaftliche Zugriffsform legitimierte sich durch logisch konstruierte Modelle, an deren (vorgeblicher) Rationalität sich die reale wissenschaftliche Arbeit auszurichten hatte. Rationalisierung der Forschung war eine notwendige Voraussetzung dafür, die Übertragung von Begriffen und Konzepten aus dem Bereich der materiellen Güterproduktion ernsthaft in Erwägung ziehen zu können. Hier machten sich nun auch die langjährigen Vorarbeiten des RKW auf den Gebieten der Rationalisierung durch Forschung und der Rationalisierung der Forschung bezahlt. Hinzu kam seit Anfang der sechziger Jahre der Aufbau von entsprechenden Arbeitsschwerpunkten an den Lehrstühlen für Industriebetriebslehre.[103]

Anfang der sechziger Jahre gab es eine kurze Periode, von der man nachträglich den Eindruck haben könnte, auch die Soziologie hätte an diese spezifische Linie der Begründung einer neuen gesellschaftlichen Dynamik Anschluß gewinnen können. An der der Universität Münster angegliederten Sozialforschungsstelle wurde 1961 ein Forschungsschwerpunkt mit dem Arbeitstitel »Soziologie der Forschung in der industriellen Gesellschaft« eingerichtet, finanziell gefördert vom Landesamt für Forschung von Nordrhein-Westfalen. Direktor der Sozialforschungsstelle war in dieser Zeit Helmut Schelsky, kurz zuvor von der Universität Hamburg an die Universität Münster berufen. Zunächst war dort offenbar eine großangelegte empirische Untersuchung mit starkem theoretischem Anspruch geplant, die sich auf ein Grundkonzept der »Analyse von Kooperation und Konflikt« (Hetzler/Rausch,

1962, S. 229) auf dem Gebiet der gesellschaftlichen Organisation der Forschung stützen sollte. Die spätere Berichterstattung fiel dann allerdings weitgehend in einen theoretischen (Klages, 1967) und einen empirischen Teil (Hetzler, 1970) auseinander, wobei insgesamt von der gesellschaftlichen und politischen Brisanz kaum noch etwas zu spüren war, die der Fragestellung angesichts der realen Strukturveränderungen tatsächlich zukam.[104]

Die Restriktivität der Berichterstattung ist um so erstaunlicher, als im Rahmen des Forschungsprojektes eine Serie von »Werkstattgesprächen« stattgefunden hatte, in denen teilweise sehr detailliert über Veränderungen der Arbeitsbedingungen und der Organisationsformen in der Forschung berichtet wurde (Hetzler, 1966). Unter den Oberthemen »Rationalisierungstendenzen in der Forschung« (Mai 1963), »Autorität und Spontaneität in der Forschung« (Juli 1964) und »Technischer Fortschritt in der Forschung?« (Juli 1965) berichteten Forschungsleiter vornehmlich aus staatlichen FE-Instituten teilweise sehr konkret über aktuelle Tendenzen und Probleme der wissenschaftlichen Arbeit. An den Diskussionen beteiligten sich auch Top-Manager der Industrieforschung, wie Karl Steimel, Leiter des Forschungsinstituts der AEG in Frankfurt.

Erkennbar bleiben in den vorliegenden Arbeiten die enormen begrifflichen Schwierigkeiten, die durch die realen Veränderungen begründet wurden, in deren Verlauf aus der »geistigen Tätigkeit« von Gelehrten unübersehbar, aber kaum zu fassen die neue Formation der »Wissenschaft als organisierter Arbeit« entstand.[105] Was bis kurz zuvor als eher banaler Teil der Geistes-Geschichte dargestellt werden konnte, war unversehens in den Einzugsbereich der Industriesoziologie und der Organisationsforschung geraten.

Damit aber war das Thema einer »Soziologie der Forschung in der industriellen Gesellschaft« weitgehend auf ein Rationalisierungsprojekt eingeengt, dem man seinen provokativen Auslöser nicht mehr ansah.

b) Eigene Legislative für Sachgesetzlichkeiten

Vor der »Arbeitsgemeinschaft für Forschung des Landes NRW«/AGF hatte Schelsky 1961 einen Vortrag gehalten zum Thema »Der Mensch in der wissenschaftlichen Zivilisation«. Unter dem Titel »Demokratischer Staat und moderne Technik« erschien ein Auszug des Textes im Mai-Heft (1961) der Zeitschrift *atomzeitalter* und löste dort die später so genannte »Technokratie-Debatte« aus, an der sich unter anderen

Eugen Kogon, Hans Paul Bahrdt, Helmut Krauch und Jürgen Habermas beteiligten. Kritisiert wurde dabei vor allem Schelskys politisches Grundmotiv, demzufolge der ›technische Staat‹ »der Demokratie ihre Substanz [entziehe]« (S. 472), da der »Spielraum für politische Entscheidungen« dadurch immer mehr eingeengt werde (S. 471), daß die demokratischen Prozeduren zur bloßen »Anwendung komplizierter wissenschaftlicher Techniken« würden (S. 470), die ihrerseits keiner (politischen) Legitimität bedürfe, »weil sie funktioniert und solange sie optimal funktioniert« (S. 469). An »die Stelle der politischen Normen und Gesetze [treten] Sachgesetzlichkeiten der wissenschaftlich-technischen Zivilisation, die nicht als politische Entscheidungen setzbar und als Gesinnungs- und Weltanschauungsnormen nicht verstehbar sind. Damit verliert auch die Idee der Demokratie sozusagen ihre klassische Substanz: An die Stelle eines politischen Volkswillens tritt die Sachgesetzlichkeit, *die der Mensch als Wissenschaft und Arbeit selbst produziert.*« (S. 465)

Während sich die Technokratie-Debatte darauf konzentrierte, empirisch und modelltheoretisch einen fortbestehenden Spielraum für »politische Entscheidungen«, und somit auch für Prozesse der demokratischen Willensbildung, zu sichern, blieben die soziologischen Implikationen in der Argumentation Schelskys weitgehend unbeachtet (vgl. Senghaas, 1966). Empirisch falsch war Schelskys Behauptung, »der moderne Staat [gehe] in allen seinen Wirkungsweisen eine [...] Fusion mit der modernen Technik ein« und müsse »in seinem Wesen als universaler technischer Körper begriffen werden« (S. 468). In durchaus fragwürdiger Stilisierung der Argumentation von Jacques Ellul, auf dessen *La Technique ou l'enjeu du siècle* (1954!) – das in den USA bezeichnenderweise unter dem Titel *The Technological Society*[106] erschienen war (1964) – Schelsky sich durchweg beruft, wird die »Perfektionierung der technischen Möglichkeiten der Gesellschaft« einseitig auf eine staatliche Verfügung über »alle Formen der Technik in ihrer höchsten Wirksamkeit« (S. 467) zugeschnitten. Diese Stilisierung wird betrieben in einem politischen Kontext, in dem die staatlichen Einrichtungen der Bundesrepublik Deutschland nicht einmal einen annähernden Überblick über die wissenschaftlich-technologischen Ressourcen des Landes haben und die Verketzerung von Planungsvorstellungen noch offizielle Politikdoktrin war. Wie eine solche Fehlinterpretation zustande kommen konnte, vermag man ein Vierteljahrhundert später kaum noch nachzuvollziehen. Anders steht es mit Schelskys grundlegender soziologischer Argumentationsfigur, die von dem »grundsätzlichen Tatbestand« der »Verwissenschaftlichung unserer Welt und unseres Lebens in ihr« ausgeht und »die ungeheure Ausdehnung und Wirksamkeit der Wissenschaft im modernen Leben« (S. 449) betont. Diese Argumentationsfigur hat die Kritiken überlebt.[107]

Wäre das genuin soziologische Potential der Schelskyschen Argumentation aufgenommen worden, hätte man auch die Einbruchstelle bemerken können, von der aus die wissenschaftliche und politische Diskussion eine völlig andere Richtung hätte nehmen können. Am Ende der Passage, die oben zitiert worden ist, ist Schelskys beiläufige Bemerkung hervorgehoben worden, daß »der Mensch« die technischen Sachgesetzlichkeiten »als Wissenschaft und Arbeit selbst produziert« (S. 465). Diese pauschalisierende und einigermaßen apokryphe Bemerkung wird in den Schlußüberlegungen des Textes noch einmal aufgenommen. »So wie der Erkenntnisvorgang in seiner Gesamtheit ein sozial organisierter technischer Prozeß geworden ist, so stellt auch die technische Anwendung und industrielle oder militärische Auswertung des Erkannten eine sozial zwingende, sachliche Superstruktur in unserer Gesellschaft dar.« (S. 490) »So – wie«. Aber wie? Natürlich war es sinnvoll, den zweiten Teil der behaupteten Analogie zu problematisieren und die soziale Zwangsläufigkeit der »sachlichen Superstruktur« mit ihren antidemokratischen Implikationen in Frage zu stellen. Folgenreicher aber war der erste Teil der Analogie. Wenn der »Erkenntnisvorgang« zu einem »sozial organisierten« Prozeß geworden war, dann mußte es wissenschaftlich und politisch die Frage sein, inwiefern nicht spezifische gesellschaftliche Interessen, die den sozialen Prozeß der Erzeugung wissenschaftlichen Wissens beeinflussen mochten, auch in die *kognitiven* Strukturen des wissenschaftlichen Wissens selbst Eingang finden könnten. Wenn der wissenschaftlich-technologische Prozeß zur Erzeugung sozialer Zwangsläufigkeiten führen konnte, dann mußte die Fragestellung vorverlagert werden: Wie werden die wissenschaftlichen Tatsachen und die technologischen Artefakte selbst erzeugt?

Während sich die einflußtheoretischen Interpretationen der politischen Steuerung und der Verwertung von Wissenschaft sehr bald in ihrem kruden Externalismus totliefen, entstanden sehr viel subtilere Interpretationen, die den »Erkenntnisvorgang« als sozialen Prozeß zu begreifen versuchten. Thomas S. Kuhns (1962) wissenschaftshistorische Arbeit *Die Struktur wissenschaftlicher Revolutionen* verlangte aus der Innensicht der wissenschaftlichen Entwicklung nach der Beachtung soziologischer und sozialpsychologischer Faktoren. Henryk Skolimowskis (1966) Aufsatz »The Structure of Thinking in Technology« eröffnete mit der Interpretation von Technologie als Wissensform zugleich die Möglichkeit, soziale Implikationen der kognitiven Strukturierung in die Analyse einzubeziehen (s. Hack/Hack 1985). In den Interpretationen zur »gesellschaftlichen Orientierung des wissenschaftlichen Fortschritts« (Böhme u. a.) wurden empirisch Varianten der Beziehung zwischen Wissenschaft und Gesellschaft verarbeitet, die für die kognitive Strukturierung des wissenschaftlichen Wissens höchst bedeutsam waren.

Zu Recht hatte schon Schelsky darauf bestanden, daß der Prozeß der Verwissenschaftlichung nicht aus einem Denkschema entstehe und sich deshalb auch nicht deduzieren lasse (S. 462). Seine »Unvordenklichkeit als Plan« (ebd.) ändert aber nichts daran, daß der soziale Prozeß mit seinen interessenspezifischen Implikationen und Zufälligkeiten rekonstruiert werden kann, wie neuere technikhistorische Untersuchungen (Noble, 1984; Radkau) überzeugend belegt haben. Neuere wissenschaftssoziologische Studien (Knorr-Cetina, 1984; Lynch, 1985) haben den Versuch unternommen, den Prozeß der Erzeugung wissenschaftlicher Tatsachen selbst zu untersuchen und in seiner sozialen Definition durchsichtig zu machen.

Die tatsächliche Bedeutung wissenschaftlicher Tatsachen und technischer Artefakte zeigt sich erst dann, wenn man weiß, wie sie gemacht worden sind. Ingenieure und Techniker nehmen das eher als Ausdruck von Interesse an ihrer Arbeit. Wissenschaftler, Sozialforscher zumal, sind hingegen leicht beleidigt, wenn man den Prozeß der Dekontextualisierung ihrer »Fakten« rückgängig zu machen versucht. Häufig aber ist der Zwang der »gehärteten Tatsachen« (Knorr-Cetina) gar nicht mehr zu brechen. Gerade hier gilt deshalb Norbert Elias' Forderung nach dem Aufbau eines sozialwissenschaftlichen »Prozeßparadigmas« (1982).

III. Organisation der Komplexität

Zum gesellschaftlichen Prozeß der Erzeugung wissenschaftlicher Tatsachen und technologischer Artefakte

»Fakten werden uns verdächtig,
wenn wir sehen, wie Biologen mit scharfgeladenen Genen aufeinander losgehen
oder zerstrittene Historiker ins Raufen kommen
und sich im Staub der Jahrhunderte wälzen.«

Vladimir Nabokov [1]

1. Macht schafft Tatsachen. Aber wann und wie?

Jemanden vor vollendete Tatsachen zu stellen bedeutet, ihm keine Wahl zu lassen, ihn festzunageln. Das Stadium vor der Vollendung der Tatsachen ist also dasjenige, das Wählen noch zuläßt, bzw. die Phase, in der die Nägel mit Köpfen versehen und eingeschlagen werden.

In den mehr oder weniger raffinierten oder kleinlichen Machtspielen des Alltagslebens gibt es vermutlich unzählige Varianten, Kollegen oder Konkurrenten, Geschäftspartner oder Familienangehörige so vollendet mit Tatsachen zu konfrontieren, daß ihnen »nichts anderes übrigbleibt«, als sich in das unvermeidlich Gewordene oder Gemachte zu schicken. Vertragsbruch oder fristlose Kündigung von Arbeitsverträgen; Abbruch von Beziehungen oder unversehens in die Wohnung gestellte Zimmereinrichtungen; Gerichtsvollzieher vor der Haustür; Wohnraumzerstörungskommandos im Rahmen der mancherorts üblichen Altbausanierung; herausgerissene Schienenstränge zur Herstellung der Auto-nomen Lebenswelt – intimere oder auch intrigantere Varianten kann man mühelos ersinnen oder ausfindig machen. In vielen Fällen werden die Betroffenen irritiert, hilflos oder wütend dasitzen und zu ergründen versuchen, wie es »dazu bloß hat kommen können«.

Selbst an derart trivialen Beispielen aber ist erkennbar, daß »Tatsachen« in der Regel erst dann »vollendet« sind, wenn sie von den Beteiligten anerkannt oder jedenfalls hingenommen werden. Gesetze, gesellschaftliche Normen und ökonomische Bedingungen definieren die Folgen und Wirkungen von »*Tatsachenentscheidungen*« für jeweils betroffene Dritte. »Vollendete Tatsachen« schaffen zu können setzt entweder die Verfügung über die gesellschaftlichen Zusammenhänge voraus oder doch wenigstens die Möglichkeit, sie für die eigenen Zwecke ausnutzen oder umgestalten zu können.

Die Definition sozialer Situationen wird durch »vollendete Tatsachen« in der jeweils nachfolgenden Periode modifiziert oder erneut stabilisiert. Auch wenn man unbequeme Tatsachen nicht anerkennen will oder vor den Tatsachen die Augen zu schließen versucht, entstehen aus den einmal feststehenden Tatsachen neue Konditionen. Für die Erörterung der Folgen spielen gegebenenfalls andere Fragen die dominierende Rolle. Viele Tatsachen lassen sich nicht mehr rückgängig machen. Negative Folgen müssen möglichst gemildert werden. Eventuell muß man sich mit den Tatsachen abfinden.

Aufschlußreicher ist allerdings die Phase, die der Vollendung der Tatsachen vorausgeht. In ihr sind die Ursachen und Motive zu be-greifen. In ihr vollziehen sich die Prozesse des Zusammenbruchs von Vertrags- und (anderen) Sozialbeziehungen, die sich unversehens und gegebenenfalls stumm in den vollendeten Tatsachen manifestieren. Interessanter, jedenfalls folgenreicher als derartige Machtspielchen des Alltagslebens sind jene Formen der Erzeugung vollendeter Tatsachen, die konstitutiv zum Bereich der politischen und gesellschaftlichen Auseinandersetzungen gehören:

a) Der Chef des Medienkonzerns, Holtzbrinck zum Beispiel, ernennt in geheimgehaltenen Verhandlungen, in Stuttgart zum Beispiel, einen neuen Verlagsleiter für eine der Konzerngesellschaften, Rowohlt (in Hamburg) zum Beispiel, während er deren Lektoren in dem Glauben beläßt bzw. in der Annahme bestärkt, sie hätten ein Mitspracherecht bei der Besetzung des Postens.[2]

b) Die Konzernleitung teilt dem Betriebsrat des Werkes XY mit, der Betrieb werde in drei Monaten geschlossen bzw. die Fertigungslinien AB müßten ins Ausland verlegt werden; die Verhandlungen über den Sozialplan könnten unverzüglich aufgenommen werden.

c) Der Vorstandsvorsitzende teilt der Belegschaft, vielleicht durch Aushang am schwarzen Brett, mit, das Unternehmen habe Konkurs anmelden müssen; für die Zahlung der ausstehenden Löhne und Gehälter sowie für einen Sozialplan seien keine Mittel mehr vorhanden.

d) Dem Parlament werden die Vorstellungen des Planungsausschusses erst vorgelegt, nachdem durch eine Reihe von flankierenden Vorentscheidungen keinerlei Handlungsspielraum, etwa für eine alternative Verkehrsführung, mehr vorhanden ist.[3]

e) Der Autokonzern General Motors setzt durch seine schiere Größe bzw. Nachfragemacht technisch-ökonomische Standardisierungen (s. MAP) durch, an denen sich Zulieferer und Ausrüster und schließlich auch die Konkurrenten zu orientieren haben. Der entsprechende Bericht in einer einschlägigen Publikation hat die Überschrift »Eine Macht schafft Tatsachen«.[4]

Klar ist: jemanden vor vollendete Tatsachen stellen zu können, ist eine besonders drastische und offene Form der Machtausübung. Sich vor vollendete Tatsachen gestellt zu sehen, indiziert in der Regel offene

Ohn-Macht. In einem Kommentar, mit dem Titel »Wie die Macht schmeckt«, zu den Vorgängen bei Rowohlt hieß es unter anderem: »Aber gerade [wir] können die Verzweiflung sehr wohl nachvollziehen und verstehen, die aus solchem Gefühl der Ohnmacht nach außen dringt [...]«

Derartige Formen unverhüllter Machtausübung enthalten allerdings ihre eigenen Risiken und Gefahren: die Betroffenen können sich weigern, die Tatsachen (als vollendet) anzuerkennen; die sich aus den Tatsachen angeblich zwangsläufig ergebenden Folgen werden eventuell nicht akzeptiert. Oder es wird dem ganzen Vorgang, als dessen Ergebnis die Tatsachen in so vollendeter Form präsentiert werden, die Legitimation bestritten. In jedem Fall wären manifeste soziale oder politische Konflikte angelegt.

Eine geläufige Strategie der Rechtfertigung (Legitimation) besteht darin, sich auf Sachzwänge zu berufen, deren Resultat die (vollendeten) Tatsachen nun einmal seien. Hierbei wiederum spielen ökonomische Imperative (»Weltmarktkonkurrenz«) seit langem eine ausschlaggebende Rolle, die ihrerseits in technischen Zwangsläufigkeiten verkleidet werden: »Wir können uns dem notwendigen technischen Fortschritt nicht verschließen«[5]; »der Stand der Technik verlangt von uns Neuinvestitionen, die natürlich zugleich Rationalisierungsinvestitionen sein müssen«.

Der Übersetzungsvorgang erzeugt eine eigene Plausibilität. Keine Tatsache ist so stabil und augenfällig wie »die Technik«. Die physische Evidenz von Maschinen und Apparaten erlaubt keine Zweifel. Nichts ist eine so fraglose Tatsache wie ein funktionierendes Auto (man merkt das, wenn es kaputt ist). Und nichts ist tatsächlich so unverrückbar wie ein Autostau (man merkt das, wenn man drinsteckt).

Um so erstaunlicher ist es, daß die soziale Relevanz technisch manifestierter Tatsachen weitgehend unbeachtet geblieben ist. Bereits vor mehr als 30 Jahren schrieb Jacques Ellul: »Keine soziale, menschliche oder spirituelle Tatsache ist in der modernen Welt so wichtig wie die Tatsache der Technik (technique). Und dennoch weiß man über keinen Gegenstand so wenig wie über diesen.« (1954/1967, S. 3) Nahezu zwei Jahrzehnte später zitierte R. D. Johnston (1972) den ersten Satz bei seiner Erörterung der »internen Struktur von Technologie« (S. 117) und begründete mit dem zweiten Satz die noch immer notwendige Neuaufnahme der entsprechenden Analyse.

Ohne Bezug auf solche fremdländischen Diskussionen konstatiert auch H. Popitz (1986) die »datensetzende Macht«, die sich aus dem Zusammenspiel von technischer Effizienz und sozialer Macht ergebe

(S. 127). Im Prinzip könne jedes technische Verändern »zu einem Akt der Machtausweitung« werden, aber »das Ausmaß möglicher Machtausweitung [habe sich] mit zunehmender technischer Effizienz vergrößert«. (ebd.) »Die objektiven, objektivierten Bedingungen der menschlichen Existenz verändern sich in hochtechnisierten Gesellschaften radikal mit dem Umblättern des Kalenders. Wer heute über die technische Gestaltung unserer Lebenswelt entscheidet, wer datensetzende Macht hat, kann in kürzester Frist ein unermeßliches Ausmaß von Macht über unermeßlich viele Menschen und eventuell (wie beim Bau eines Atomkraftwerkes) über unermeßlich lange Zeiträume ausüben.« (Popitz, S. 128)

Wenn es um die Strukturen und Interessen der Machtausübung geht, bleibt die Argumentation, nicht nur bei Popitz, eigentümlich blaß und verwaschen. Aber der Problemzusammenhang ist immerhin angedeutet, um den es im folgenden gehen soll. Als Interpretationsfolie, gegen die ich meine Argumentation absetzen möchte, läßt sich das Motto der Weltausstellung von 1938 verwenden:

»Science Finds, Industry Applies, Man Conforms«. Man könnte das für den vorliegenden Zusammenhang folgendermaßen übersetzen: Die Wissenschaft findet heraus, was tatsächlich möglich ist; die Industrie erzeugt daraus technische Artefakte und schafft damit weitgehend vollendete Tatsachen; die Menschen passen sich an.

Alle drei Schritte sind inzwischen mehr als fragwürdig geworden. Die Schrittfolge insgesamt ist falsch und in ihren Wirkungen zunehmend fatal.

a) Muß man der Technik folgen?

Dem von Wissenschaft, Technik und Industrie vorgegebenen Ablaufmuster gegenüber scheinen nur zwei Einstellungen möglich zu sein, die sich theoretisch wenig voneinander unterscheiden, deren praktische Implikationen aber unter Umständen beträchtlich divergieren können. *Entweder* man findet sich mit den Tatsachen ab und versucht, das Beste daraus zu machen. Man sucht nach Nischen, in denen man sich einnisten kann. Man »schickt sich« in die Vorgegebenheiten, die von der wissenschaftlich-technologischen Entwicklungsdynamik, gegebenenfalls in Verbindung mit den ökonomischen Zwangsläufigkeiten, produziert werden. Die Folgen, die sich daraus ergeben, müssen nur rechtzeitig erkannt und einsichtig gemacht werden. *Oder* man versucht, sorgfältig zwischen »Tatsachen« und deren »Vollendung« zu unterscheiden und dabei Spielräume zu entdecken. Die von Wissenschaft und Industrie geschaffenen Tatsachen(-entscheidungen) werden als interpretationsbedürftig vorgestellt, als Tatbestände betrachtet, deren »soziale Bedeutung« noch herausgefunden bzw. hineininterpretiert werden muß. Im Ernstfall kann man den Tatsachen die Anerkennung verweigern, was gegenläufig Strategien der »Akzeptanzsicherung« freisetzt. Theoretisch führt das zu der subtilen Frage, ob man zwischen »Tatsachen« und »anerkannten Tatsachen« überhaupt unterscheiden kann, ob die Anerkennung also Bestandteil des Prozesses der Vollendung von Tatsachen ist oder nur mehr eine bloße Beigabe des ohnehin vorliegenden Fait accompli. (Darauf wird am Ende dieses Kapitels, vor dem Hintergrund der bis dahin versuchten Klärungen, noch zurückzukommen sein.)

Es drängt sich der Eindruck auf, daß die politischen ebenso wie die sozialwissenschaftlichen Diskussionen, die in der Bundesrepublik neuerdings wieder verstärkt dem Themenkomplex gewidmet werden, ganz überwiegend in den sehr engen Einzugsbereich gehören, der durch diese beiden Positionen bestimmt ist. Einige Belege mögen das erläutern.

Als Ende 1984, mit mehr als 10jähriger Verspätung[6], mit den Stimmen aller Fraktionen die Einsetzung der Enquête-Kommission »Technikfolgenabschätzung und -bewertung« beschlossen wurde, wurde »einhellig die Auffassung vertreten, daß Untersuchungen über *Auswirkungen* des technisch-wissenschaftlichen Fortschritts auf Beschäftigungen und Wachstum der deutschen Wirtschaft, auf die Lebensbedingungen der Menschen und ihre Konsequenzen für die natürliche Umwelt für die künftigen technologie-politischen Entscheidungen im Deutschen Bundestag dringlich erforderlich sind«. (Lichtenberg, 1984, S. 754)

Im 1986 veröffentlichten Kommissions-Bericht wurde die Reichweite der Fragestellungen dann allerdings teilweise erweitert:
»Wenn Technik als sozio-technischer Prozeß verstanden wird, so bringt dies mit sich, nicht in einer isolierten und verengten Perspektive lediglich Folgen von Techniken zu identifizieren und zu beurteilen. Vielmehr geht es auch darum, deren gesellschaftliche Voraussetzungen zu analysieren, insofern diese als Antriebs- und Gestaltungskräfte bei Entwicklung und Einsatz von Techniken ausschlaggebend sind.« (S. 10)
Dazu wären allerdings Weiterungen der Fragestellungen auf wissenschaftssoziologische und machttheoretische Problemstellungen erforderlich (gewesen), die jedenfalls nicht mit den Vorstellungen des Kommissionsvorsitzenden (s. Bugl, 1986) vereinbar sind.

Im Dortmunder Wahlprogramm der SPD für die Jahre 1983–1987 heißt es unter anderem: »[...] der technische Fortschritt muß in seinen Auswirkungen sozial beherrschbar und umweltverträglich sein und darf die Arbeitnehmer nicht mit Massenarbeitslosigkeit bedrohen.«[7] Ähnlich sieht der Vorsitzende der IG Chemie und MdB, Rappe, im Rahmen der Arbeiten am neuen Parteiprogramm der SPD die politische Aufgabe vor allem in der »sozialen Beherrschung [der] Auswirkungen [der neuen Technologien] auf die Arbeitnehmer«.[8] Eine Tagung der CSU, im Januar 1985 in Bad Kreuth, stand ebenfalls unter dem eingängigen (und einlullenden) Thema: »Auswirkungen des technischen Fortschritts auf Wachstum und Beschäftigung«. Und auch im August 1986 sieht die CDU, in ihren Leitlinien zur Technologiepolitik, immer noch keine weiterreichenden Probleme, als die »Abschätzung der Technikfolgen« in Zusammenarbeit mit allen wichtigen gesellschaftlichen Gruppen zu betreiben.[9]

In einem (deutlich von Jürgen von Manger beeinflußten) »Aktionsprogramm Arbeit und Technik: Der Mensch muß bleiben!« sowie strukturpolitischen Vorschlägen zu »Beschäftigungsrisiken in der Autoindustrie« hat die IG Metall Ende 1984 eine politisch offensivere Position zu formulieren versucht, die durchaus als Kritik an der vorherrschenden Politik der vollendeten Tatsachen zu verstehen ist und eine ganze Reihe von bedenkenswerten Vorschlägen enthält. Deren politische Relevanz wird allerdings dadurch beträchtlich geschmälert, daß sie aus einer Position weitreichender Hilflosigkeit heraus formuliert sind: »es müßte ...«, »es hätte zu...«, »es darf nicht länger...« Nur einige Einzelstimmen aus dem Bereich der DGB-Gewerkschaften beziehen inzwischen den gesellschaftlichen Prozeß der Wissenschafts- und Technikproduktion in ihre sozialpolitischen Vorschläge mit ein (s. Hack, 1986 b). Sieht man sich allerdings, am Beispiel der IG-Metall-Initiativen, die argumentationsstrategischen bzw. quasi-gesellschaftstheoretischen Begründungen der Programmatik genauer an, so lassen sie sich unschwer im Umkreis der beiden oben skizzierten Positionen lokalisieren:

– »Notwendig ist jetzt«, heißt es in »Beschäftigungsrisiken in der Autoindustrie«, »die *Synchronisation* von forciertem technischem Wandel und dem *dazu notwendigen* sozialen Wandel.« (S. 36) Solange der wissenschaftlich-technische »Wandel« so gedacht wird, daß er zwar ökonomisch »forciert« werden kann, aber eben seiner eigenen (»autonomen«) Gesetzmäßigkeit folgt, bedeutet die Forderung nach einer »Synchronisation« nur eine vorausschauende Einbeziehung der sozialen Folgen des (ohnehin unabwendbaren) technischen Wandels.

Selbst in der Programmatik (»Alternativen sind möglich«) heißt es im

Aktionsprogramm »Arbeit und Technik« unter anderem: »Bei der Diskussion über Technik- und Rationalisierungs*folgen* geht es nicht um Technikbejahung oder Technikverneinung. Es ist eine Auseinandersetzung zwischen Arbeitnehmerinteressen und Arbeitgeberinteressen, über die ökonomischen und sozialpolitischen Zielsetzungen des Technik*einsatzes* und über die *soziale Kontrolle der Technikfolgen.*« (S. 5/6)

Was über den ausdrücklichen Bezug auf »Interessen« wie eine höchst radikale Forderung wirken könnte, erweist sich bei genauerer Betrachtung (auch hier) als Kapitulation vor der Politik der vollendeten Tatsachen: man möchte an dem Prozeß, der für *unvermeidlich* gehalten wird, lediglich partizipieren dürfen.

Dieser perspektivischen Beschränkung der politischen bzw. sozialpolitischen Thematisierung entspricht durchaus die bisher vorherrschende Frageform, mit der der Problemzusammenhang in der westdeutschen Betriebs- und Arbeitssoziologie, aber auch in der Technik-, Organisations- und Arbeitswissenschaft behandelt wird. Sieht man sich die einschlägigen Titel an, die in der Forschungs-Dokumentation des Instituts für Arbeitsmarkt- und Berufsforschung/IAB für 1982 und 1983 zusammengestellt sind, so scheint es nur eine Fragerichtung zu geben: »Technik und soziale Folgen«.

»Auswirkungen des Einsatzes von Bildschirmtext auf Leistung, Wirtschaftlichkeit, Organisation und Arbeitsplätze« (IFO-Institut, München)

»Soziale Auswirkungen der Mikroelektronik« (Universität Bochum)

»Auswirkungen mikroelektronischer Automatisierung auf die Produktionsplanung« (Prof. Adam)

»Beschäftigungsauswirkungen des informationstechnischen Wandels« (Heinrich-Hertz-Institut, Institut für Nachrichtentechnik; Berlin)

»Qualifikationsveränderungen durch Einführung von Mikroelektronik« (VDI)

»Die Auswirkungen der Mikroelektronik auf die Nahrungs- und Genußmittelindustrie« (Österr. Inst. Bildung und Wirtschaft)

»Die Auswirkungen neuer Kommunikationstechnologien im Büro auf Organisationsstruktur und Arbeitsinhalte« (Hochschule der Bundeswehr, München)

Aber auch:

»Der technische Fortschritt und sein Charakter – seine Wirkung auf das konstante fixe Kapital und die Beschäftigungsentwicklung im Verlauf der wirtschaftlichen Entwicklung der BRD seit 1950« (FU Berlin, Institut für Soziologie)

b) Dunkles Gestalten

Nun ist es gar keine Frage, daß es Auswirkungen der technischen Entwicklung gibt. Man sollte zunächst aber doch auch fragen, wodurch die technische Entwicklung, die Folgen und Auswirkungen hat, ihrerseits geformt (MacKenzie/Wajcman, 1985) und beeinflußt wird.

Repräsentanten der technisch-wissenschaftlichen Verbände, der großen ingenieurwissenschaftlichen Forschungsinstitute und des industriellen Topmanagements, oft in Personal-Union gleichgestellt, vertreten offensiv und mit zunehmender Selbstverständlichkeit die Forderung, daß geklärt werden müsse, wie der unsere Gegenwart kennzeichnende technische und gesellschaftliche Wandel *gestaltet und beeinflußt* werden könne. Auf der bereits erwähnten Jahrestagung 1984 des DVT sagte dessen Vorsitzender[10] in seinen Eröffnungsbemerkungen unter anderem: Es »stellt sich die berechtigte Frage: können wir diesen Wandel noch so gestalten und beeinflussen in einem Sinne, der uns nach menschlichen Maßstäben richtig erscheint? Sind wir in der Lage, den Wandel zu analysieren und zu verstehen, und sind wir fähig, Kräfte zu entwickeln und einzusetzen, die so wirken, wie wir es für die Bundesrepublik Deutschland, Europa und die Welt als erstrebenswert ansehen?« (S. 6) Und auf dem Deutschen Ingenieurtag, im Mai 1985 in Stuttgart, der unter dem Motto stand »Technischer Fortschritt sichert die Zukunft«, sagte der Präsident des VDI[11] in seiner Eröffnungsansprache unter anderem: »Der Mensch bleibt Schöpfer, Organisator und Gewissen der Maschinen und Systeme [...] [Die] Forderung an den Ingenieur zur Gesprächsbereitschaft und Gesprächsfähigkeit mit allen Gruppen unserer Gesellschaft geht weit über das bisherige Ingenieurbild hinaus. Wir brauchen nicht nur Ingenieure, deren Ausbildung dem sich laufend ändernden Wissensstand angepaßt ist, sie müssen auch in ganzheitlichen Systemen denken lernen und daher außertechnische Sachverhalte und Zusammenhänge einbeziehen können. Und sie müssen bereit sein, die Technik den menschlichen Zielen unterzuordnen.«[12]

Eine solche politisch und gesellschaftlich weit ausgreifende Perspektive impliziert natürlich enge Beziehungen zu den gesellschaftlichen und ökonomischen Machtstrukturen. Nicht zufällig sind es deshalb industrienahe Vereinigungen und Quasi-Institutionen, wie der »Münchener Kreis« (vgl. Witte, 1979), in denen vorbedacht wird, wie die »Zukunft gemacht« (vgl. Diebold, 1985) werden kann. Die Ressourcen der Machtausübung lassen sich theoretisch nur mit Abstrichen simulieren.

Die *Verfügung* über die wissenschaftlichen und technologischen Strategien, durch die – im Zusammenspiel mit ökonomischen und organisatorischen Maßnahmen – neue Strukturen der industriellen Realität »gestaltet« werden, schließt aber ein Verständnis der kognitiven Strukturen wissenschaftlichen und technologischen Wissens ein, das offenbar aus der grundlegenden Kenntnis der *Innenansicht* jener Prozesse gewonnen werden kann, in denen die neuen technologischen Systeme gemacht werden.

Prof. Dr.-Ing. Günter Spur (1985), Leiter des Fraunhofer-Instituts für Produktionsanlagen und Produktionstechnik in Berlin, hat diese veränderte Sichtweise am Beispiel der bevorstehenden Einführung der rechnergeführten Produktion aufgezeigt: »[...] die Zukunft der Fabrik [beinhaltet] einen direkten Bezug zur Entwicklung unseres Wissenschaftssystems. Die Zukunft der Technik wird noch stärker wissenschaftsorientiert sein als bisher. Dies gilt insbesondere für die Produktentwicklung, aber natürlich auch für die Weiterentwicklung der Produktionstechnik. Zukünftige Wirtschaftsimpulse werden durch Innovationsschübe erwartet, die sich überwiegend aus einer fachübergreifenden Wechselwirkung der angewandten Wissenschaften generieren. Die Anwendung der Wissenschaft ist hier im Sinne einer Erneuerung unserer Industriegesellschaft zu verstehen. [...] Die entsprechenden sozialen Voraussetzungen werden in Zukunft besonders wichtig sein und damit auch die interdisziplinäre Forschung beeinflussen. Die Fabrik von morgen entsteht integrativ aus der Wissenschaft von heute. Dieser Entwicklungsprozeß verläuft nicht nur im technologisch-wirtschaftlichen Selbstverständnis, sondern auch als gesellschaftswissenschaftliche Aufgabe.« (S. 8)

Eine seltsame Diskrepanz ergibt sich, wenn man solche Aussagen über die *gesellschaftliche Bedeutung der verwissenschaftlichten Technik* in den modernen Industriegesellschaften mit den Berichten konfrontiert, in denen die *gesellschaftliche Situation der Ingenieure und Naturwissenschaftler* in der Industrie, also der Produzenten dieser verwissenschaftlichten Technologien, beschrieben und analysiert wird.

Einerseits findet man immer wieder und neuerdings immer öfter das in DVT, VDI, FhG usw. gehegte Sendungsbewußtsein, dem auch der Politiker und Sozialwissenschaftler Ulrich Lohmar[13] unterwürfig Tribut zollt: »Die westlichen Industriegesellschaften sind in den letzten Jahrzehnten durch Produkte, die das Ergebnis naturwissenschaftlicher oder ingenieurwissenschaftlicher Forschung und Entwicklung waren, oft weit stärker geprägt worden als durch politische Programme von Regierungen und Parteien. Ich erinnere an das Fernsehen, an die elektronische Datenverarbeitung, die Kernenergie, die Nachrichtentechnik oder in Zukunft die Biotechnik. Die Wirtschaft wird durch solche Technologien, insbesondere durch die Informationstechnologien, zu einer veränderten Einschätzung ihrer Produktionsfaktoren veranlaßt. Von alters her waren wir daran gewöhnt, neben dem Boden nur Kapital und Arbeit in Rechnung zu stellen. Aber mehr und mehr schiebt sich zwischen die beiden klassischen Faktoren Kapital und Arbeit die Produktivkraft Wissenschaft und Technik. Sie zwingt uns dazu, das Gewicht von Kapital, Arbeit, technischer Intelligenz neu zu bewerten. Technische Intelligenz und Kreativität gewinnen dabei, aufs Ganze gesehen, mehr und mehr an Bedeutung gegenüber Kapital und Arbeit.« Information sei »zu einer Art neuem ›Rohstoff‹« in den entwickelten Industrieländern geworden.

Sieht man von dem theoretischen Kalauer (Information als »Rohstoff«) ab, ergibt sich zunächst wenig Neues gegenüber dem Stand der Diskussion über die »Technische Intelligenz« und die »Produktivkraft Wissenschaft«, der bereits in der zweiten Hälfte der sechziger Jahre erreicht worden war. Neu ist allerdings die empirisch gerichtete Behauptung, naturwissenschaftliche oder ingenieurwissenschaftliche (oder industrielle) Forschung und Entwicklung hätten die »westlichen Industriegesellschaften« stärker geprägt als alle parteipolitische oder regierungsamtliche Programmatik, also das politisch-administrative System insgesamt. Da U. Lohmar seit mehr als zwei Jahrzehnten in unterschiedlichen Funktionen am Geschäft der Forschungs- und Wissenschaftspolitik beteiligt ist, könnte er als unverdächtiger Zeuge dienen. Zu bedenken ist allerdings, daß Lohmar mittlerweile auch Interessen vertreten könnte, die sich aus seinem Amt als Vorstandsvorsitzender der Anstalt für Kabelkommunikation in Ludwigshafen ergeben. Vielleicht ist der Wechsel von der Politik ins Technologiegeschäft aber auch nur das Ergebnis seiner Einschätzung der tatsächlichen Machtverhältnisse. Jedenfalls könnte man aufgrund solcher Einschätzungen vermuten, daß die »Stunde der Ingenieure«, von der Eugen Kogon 1965 ausging, als er auf der Mole von Gela (auf Sizilien) seine schließlich 1976 veröffentlichte Studie konzipierte[14], nun endlich angebrochen sei. Die starke Zunahme der Beschäftigung von Ingenieuren und Naturwissenschaftlern in der Industrie (vgl. Hack/Hack, 1985; Hack, 1986b) würde diese Vermutung stützen.

Andererseits häufen sich gerade in den letzten Jahren die Berichte über Formen und Prozesse der gesellschaftlichen Entwertung geistiger bzw. technisch-naturwissenschaftlicher Arbeit, wobei die begriffliche Dramatisierung ständig zunimmt. Da ist die Rede von der »Mechanisierung geistiger Arbeit« (Bechmann, Vahrenkamp u. a., 1978), von der »Technisierung der geistigen Arbeit« (Steinmüller, 1982), von der »Automatisierung geistiger Arbeit« (Heß, 1982) und immer wieder von der »Taylorisierung geistiger« (Cooley, 1981) bzw. der »Taylorisierung technisch-geistiger Arbeit« (Teschner/Hermann, 1982). W. Volpert (1985) sieht CAD gar als »Computer Aided Taylorism« und befürchtet die »Fortsetzung der Persönlichkeitszerstörung am Arbeitsplatz mit anderen Mitteln«. In seiner Ingenieur-Studie hat schließlich auch Wolfgang Neef (1982) seinen polemischen Begriff des »Wegwerfingenieurs« unmittelbar auf die Ausweitung von Taylorisierungsprozessen bezogen, die in den Bereichen der traditionellen körperlichen bzw. manuellen Industriearbeit entwickelt worden sind.[15]

Obwohl diese beiden Interpretationsfiguren nicht identisch, auch nicht ohne weiteres miteinander vereinbar sind, sieht man doch schnell, daß sie keineswegs in Widerspruch zueinander stehen müssen. Sie enthalten zwar deutlich unterschiedliche Bewertungen; theoretisch könnten sie aber beide richtig oder auch beide falsch sein, da die jeweiligen Aussagen sich offenbar auf verschiedene Wirklichkeitsausschnitte bzw. Problemdimensionen beziehen (können).

Zu beiden Interpretationsmustern gibt es allerdings Gegenthesen, in denen tatsächlich Widerspruch auf der jeweils vorgegebenen Argumentationsebene angemeldet wird. Der These Lohmars, der zufolge die modernen (westlichen) Industriegesellschaften vorwiegend durch die Resultate industrieller Forschung und Entwicklung geprägt bzw. gestaltet würden, widerspricht die These David F. Nobles (1977, 1984), daß sich gesellschaftliche und politische *Interessen* in den und vermittels der wissenschaftlich angeleiteten Technologien durchsetzen würden. Man könnte die These dahin erweitern, daß die Realisierung (partikularer) Herrschaftsinteressen in der scheinbar rein sachlichen, neutralen Form von naturwissenschaftlich-technischen Ablauflogiken oder Zwangsläufigkeiten eine Form der Kaschierung von Interessenunterschieden und damit zugleich eine Konfliktvermeidungsstrategie großen Stils ist, derer sich allerdings nur diejenigen bedienen können, die über diesen Transformationsmechanismus gebieten und ihre besonderen Interessen auf diesem Wege realitätsmächtig werden lassen können.

Der These von der Taylorisierung geistiger Arbeit widerspricht die ebenfalls häufig vertretene Annahme, der Einsatz neuer Technologien und Organisationsmethoden werde Ingenieure und Naturwissenschaftler in der Industrie zunehmend von Routinearbeiten entlasten und ihnen infolgedessen mehr Zeit und Spielraum für die kreativen, intellektuell anspruchsvollen Tätigkeitsanteile lassen. Denkt man dieses Argument logisch zu Ende, so besagt es zugleich, daß derart freigesetzte Kreativität ein zusätzliches intellektuelles Potential erschließe, mit dem Naturwissenschaftler und Ingenieure bessere Chancen erhielten, neues wissenschaftliches Wissen zu erzeugen und in neue Technologien umzusetzen. Nimmt man allein das von Spur (1985) notierte Argument einer Einbeziehung sozialwissenschaftlicher Problemstellungen hinzu, so resultiert das Argument einer (durch die neuen Technologien) gesteigerten Gestaltungsmöglichkeit in den Händen von Ingenieuren und Naturwissenschaftlern.

Alle vier Thesen können gute Gründe oder Argumente mobilisieren, sind demnach partiell richtig. Alle vier Interpretationsfiguren haben aber jeweils blinde Flecken an den Stellen, an denen die Stärken ihrer Pendants liegen, sind demnach partiell falsch oder unzureichend.

Versucht man, sich den Stellenwert der vier Argumentationen klarzumachen, erkennt man, daß in ihnen einerseits Überlegungen enthalten sind, die die Folgen der technologischen Entwicklung betreffen (Lohmar; Taylorisierung; partiell auch: Freisetzung kreativen Potentials), andererseits aber Hypothesen, die auf ein Verständnis der Erzeugungsbedingungen neuer Technologien zielen (Noble; Gestaltungsspielräume bei der Freisetzung von Kreativität). Zugleich unterscheiden sich die Argumentationsfiguren darin, ob sie auf Handlungsmöglichkeiten (Taylorisierung[16]; Gestaltungsspielräume) ausgerichtet sind oder vorwiegend auf die Interpretation von übergreifenden Strukturzusammenhängen (Lohmar; Noble).[17]

Im Schaubild III.1 sind die vier Argumentationen in einem zwei-dimensionalen Schema auseinandergezogen, wobei die linke Hälfte auf die Prozeduren der Erzeugung verweist, während die rechte Hälfte den Aspekt der sozialen Folgen ausweist. Zusätzlich ist zwischen objektiven Prozessen (oben) und Handlungsabläufen (unten) unterschieden.

Aufschlußreich ist nun, daß das Thema der »sozialen Folgen der technologischen Entwicklung« weithin gleichgesetzt wird mit dem Motiv der Unvermeidlichkeit oder Zwangsläufigkeit. Das gilt für »die Aus-

---

Anmerkung zu Schaubild III. 1: Die auf den vorstehenden Seiten vorgestellten Thesen und Gegenthesen sowie die in ihnen enthaltenen Verlaufsargumente sind in den durchgezogenen Pfeilen dargestellt. Um der damit angedeuteten Problematik wenigstens teilweise Rechnung zu tragen, ist das systematisch zentrale Argument (mit den gestrichelten Pfeilen) aufgenommen, das auf die Rolle der »wissenschaftlichen Entwicklung« in dem Funktionszusammenhang verweist. Eine Dynamisierung des gesamten Schemas ist ohne weiteres möglich, indem der gesamte Ablauf nach links und rechts verlängert wird, die scheinbaren Endpunkte der Prozesse also in den Ablauf zurückgekoppelt werden. Systematisch wichtiger ist jedoch im vorliegenden Kontext die *doppelte Vermittlungsfunktion* der technologischen Entwicklungen.

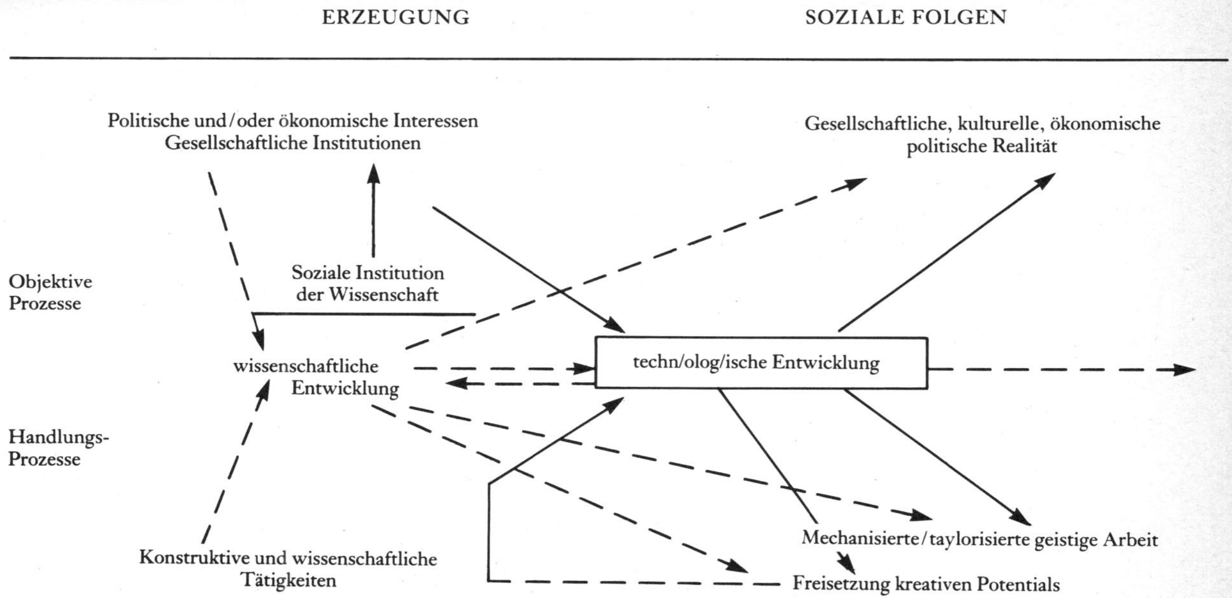

Schaubild III. 1: Thematisierungsformen der techn/olog/ischen Entwicklung: Soziale Folgen (rechts) vs. soziale Konstruktion/Konstitution

wirkungen der Mikroelektronik auf die Qualifikationsstruktur von...« genauso wie für das Argument der allfälligen »nachträglichen Anpassung des institutionellen Rahmens an die technisch fortschreitenden Systeme« (Habermas, 1968c, S. 140). Nur das (Umweg-)Argument der Freisetzung von kreativem Potential und der daraus folgenden gesteigerten Gestaltungsmöglichkeiten entzieht sich dieser einfachen Zuordnung.

Gegenläufig zeigt sich, daß die Betonung der Erzeugungsperspektive weitgehend gleichgesetzt wird mit der Vorstellung eines real vorfindlichen Gestaltungsspielraums. Eine Ausnahme macht hier das Argument, daß die technologische Entwicklung Resultat der vorangegangenen *wissenschaftlichen Entwicklung* sei, die ihrerseits ihrer eigenen (autonomen) Ablauflogik gehorche; gesellschaftliche Bedingungen oder kreative Potentiale könnten hier nur fördernd (oder hemmend) wirken auf das, was ohnehin passieren muß.

Will man den *Erzeugungs- bzw. Konstruktionsprozeß* der wissenschaftlich-technischen Entwicklung als legitimes sozialwissenschaftliches und zugleich politisches Thema erschließen, so sind auch diese Implikationen aufzunehmen. In der neueren wissenschaftssoziologischen und technikhistorischen Literatur wird genau dies versucht. (Ohne die dabei aufgezeigten Perspektivenänderungen ist auch keine Abkehr von der Situation möglich, in der sich die Gewerkschaften immer wieder vor vollendete Tatsachen gestellt sehen werden.) Aber bereits vor zwei Jahrzehnten hat der US-amerikanische Soziologe Robert K. Merton[18] sich Gedanken über die Gründe und Motive gemacht, die dafür ausschlaggebend sein könnten, daß dem Erzeugungs- bzw. Entstehungszusammenhang der wissenschaftlich-technologischen Prozesse so wenig Aufmerksamkeit geschenkt worden ist. Er schrieb: »Sehr wenige Physiker und kaum mehr Sozialwissenschaftler haben den diversen *Einflüssen der Sozialstruktur* auf das Entwicklungstempo, die Interessenbrennpunkte und, vielleicht sogar, *auf die wissenschaftlichen Inhalte selbst* Aufmerksamkeit geschenkt. Es ist schwer zu sagen, woher dieses Zögern stammt, die Auswirkungen der sozialen Umgebung auf die Wissenschaft zu erforschen. Das Zögern könnte aus dem fälschlichen Glauben stammen, daß es die *Autonomie der Wissenschaft gefährden* würde, wenn man das soziologische Faktum zugestehen würde. Vielleicht glaubt man, daß die *Objektivität*, ein so zentraler Wert im Ethos der Wissenschaft, *bedroht* würde *durch die Tatsache, daß Wissenschaft eine organisierte soziale Aktivität* ist, daß die Wissenschaft die Unterstützung der Gesellschaft voraussetzt, daß die Art dieser Unterstützung und die Typen der Forschung, für die sie gewährt wird, in den verschiedenen Sozialstrukturen differieren, wie im übrigen auch die Rekrutierung wissenschaftlicher Talente.« (Merton, S. 532f.) Es sind also auch Gründe, die in dem Wissenschaftsbetrieb bzw. dem Selbstverständnis der Wissenschaftler liegen, die einem reflektierten soziologischen Verständnis der wissenschaftlich-technischen Entwicklung entgegenstehen. Die Vorliebe für den technologischen Determinismus erklärt sich wohl auch aus der Erleichterung und Entlastung, die er (vorübergehend) zu verschaffen vermag. Er befreit die Menschen von der Verantwortung, die Entwicklung zu verändern, »und verknüpft sie statt dessen eng mit den technologischen Perspektiven derer, die das Sagen haben« (Noble, 1984, S. XIII). Schließlich hat diese Perspektive auch ihre eigene unmittelbare Plausibilität. »Schon wegen deren bloßer Konkretheit stehen die Menschen der Technologie als einer *rohen Tatsache* (brute fact) gegenüber, als einer vorgegebenen ersten Ursache und begreifen sie nicht als *gehärtete Geschichte* (hardened history), als gefrorene Fragmente menschlicher und sozialer Anstrengungen. Kurz, der Anschein von Automatismus und Notwendigkeit, obwohl er plausibel und ideologisch zwingend erscheinen mag, ist falsch, ist letztlich ein Produkt unserer eigenen Naivität und Ignoranz. Denn der Prozeß der technologischen Entwicklung ist ein grundlegend sozialer, und daher gibt es dabei immer ein hohes Maß an Indeterminiertheit und Freiheit.« (ebd.) Das berufliche Schicksal David Nobles, dessen Vertrag vom MIT mit fadenscheinigen Vorwänden nicht verlängert wurde, zeigt, daß es keineswegs ungefährlich ist, wenn man versucht, Licht in jenes Dunkel zu bringen, in dem die wissenschaftlichen und technologischen Tatsachen geschmiedet und der Eindruck der Zwangsläufigkeit hergestellt werden.

Die gesellschaftlichen Prozesse der Vollendung der wissenschaftlichen bzw. technologischen Tatsachen rekonstruierbar und analysierbar zu machen, ist keineswegs eine esoterische wissenschaftsinterne Angelegenheit, sondern eine Auseinandersetzung mit den subtileren Mechanismen der Reproduktion gesellschaftlicher und politischer Macht. Erst dieser Bezug erklärt die erheblichen Schwierigkeiten, mit denen man bei dem überfälligen Perspektivenwechsel zu kämpfen hat.

c) Industriegeschichtliche Re-Konstruktionen

Im April 1978 veranstaltete die »Organisation Amerikanischer Historiker« ihre Jahresversammlung, auf der eine Sektion dem Thema gewidmet war: »Beyond Technological Determinism«, also: »Jenseits des technologischen Determinismus«. In diesem Rahmen hielt David F. Noble einen Vortrag mit dem Titel: »Before the Fact: Social Choice in

Machine Design«, in dem er die Entwicklungsbedingungen der Entstehung der ersten NC-Werkzeugmaschinen rekonstruierte.[19]

Die inhaltliche Argumentation läßt sich kurz folgendermaßen zusammenfassen. Noble zeigt, daß es neben der letztlich erfolgreichen bzw. siegreichen NC-Technologie, die durch hohe Kapitalintensität und eine hochkomplexe Software gekennzeichnet war, Ansätze zu alternativen technologischen Lösungen gegeben hat, wie das »Record-Playback«-Verfahren, das den Bedürfnissen kleinerer und mittlerer Industrieunternehmen sehr viel besser entsprochen hätte als das schließlich dominierende Verfahren. Die technisch-ökonomische Entwicklung sei, so Noble, durch die »sozialen Wahlen« (social choices) identifizierbarer Interessengruppen beeinflußt bzw. gesteuert worden.

Zwei entscheidende Implikationen des »technologischen Determinismus« könnten somit an diesem Fallbeispiel zurückgewiesen werden: 1. Die Annahme, die technologische Entwicklung sei etwas »Gegebenes«, das als sich selbst generierend zu denken sei und dem einzig möglichen Kurs folge (S. 316); 2. die Annahme, dieser Prozeß habe dann »Auswirkungen« außerhalb seiner selbst, die man üblicherweise als »soziale Folgen« (social impacts) thematisiere. Am Beispiel der NC-Maschinen etwa werde immer wieder behauptet, als soziale »Folgen« seien eine wachsende Konzentration in der Metallindustrie und weiter steigende organisatorische Zentralisation und Management-Kontrolle der Produktionsabläufe zu verzeichnen gewesen. Nobles Argument zufolge sind diese vorgeblichen Auswirkungen tatsächlich Bedingungen der sozialen Entstehungsprozesse der neuen NC-Technologien, also nicht das unvermutete und zwangsläufige Ergebnis des Prozesses der Technologieentwicklung gewesen, sondern Vorgaben bzw. Konditionierungen am Anfang der gesamten Prozedur.

Man kann nun das inhaltliche Ergebnis der Studie David Nobles zu relativieren versuchen, indem man darauf verweist, die soziale Bedeutung der NC-Technologie sei seinerzeit ohnehin überschätzt worden, oder zu bedenken gibt, daß erst die anschließenden Durchbrüche der CNC-Technologie sowie von CIM als grundlegende Veränderungen zu begreifen seien, durch die die Probleme der Fertigungssteuerung und der Werkstattorganisation neu definiert worden seien. Man könnte schließlich auch argumentieren, Nobles Argument werde dadurch beträchtlich geschwächt, daß das von ihm favorisierte R. P.-Verfahren für die hochkomplexen und schwierigen Fertigungsprozesse in der Flugzeugindustrie gar nicht hätte angewendet werden können (was Noble im übrigen selbst vermerkt), so daß die letztlich siegreiche komplexere technologische Problemlösungsstrategie zumindest für diese Zwecke bzw. Interessen auch die technisch angemessene gewesen sei.[20]

Derartige Einwände mögen teilweise ihre Berechtigung haben. Aufschlußreich an Nobles Argumentationsfigur ist etwas anderes, nämlich die Art und Weise, wie er die explizite *politische Programmatik* mit einer spezifischen *Argumentationsstrategie* verbindet.

Programmatisch ist Nobles Forderung an die Arbeiterbewegung, sie müsse sich gegen die Ideologie des »technologischen Determinismus« zur Wehr setzen, wenn sie sich den Herausforderungen stellen wolle, die ihr in der Gegenwart von den technologischen Abläufen gestellt würden. Noble unterscheidet drei derartige Herausforderungen. Zum einen müsse die Arbeiterbewegung die Ideologie des technologischen Determinismus überwinden, indem sie die Technologie selbst entmystifiziere. Sie müsse sich selbst davon überzeugen, daß nicht »die Technologie« – trotz ihrer scheinbaren Automatik – die Geschichte bewege, sondern daß es »menschliche Wahlhandlungen« (human choices) seien, die den Ausschlag gäben. Nur auf diese Weise könne die Arbeiterbewegung ein Bewußtsein der Chancen gewinnen, die ihr tatsächlich zur Verfügung stünden. Zum anderen müsse die Arbeiterbewegung ihr Selbstvertrauen zurückzugewinnen versuchen, indem sie (auch) wissenschaftlich-systematisch Möglichkeiten eruiere, in ihrem eigenen Interesse *eigene Wahlen* zu formulieren und durchzusetzen. Auf dieser Grundlage müsse die Arbeiterbewegung schließlich sowohl an der betrieblichen Basis als auch in der unmittelbaren politischen Auseinandersetzung dafür kämpfen, in eine Position zu kommen, in der sie solche »Wahlen« treffen könne, um dadurch den Kurs des technischen »Fortschritts« in eine andere, menschliche Richtung zu lenken (S. 314f.).

Dieser Programmatik entspricht die Argumentationsstrategie, mit der Noble die Interpretation seines Fallbeispiels angeht. Zunächst skizziert er die Grundzüge seiner Konzeption, in der die technologische Entwicklung selbst als sozialer Prozeß begriffen wird, der von Menschen gemacht (S. 218) bzw. in der »Technologie als soziale Produktion«[21] verstanden wird. Um die soziale Strukturierung der Technologieentwicklung angemessen bestimmen zu können, unterscheidet Noble zwischen »vertikalen Produktionsverhältnissen«, womit die bewußt verfolgten sozialstrukturellen Implikationen der NC-Technologie für die Arbeitsorganisation gefaßt werden, und »horizontalen Produktionsverhältnissen«, womit die Interessenkonfiguration gegriffen werden kann, die nicht auf den Unternehmensbereich beschränkt sein muß, sofern sie nur für die schließlich erfolgreiche Technologieentwicklung von Bedeutung ist. Im Fall der NC-Technologie waren dies die Interessen der Air Force ebenso wie die am MIT dominierenden Forschungsinteressen und die der FE-Organisation von General Electric. Auf diese Weise führt die konsequente Analyse des Einzelfalles zu einer spezifischen Re-Konstruktion des sozio-ökonomischen Strukturzusammenhangs, durch den die Technologieentwicklung geformt worden ist.

In einer späteren Darstellung hat David F. Noble (1984) den sozialhistorischen Kontext sehr viel ausführlicher beschrieben und seine Interpretationen weiter ausgebaut.

Am Ende des 7. Kapitels, mit dem Titel »The Road Not Taken«, gibt Noble auf die Frage, warum das »Record-Playback«-Verfahren nie eine ernsthafte Durchsetzungschance gehabt habe, folgende ausgreifende Einschätzung: »Die Ideen, die das Ergebnis geformt haben, hatten ihre Quelle in den einander überlappenden technischen, manageriellen und militärischen Gemeinschaften. Erstens, in der technischen Gemeinschaft enthielten diese Ideen eine Präferenz für formale, abstrakte und quantitative Konzepte bei der Formulierung und Lösung von Problemen, eine Besessenheit von (Ideen der) Kontrolle, Gewißheit und Vorhersagbarkeit, und ein entsprechendes Bedürfnis, Unsicherheit, Kontingenz und die Möglichkeit menschlichen Irrtums so weit wie möglich zu eliminieren. Diese Ideen manifestierten sich in einer Begeisterung für Computer und Digitaltechnik, einer Freude an Kontrolle aus großer Entfernung und einer Verzückung über die Vorstellung von Maschinen ohne Menschen. Diese Ideen und Einschätzungen wurden auch zum Ausdruck gebracht in einer allgemeinen Geringschätzung menschlicher Fähigkeiten (skills) und einem Mißtrauen gegenüber dem »menschlichen Arbeitsvermögen« von Arbeitern und in dem sich daraus ergebenden Bemühen, beides auszuschalten. (Dies wurde natürlich als Versuch gerechtfertigt, die Effizienz zu steigern, menschliche Plackerei zu verringern und die fortwährende Knappheit an qualifizierter Arbeitskraft zu überwinden.) Schließlich manifestierten sich diese Ideen in einer weitreichenden Fetischisierung von Neuheit und Komplexität, von neuen Konzepten, wie unerprobt diese auch immer waren; verknüpft mit einer arroganten Geringschätzung für erprobte, aber einfachere Methoden und einer erstaunlichen Bereitschaft, Erfahrung (der Arbeiter) mit Rückständigkeit gleichzusetzen.

Zweitens, was die Management-Gemeinschaft betrifft, so klumpten (clustered) sich die vorherrschenden Ideen um die grundlegende Voreingenommenheit mit (dem Gedanken) der Kontrolle, sowohl über die physikalischen Details als auch über die menschlichen Aktivitäten der Produktion. Hier reflektiert dieses Interesse (concern) eine traditionelle Erzeugungsphilosophie, einschließlich der Annahmen, daß jede Steigerung der Management-Kontrolle unvermeidlich zu größerer Effizienz und damit zu höheren Profiten führen werde und daß eine solche gesteigerte Management-Kontrolle am besten erreicht werden könne durch detaillierte Arbeitsteilung, Vereinfachung der Arbeitsaufgaben und Dequalifizierung der Arbeiter. Das Management-Interesse an Kontrolle reflektierte auch den fortgesetzten Arbeitskampf im Bereich der Produktion, den ›Krieg zu Hause‹ in der Nachkriegsperiode. In diesem Zusammenhang war das Verlangen des Managements nach Kontrolle [...] weniger ein Mittel, andere

Ziele wie Effizienz und Profit zu erreichen, als ein Selbstzweck: Ausbau der Autorität, Sicherung der Positionen und Vorrechte der Macht, Verteidigung und Sicherung des ›Rechts‹ des Managements, Entscheidungen zu treffen. Und auch hier manifestierte sich das Kontrollinteresse in einem Mißtrauen gegenüber den Arbeitern, einer Abwertung des Arbeiterwissens und in Träumen von einer automatischen Fabrik.

Was schließlich die militärische Gemeinschaft betrifft, so wurzelten die vorherrschenden Ideen in den militärischen Traditionen von Befehl und Kontrolle. [...]

Diese drei Bündel (sets) von komplementären Ideen verstärkten sich wechselseitig und konvergierten in der Nachkriegsperiode. [...] Auf diese Weise formten die soziale Macht und die herrschenden Ideen die Technologie, die sich als ›numerische Kontrolle‹ entwickelte. Und in dem Prozeß wurden sie in diese Technologie eingebettet, um nachträglich durch den Mythos des technologischen Fortschritts sanktioniert zu werden.«[22]

Die Einbeziehung von Ideen bzw. als Ideen rekonstruierbaren Denktraditionen und kognitiven Mustern gibt Noble die Möglichkeit, die wissenschaftlichen, wirtschaftlichen und militärischen »Interessen« in einer Weise zu analysieren, die es zumindest denkbar macht, daß sie bei der kognitiven Auslegung von wissenschaftlichen und technologischen Problemstellungen eine Rolle spielen können. Die Fähigkeit der organisierten Forschung, Methoden und Techniken zur kontrollierten Handhabung von »organisierter Komplexität« (Weaver, 1948)[23] zu entwickeln, zeigt ihre sozialen Bedeutungen gerade dann, wenn Komplexitätssteigerung – oder auch: die Verweigerung von möglicher Komplexitätsreduktion – in den Rang von Herrschaftswissen gerät, das durch eine spezifische Affinität zu den Machtstrukturen gekennzeichnet ist.

Die von Noble durchgängig verwendete Begrifflichkeit der »menschlichen« oder »sozialen Wahlen« oder der »social relations of production« (in denen sich »gesellschaftliche Verhältnisse« ebenso ausdrücken können wie »Beziehungen zwischen handelnden Personen«) bleibt zu schillernd und vage, um den Anforderungen einer sozialwissenschaftlichen Analyse zu genügen, in der gleichzeitig die Mechanismen der Durchsetzung von Kapitalverwertungsinteressen und ihnen korrespondierenden Machtstrukturen *und* die konkreten Prozesse der Erzeugung wissenschaftlichen Wissens und technischer Artefakte rekonstruiert werden können. Die systematische Differenzierung zwischen diesen beiden Ebenen der Interpretation ist nachhaltiger zu stabilisieren (s. III.2 und III.3), bevor Vermittlungsprozesse hinreichend verbindlich bestimmt werden können.

Vorbildlich allerdings ist Nobles Verfahren der Re-Konstruktion der

Entstehung bzw. Erzeugung einer spezifischen Technologie in bezug auf das dabei erprobte Muster einer ausgreifenden Strukturinterpretation, die sich nicht vorschnell auf einen »Ort der Handlung« – sei es ein Forschungslaboratorium oder eine Versuchswerkstatt – festlegen läßt und die auf diesem Wege den Spielraum gewinnt, die Eingriffsmöglichkeiten und Beeinflussungsmethoden zu bestimmen, die gesellschaftlichen und politischen Interessen zur Verfügung stehen, um Art und Richtung der technologischen Entwicklung zu bestimmen.

Anhand anderer industriegeschichtlicher Untersuchungen läßt sich die Interpretation, die mit Noble gewonnen wurde, weiter befestigen und ausbauen. Aufschlußreich und ergiebig ist dabei in mancher Hinsicht Joachim Radkaus (1983) Studie *Aufstieg und Krise der deutschen Atomwirtschaft 1945–1975*, deren Rekonstruktionsprogramm sich ebenfalls quer zu den geläufigen institutionellen Grenzziehungen bewegt: neben den Interessen der Energiewirtschaft und der Chemieindustrie, der Elektroindustrie sowie des Stahl- und Maschinenbaus werden auch die Aktivitäten einbezogen, die von politischen, militärischen und wissenschaftlichen Organisationen vertreten wurden.

Für ein differenziertes Konzept zum Verständnis der *sozialen Produktion* wissenschaftlich-technischer Projekte sind folgende Aspekte der von Radkau vorgelegten Argumentation besonders wichtig:

1. Radkau unterscheidet in der Geschichte der Atomwirtschaft der Bundesrepublik Deutschland zwischen einer »Spekulativen Phase« (Teil II) und einer Phase der »Schaffung vollendeter Fakten« (Teil III). Die damit angezeigte Veränderung impliziert eine Modifikation der kategorialen Ausstattung der rekonstruktiv verfahrenden Interpretation, die vor allem durch eine Entwicklung im Gegenstandsbereich selbst begründet ist. In der Periode, die als spekulative Ära bezeichnet wird, seien die Absichten von Personen und ihre ganz besonderen Beziehungen oft von ausschlaggebender Bedeutung gewesen.

»All diese persönlichen Beziehungen – die großenteils schon in die Zeit vor 1945 zurückreichenden Gruppenbindungen und Rivalitäten[24] – müssen bei der Frühgeschichte der atompolitischen Institutionen und Reaktorkonzepte im Auge behalten werden. Zu dieser Zeit, als im kerntechnischen Bereich die Institutionen und ökonomischen Interessen noch nicht ihre Eigendynamik entwickelt hatten, wurde die Atompolitik weit mehr als später in ihrem Charakter durch Individuen und Kleingruppen, durch persönliche Erinnerungen und Affinitäten bestimmt.« (Radkau, S. 39)

Was sich beim Übergang zur Phase der »Schaffung vollendeter Fakten« bewegte und ereignete, läßt sich an einer Passage exemplarisch andeuten: »Auch der Übergang von der spekulativen Ära zur Schaffung vollendeter Fakten war von fundamentaler Bedeutung für die Funktionsweise der DAtK/Deutsche Atom-Kommission/. In der Ära der Spekulationen und Versuchsballons waren die DAtK-Gremien als Meinungsbörse von Nutzen. Harte Entscheidungen waren noch kaum zu treffen, denn solange nicht in Gestalt größerer industrieller Investitionen mit der Reaktorentwicklung Ernst gemacht wurde, konnte man zahlreiche Projekte bzw. Vorprojekte nebeneinander bestehen lassen. All das änderte sich, als umfangreicher Kapitaleinsatz für die Industrie vollendete Fakten schuf; jetzt bestand an offenen Entscheidungsprozessen im allgemeinen kein Interesse mehr, sondern eher ein Interesse an deren systematischer Verhinderung.« (Radkau, S. 307)

Die »Eigendynamik« der technologischen Entwicklung wird also dadurch gesellschaftlich erzeugt, daß die Bandbreite der technischen Möglichkeiten durch politische und wirtschaftliche Entscheidungen (s. Investitionen) zunehmend eingeengt wird.

Nun könnte es natürlich sein, daß auf diesem Wege lediglich der »one best way«, die sachlich eindeutig beste bzw. die technisch rationalste Lösung herausgefiltert wird.

2. Auf der Grundlage der Akten, Gesprächsprotokolle und Interviews, auf die J. Radkau seine Interpretation stützen kann, problematisiert er nachhaltig das geläufige Argumentationsmuster, das der »eigengesetzlichen Technikentwicklung« lediglich »soziale Folgen« attestieren will. Zwar gebe es auch in der Atomindustrie das Standardargument, die Eigendynamik der kerntechnischen Entwicklung habe beispielsweise zwangsläufig zu einer immer weitergehenden Steigerung der Kapitalkonzentration geführt; die Bedeutung dieses Arguments aber wird von Radkau deutlich relativiert. Zwar gebe es tatsächlich »den steilen Anstieg der Blockgrößen« (S. 306), diese Konstellation kennzeichne aber eine recht späte Stufe der Entwicklung, auf der die »großen und alteingesessenen« Konzerne, insbesondere der Elektroindustrie, sich bereits durchgesetzt und die Vielzahl der ursprünglich diskutierten Reaktorlinien auf einige wenige reduziert hätten. Bei der Selektion der Reaktorlinien könne, auch rückschauend, von einer wie immer gearteten Rationalität keine Rede sein. So sei der Organisch Moderierte Reaktor/OMR, für den sachlich gute Argumente gesprochen hätten, frühzeitig abgeblockt worden, weil dessen Protagonist, die damals noch unabhängige Interatom, über keine (hinreichend starke) Lobby verfügt habe (S. 73). Der Schwerwasser-Natururan-Reaktor, bei dem man auf eine Wiederaufarbeitung hätte verzichten können und der vor allem unter Sicherheitsgesichtspunkten gesamtgesellschaftliche (politische) Vorteile aufwies, sei an Kriterien gescheitert, die nur als »militärische Interessen« verstanden werden könnten (Radkau, 1983, S. 76/77). Radkaus

Résumé lautet: »Wenn ein durch die Kerntechnik hervorgehobener Sachzwang zur Konzentration nicht eindeutig nachzuweisen ist, ist doch umgekehrt recht deutlich, daß die Entwicklung der Kerntechnik durch die ökonomische Konzentration geprägt und in eine bestimmte Richtung gelenkt wurde.« (S. 306)

3. Die von ihm angewandte Methode des »historischen Verstehens« will Radkau nicht auf die »Rekonstruktion vergangener Zustände« beschränkt wissen; sie ziele ebensosehr auf eine »Rekonstruktion der einstigen Zukunftsperspektiven« (S. 64). Man könnte ergänzen: In dem Maße, wie der komplexe Prozeß, vollendete Tatsachen zu schaffen, als Vorgang der selektiven Erzeugung von Zukunft (aus zunächst zahlreichen möglichen »Zukünften«) begriffen werden muß, müssen Rekonstruktionsanalysen auch darauf gerichtet sein, solche einmal möglich gewesenen Zukunftsperspektiven wieder ans Tageslicht zu holen. Denn zur Politik der vollendeten Tatsachen gehören auch Methoden der »Herstellung von Vergangenheiten«, für die manche Historiker eine makabre Zuständigkeit erlangt haben.

Historisches Verstehen bedeutet für Radkau nicht zuletzt eine Rekonstruktion der seinerzeit diskutierten bzw. für relevant gehaltenen Kriterien, unter denen etwa die diversen Reaktorlinien und die verschiedenen möglichen Moderatoren (Schwerwasser, Graphit etc.) und Kühlmittel (flüssiges Natrium usw.) auf ihre jeweiligen Vor- und Nachteile hin beurteilt werden konnten. Allein die *ökonomischen Kriterien* streuen bei näherem Zusehen beträchtlich: da geht es um die absehbaren Kosten des Urans und konkurrierender Energieträger, um die Exportchancen der verschiedenen Reaktortypen, um die unterschiedlichen Zeitperspektiven und ihre ökonomischen Äquivalente, um Sonderinteressen beispielsweise der chemischen Industrie (Schwerwasser, zeitweise bezüglich der Wiederaufarbeitung), um die besonderen Interessen an der mechanischen Urananreicherung etc. Nimmt man die *politischen Kriterien*, wie die Autarkie der Rohstoffversorgung oder die Exportchancen am Weltmarkt, die (weitgehend verkappten) *militärischen* Interessen an der Plutoniumproduktion und die *gesamtgesellschaftlichen* Aspekte der Sicherheit oder der sozialen Gesamtkosten hinzu, so entsteht das Bild einer Entwicklung, die nicht mehr begriffen werden kann, wenn man den verschiedenen sozialen Faktoren lediglich die Wirkung von Selektionskriterien einer ansonsten für autonom gehaltenen wissenschaftlich-technologischen Ablauflogik beimessen will. Es geht vielmehr um eine Vielzahl von *Optimierungsprozessen*, durch die die heterogenen Kriterien überhaupt erst miteinander vergleichbar (kommensurabel) gemacht werden.

Das Gesamtrésumé, das Joachim Radkau aus seiner Rekonstruktionsanalyse zieht, ist eindeutig genug: Von einer Steuerung der kerntechnischen Entwicklung durch »technische Sachzwänge« könne schon deshalb keine Rede sein, weil sich im Verlauf der Analyse »immer wieder [gezeigt habe], daß ›die Technik‹ kein eigengesetzliches System, ›technischer Fortschritt‹ keine Triebkraft eigener Art, *›technische Rationalität‹ nichts Eindeutiges* sei«. (Radkau, 1983, S. 462)

Allerdings bleibt eine wesentliche Unsicherheit, die zugleich theoretische und empirische bzw. methodologische Implikationen hat: Es wäre immerhin denkbar, daß es eine wissenschaftlich-technische Ablauflogik (als zunächst nur virtuelle) gibt, die in den wissenschaftlichen und politischen Auseinandersetzungen erst *herausgefunden* werden muß, weil niemand sie ex ante kennt. Wenn es solche objektiven Tendenzen des historischen Ablaufs der wissenschaftlich-technologischen Entwicklung geben sollte, dann lassen sie sich nicht ohne weiteres in den Äußerungen handelnder Personen auffinden. Bedenkt man, wie sehr nicht nur politisches Handeln, sondern auch wissenschaftliche Alltagsarbeit den Charakter des »Sich-Durchwurstelns« (Lindblom, 1959) haben kann und wie Betriebsblindheit die großen Linien verwischen mag, so ist es auch ein Ergebnis der wissenschaftlichen Thematisierungsform und der ihr entsprechenden Operationalisierungen, wie die Rekonstruktionen aussehen.

Die Vertreter funktionalistischer Interpretationen, auch marxistischer Provenienz (s. E. P. Thompson, 1978), haben es da leichter. Das, was sich erfolgreich durchgesetzt hat, ist damit zugleich das historisch Notwendige. Damit verfügt man über einen Fixpunkt im »Strom der Geschichte«, von dem aus sich die Abläufe relativ einfach und selektiv rekonstruieren lassen. Was immer die handelnden Personen denken und tun: sie vollziehen nur ein bzw. ihr Schicksal. Es ist dann lediglich eine Frage des metatheoretischen Standpunkts, ob man annimmt, daß es »letztlich« die »Ideen« sind bzw. die »wissenschaftliche Eigenlogik« ist, die den Ablauf determinieren, oder »die Klassenkämpfe« bzw. die »Produktionsverhältnisse« oder die »Systemlogik«.[25]

Ein Nachteil dieser Interpretationsfigur ist allerdings, daß sie sich immer, absichtsvoll oder unabsichtlich, in den Dienst der Geschichte der Sieger begibt. Wenn es je Alternativen gegeben hat, so bleiben sie im Dunkel der Geschichte. Dieses Dilemma kann und will die von David F. Noble, Joachim Radkau und anderen betriebene industriegeschichtliche Rekonstruktionsanalyse vermeiden. Aber auch sie steht vor einer systematischen Schwierigkeit, die beträchtliche politische Bedeutung hat. Da sie, wie die Eule der Minerva, per definitionem immer erst ex post factum einsetzt, ist sie zwar gegebenenfalls in der Lage nachzuweisen, daß es früher einmal Alternativen gegeben hat oder gegeben hätte; da der »Fall« aber in der Gegenwart in der Regel bereits zum Abschluß gekommen ist, sind inzwischen Fakten geschaffen worden, hinter die nur mehr kontemplativ oder konjunktivisch zurückgegangen werden kann. Diese Probleme gelten prinzipiell nicht nur für den Prozeß der Technologieentwicklung, sondern auch für die (neueren) Formen der »rationalen Rekonstruktion von Wissenschaft« (Sund, 1984, S. 51). Einen Wechsel der Perspektive gibt es allerdings in dem Versuch der israelischen Wissenschaftshistorikerin Pnina Abir-Am[26], die Rolle der Rockefeller Foundation bei der Entwicklung der Molekularbiologie in den dreißiger und vierziger Jahren – in Anlehnung an die Argumentationsstrategie M. Foucaults – so zu rekonstruieren, daß die Geschichte wissenschaftlicher Disziplinen als *mikropolitischer Verhandlungsprozeß* begriffen werden kann, durch den diese sich überhaupt erst als solche konstituiert.

Alle rekonstruktiv verfahrenden Analysen (abgelaufener Prozesse) bleiben freilich mit dem Problem konfrontiert, daß sie es nicht nur mit der (planen) Geschichte eines Gegenstandsbereichs (einer bestimmten Technologie, einer wissenschaftlichen Spezialdisziplin oder Theorie) zu tun haben, sondern zugleich mit Vorgängen der nachträglichen Bereinigung der Abläufe. Radkau deutet diesen Aspekt nur beiläufig an: »Wenn es auch hernach für die jeweils getroffene Wahl technische Argumente zur Genüge gibt, so treten diese doch historisch oft erst sekundär auf den Plan« (1983, S. 462). Tat-Sachen wären demnach nicht nur etwas »Gemachtes«, wie es in der lateinischen Bedeutung von Factum (s. facere) deutlicher noch zum Ausdruck kommt; ihre vollendete Form gewinnen sie offenbar erst dann, wenn die Bedingungen ihrer Produktion, ja die bloße »Tatsache«, daß sie unter bestimmten Konditionen »gemacht« worden sind, vergessen (gemacht) ist.

Dieser Prozeß der gesellschaftlichen Dekontextualisierung (s. u.) läßt sich noch am ehesten aufdecken, wenn man die Perspektive ändert und die Ausrichtung der Fragestellungen in neuer Form fokussiert. Man könnte von einem »Paradigmawechsel« (Kuhn, 1962) sprechen, wenn dieser Begriff in der neueren soziologischen Diskussion nicht bis zur Bedeutungslosigkeit verhunzt worden wäre (vgl. Hack, 1986a).

Welchen wissenschaftstheoretischen oder wissenschaftspolitischen Begriff man auch immer wählt: die in den neueren wissenschaftssoziologischen und, in ersten Ansätzen, techniksoziologischen Arbeiten vorangetriebenen Untersuchungen der *sozialen Konstruktion wissenschaftlicher Tatsachen* und technologischer Artefakte sind in der Lage, einige der zuletzt genannten Probleme rekonstruktiv verfahrender Interpretationen zu vermeiden (oder zu umgehen).

Exkurs ins kulturelle Milieu

Indizien vergangener Untaten, symbolisches Aus-Handeln von Tat-Sachen

»Die Welt als Inbegriff von Tatsachen und zugleich die Tatsachen als das Wesen der Wirklichkeit«[27] zu begreifen, ist der erkenntnistheoretische Reflex einer Welt, in der die Verdinglichung ihre verhärteten Spuren hinterlassen hat. Wird in der gesellschaftlichen Realität die vorgängige Konstituierung der Tatsachen als privater bzw. privatwirtschaftlicher Vorgang ausgeblendet, bleiben außerhalb der Black Box nur noch die petrifizierten Tatbestände als »Elemente«, aus denen sich die positivistische Erkenntnistheorie *ihre* Welt bauen kann. Die in den industriekapitalistischen Ländern vorherrschende ökonomische Strukturierung von Wissenschaft und Technologie findet auch metatheoretisch ihr Selbstverständnis darin, sich mit dem Produzierten oder Gemachten als unumstößlicher Tatsache abzufinden.

Seit dem ausgehenden 19. Jahrhundert aber hat sich das Grundmuster der kapitalistischen Produktion immer mehr von der Fixierung auf das Produkt gelöst und den immer komplexer werdenden *Produktionsprozeß* zum Fokus werden lassen. Aus der zuvor dominierenden Frage, *Was* (wird produziert)? wurde die Frage, *Wie* (wird produziert)? Erforderlich ist damit zugleich ein Perspektivwechsel, in dem sich Richtung und Methoden der Problemstellungen auf allen Ebenen grundlegend wandeln.

Ein dem entsprechender Paradigmawandel findet sich frühzeitig im kulturellen Bereich, beim Übergang vom »Indizienparadigma« des klassischen Detektivromans zum »Aktionsparadigma« des US-amerikanischen Kriminalromans. In einem berühmt gewordenen Aufsatz über »Spurensicherung« hat Carlo Ginzburg (1980) im Indizienparadigma das gemeinsame »Erkenntnismodell« (S. 24) der Arbeiten von Giovanni Morelli, Sigmund Freud und Arthur Conan Doyle aufgespürt und in den kulturellen Traditionen des 19. Jahrhunderts verankert. Umberto Eco, Thomas A. Sebeok und andere (1985) haben das Spiel auf Charles S. Peirce und Edgar Allan Poe erweitert.

Bei der Spurensicherung nach dem Indizienparadigma geht es um die *rationale Rekonstruktion* komplexer Sachverhalte bzw. Realitätsstrukturen, die aus scheinbar belanglosen Indizien, Symptomen[28] und Zeichen erschlossen werden.

Sherlock Holmes schließt aus einer zerbeulten Melone auf folgende Eigenschaften und Lebensumstände des ihm unbekannten Besitzers: Daß er in den letzten drei Jahren ganz gut gestellt war, es ihm jetzt allerdings schlecht geht. Daß er der Trunksucht verfallen ist. Daß seine Frau ihn nicht mehr liebt. Daß er sich ein gewisses Maß an Selbstachtung erhalten hat. Daß er ein ruhiges Leben führt, wenig ausgeht, körperlich nicht gut in Form ist. Daß er 40 Jahre alt ist und graue Haare hat, die in den letzten Tagen geschnitten worden sind und mit Birkenwasser gepflegt werden. Daß sein Haus wahrscheinlich keinen Gasanschluß hat, da sich fünf Talgflecken am Hut finden.[29]

Bei solchen totalen Einzelfallrekonstruktionen dürften Kriminalbeamte und Sozialforscher, die sich an deren Erkenntnisbegriffen orientieren, leuchtende Augen bekommen.

Ernst Bloch, der bereits 1965 auf die Ähnlichkeiten zwischen Doyle und Freud hingewiesen hat, bestimmt als charakteristisches Kennzeichen der Detektivgeschichte ihre spezifische Erzählform: der Leser ist hier »bei einer Untat, einer den Tag scheuenden, obzwar besonders fertig ins Haus gelieferten, nicht dabei gewesen, sie liegt im Rücken der Geschichte, muß ans Licht gebracht werden, und dies Herausdrängende ist selber und allein das Thema. Das dunkel Geschehene wird auch in keiner Vorhandlung dargestellt, eben weil es überhaupt noch nicht darstellbar ist, außer durch Ausgrabung, durch Indizien, welche rekonstruieren lassen«. (Bloch, 1965, S. 327)

Ob nun »Rekonstruktion des Unerzählten« (Bloch) oder »Rekonstruktion der Spur des Unerzählten«, wie Heißenbüttel (S. 362) ihn verbessern möchte – das, was »im Rücken der Geschichte liegt«, wird im systematischen Vollzug von Induktionen oder Abduktionen (Peirce; Eco) logisch zu rekonstruieren versucht. Unterstellt ist, wohlgemerkt, nicht die Rationalität des zu Rekonstruierenden – das hatte bereits Edgar Allan Poes *Doppelmord in der Rue Morgue* klargestellt –, sondern die logische bzw. rationale Rekonstruierbarkeit dessen, was bereits zur Vollendung gelangt ist: der *Untat*.

Die »Spielregeln des Kriminalromans« (Heißenbüttel), die dem klassischen Detektiv erlaubten, aus den trivialsten Spuren den Hergang der Untat zu rekonstruieren und den Täter zweifelsfrei zu identifizieren, erwecken zugleich den Eindruck einer korrespondierenden Regelhaftigkeit der Wirklichkeit, die durch die Untat zwar gestört, aber durch die Aufklärung des Falles wiederhergestellt werden kann.

Unter dem Eindruck der dramatischen ökonomischen und sozialen Umbrüche, die sich im ersten Drittel dieses Jahrhunderts vollzogen (Erster Weltkrieg, Inflation, Weltwirtschaftskrise), und vielleicht auch der wissenschaftlichen Revolution, insbesondere in der Physik, wurden auch die Grundannahmen von Stabilität und korrespondierenden Spielregeln in Frage gestellt, die dem Indizienparadigma des klassischen Kriminalromans zugrunde lagen.

Mit Bezug auf die (zitierte) Blochsche Interpretation hat Manfred Smuda (1970) den grundlegenden Perspektivwechsel folgendermaßen interpretiert: »Da in der Detektivliteratur das Verbrechen ›im Rücken der Geschichte‹ liegt, gilt es, den Sachverhalt dieses Verbrechens im Indizienverfahren durch charakteristische Details anschaulich zu machen. Da die Handlung bereits geschehen ist, ehe die Geschichte beginnt, wird das Bild dieser Handlung rekonstruiert. Im Kriminalroman dagegen soll die Handlung in actu vorgeführt werden.«[30]

Faktisch vollzogen wurde die Wende von Dashiell Hammet, Raymond Chandler[31], Erle Stanley Gardner und anderen Autoren der Spezialzeitschrift *Black Mask*, die nicht mehr von den vollendeten Untaten ausgingen, da ihnen deren rationale Rekonstruierbarkeit fragwürdig geworden war, sondern die einen Prozeß der Entstehung krimineller Handlungen vorstellten, in den der Privatdetektiv tat-kräftig und zugleich hilflos einbezogen wurde. Konnte die Untat im klassischen Detektivroman als »Black Box« behandelt werden, in die die Gedankenblitze der Holmes, Dupin etc. Licht zu bringen vermochten, so gingen Philip Marlowe und seine Kollegen davon aus, daß sie die Schwarze Kiste eigenhändig aufbrechen oder in die Luft sprengen mußten, wenn sie den Dingen auf die Spur kommen wollten. Aufklärung, ja der bloße alltagspraktische Nachvollzug der Ereignisse der wirklichen Welt, läßt sich jetzt nicht mehr aus der abgehobenen Distanz rational verfahrender Interpretation betreiben, sondern ist unweigerlich eingewoben in den gleichen Prozeß der Realitätserzeugung, den es zu analysieren gilt.

Nach dem Paradigmawandel der Kriminalliteratur lassen sich rückblickend Re-Interpretationen des klassischen Musters vornehmen, die dessen stillschweigend unterstellte Regelhaftigkeiten aber nicht wiederbeleben können.[32] Am häufigsten und beliebtesten sind wohl jene semiotischen Re-Interpretationen, die aus der raffinierten Doppelbödigkeit des klassischen Detektivromans nur mehr das fadenscheinige Gewebe von Texten festzuhalten vermögen. So vor allem Umberto Eco, der mit seinem Buch *Der Name der Rose* das Realitätsverständnis des 19. und 20. Jahrhunderts in das Mittelalter zurückprojiziert hat. In seinem Essay (1985) unterscheidet Eco zunächst zwischen der »Natur von Universen« und der »Natur von Texten«, dann aber richtet er sich gemütlich bzw. semiotisch ein und folgert: »[...] selbst die Sequenz von Ereignissen, die ein Detektiv untersucht, [läßt sich] *als Text definieren;* und zwar nicht nur, weil sie sich auf eine Abfolge von Sätzen reduzieren läßt (nichts anderes stellt ja der Detektivroman oder das offizielle Protokoll einer *echten Ermittlung* dar), sondern auch, weil verbale und bildliche Texte, *genau wie Kriminalfälle*, um als ein kohärentes und aus sich heraus erklärbares Ganzes erkannt zu werden, eines ›idiolektischen Gesetzes‹ bedürfen, eines eigenen Codes, einer Erklärung, die für sie und mit ihnen funktioniert und nicht auf andere Texte übertragen werden kann.«[33]

Wird in den Kriminalromanen Hammetts und Chandlers ein anderer Realitätsbezug als bei Conan Doyle oder E. A. Poe nur literarisch *fingiert* und bleibt insofern tatsächlich eine bloße Angelegenheit der Texte, so würde sich wohl jeder Täter – und erst recht jeder, der einer Tat zu Unrecht verdächtigt wird – dagegen verwahren, wenn er nach diesem Muster bloßer Textexegese zum Bestandteil der polizeilichen Ermittlungsprotokolle gemacht würde. Auf diesen Kardinalfehler philologischen Wirklichkeitsverständnisses, alle Realitätsverhältnisse von »Kontexten« immer schon auf »Texte« reduzieren zu wollen, wird noch zurückzukommen sein. Die freiwillige Antizipation von Tatsachen als vollendeter, wenn sie sich nur in der Sprache ab-zeichnen, läßt sich ideologisch sehr gut einsetzen, wenn es beispielsweise um die Vorspiegelung falscher Tatsachen geht.

Zur Probe: In Conan Doyles Geschichten sei Dr. Watson ein fortschrittlicher Psychiater oder Analytiker, der seinen Patienten Holmes im offenen Vollzug von der fixen Idee heilen will, die Realität sei (induktiv, abduktiv oder deduktiv) logisch rational rekonstruierbar. Zu diesem Zweck konfrontiert Dr. Watson Sherlock Holmes immer wieder behutsam mit dieser Wirklichkeit, und um das für unvermeidlich gehaltene Scheitern Holmes' an der Realität systematisch aufarbeiten zu können, erstellt Dr. Watson eben jene Krankengeschichten, die dann als Detektivgeschichten wirken konnten, da Holmes' logisch-rationale Rekonstruktionen, zu Dr. Watsons wachsendem Erstaunen, sich ein ums andere Mal als in sich stimmig, als realitätsmächtig, als erfolgreich erwiesen. Das aber war nur möglich, weil sich Sherlock Holmes, der Dr. Watsons karitative Neigungen kannte, tatsächlich Geschichten ausdachte, deren Verlauf er gemeinsam mit Dr. Watson aushandelte, so daß sie zusammen einen Text produzierten, als deren Autor sie sich Conan Doyle erdachten, um bei den Lesern den Eindruck zu erwecken, sie seien bloß erfundene Figuren, da es anders nicht möglich gewesen wäre, glaubhaft zu machen, die Realität lasse sich rational rekonstruieren.

Auf der Ebene von Texten oder von sprachlichen Handlungen lassen sich wichtige Aspekte der Konstitution sozialer Realität rekonstruieren.

Seit die Annahme einer selbstverständlich zu unterstellenden Korrespondenz mit den Strukturen der nicht-sprachlich gegebenen Realität zerbrochen ist, muß es zu fatalen Fehlschlüssen führen, wenn man den gesamten Prozeß der Formation gesellschaftlicher Wirklichkeit auf diese Ebene zu reduzieren versucht. Zugleich eröffnet diese Reduktion aber die Chance, Einblicke in die Prozesse und Mechanismen der Konstruktion sozialer Tatsachen zu gewinnen, die dem traditionellen Verfahren einer ausschließlich rekonstruktiv verfahrenden Aufarbeitung der bereits verfestigten Tatsachen nicht zur Verfügung standen.

Philip Marlowe und Raymond Chandler aber wußten bereits, daß sie bei ihrer Vorgehensweise nicht mehr nur »ermitteln« konnten, was ohnehin und ohne sie geschehen war, sondern daß sie konstitutiver Teil dessen waren, wovon berichtet wurde. Was sich damit dem Erzähler als Chance und Zwang zur ironischen Brechung darstellte, bedeutet in der sozialwissenschaftlichen Reflexion auf die eigene Arbeit, daß transparent gemacht werden muß, wie die eigene Fragestellung die Produktion dessen beeinflußt, was man als wissenschaftliche Tatsachen vorweist. »Daten sind weit davon entfernt, roh zu sein« (Dreyfus, 1985, S. 213). Auch wenn die Soziologie zur Zeit, jedenfalls beim Themenkomplex der wissenschaftlich-technologischen Entwicklung, nur auf kleiner Flamme kocht, sollte sie nicht vorgeben, erkenntnistheoretisch Rohköstler zu sein.

Soll der Vorgang der Erzeugung (natur-)wissenschaftlicher Tatsachen und technologischer Artefakte als *sozialer Prozeß* begriffen werden, so kann das nur gelingen, wenn die Soziologie diese veränderte Art der Fragestellung reflexiv auch auf ihre eigene Erkenntnistätigkeit anwendet. Dabei gilt, daß es nützlich und notwendig ist, zumindest hin und wieder auf den Boden der Tatsachen zurückzukehren, daß man davon aber keine falschen Sicherheiten erwarten darf.

2. Der »weiche Bauch der Wissenschaft«: Innenansichten der Wissenschafts- und Technologieproduktion

Industriegeschichtliche Rekonstruktionsanalysen wie die von Noble, Radkau u. a. begründen nachdrücklich die Vermutung, daß gesellschaftliche »Wahlen« oder Entscheidungen sowie ökonomische und politische Interessen für den faktischen Prozeß der Durchsetzung bestimmter Technologien (Produkte, Verfahren, Systeme) konstitutiv sind, also keineswegs als bloß kontingente »externe« Randbedingungen betrachtet werden können. »Rein wissenschaftliche« oder »genuin technische« Argumente bleiben in diesen Studien allerdings eindeutig außerhalb des (legitimierbaren) Zugriffs der soziologischen Interpretationen.

Den Zusammenhang zwischen sozialen und ökonomischen Problemstellungen, wie sie durch Bergbau (Pumpen), küstenferne Schifffahrt (Kompaß) und Militär (Kanonen) vorgegeben wurden, einerseits, technischen Problemen und Konzepten andererseits und, davon wiederum zu unterscheiden, der wissenschaftlichen Theoriebildung zu thematisieren, kann geradezu als Gründungsmotiv der *eigenständigen Wissenschaftssoziologie* angesehen werden (vgl. B. Hessen, 1931; R. K. Merton, 1939; J. D. Bernal, 1939). Daß sozioökonomische Probleme und Aufgabenstellungen in technischen Entwicklungen aufgenommen werden und von der Technik aufgeworfene Probleme die Richtung der naturwissenschaftlichen Forschung beeinflussen (Rapp, 1973, S. 117), gilt mittlerweile als relativ stabiles Ergebnis einer großen Zahl von wissenschaftssoziologischen und technikhistorischen Untersuchungen.

Die Frage, *wie* dieser komplexe Wechselwirkungszusammenhang systematisch angemessen konzipiert werden kann, wurde von Robert K. Merton (1949) in einer Form, die die ganze Spezialdisziplin der Wissenschaftssoziologie für zwei Jahrzehnte festlegte[34], dahin beantwortet, daß es die *Funktion des sozialen Systems der Wissenschaft* sei, für eine stetige Erweiterung gesicherten Wissens zu sorgen (Spiegel-Rösing, 1973, S. 33), und daß diese Funktion durch die verbindliche Orientierung an einem Set gesellschaftlicher Normen zu gewährleisten sei, die die Eigenständigkeit des Wissenschaftssystems gegen (andere) gesellschaftliche und, vor allem, gegen politische Interventionen (insbesondere totalitärer Staaten) sichern sollten (vgl. auch Polanyi, 1943;1962).

Damit wurde eine »soziale« Dimension des Wissenschaftssystems zwar zur soziologischen Analyse freigegeben, aber zugleich als etwas konzipiert, das der eigentlichen wissenschaftlichen Tätigkeit ganz und gar äußerlich blieb. Die Erörterung der »internen« Probleme der kognitiven bzw. epistemologischen Strukturen des wissenschaftlichen Wissens wurde arbeitsteilig der *Wissenschaftstheorie* überlassen. Erst im Gefolge der durch die wissenschaftshistorischen Arbeiten Thomas S. Kuhns (1962) begründeten Öffnung wurden schrittweise veränderte, d. h. weitergehende soziologische Formen der Thematisierung naturwissenschaftlichen und technologischen Wissens erschlossen, in deren Rahmen auch die Zusammenhänge zwischen Wissenschaft, Technik bzw. Technologie und Gesellschaft in neuer Weise konzipiert werden konnten.

a) Die soziale Konstruktion wissenschaftlicher Tatsachen

In neueren wissenschaftssoziologischen Untersuchungen spielt die lange Zeit für verbindlich gehaltene Grenze der Soziologisierbarkeit nahezu keine Rolle mehr. Sie richten sich auf die Erarbeitung einer genuin soziologischen Epistemologie gerade auch im Hinblick auf die »harten« Naturwissenschaften. Dabei geht es vor allem um die Beschreibung und Analyse der Formen alltäglicher Laborarbeit (Latour/Woolgar; Knorr-Cetina; Lynch), einschließlich des dabei praktizierten Umgangs mit technischen Apparaten und Instrumenten (»inscription devices«), und um wissenschaftliche Diskussionen in den Arbeitsgruppen, speziell bei der Erstellung von wissenschaftlichen Texten, die gemeinsam publiziert werden sollen (Law/Williams).[35]

Mit dieser Ausrichtung der Fragestellungen sind spezifisch begründete Formen der Empirie verbunden, deren Selbstetikettierung als »Empirical Programme of Relativism/EPOR« (Pinch/Bijker, 1984) allerdings den starken anthropologischen bzw. ethnomethodologischen Einschlag der Untersuchungstendenz kaschiert.

Titel und Untertitel der Studien sind, häufig in mehrfacher Hinsicht, programmatisch: *Laboratory Life. The Social Construction of Scientific Facts* von B. Latour und S. Woolgar, 1979; *Die Fabrikation von Erkenntnis. Zur Anthropologie der Naturwissenschaft* von Karin Knorr-Cetina (1984/1981); *Die zeitliche Ordnung in der Arbeit des Labors* von M. Lynch u. a. (1985); *Putting Facts Together: A Study of Scientific Persuasion* von John Law und

R. J. Williams (1982); *The Social Construction of Facts and Artefacts: or How the Sociology of Science and the Sociology of Technology might Benefit Each Other* von Trevor J. Pinch und Wiebe E. Bijker (1984; s. a. 1986; Russell, 1986). Nicht mehr als »externalistisch« behandelbare Probleme wie »Wissenschaft als Institution«, »wissenschaftliche Normen«, »Karrieremuster« oder »Belohnungssysteme« (Pinch/Bijker, 1984, S. 441) gelten jetzt als die vordringlichen Gegenstände der Wissenschaftssoziologie; die Interpretationsstrategien zielen nun direkt auf die »Wissensansprüche« (knowledge-claims) selbst der »harten Naturwissenschaften«. »Innerhalb eines solchen Programms werden alle Wissensansprüche als sozial konstruierte behandelt: d. h. Erklärungen der Genese, der Akzeptanz und der Zurückweisung von Wissensansprüchen werden im Bereich der *sozialen Welt* gesucht und nicht in der naturalen Welt.« (Pinch/Bijker, 1984, S. 441) Bei allen Unterschieden der diversen Positionen innerhalb dieser neuen Richtung der Wissenschaftssoziologie gebe es eine »weitverbreitete Zustimmung, daß gezeigt werden kann und tatsächlich auch schon gezeigt worden ist, daß *wissenschaftliches Wissen sorgfältig sozial konstruiert* worden ist«. (ebd.) Die Autoren berufen sich dabei auf die interpretativen Spielräume, die durch die wissenschaftstheoretischen Argumentationen selbst eröffnet worden sind, denen zufolge es eine »Theoriegeladenheit« bzw. »Theorie-Imprägniertheit« (K. Popper) wissenschaftlicher Beobachtungen bzw. eine »Theoriekonstituiertheit« (Th. S. Kuhn) sogenannter »Tatsachen« (Knorr-Cetina, 1984) gebe. Die daraus folgende Einsicht, daß »Fakten nicht der Fels sind, auf den unser Wissen aufbaut« (S. 17), gefällt Knorr-Cetina so gut, daß sie ihrem ersten Kapitel als Motto den Satz der Kriminalroman-Autorin Dorothy Sayers voranstellt: »Mein Herr, Fakten sind wie Kühe. Wenn man sie nur scharf genug ansieht, laufen sie im allgemeinen weg.« So eindrucksvoll das Bild vom (Sozial-)Wissenschaftler als Kuhhirten auf den ersten Blick auch sein mag, jeder richtige Cowboy weiß, daß eine Kuh, die ihren Standort gewechselt hat, in der Regel immer noch eine Kuh ist (es sei denn, sie wird analytisch zerlegt: im Schlachthaus). Und jeder Viehzüchter weiß, daß eine Kuh, selbst auf der modernsten Farm, nicht durch bloßes Weggukken erzeugt werden kann.

sozial konstr.

Zwei grundlegende Fehlkonzeptualisierungen des sozialen Konstruktivismus in der neuen Wissenschaftssoziologie, wie er von Knorr-Cetina vertreten wird, lassen sich damit bereits en passant festhalten:

1. Die kognitiven Strukturzusammenhänge, die der »Herde« der Tatsachen auch einen Zusammenhalt geben (können), werden tendenziell ignoriert. Bereits 1962 schrieb Michael Polanyi: »[...] Wissenschaft [ist] nicht eine bloße Kollektion von Tatsachen, sondern ein *System von*

Tatsachen, das auf ihrer wissenschaftlichen Interpretation basiert.«[36] Zu ergänzen ist die Bestimmung, mit der Habermas (1968a) Charles Peirce's Überlegungen zur Logik der Forschung zusammenfaßt: »Wir können so etwas wie uninterpretierte Tatsachen sinnvollerweise nicht denken; gleichwohl handelt es sich um Tatsachen, die nicht in unseren Interpretationen aufgehen.« (S. 124)

2. Eine weitere Schwachstelle des wissenschaftssoziologischen Konstruktivismus ist die leichthändige Eskamotierung jeden Gegenstandsbezugs, die mit einem simplen Trick erreicht werden soll. Kritisiert wird am »wissenschaftstheoretischen Objektivismus«, er messe »der physikalischen Welt letztlich alleinige Bedeutung in der Steuerung der Wissensinhalte zu« (Knorr-Cetina, 1984, S. 18), woraufhin jegliche Bedeutung der »physikalischen Welt« bzw. des Gegenstandsbezugs überhaupt ausgeräumt sein soll. Auf beide Probleme wird im nächsten Abschnitt (2. b) zurückzukommen sein.

Vor diesem epistemologisch amorphen[37] Hintergrund läßt sich das gemeinsame Grundmuster des sozialen Konstruktivismus, anhand der Einschätzungen von Collins (1983) und Pinch/Bijker (1984, S. 409ff.), folgendermaßen darstellen:

Erste Stufe. Die »interpretative Flexibilität wissenschaftlicher Ergebnisse (wird) offengelegt«. Mit anderen Worten, es wird gezeigt, daß wissenschaftliche Ergebnisse bzw. »Fakten« in durchaus adäquater Weise durch mehr als eine wissenschaftliche Interpretation aufgenommen werden können. Das impliziert eine Vielzahl von »Kämpfen« (struggles, s. Latour/Woolgar), »Verhandlungen« (negotiations), »Manövern« usw., bei denen es »Koalitionen« und gemeinsame Aushandlungsstrategien gibt, wofür wiederum die verschiedenartigsten »Ressourcen«[38] in Anspruch genommen werden, bis es schließlich zur Durchsetzung einer erfolgreichen bzw. siegreichen Interpretation kommt. Wer über diese verfügen kann, hat in der unvermeidlichen nächsten Runde der Auseinandersetzungen einen wichtigen Vorteil (»Ressource«) auf seiner Seite. Und so fort.

Zweite Stufe. Diese »interpretative Flexibilität« verschwindet aus der Wissenschaft durch einen Prozeß der *wissenschaftlichen Konsensbildung* über das, was im jeweiligen Einzelfall wissenschaftliche »Wahrheit« ist. Das Entscheidende ist nun, daß es weder »wissenschaftliche (Beobachtungs-)Tatsachen« noch im geläufigen Sinne »wissenschaftliche Argumente« sind, sondern »*soziale Mechanismen*, die [die] interpretative Flexibilität begrenzen und auf diese Weise erlauben, wissenschaftliche Kontroversen zu beenden« (Pinch/Bijker, 1984, S. 409).

Dritte Stufe. Die Vollendung der »wissenschaftlichen Tatsachen«

wird durch *Schließungs-Mechanismen* gegenüber dem weiteren sozio-kulturellen oder politisch-ökonomischen »Milieu« bewirkt, wobei die Schließung sowohl durch »Redefinition des Problems« geschehen kann als auch durch »rhetorische Schließung« und »institutionelle Schließung« (s. Collins, 1983, S. 95 f.; Pinch/Bijker, 1984, S. 428).

Was mit diesen Prozeduren insgesamt gemeint ist, läßt sich anhand der Konzeptualisierung durch Latour/Woolgar genauer bestimmen. Zur Analyse von argumentativen Texten verwenden die Autoren ein 5-Stufen-Schema, dessen einzelne Positionen jeweils danach bestimmt sind, in welchem Ausmaß bzw. bis zum welchem »Grad« Modalitäten des Gehalts bestimmter Aussagen (statements) in die Formulierungen einbezogen werden. Die Abfolge der Konditionierungen der Aussagen sieht dann beispielsweise folgendermaßen aus:

I. »Der Wissenschaftler XY behauptet, er habe mit dem Apparat AB der Firma F ein Experiment E durchgeführt, das die Existenz der (chemischen) Substanz S zeigt.«

II. »Der Wissenschaftler XY behauptet, er habe ein Experiment E durchgeführt, das die Existenz der Substanz S zeigt.«

III. »Das Experiment E behauptet, die Existenz von S zu zeigen.«

IV. »Das Experiment E zeigt die Existenz von S.«

V. »S existiert.«

Erst in der letzten Aussage sind Autor und Konditionen vollständig ausgespart. Die »wissenschaftliche Tatsache« wird »rein« und »nackt« präsentiert.

Die empirischen Untersuchungen von Latour/Woolgar, Knorr-Cetina und anderen können nun tatsächlich bemerkenswerte Belege aus dem Alltag der wissenschaftlichen Laborarbeit und der entsprechenden Publikationsstrategien dafür erbringen, daß die Überführung von Statements von der einen Stufe der Treppe zur nächsten als sozialer Vorgang des Aushandelns und des (gegenseitigen) Ausmanövrierens vollzogen wird, also keineswegs als »rein wissenschaftlicher« Klärungsprozeß zu begreifen sei.

Da solche sozialen Vorgänge, die scheinbar ausschließlich im Bereich des »Entdeckungszusammenhangs« stattfinden, zugleich Prozesse der wissenschaftlichen Bewertung und der Beurteilung des wissenschaftlichen Nutzens (»Gebrauchswerts«) der Ergebnisse enthalten, schließen Knorr-Cetina und andere nicht zu Unrecht, daß damit zugleich empirische Bedingungen für den »Rechtfertigungszusammenhang« (Reichenbach, 1938/1983) etabliert werden, der der ausschließliche Problembereich der traditionellen Erkenntnistheorie[39] sein soll.

Die Argumentationsfigur, die an dem 5-Punkte-Schema von Latour/

Woolgar festgemacht wurde, enthält zugleich ein konzeptionelles Argument, das für den hier skizzierten Sachverhalt von besonderer Bedeutung ist. Aussagen, die auf Angaben von Umständen bzw. Modalitäten der Wissenserzeugung angewiesen sind, werden, so lautete das Argument von Latour und Woolgar, *zu »Tatsachen« transformiert*, indem sie von den Umständen der Erzeugung befreit bzw. gereinigt werden (S. 105). »Eine Tatsache wird nur zu einer solchen, wenn sie alle zeitlichen Qualifikationen verliert und in den großen Bestand des Wissens (body of knowledge) inkorporiert wird, auf den andere zurückgreifen.« (S. 106) Das aber lasse sich, strenggenommen[40], nur erkennen, wenn man ein Fallbeispiel der *Konstruktion in actu* untersuche. Die Vorgehensweise von Wissenschaftshistorikern beispielsweise, rückwärts zu extrapolieren bzw. zu rekonstruieren, sei inakzeptabel, weil es diese Art der Fragestellung schwierig oder gar unmöglich mache, »eine Situation zu würdigen«, in der es keinen Weg gebe bzw. zu geben scheine.

Das Konzept der sozialen Transformation von komplexen Aussagen in knallharte Tatsachen-Feststellungen geht bei Latour/Woolgar allerdings einher mit dem Verlust der Fähigkeit, epistemologisch zwischen Fakten und Artefakten unterscheiden zu können. Die Autoren sehen die Bedeutung des Problems und versuchen, in mehreren Anläufen, insbesondere in einem eigenen Unterabschnitt (des 4. Kapitels) mit dem Titel »Facts and Artefacts« (S. 174–183), die Schwierigkeiten auszuräumen, indem sie argumentieren, die Konfrontation von Aussagen und »äußerer Realität« (reality out there) sei ihrer Konzeption zufolge gerade das Ergebnis der sozialen Konstruktion. Das ist ja insofern auch richtig, als die Realität »da draußen« immer schon begrifflich zugerichtete, apparativ präformierte, instrumentell definierte, also in vieler Hinsicht tatsächlich sozial produzierte Wirklichkeit ist. Man denke an »Geschwindigkeit« und »Zeit«, an »Natur«, »Lebensstandard« oder an die Beispiele aus dem Bereich chemischer Substanzen bzw. physiologischer Vorgänge (Hormone), die Latour und Woolgar untersucht haben.[41]

So richtig es ist, daß »der Mensch« in den scheinbar vorgegebenen »Tatsachen« der »Natur da draußen« den Ergebnissen seiner eigenen materiellen und geistigen Produktionsprozesse begegnet, so riskant ist es doch, diese eine Argumentationslinie zu hypostasieren. Wolfgang Krohn (1985) hat zu Recht daran erinnert, daß »Konstruktivismus« keine Erfindung der neueren Wissenschaftssoziologie ist: »Der Begriff ›Konstruktion‹ ist irgendwie aus der Mathematik oder aus der Technik entlehnt. In der Mathematik bedeutet ein konstruktivistischer Standpunkt (Brouwer, Heyting, Lorenzen), nur solche Theoreme als gültig anzuerkennen, die effektiv aus den (frei gewählten) Anfängen eines Kalküls aufgebaut werden können. In einem weiteren Sinn sind Mathematik und Logik insgesamt konstruktiv, wenn damit gemeint ist, daß ihre Entitäten nach Regeln erzeugt sind. In der Technik ist der Begriff der Konstruktion entweder mit einem besonderen Objektbereich (Brückenbau, Hochbau) oder mit der Idee einer allgemeineren Verfahrenskompetenz verknüpft, die das Design, den Entwurf einer Technologie im Unterschied zum materiellen Aspekt der Fertigung betrifft.« (S. 6)

Das Beispiel technischer Konstruktionen, von Maschinen oder Spannbetonbrücken, mag daran erinnern, daß »Konstruktivismus« *nicht* einen *voraussetzungslosen* Erzeugungsprozeß meinen kann, sondern einen, bei dem man von *klar definierten Voraussetzungen* ausgeht, von technischen Regeln, Materialeigenschaften, Funktionsanforderungen usw. Knorr-Cetinas (1983) Definition der »konstruktivistischen Interpretation«, sie sei ebenso eine »Art und Weise der ›Welt-Erzeugung‹« wie die Produktionseinrichtungen einer Fabrik (S. 135), zeigt den ungebremsten Subjektivismus dieser Position, der zugleich seine ideologische Attraktivität für eine vollends entgeisterte Sozialwissenschaft (Bonß/Hartmann, 1985) begründet.

Die Risiken des soziologischen Konstruktivismus zeigen sich deutlich in einem Aufsatz Latours (1983), der den (auch unfreiwillig) parodistischen Anspruch in seinem Titel vor sich her trägt: »Give me a Laboratory and I Will Raise the World«, womit auf den berühmten Ausspruch des Archimedes angespielt wird. Um die Welt aus den Angeln zu heben, braucht es jetzt keinen Punkt außerhalb des Erdballs mehr; es reicht ein Laboratorium.

Mit einigen guten Belegen aus der Arbeit und Wirkungsgeschichte des französischen Chemikers und Bakteriologen Louis Pasteur versucht Latour nachzuweisen, daß die sozialen Bedingungen, die die Wirksamkeit (efficiency) wissenschaftlicher Ergebnisse in der Außenwelt der Makroprobleme begründen, bereits unter den (scheinbar nur mikroskopischen) Laborbedingungen gelten. Daraus zieht er dann allerdings den mehr als riskanten Schluß: »Ich behaupte [...], daß Laboratorien zu den wenigen Plätzen gehören, an denen die Größenunterschiede (Mikro, Makro) irrelevant gemacht werden, und wo der Inhalt der Versuche, die innerhalb der Laboratoriumswände unternommen werden, die Zusammensetzung (composition) der Gesellschaft ändern können.« (S. 159) An Ort und Stelle vorgenommene Laborstudien lieferten deshalb, so Latour weiter, nicht nur den Schlüssel zum soziologischen Verständnis der Wissenschaft, sondern sie seien der Schlüssel zum soziologischen Verständnis der Gesellschaft insgesamt (S. 159f.).

Wie so oft führt auch hier die genauere Betrachtung der jeweiligen

Lieblings-Metapher direkt an die Schwachstelle: »Wissenschaftliche Tatsachen sind wie Züge, sie funktionieren nicht außerhalb der Schienenstränge. Man kann das Schienennetz erweitern und vernetzen, aber man kann die Lokomotive nicht übers freie Feld fahren lassen.« (Latour, 1983, S. 155) Darüber läßt sich reden. Die »Realität« der Schienenstränge muß zwar gegebenenfalls bei Konstruktion und Bau der Lokomotive bedacht und simuliert werden; die Konzipierung der Schienenstränge und ihre Errichtung müssen jedenfalls die Umstände der Bodenbeschaffenheit oder der Eigentumsverhältnisse sowie die Regeln der Wirtschaftlichkeit und Belastbarkeit in Betracht ziehen, die grundsätzlich von denen zu unterscheiden sind, die bei der Konstruktion der Lokomotive zu bedenken sind.

In Anlehnung an eine entsprechende Polemik von E. Staudt (1984) könnte man sagen: ein modernes Verkehrssystem, beispielsweise des privaten Kraftfahrzeugverkehrs, wird erst dann funktionsfähig, wenn es mit Ampelanlagen und Induktionsschleifen, Verkehrsschildern und Monitoren in einer Verkehrsleitzentrale ausgestattet ist, die den Verkehrsfluß regeln, die optimale Ausnutzung der Verkehrskapazitäten sicherstellen und Unfälle möglichst vermeiden helfen. Insofern sind also die modernen Informationssysteme konstitutiv für moderne Verkehrssysteme. Man könnte sogar sagen, ein modernes Verkehrssystem werde »als Informationssystem konstruiert«. Die Vorstellung einer ausschließlich informationstheoretischen Definition von (physischen) Verkehrsvorgängen führt dann allerdings dazu, daß man auf einer grünen Wiese Ampelanlagen, Sensoren und Kameras installiert und anschließend Verkehrsströme simuliert und berechnet.

Verschärft man die einseitige und verengte Problemstellung dieser Spielart des Konstruktivismus auf ihre theoretische und politische Pointe, so zeigt sich, daß die konstruktivistische Erörterung von wissenschaftlichen Artefakten[42] dazu führt, daß auch theoretisch nicht mehr zwischen »Tatsachen« und der »Vorspiegelung falscher Tatsachen« unterschieden werden kann. Zu den traditionsreichen Formen und Mechanismen der Macht- und Herrschaftsausübung gehört aber nicht nur die objektiv begründete Chance, andere vor vollendete Tatsachen stellen zu können. Zu den geläufigen Manipulations- und Inszenierungsstrategien der Machtausübung gehört auch, den möglichst vollendeten Eindruck von »Tatsachen« hervorzurufen, wo diese nur vorgespielt oder vorgeschoben sind. Eine soziologische Theoretisierungsstrategie, die hier nicht einmal mehr differenzieren *will*, hat zwar die Aufnahmeprüfung in den Wissensbestand der »deferential sociology« bestanden, aber sie büßt zugleich einen wesentlichen Teil ihrer Legitimation als Wissenschaft ein.

Anders zu beurteilen ist der von Pinch/Bijker (1984) unternommene Versuch, das Konzept der sozialen Konstruktion von Fakten auf den Bereich der »technologischen Artefakte« auszuweiten. Die Autoren stützen sich dabei auf eine teilweise sehr einleuchtende Kritik an vorliegenden Technik-Studien; sie monieren an den meisten vorliegenden Untersuchungen zur Technikgeschichte, daß sie den jeweiligen Erfolg eines technischen Artefakts zum unbefragten Bezugspunkt ihrer Rekonstruktionen machen, und setzen dagegen ihre Fragestellung: »Der Erfolg eines Artefakts ist genau das, was erklärt werden muß. Für eine soziologische Theorie der Technik sollte es das *explanandum* sein, und nicht das *explanans*.« (Pinch/Bijker, 1984, S. 406)

Von dieser Kritik wird Nobles NC-Werkzeugmaschinen-Studie im übrigen ausdrücklich ausgenommen und in die Reihe der konstruktivistischen Arbeiten eingereiht.[43] An dieser Stelle zeigt sich dann auch eine der Grenzen des Vorhabens von Pinch/Bijker besonders deutlich. Der am Beispiel von frühen Exemplaren des Fahrrads versuchte Aufweis der »sozialen Konstruktion technischer Artefakte« wird im Rahmen des oben skizzierten 5-Punkte-Schemas und mit Hilfe eines evolutionstheoretischen Konzepts von »Variation und Selektion« (S. 411) unternommen. Die soziologischen Begriffe von »sozialen Gruppen«, »Problemen« und »Problemlösungen«, mit denen Pinch/Bijker die sozialen Strukturierungen zu greifen hoffen, taugen allerdings kaum dazu, grundlegende soziale Zusammenhänge aufzunehmen. (Vgl. die entsprechende Kritik von S. Russell, 1986.) Informelle Gruppierungen und die Interessen von Militärapparaten oder Industriekonzernen gleichermaßen als »soziale Gruppen« beschreiben zu wollen, ist ein konzeptionelles Manko, das sich im Rahmen dieses Konzepts nicht beseitigen läßt (vgl. Pinch/Bijker, 1986).

Das von Pinch/Bijker vorgelegte Konzept bleibt ebenfalls indifferent gegenüber epistemologischen und sozialstrukturellen Unterschieden, die es zwischen wissenschaftlichem und technologischem Wissen geben könnte. In ihrer Antwort auf die Kritik von Russell (1986) betonen sie zwar, daß Wissenschaft in konstruktivistischem Verständnis nicht einfach als Wissenssystem verstanden werde, sondern daß beide, Wissenschaft und Technologie, als »sozial konstruierte Kulturen [behandelt]« (S. 349) würden, wozu auch der »Bestand an Praktiken und Methoden in einem gemeinsamen kulturellen Rahmen« (ebd.) gehöre. Doch selbst wenn man, angesichts der modernen Softwaretechnologien, die Besonderheit des Technischen nicht mehr ohne weiteres in dessen »materiellem« Charakter sehen kann (Russell, S. 337), muß es möglich bleiben, zwischen Wissenschaft und Technologie analytisch zu differenzieren.

b) Was man mit Denkfabriken machen kann

Die wichtigste Leistung der konstruktivistisch verfahrenden Laborstudien (Latour/Woolgar; Knorr-Cetina; Lynch) ist es vermutlich, daß sie die alltäglichen wissenschaftlichen Arbeits- und Diskussionsprozesse zum legitimen Gegenstand empirischer soziologischer Untersuchungen gemacht haben. Die Einrichtungen der organisierten Großforschung, die in den letzten Jahrzehnten für militärische und industrielle Zwecke aufgebaut worden sind (vgl. Hack/Hack, 1985), hatten zwar zu einer Vielzahl von Überlegungen geführt, die sich den Problemen der Forschungsplanung und -steuerung, der Organisation von »Kreativität« und der effektiven Steuerung widmeten, zumeist allerdings in Form von normativen Modellkonzepten, die erfolgreiches Handeln des Forschungsmanagements (Mayntz, 1985) anleiten sollten. Daß dabei »wissenschaftliche Ergebnisse« produziert werden sollten, mußte zwar beachtet werden; *wie* die im einzelnen zustande kamen, war allerdings Sache der beteiligten Wissenschaftler und der von ihnen allein zu verantwortenden Methoden. Daß die Denkfabriken zu immer weiträumigeren »Black Boxes« wurden, entsprach zugleich den Geheimhaltungswünschen derer, die auf diese Weise relativ ungestört über sie verfügen konnten.

Es ist allerdings ein sehr spezifischer Zugang, den sich die konstruktivistischen Laborstudien erschlossen haben. Einseitig forciert wird die direkte Beobachtung der aktuellen Situation wissenschaftlicher Arbeit in Forschungslaboratorien (Knorr-Cetina, 1983, S. 117), wobei die hier betriebene Wissensproduktion als »Erzeugungszusammenhang« begriffen wird, der sich als intersubjektive Interaktion und Kommunikation darstellt, an der die Abläufe wissenschaftlicher Operationen insoweit untersucht werden können, als sie »in einen Diskurs eingebettet« (Knorr-Cetina, 1984, S. 39) sind. Das Labor wird damit Ort der »Beurteilung von Erkenntnisansprüchen« (S. 11), an dem die Akzeptierung von Wissensansprüchen als ein »Prozeß selektiver Inkorporierung früherer Resultate« (ebd.) in den Wissensbestand vollzogen wird. Das Forschungslaboratorium wird also als eine »Werkstatt« konzipiert, in der die soziale Erzeugung wissenschaftlicher Tatsachen ebenso beobachtet und analysiert werden kann wie die »Erhärtung bestimmter Erkenntnisansprüche durch kontinuierliche Eingliederung in die laufende Forschung« (S. 31).

Es wirkt, als sei der Stein der Weisen gefunden und beliebig reproduzierbar gemacht worden. Der alte »Entdeckungszusammenhang« (Context of Discovery), den die traditionelle Wissenschaftstheorie verächtlich der Psychologie überlassen wollte, wird als »Erzeugungszusammenhang wissenschaftlichen Wissens« rekonzeptualisiert und empirisch erschlossen, wobei sich gleichzeitig zeigen läßt, daß hier wesentliche Probleme dessen erscheinen, was die Wissenschaftstheorie als logische Konstruktion des »Rechtfertigungszusammenhangs« zu ihrem ureigensten Terrain erklärt hatte (s. Lakatos/Musgrave, 1974). Es wird (empirisch) dargestellt, daß der kommunikativ betriebene Prozeß der Erzeugung wissenschaftlichen Wissens keineswegs irrelevant ist für den Vorgang der Bewertung und »Solidifizierung« wissenschaftlicher Ergebnisse.

Man könnte folgern: In der Form der organisierten Großforschung ist wissenschaftliche Arbeit zu einem gesellschaftlichen Vorgang geworden, bei dem nicht erst der »Austausch« und die Bewertung der Ergebnisse deren Haltbarkeit begründen, vielmehr ist bereits der arbeitsteilig betriebene wissenschaftliche Produktionsprozeß selbst ein Vorgang der Erhärtung und Codifizierung von wissenschaftlichen Tatsachen. Damit ist allerdings unterstellt, daß sich der Gegenstandsbereich, die Form der wissenschaftlichen Arbeit selbst, geändert haben müßte, um den konstruktivistischen Zugriff auf die Laborarbeit überhaupt möglich zu machen.

Hier nun erweisen sich allerdings die systematischen Grenzen dieser Vorgehensweise: einen solchen veränderten Gegenstandsbezug kann sie gar nicht thematisieren. Aufschlußreich ist ein Präzisierungsversuch, den K. Knorr-Cetina in einer Diskussion[44] unternahm, in der ihr Hilfe von der falschen Seite angeboten wurde: »Was wir beobachten, ist die *Externalisierung symbolischer Operationen.*« Das, was sich in früheren Jahrzehnten »in den Köpfen« von Gelehrten abspielte und als solches nicht beobachtet werden konnte, ist nun, als Ergebnis der arbeitsteilig und kommunikativ betriebenen Forschung, »externalisiert« und somit beobachtbar geworden. Zwei Fehler sind in dieser Interpretation offenkundig.

1. Auch wenn Wissenschaftler im Laboralltag ihre Ideen ständig austauschen und dabei gegebenenfalls immer von neuem »aushandeln«, welche Ergebnisse und Interpretationen »die richtigen« sind, so läßt sich wissenschaftliche Arbeit keineswegs darauf beschränken. Irritiert notiert Knorr-Cetina (1984, S. 24) die »Schwierigkeiten [...], im Labor die ›Theorien‹ aufzuspüren, die wir gemeinhin mit Wissenschaft assoziieren«. Wenn Knorr-Cetina aber nun den Schluß zieht, »Theorien« seien kein konstitutiver Bestandteil der wissenschaftlichen Erzeugungsprozesse, wäre statt dessen zu folgern, daß der spezifische konstruktivistische Zugriff die kognitiven Strukturzusammenhänge wissenschaftlichen Wissens nicht wahrzunehmen vermag.

2. Die Formen der organisierten, arbeitsteiligen und kapitalintensiven Forschungsprozesse lassen sich aber auch nicht zureichend als Ergebnis der »Externalisierung symbolischer Operationen« begreifen. Objektivierte Strukturzusammenhänge der Organisation wissenschaftlicher Arbeit (s. Whitley, 1983, S. 708ff.) bringen Regulative und Mechanismen der Koordination und Kontrolle ins Spiel, die in der traditionellen geistigen Arbeit weder erforderlich noch möglich waren, also eben auch nicht »externalisiert« werden konnten.

In einer präzisen und weitreichenden Kritik hat Richard D. Whitley (1983) gezeigt, daß diese empirischen Defizite das Resultat der unreflektierten Anwendung eines theoretischen Vorurteils sind, dem zufolge Menschen insgesamt in ihrem Alltagsleben aus einem ungeordneten Chaos den Eindruck von Ordnung produzieren. Beschränkt man nun die wissenschaftliche Arbeit auf diesen einen Aspekt der Realitätserzeugung, so verliert man sowohl die Besonderheiten wissenschaftlichen Wissens als auch die spezifischen Strukturen der organisierten Forschung aus dem Auge. Gekappt werden damit alle Bezüge, durch die *Strukturzusammenhänge* erkennbar wären, die dem jeweils beobachteten wissenschaftlichen Alltag *vorgegeben* sind und an denen sich die alltägliche Forschungsarbeit faktisch zu bewähren hat.

Im Schaubild III,2 sind die analytisch unterscheidbaren *Dimensionen des sozialen Systems der Wissenschaft* auseinandergefaltet.

Dabei wurde »Wissenschaft als Kultur« absichtlich an den Rand des Bildes verlegt. Obwohl es nach wie vor gute Gründe gibt, Wissenschaft und Technik als Teil der »Kultur« zu verstehen (s. Münch, 1984, S. 200ff.) und nicht zu den institutionellen Formen von »Politik« oder »Wirtschaft« zu rechnen, vernachlässigt diese Zuordnung in der Regel doch wesentliche Bestimmungen des sozialen Systems der Wissenschaft, deren historische Besonderheit eben darin liegt, daß sie nicht mehr als Wissenschaftstyp »à la Galilei« gesehen werden kann, sondern als »technologischer Wissenschaftstyp« zu verstehen ist, wie Walter Christoph Zimmerli (Burrichter, 1985, S. 71) es formulierte, mit einem konstitutiven Bezug auf ökonomische Regulative.

Das Schaubild soll zeigen, daß man ungebührlich vereinfacht, wenn man den wissenschaftlichen Arbeitsprozeß (in der modernen Großforschung) auf den isolierten Aspekt der sozialen Interaktionen einschränkt. Es mag sinnvoll sein, das für bestimmte Fragestellungen zu tun.[45] Nicht legitimierbar ist es, diesen analytischen Zugriff einer spezifischen Form der Thematisierung, in vorgeblicher Naivität (vgl. die Kritik von Whitley, 1983, S. 705), in theoretisch unkontrollierter und unreflektierter Weise als »voraussetzungslos« auszugeben.

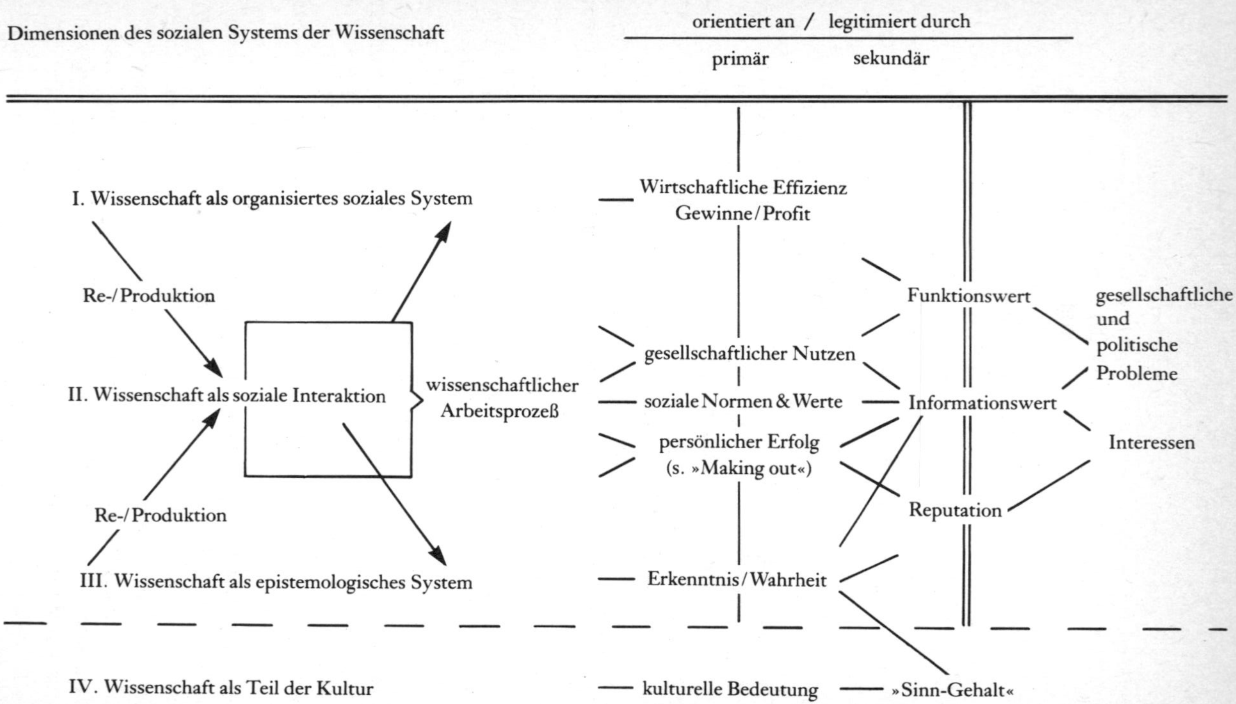

Schaubild III. 2: Dimensionen des sozialen Systems der Wissenschaft und Formen der Orientierung resp. Legitimation

Der »Routinisierung« und Trivialisierung von wissenschaftlichen Arbeitsvorgängen, die (nicht nur) in der modernen Großforschung zu beobachten sind (Kunz/Rittel, 1970), kann nicht dadurch Rechnung getragen werden, daß man aus der »Fabrikation von Erkenntnis« das wissenschaftliche Wissen ausblendet.

Das Schaubild III.2 kann aber auch deutlich machen, warum die von Knorr-Cetina beobachteten und befragten Wissenschaftler nicht ständig davon redeten, daß sie nach »Wahrheit« strebten und »Erkenntnis« zu gewinnen suchten, sondern vorwiegend vom »Erfolg« sprachen, den sie für sich selbst ebenso suchten wie für ihre jeweiligen Projekte. Barry Barnes hat bereits 1971 gezeigt, daß es für Wissenschaftler in der Industrieforschung wichtig ist, »zurechtzukommen« (making out) mit den Mitteln und Bedingungen, die sie vorfinden.

Während Orientierung am Erfolg analytisch auf die Ebene von sozialen Interaktionen gehört, sind »Suche nach Wahrheit« und »Erkenntnisstreben« eher als Orientierungspunkte auf jener Dimension von Wissenschaft zu begreifen, in der Wissen in objektivierter Form als epistemologisches System angesiedelt werden kann. Entsprechend ist »wirtschaftliche Effizienz« bzw. »Gewinnorientierung« Bestandteil jener Dimension von Wissenschaft, auf der diese als (spezifisch) organisiertes Sozialsystem bestimmt ist.

Anhand des Schaubilds III.2 lassen sich die sozialen Strukturbestimmungen der neuen Formen der Wissenschaftsorganisation noch weiter präzisieren. Die »Einheit von ›Nützlichkeit‹ und ›Wahrheit‹« (Weingart, 1975a, S. 398) bzw. die »Verschränkung von Nützlichkeit und Wahrheit, von theoretischen und operationalen Problemen« (S. 400), die seit Francis Bacon kennzeichnend für das neuzeitliche Wissenschaftsverständnis sind, sind inzwischen als operative Prinzipien in den (zumindest analytisch unterscheidbaren) Dimensionen des Wissenschaftssystems objektiviert. Das Verhältnis von *Wissen und Macht*, von F. Bacon noch als »Zwillingsintentionen des Menschen« bestimmt (s. Krohn, 1981, S. 47), wurde als objektiver Strukturzusammenhang institutionalisiert, der sich nahezu unabhängig von den Absichten und bewußten Orientierungen im Handeln der Wissenschaftler und Ingenieure reproduziert. Jedes erfolgreiche Experiment reproduziert und ergänzt den vorgegebenen Wissensbestand und zugleich das Repertoire der Techniken und Methoden operativer Prozeduren (einschließlich der Fähigkeiten zur Destruktion).

Die seit mindestens einem Jahrhundert praktizierten Formen der »gesellschaftlichen Orientierung der Wissenschaft« (G. Böhme u. a., 1978) haben sich inzwischen in einem Set von sekundären Orientierungen niedergeschlagen, in dem sich die Grenze zwischen »Wissenschaft« und »Gesellschaft« in neuer Form manifestiert. So gibt es zwar einen *Infor-*

mationswert wissenschaftlicher Arbeitsergebnisse, der allerdings nur dann von der Gesellschaft wahrgenommen werden kann, wenn deren Bewertungskriterien in wesentlichen Zügen mit denen der Wissenschaft übereinstimmen. Zwar ist die Überführung von wissenschaftlichen Ergebnissen in »Informationen« immer ein Prozeß der *Transformation*, doch gilt das insofern auch gegenläufig, als gesellschaftliche *Probleme und Interessen* vorgängig immer schon festlegen, welchen Informationswert wissenschaftliche »Tatsachen« haben können. Die sekundären Orientierungen sind insofern Vermittlungsglieder bzw. Schaltstellen zwischen Wissenschaft und Gesellschaft, die in beiden Richtungen funktionieren. Anders gesagt, wenn es heute möglich ist, Wissenschaft als »informationsverarbeitendes System« (Luhmann, 1968, S. 236) zu interpretieren, dann nur deshalb, weil auf beiden Seiten der Grenze (zwischen Wissenschaft und Gesellschaft) vergleichbare Mechanismen der Produktion und Verarbeitung von Informationen aufgebaut worden sind.

Entsprechendes gilt für die (sekundäre) Orientierung an *Reputation*, von der N. Luhmann zu Recht sagt, sie »verbinde[t] [...] die Wissenschaft mit ihrer gesellschaftlichen Umwelt« (1968, S. 237), allerdings mit der Einschränkung, sie sei ein »Medium, [mit dem] das Erscheinen der Wahrheit reguliert« (238) werde, und insofern ein Mechanismus der »Selbststeuerung der Wissenschaft« (ebd.). Zugleich eröffnet »Reputation« bestimmten gesellschaftlichen Interessen die Möglichkeit, durch Bewertung und Selektion auf das einzuwirken, was als »Wahrheit« zutage tritt, und dadurch nachhaltig den »Erfolg« wissenschaftlicher Arbeit zu beeinflussen, daß Ressourcen verfügbar gemacht werden (oder nicht) und der Zugang zu bestimmten Forschungsfeldern erschlossen wird (oder nicht).

Den stärksten »Durchgriff« gesellschaftlicher Interessen und Problemstellungen eröffnet zweifellos die *Funktionswert*-Orientierung, die in der ökonomischen Strukturierung industrieller Forschungs- und Entwicklungsprozesse zu sehr systematischen Formen der Einbeziehung gesellschaftlicher Bewertungen bei der Definition wissenschaftlicher Fragestellungen geführt hat (vgl. Hack/Hack, 1985; Bender, 1986).

Die soziale Konstruktion wissenschaftlicher Tatsachen ist also nur eine von mehreren Dimensionen, in denen die soziale Strukturierung von Wissenschaft zu begreifen ist. Versucht man, modernere Formen der organisierten Forschung, am Beispiel der Laborarbeit, zum Gegenstand empirischer Untersuchungen zu machen, so legitimiert das keineswegs eine (scheinbar theoretisch begründete) Form des direkten

Zugriffs, durch den die realen Strukturzusammenhänge der heutigen Formen der Wissensproduktion rigoros und gleichgültig gekappt werden.

Man kann sich die modernen Denkfabriken als wohlgeordnete Gelehrtenrepubliken vorstellen (mit einem Heer von Heloten) oder als Legebatterien. Man kann sie als rasende Fließbandproduktion interpretieren oder als Biotop, in dem alle Arten ihren Platz und ihre Funktion haben. Man kann in den Denkfabriken Dienstleistungszentren sehen oder Ideenschmieden, in denen die wissenschaftlichen Tatsachen gehärtet werden. In jedem Fall wird man irgend etwas entdecken, das die Interpretation rechtfertigt und das erst durch das spezifische Muster der Interpretation zutage gefördert wird.

Will man die Binnenstruktur und die gesellschaftlichen Wirkungsformen der Organisationen der »industrialisierten Wissenschaft« (Ravetz, 1973) ernsthaft beschreiben und analysieren, so muß man von den Strukturzusammenhängen ausgehen, in denen die gesellschaftlichen Formen der Arbeitsteilung und Kontrolle einerseits und die epistemologischen Systeme andererseits in verbindlicher Form *objektiviert* und vorgegeben sind und die durch die alltäglichen Prozesse der Produktion wissenschaftlicher Fakten reproduziert werden. Erst dann läßt sich zeigen, daß in den Denkfabriken nicht nur (isolierbare) Fakten konstruiert werden, sondern *Strukturen sozialer Realität*, die vor-laufend und vorläufig den Charakter von theoretischem Wissen annehmen können, um sich anschließend in der vollendeten Form technologischer Artefakte zu manifestieren.

Die US-amerikanischen National-Laboratorien Los Alamos und Lawrence Livermore sind akademische Großbetriebe der Rüstungsforschung[46] mit jeweils mehreren tausend Wissenschaftlern, Ingenieuren etc. Bedenkt man das in ihnen gezüchtete Destruktionspotential, so ist es richtig zu sagen, daß man mit ihnen »die Welt aus den Angeln heben« (Latour) könnte. Bedenkt man die Konstellation etwas genauer, so sieht man, daß es die Verfügung über die Anwendungsbedingungen und die Macht zur Ausrichtung der Forschungspotentiale sind, durch die zuallererst vollendete Tatsachen geschaffen werden können.

So richtig und wichtig es ist, den gesellschaftlich produzierten Anschein, wissenschaftliche Ergebnisse entstünden in einem sozialen Vakuum, zu zerstören, indem man die »Innenansichten der Wissenschaft« (Halfmann, 1980) theoriekritisch und, vor allem, empirisch offenlegt, so fatal wird es, wenn eine ungebrochen subjektivistisch verfahrende Sozialforschung hierbei den Eindruck erweckt, hier sei tatsächlich ein sozialer Raum gegeben, in dem Menschen (i. e. Wissenschaftler u. a.)

nach eigenem Belieben soziale Tatbestände in Form »wissenschaftlicher Tatsachen« erzeugen könnten.

Die ideologischen Funktionen dieser weichen Interpretationen sind offenkundig. Zum einen kommen sie der gegenwärtig weit verbreiteten Neigung der etablierten Soziologie (vgl. Hack, 1986a) entgegen, gesellschaftliche *Gestaltungsmöglichkeiten vorzuspiegeln*, häufig zweifellos in der Absicht, zur Beteiligung an den Prozessen der sozialen und politischen Willensbildung zu animieren. Geschieht das jedoch in einer Weise, in der, quasitheoretisch begründet, die harten Mechanismen der Realitätskonstruktion ausgeblendet werden, hat das die Funktion einer stillschweigenden und *uneingeschränkten Bestätigung dieser Machtstrukturen*.

Die Komplexität der sozialen Strukturierung von Wissenschaft impliziert eine Vielzahl legitimer Interpretationsmöglichkeiten mit beschränkter Reichweite; jeder Versuch der Generalisierung aber muß der Tatsache Rechnung tragen, daß es sehr spezifische und verbindliche gesellschaftliche Formen sind, in denen diese Komplexität organisiert ist. Der »weiche Bauch« der Wissenschaft hat eine sehr starke muskulare und sehnige Verspannung, und er wird überdies von einem harten, flexiblen Knochengerüst getragen. Nur den Darmverschlingungen nachzugehen, um zu zeigen, daß hier dasselbe produziert wird wie überall, ist eine allzu eingeengte Forschungsperspektive.

3. Zweierlei Muß und Maß: Macht braucht Wissen, Macht schafft Wissenschaft

Isolierbare Tatsachenaussagen sind nicht die unzweideutig gegebenen »Fakten«, als die sie vorgestellt werden; sie sind aber auch nicht nur eine Art der Manifestation von Wissensformen (Scheler, 1925), in denen sich sehr viel allgemeiner die Beziehungen zu gesellschaftlichen Strukturen wiederfinden lassen.

Waren in den alten wissenssoziologischen Untersuchungen die Wissensformen der harten Naturwissenschaften und der Technologien[47] weitgehend ausgespart worden, so läßt sich als Resultat der konstruktivistischen Wende und in neuer Orientierung an einem »Prozeßparadigma« (Elias, 1983) soziologischer Vorgehensweise das Verhältnis von Wissenschaft und (korrespondierenden) Realitätsstrukturen nunmehr in veränderter Form thematisieren.

a) Handhabungssysteme großindustrieller Wissensformen

Metaphern wie »Denkfabriken« und »Ideenschmieden« oder Begriffe wie »Industrialisierung der Wissenschaft« und »Verwissenschaftlichung der Industrie« verweisen auf den engen Verbund von Industrialisierungsprozessen und Abläufen der Wissensentwicklung, der auch andere Wissensbereiche einschließt als die Naturwissenschaften und die neueren technologischen Systeme. Der Begriff der »wissenschaftlich fundierten Industrien«, als Fokus der zweiten Phase der Industriellen Revolution, bezieht sich auch auf Konzepte wie die »wissenschaftliche Betriebsführung« F. W. Taylors und andere Sektoren der industriell orientierten Sozialwissenschaft, die man mit Loren Baritz (1960) als »Diener der Macht« ansehen kann. Die Geltung der hier begründeten Wissensansprüche (knowledge claims) verdankt sich nicht zuletzt dem Umstand, daß mit der Formulierung und Formalisierung des Wissens eine *Umrüstung der sozialen Realität* einherging, die die spezifischen Rationalitätsstandards dieses Wissens überhaupt erst zur Geltung bringen konnte.

Bezeichnend für diesen wechselseitigen Begründungszusammenhang ist die Entwicklung der verschiedenen Formen der »motion time analysis« (Noble, 1984, S. 233) bzw. der »Systeme vorbestimmter Zeiten«, die teilweise noch vor dem Zweiten Weltkrieg entwickelt wurden, und zwar parallel in verschiedenen US-amerikanischen Konzernen der Elektroindustrie, so MTM (Motion-Time-Measurement) bei Westinghouse, WF (Work Factor) bei RCA oder »Dimensional Motion Time« bei General Electric. Mit David Noble (1984, S. 233) kann man diese Verfahren als »Management-Lösungen des Problems [ansehen], die produktiven Aktivitäten der Arbeiter zu analysieren und zu kontrollieren«. Den sozialen Struktur- und Wirkungszusammenhang dieser Verfahren hat Eckart Teschner (1974) folgendermaßen beschrieben:

»Noch konsequenter als beim tayloristischen Verfahren des Zeitstudiums wird bei den Systemen vorbestimmter Zeiten der Arbeiter als Teil der Maschinerie betrachtet. Die Arbeitsabläufe werden nicht nur in Teilvorgänge, sondern diese wiederum in *kleinste, standardisierte Grundbewegungen* zerlegt. Der Zeitbedarf für die einzelnen Grundbewegungen (›Hinlangen, Bringen, Greifen, Vorrichten, Fügen, Loslassen‹) ist in Tabellen festgelegt (vorbestimmt), die nach bisher *geheimgehaltenen Testversuchen* zusammengestellt wurden. Durch die Aufsummierung der Einzelheiten für die als notwendig erachteten Bewegungselemente lassen sich diese Verfahren leicht als Instrumente zur Bestimmung von Vorgabezeiten im Akkord verwenden. Die Konsequenzen für die Situation der Arbeiter sind beträchtlich. Da die Anwendung von Systemen vorbestimmter Zeiten die *genaue Analyse des Arbeitsablaufs* zur Bestimmung der einzelnen Grundbewegungen voraussetzt, kann umgekehrt jeder Arbeitsablauf mit seinen unbedingt notwendigen Grundbewegungen *rekonstruiert* werden. Daraus resultiert der enorme Rationalisierungseffekt dieser Verfahren. Die Ausschaltung sogenannter überflüssiger Bewegungen und relativ einfache Veränderungen an den Bedienungsvorrichtungen der Maschinen, um einen optimalen Bewegungsablauf zu ermöglichen, steigern nach Einschätzung von Arbeitswissenschaftlern die Arbeitsproduktivität zwischen 25 und 40 Prozent.«[48]

Die Vorstellung, daß natürliche (menschliche) Bewegungsabläufe aus »Elementen« bestehen, durch deren Kombination sie beliebig rekonstruiert werden können, ist so lange eine kontrafaktische Annahme bzw. eine falsche Theorie, bis die industrielle Arbeitswirklichkeit so umgerüstet worden ist, daß tatsächlich Bewegungsabläufe neu entstehen, die den Eindruck einer erfolgreichen »Re-Konstruktion« erwecken können. Solche »analytisch-normativen Konzepte« (Habermas, 1986a) verdanken einen wesentlichen Teil ihrer »Geltung« jenen Funktionsbedingungen[49], die nur durch den Einsatz gesellschaftlicher Macht gesichert werden können, nicht zuletzt der Verfügung über die Bedingungen des Arbeitsprozesses.

Inzwischen wurden natürlich neue Methoden und Verfahren entwikkelt, mit deren Hilfe die re-konstruktive Realitätsanalyse sehr viel weiter getrieben werden kann. Aufschlußreich ist in vieler Hinsicht das Konzept der *Funktionswertanalyse*. Die Anfänge reichen ebenfalls auf das Ende des Zweiten Weltkriegs und die unmittelbare Nachkriegszeit zurück, als kriegsbedingte Knappheit wertvoller Rohstoffe und Materialien zu Überlegungen führte, besser verfügbare bzw. billigere Materialien einzusetzen, ohne die eigentlichen Funktionen der zu erstellenden Geräte und Apparate zu gefährden. Lawrence D. Miles, Leiter eines Einkaufsbereichs von General Electric, wurde beauftragt, das Problem in systematischer Weise (»wissenschaftlich«) anzugehen, und er entwikkelte in den folgenden Jahren die Grundbestandteile einer streng funktionsgerichteten Betrachtungsweise, die die »bisherigen Rationalisierungstechniken wesentlich erweitert[e]« (Voigt, 1971, S. 8), indem sie zu einer engen Verflechtung von technischen und ökonomischen Bewertungskriterien führte, durch die die Bewertungsverfahren des Marktes in kontrollierter, wissenschaftlich systematisierter und organisierter Form antizipiert bzw. verbindlich simuliert werden können.[50] Inzwischen wurde das Konzept, in Form der »Wertgestaltung«, auf zentrale Probleme der Entwicklungs- und Konstruktionsarbeit und, in Form der »Gemeinkostenwertanalyse«, auf solche der Angestelltenarbeit im »Overhead«-Bereich erweitert. Neuerdings wird mit der Methode der »Kommunikations- und Informations-Wertanalyse/KIWA« versucht, eine entsprechende funktionsorientierte Durchdringung der kommunikativen Arbeitsabläufe und deren Rationalisierung zu erreichen.

Diese Linie ließe sich mit dem Einsatz rechnergestützter Systeme zur verkoppelten Steuerung von Material- und Informationsfluß und Personaleinsatz in Richtung auf komplexe *Produktionssysteme* (s. Hack/Hack, 1986) fortführen.

Gemeinsam ist allen diesen Entwicklungen, daß sie ein verändertes Verhältnis von Theorie und Gegenstand zur Schau stellen. Im Zusammenhang mit dem Einsatz systemtheoretischer Konzepte in der wirtschaftlichen »Praxis« haben Prewo, Ritsert und Stracke (1973) auf diesen Wandel hingewiesen: »Theorien können sich gerade kraft eines in ihren Modellen eingebauten ›Vorsprungs an Rationalität‹ ihren Gegenständen gegenüber empfehlen.«[51] Vielleicht sollte man realistischer sagen: die Theorien empfehlen ihre der Realität überlegene Rationalität denen, die über ihre Einsatzbedingungen in der Realität verfügen können und eine reelle »Chance« haben, eine diesen Rationalitätsstandards entsprechende Umrüstung der sozialen Realität (der Arbeitswelt) durchzusetzen.

b) Einerlei oder zweierlei soziale Tatsachen

Der Einsatz systemischer Wissenschaftskonzepte zur Rationalisierung industrieller Produktionsprozesse ist heute eine Tatsache. Aber was folgt daraus?

Prewo u. a. (1973) haben daraus eine sehr spezifische, radikale Konsequenz gezogen: »Das ›Design‹ neuer Institutionen wird sich nach dem regulativen Prinzip zu erhöhender Rationalität immer wieder an den in den Theorien fiktional investierten intellektuellen Entwürfen orientieren. Wenn diese Dialektik von Theorie und Gegenstand einmal erkannt ist, wird die tradierte Unterscheidung zwischen ›deskriptiven‹ und ›normativen‹ Theorien nutzlos: Theorien sind ihrerseits soziale Tatsachen mit einem Feedback auf andere soziale Tatsachen.« (S. 145) Richtig ist: Theorien, die dazu dienen, »überlegene« Rationalisierungs- bzw. Rationalitätskonzepte vorzustellen, nach denen die (industrielle) Wirklichkeit ausgerichtet wird, haben einen anderen Gegenstandsbezug als Theorien, die (kontemplativ) das »Wesen« einer von ihr unabhängig gedachten Realität erkennen wollen.

Dennoch bleibt es wichtig, zwischen Theorien, die zu »Tatsachen« geworden sind, und jenen »anderen sozialen Tatsachen« unterscheiden zu können, wenn man nicht in jene fatale Eindimensionalität hineinrutschen will, die mit der Reduktion aller Realität auf »Texte« einhergeht (vgl. den Exkurs). Der modelltheoretische Rigorismus normativer Konzepte, in denen beispielsweise »Arbeitskräfte« als »Kostenfaktoren«, »Funktionsträger« oder »Unsicherheitsfaktoren« vorkommen, hat eine grundlegend andere Bedeutung als die gleichartige Bewertung wirklicher Menschen im industriellen Alltag.

Das wechselseitige Abhängigkeitsverhältnis von Theorien und »anderen sozialen Tatsachen« verweist zugleich zurück auf das Motiv der Entstehung bzw. der Erzeugung von sozialen Tatsachen, seien sie Theorien oder von anderer Qualität. Damit läßt sich an den Grundbestimmungen der »materialistischen Konstitutionslehre« (Alfred Schmidt) anschließen, die Max Horkheimer vor einem halben Jahrhundert[52] in seinem Aufsatz »Traditionelle und kritische Theorie« (1937) folgendermaßen formuliert hat:

»Dieselbe Welt, die für den einzelnen etwas an sich Vorhandenes ist, das er aufnehmen muß und dem er Rechnung trägt, ist in der Gestalt, wie sie da ist und fortbesteht, ebensosehr Produkt der allgemeinen gesellschaftlichen Praxis. Was wir in der Umgebung wahrnehmen, die Städte, Dörfer, Felder und Wälder tragen den Stempel der Bearbeitung an sich. Die Menschen sind nicht bloß in der Kleidung und im Auftreten, in ihrer Gestalt und Gefühlsweise ein Resultat der

Geschichte, sondern auch die Art, wie sie sehen und hören, ist von dem gesellschaftlichen Lebensprozeß, wie er in den Jahrtausenden sich entwickelt hat, nicht abzulösen. *Die Tatsachen*, welche die Sinne uns zuführen, *sind in doppelter Weise gesellschaftlich präformiert* durch den geschichtlichen Charakter des wahrgenommenen Gegenstands und den geschichtlichen Charakter des wahrnehmenden Organs. Beide sind nicht bloß natürlich, sondern durch menschliche Aktivität geformt.«[53]

Der Begriff der »gesellschaftlichen Präformierung« verweist auf den *Prozeß*charakter der gesellschaftlichen Erzeugung der »Tatsachen«; die Unterscheidung zwischen »Gegenstand« und »wahrnehmendem Organ«, wozu auch die theoretische Ausstattung des Menschen zu rechnen ist, bestimmt die grundlegende Differenz, die in dem Konzept der »doppelten Konstitution sozialer Realität« (Hack u. a., 1972) ausgedrückt worden ist. Die von Horkheimer bereits reflektierte Stellung der instrumentalisierten Wissenschaft in diesem Kontext bezeichnet einen wesentlichen Mechanismus der Interdependenz.

Zu erweitern ist das von Horkheimer formulierte Konzept nunmehr dadurch, daß man in voller Konsequenz und Radikalität die Frage anzuschließen hat: *Wie* wird die soziale Formierung von »Gegenständen« und Wahrnehmungsformen und -apparaten vorangetrieben? Was genau geschieht in den *formativen Phasen* dieser Entwicklungsprozesse, bevor sie zu ihrem jeweiligen Abschluß gekommen sind und mit den in ihnen vollendeten Tatsachen die Lebensbedingungen der Menschen *präformieren*?

Die Rolle der Naturwissenschaften in diesem Gesamtzusammenhang ist ambivalent und komplex. Sie funktionieren zugleich als Instrument der erfolgreichen Produktion außerwissenschaftlicher, insbesondere technischer Tatsachen bzw. Artefakte, und sie sind dennoch immer wieder, zumindest in den Grenzbereichen zu traditionell philosophischen Problemstellungen, in der Lage (bzw. gezwungen), ihre eigene Stellung und ihre Rolle in diesem wahnwitzig gewordenen Spiel zu reflektieren.

Eine vollends auf Sozialtechnik getrimmte Sozialforschung ist zur Analyse der Gesamtzusammenhänge und zu einer gegebenenfalls notwendigen Kritik bestimmter Ablaufmuster ebensowenig in der Lage wie ein bedingungslos affirmativer Konstruktivismus, sei er auf die alltäglichen Interaktionen in Forschungslabors gerichtet oder auf andere grundlegende oder für grundlegend gehaltene Kommunikationsprozesse.

IV. Mechanismen und Formen der Erzeugung von Irreversibilität und Reversibilität

1. Veränderungen im Zugriff der industriellen Wissensformen

Der Artefaktcharakter von Technik steht dafür, daß etwas Unwiderrufliches geschaffen worden ist. Zugleich aber sind Techniken Instrumente, Hilfsmittel für zunächst noch offene Zwecksetzungen, also auch gesellschaftliche »Anlagen« zur Eröffnung von künftigen Möglichkeiten, deren Einlösung ganz eigene Entscheidungsprozesse und Interessen voraussetzen wird. Damit ist nicht nur das berühmte Messer gemeint, dessen kunstvoll geschärfte Klinge zum Schnitzen, Schneiden oder Meucheln verwendet werden kann. Elektrizitätsversorgungssysteme enthalten keine Vorentscheidungen darüber, welche Haushaltsgeräte angeschafft oder welche Fernsehprogramme eingeschaltet werden. Der Pkw gilt hierzulande geradezu als Symbol der individuellen Freizügigkeit, ja der sozialen Freiheit schlechthin. Die industriellen Arbeitsbedingungen an den Montagebändern mögen zwar mittelbar den Preis und die Qualität des Autos beeinflussen, beim Gebrauch des Wagens interessant bleiben sie aber nur als Ausdruck der Verfügbarkeit. Als technisch sedimentiertes Verkehrsmittel enthält der Pkw zugleich die Tilgung der Spuren aller sozialen Formen seiner Herstellung. (Es sei denn, eine besondere Reparaturanfälligkeit ruft sie ständig in Erinnerung, wie bei den »Montagsautos« oder den Produkten »streikanfälliger« Unternehmen.)

Mit dem Erwerb technischer Gebrauchsgüter beginnt in der Regel die Periode ihres gesellschaftlichen Lebens; jetzt erst werden die sozialen Folgen erzeugt, beim Pkw beispielsweise beruflicher Pendelverkehr, Veränderung der Einkaufsgewohnheiten, Verkehrsopfer. Nach diesem Muster werden immer noch die geläufigen Interpretationen ausgerichtet, die sich unter der Rubrik »Technik und Gesellschaft« zusammenfassen lassen.

Schon bei der Erweiterung der Perspektive auf ganze Straßenverkehrssysteme zeigt sich, daß das Muster wertlos geworden ist. Schnellstraßen und Autobahnzubringer zerreißen unwiderruflich Nachbarschaftsformen und zwingen zu verändertem Freizeitverhalten. Die technologischen Systeme der Massenkommunikation und der Datenverarbeitung definieren noch sehr viel stärker, welche Formen der »Interaktion« noch möglich sind und welche Formen des Gebrauchs ein für allemal ausgeschlossen bleiben. Auf diesem Hintergrund sind die Konzepte entstanden, die den »technischen Sachzwang« in den Mittelpunkt der Problemstellungen geholt haben. Die Handlungen des privaten Gebrauchs begründen hier nicht eine völlig neue Runde der sozialen Strukturierung, sondern sie bewegen sich an den vordefinierten Schnittstellen der sozio-technischen Systeme. Es geht darum, zu zeigen, daß diese sozialen Strukturierungen nicht erst (naturwüchsig) entstehen, wenn die technologischen Systeme vollendet sind, sondern daß sie zunehmend – durch Aufgabenspezifikationen in den »Lastenheften«, durch Optimierungsstrategien und gesellschaftliche Bewertungsverfahren – im Verlaufe des Planungs-, Konzeptions- und Konstruktionsprozesses eingeschlossen (oder gegenläufig: ausgeschlossen) werden.

Ist schon damit der soziale Bezug von Technik bzw. Technologie komplexer geworden, so kompliziert sich das Bild noch mehr, wenn man die Rolle der Wissenschaft bzw. wissenschaftlicher Theorien in die Überlegungen einbezieht. Die von Sigmund Freud geprägte Formel, Denken sei Handeln mit geringen Energiemengen, ruft in Erinnerung, daß Denken sowohl die Funktion hat, vorlaufend Wege zu erkunden, um überflüssige Umwege zu vermeiden und die zugänglichen Pfade zu erkunden, als auch die Funktion, Handlungen den Charakter des Vorläufigen zu geben, des Rückholbaren. Der in Unterhaltungen gebräuchliche Ausruf »Wo denken Sie hin!« verweist darauf, daß man sich im Medium des Denkens ein Handeln leisten kann, das relativ folgenlos zurückgenommen werden kann. Die inzwischen allgemein verfügbaren Display-Techniken machen diesen Vorgang praktisch plausibel.

Wissenschaftliche Forschung steht auch in der Tradition des Denkens als einer von ihren Folgen entlasteten Handlungsstrategie. Zugleich führt die wissenschaftliche Forschung ständig zu neuen theoretischen Einsichten, Theorien und gehärteten wissenschaftlichen Tatsachen, die zwar nur auf Widerruf gelten, die aber nicht durch bloße Willensanstrengung zurückgerufen werden können.

Während nun kontemplative und rekonstruktiv verfahrende Formen wissenschaftlichen Wissens der Zukunft gegenüber offen oder hilflos sind, zielen konstruktiv ausgelegte Wissenschaften auf Erzeugung bzw. Gestaltung der Zukunft. Im folgenden sollen die Veränderungen, die sich daraus in der Dimension der Zeit ergeben, genauer betrachtet werden. In seiner Studie *Die Wissensformen und die Gesellschaft* (1925) hat Max Scheler einen umfangreichen Teil dem Thema »Erkenntnis und Arbeit« gewidmet, dem er in einem ersten Abschnitt, »Das Problem«, folgende Überlegungen voranstellt:

Auch wenn man sich nicht mit den spekulativen Aspekten des Problems beschäftigen wolle, sei »die Tatsache, daß sowohl die Fruchtbarkeit der modernen positiven Wissenschaft und ihr stetiger unaufhaltsamer Fortgang, als auch der weltumgestaltende Erfolg der modernen Technik der Naturbewältigung auf der *innigen Vereinigung der Wissenschaft und der technisch-maschinellen Form* der Güterproduktion beruht, eine helleuchtende und offensichtliche, daß eben dieser in unserer Zivilisation bestehende systematische und innige *Zusammenhang von Arbeit und Erkenntnis* keinerlei Zweifel duldet«. (S. 193)

»Stellen wir zunächst einmal – [. . .] – die den hier vorliegenden verwickelten Beziehungen allerdings nicht gerecht werdende scharf *antithetische Entweder-oder-Frage:* Ist die moderne Technik der Arbeit und Güterproduktion nur die *nachträgliche praktische Verwendung* eines *Wissens* um die Natur, ihre Ordnung und gesetzlichen Zusammenhänge, das seinerseits *rein theoretisch* ist – rein theoretisch sowohl den Denk- und Anschauungsoperationen und deren ›Formen‹ nach, die in seine Erwerbung eingehen, als auch den subjektiven Zielen und Motiven der Forscher nach, die dieses Wissen zu erwerben suchen –, *oder* ist der bewußte (oder unbewußte) Trieb und *Wille zu einer Herrschaft* über die Natur das *primum movens*, und sind dementsprechend die besonderen experimentalen und technischen Erfahrungen, die in der handelnden Auswirkung dieses Willens gemacht wurden, das Erste und Leitende, so daß man sagen könnte, es sei die neue Wissenschaft nur eine *nachträgliche Formulierung* eben dieser im *Handeln* und Bilden an der Natur vollzogenen Erfahrungen: eine Logifizierung, Vereinheitlichung, Systematisierung der erfolgreichen oder erfolglosen Reaktionen, die Natur auf unseren praktischen Arbeits-Zugriff uns erteilte? Wäre dieses letztere der Fall, so wäre es mindestens naheliegend, sich die Erörterung der Frage zum Ziele zu setzen, ob nicht auch die Denk- und Anschauungs*formen*, mit denen die moderne Wissenschaft an das Gegebene der Natur herantritt, ihre Methoden und ihre besonderen Erkenntnisziele sich durch die an sich *vor- und alogische Setzung* dieses ›Willens zur Macht und zur Naturbeherrschung‹ und durch die Erfolge und Mißerfolge seiner Auswirkungen selbst erst gebildet hätten – gebildet im Laufe erst dieser praktisch-technischen Anpassung an sie.

Müßte man diese Frage bejahen, so schlösse dies noch keineswegs ein, daß sich der *einzelne* Forscher in seiner subjektiven Absicht und Motivation ein anderes Ziel setzte als sog. *›reine‹* Erkenntnis der Dinge; daß er als einzelner Forschender etwa schon auf die mögliche praktische Verwertung seiner Forschungsarbeit hinzielen müßte, ehe er sich ein Problem stellt. Solchem banalen Utilismus subjektiver Absicht ist – seit Liebigs glänzender Kritik der Baconschen Induktionsmethode – von allen ernsten Naturforschern und Mathematikern so unisono und mit so ernstem Tone der Wahrhaftigkeit widersprochen worden, daß es nicht lohnt, ihn hier zu berücksichtigen.« (Max Scheler, 1925, S. 194. Alle Hervorhebungen im Original.)

Es lohnte sich schon, dem (veränderbaren) Selbstverständnis nachzugehen, mit dem Naturforscher und Mathematiker bzw. Gentechniker und Informatiker ihre eigene Arbeit in Beziehung setzen zu »Nützlichkeit und Wahrheit«. Nimmt man die von Scheler notierte Beziehung von Erkenntnis, »Arbeit« und »Güterproduktion« (vgl. Horkheimer, 1937) ernsthaft auf, so ist man gehalten, die Organisationsformen und Produktionsbedingungen von »Güterproduktion« und »Erkenntnis« und ihre Wechselwirkung zu bestimmen. Das könnte mittels einer strukturell-genetischen Interpretation geschehen. Man kann aber auch versuchen, die *impliziten Funktionsbedingungen* der industriell verwendeten Wissensformen zu bestimmen und auf dieser Ebene sich abzeichnende Veränderungen zu notieren. Ein eher landläufiges Beispiel mag dabei hilfreich sein.

Im Rahmen einer industriesoziologischen Untersuchung erzählte uns ein erfahrener Bohrwerksdreher aus einem Unternehmen des Großmaschinenbaus[1] die folgende Geschichte. Ein junger Diplom-Ingenieur, Betriebsassistent und deshalb auch mit Vorgesetztenfunktionen ausgestattet, ließ sich mit den Facharbeitern auf einen Konflikt ein, dessen Schilderung der Bohrwerksdreher mit der Bemerkung einleitete: »Den haben sie innerhalb von drei Tagen so ›satt‹ gemacht, daß er krank wurde; so hat der sich das zu Herzen genommen, was sie dem an den Kopf geschmissen haben!« Der junge Diplom-Ingenieur habe zwar gut mit dem Rechenschieber umgehen können – »da ist er fix drinne; der kann Schnittgeschwindigkeiten ausrechnen und alles; kann er alles sehr fein« (ironisch?) –, er habe aber keinerlei Praxis gehabt, da er frisch von der Technischen Hochschule gekommen sei. In der Werkstatt standen nun zwei große Drehbänke nebeneinander. An der einen wurde einfacher Stahl, »Mistforkenstahl«, bearbeitet, und sie lief entsprechend auf hohen Touren. Auf der anderen Groß-Drehbank wurde ein Material mit hohen Anteilen von Molybdän und Chromvanadium bearbeitet, einer damals relativ neuen Legierung, für die eine sehr niedrige Drehzahl erforderlich war, »vielleicht zwölf Umdrehungen in der Minute«. Die Maschine lief also »ganz extrem langsam«. Der Betriebsassistent, der sich vermutlich in seiner neuen Vorgesetztenrolle gefoppt fühlte, drängte energisch auf eine Erhöhung der Drehzahl, zumal die von den Versuchswerkstätten ermittelten Umdrehungszahlen und Vorschübe, die als Vorgabewerte für die Werkstatt verbindlich sein sollten, offenbar nicht beachtet wurden. Der befragte Dreher erläuterte das folgendermaßen: »Die Kollegen, die dieses Material bearbeiten, hatten ja nun schon zwei Jahre Erfahrung drauf gehabt. *Die Theorie, die stimmt ja nicht immer so.* In der Versuchswerkstatt fahren die das ja nicht auf Dauer wie wir. Was nützt es mir, wenn ein Werkzeug vielleicht 20 Stück [Werkstücke] aushält, und dann geht's kaputt. Dann muß man wieder wechseln, und das Wechseln und Neueinrichten dauert länger, als wenn man etwas langsamer fährt und etwas weniger Vorschub gibt. Und außerdem bleibt das Werkzeug dann auch heil.« Als der Betriebsassistent während einer Nachmittagsschicht die alleinige Aufsicht in »seiner« Abteilung hatte, hat er sich dann gegen einen der Dreher durchgesetzt: Die Umdrehungszahl sei einfach zu niedrig, sogar für das schwer zu bearbeitende Material. Statt nun, wie zuvor immer, den jungen Vorgesetzten »ablaufen« zu lassen, habe der Dreher ihn diesmal »auflaufen« lassen: »Ist gut. Ich erhöhe die Umdrehungszahl, aber dann auf Ihre Verantwortung. Geben Sie mir das schriftlich auf die Arbeitspapiere, daß ich auf Ihr Geheiß hin so und so schnell fahren soll!« Die Pointe ist klar: Werkstück und Werkzeug wurden beide versaut. Eine beträchtliche Betriebsstörung war die Folge. Der Bohrwerksdreher beschloß seine Geschichte mit den Worten: »Dann war der Betriebsassistent krank. Er hat sich zwar durchgesetzt, aber –. Nun war der auch noch ein bißchen neu im Betrieb, frisch von der Schule. Und er wollte nun schnell hochkommen, wollte da praktisch so einen Raketenstart machen.« Daraus wurde nun nichts.[2]

Zunächst handelt es sich bei dem Geschilderten um eine Situation, in der zwei unterschiedliche Wissensformen aufeinanderprallten. Der Clash entstand aber nicht deshalb, weil das »theoretische Wissen« der Betriebsorganisation und das »praktische Erfahrungswissen« der Facharbeiter kollidierten. Der Konflikt resultierte vielmehr aus der Kombination eines Defizits an theoretischem Wissen auf seiten des Betriebsassistenten, der das neue Material noch nicht genügend kannte, mit den zu knapp bemessenen Erprobungsphasen der Versuchswerkstatt und den daraus folgenden falschen Vorgabewerten, gegen die die Facharbeiter im eigenen Interesse die Funktionsbedingungen der Materialbearbeitung bzw. des gesamten Betriebsablaufs sicherzustellen versuchten.

Wer in der Industrie gearbeitet oder selber empirische Untersuchungen durchgeführt hat, kennt eine Vielzahl von Berichten über solche Zusammenstöße, in denen das vorgeblich bessere »Wissen der Betriebshierarchie« zu beträchtlichen Friktionen und Störungen führte, wenn es rigoros durchgesetzt wurde. Das in der »wissenschaftlichen Betriebsführung« eingesetzte Wissen war immer zugleich Herrschafts- und Kontrollwissen, gegen das die Arbeiter ihr Erfahrungswissen setzen konnten, das, entgegen Bravermans unilinearer Interpretation, immer aufs neue erworben und stabilisiert wurde (vgl. Roy, 1955; Burawoy, 1982; s. a. Hack u. a., 1979).

Das über Jahrzehnte hinweg in der Betriebshierarchie angesammelte und verfügbar gemachte Wissen war allerdings keineswegs hinreichend umfassend und präzise, verläßlich und komplex, um das reibungslose Funktionieren der tatsächlichen Betriebsabläufe sicherzustellen. Der »gute Arbeiter« zeichnete sich gerade auch dadurch aus, daß er Fehler in den Planvorgaben der Vorkalkulation im eigenen Interesse verstand, wobei es immer auch abzuwägen galt, wie groß der Aufwand bei den Auseinandersetzungen mit den Kalkulationsbüros auf der einen Seite und die Gefahr der Festschreibung falscher »Erfahrungswerte« der Nachkalkulation auf der anderen Seite sein würden. In der Regel stellte sich das als Konflikt zwischen kurzfristigen und langfristigen Lohneinbußen dar. Die »guten Vorgesetzten«, vom Vorarbeiter und Meister bis hinauf zum Betriebs- oder Werksleiter, wußten das ebenfalls und verhielten sich entsprechend, ebenfalls im eigenen längerfristigen Interesse.

Vieles deutet darauf hin, daß diese Konstellation unterschiedlicher Wissensformen im Werkstattbereich tendenziell der Vergangenheit angehört. Die neuen Fertigungs-Verbundsysteme, mit der zunehmenden Vernetzung von Bearbeitungszentren und CNC-Maschinen im Komplex des Computer Integrated Manufacturing, setzen in zunehmendem Maße geschlossene, übergreifend funktionsfähige Wissenssysteme voraus (s. Spur 1985 a; 1985 b), wobei Energie-, Material- und Informationsfluß gleichzeitig beachtet werden müssen (vgl. Hack/Hack, 1986). »Verwissenschaftlichung der Industrie« meint auch dies: die verläßliche (theoretische oder modell-artige) Antizipation aller Parameter, die bei der produktiven Realisierung der Planvorgaben eine Rolle spielen werden. Das stillschweigend benötigte »Trial-and-error-Verhalten«, für das die erfahrenen Facharbeiter traditionellerweise sorgten, fällt damit als Spielraum bzw. Testgelände der erfolgreichen Umsetzung von Planvorgaben in Produktionsprozesse allmählich weg.

Nun liegt es nahe, sich die hier angedeutete Veränderung als eine bloße Grenzverschiebung vorzustellen – das Wissen der Betriebshierarchie nehme ständig zu, aber selbst bei den neuesten Fertigungstechnologien bleibe ein Restbereich, in dem das Facharbeiterwissen »konstitutiv« für das Funktionieren sei. Zweifellos gibt es auch bloße Grenzverschiebungen, grundlegend aber sind wohl die Prozesse, bei denen es um eine qualitative Differenz zur ursprünglichen Konstellation geht.

In der traditionellen Konstellation konnte stillschweigend davon ausgegangen werden, daß die Facharbeiter, zur Wahrung ihrer eigenen Interessen, ihre Kompetenzen und Kenntnisse rechtzeitig und nachdrücklich genug einsetzen würden, um erkennbar falsche Vorgaben zu korrigieren bzw. zu unterlaufen. War das einmal nicht der Fall, gab es Bruch, wie in dem skizzierten Beispiel. In der neuen Situation der Durchsetzung integrierter Produktionssysteme müssen die betrieblichen Planungsabteilungen alle wichtigen Parameter des Gesamtkomplexes der Produktion, unter Einschluß der vor- und nachgelagerten Bereiche, identifizieren und berücksichtigen. Der enorme Ausbau der Abteilungen der Fertigungsvorbereitung und -planung[3] belegt das. Zugleich müssen die Planungsabteilungen genau wissen, welche Teilbereiche »wissensmäßig« oder praktisch-ökonomisch noch nicht so genau antizipiert und beherrscht werden können, wo also dem Facharbeiterwissen gerade Spielraum gewährt werden muß. Es wird also nicht mehr damit gerechnet, daß das Facharbeiterwissen das Wissen der Betriebshierarchie korrigiert, sondern die Planvorgaben selbst müssen so ausgelegt sein, daß sie Aussagen darüber enthalten, was noch nicht hinreichend planbar ist bzw. was über indirekte oder formalisierte Vorgaben sehr viel effektiver realisiert werden kann.[4]

Die Relationen zwischen Erfahrungswissen und Planungswissen (s. Malsch, 1983) dürften sich damit grundlegend ändern. Seit Einführung der »wissenschaftlichen Betriebsführung« durch F. W. Taylor war das Planungswissen immer auch dadurch verbessert worden, daß Erfahrungswissen der Arbeiter enteignet und in einer Wissensform objektiviert wurde, in der »Verfügungs- und Kontrollchancen von den Arbeitern auf das Management« überführt worden waren (Malsch, 1983, S. 235). Mit der »Science based industry« des ausgehenden 19. Jahrhunderts aber hatte bereits jene konkurrierende Entwicklung begonnen, die jetzt, mit der »verwissenschaftlichten Industrie«, zur benannten neuen Konstellation führt. Mit Hilfe von wissenschaftlich begründeten Gesamtkonzepten, die man in technologische Systemkonzepte transformiert, werden Abläufe installiert, die dem Erfahrungswissen der Arbeiter zuvorkommen und es in seinen Strukturen weitgehend festlegen.

Die veränderte Konstellation zeigt sich sehr genau an den »Just-in-Time«-Konzepten (JIT), die seit einigen Jahren erprobt werden und die zu einer Steigerung der Produktivität um 25 % und mehr geführt haben.[5]

»Die wesentlichsten Bausteine (von JIT) sind

eine andere Art der Informationsverarbeitung in der logistischen Kette von Zulieferanten über den Produzenten bis zum Abnehmer,

eine Reorganisation der Fertigung in möglichst autonome Einheiten und in einer produktionssynchronen Beschaffung von Zulieferungen.

Diese wesentlichen Elemente werden gestützt durch die Bausteine Rüstzeitminimierung, Produktentwicklung, Qualitätssicherung (Selbst- und Prozeßkontrolle), Anleihendatenaustausch der Auftragsabwicklung und der (Änderungs-)Konstruktion zwischen Produzent und Zulieferant, Kanban-Regelkreise, job rotation und job enlargement bei den Mitarbeitern. [...]

Anwendungen von Just-in-Time münden in eine ›Niedrigkostenautomatisierung‹ und *Realisierung des Fließprinzips unter bewußter Einbeziehung des Menschen als autonomer Planer und Entscheider in Segmenten.* Die Schaffung selbststeuernder Regelkreise durch Just-in-Time erlaubt eine gezielte Investitionspolitik zur Realisierung von CIM (Computer Integrated Manufacturing) mit bereits heute verfügbaren Bausteinen.«

Auch wenn man, wie bei allen vergleichbaren Publikationen, einen propagandistischen Überschuß der Rationalisierungsfanatiker abziehen muß, bleiben zwei Aspekte dieser neuen Variante bemerkenswert. Erstens wird hier eine Rationalisierungskonzeption vorgestellt, die das Wissen und Können der Menschen als »autonome Subsysteme« in ihre Flexibilisierungsstrategien einbaut, allerdings beschränkt auf klar definierte »Segmente«. Zweitens wird hier, deutlicher noch als in früheren Konzepten, die *Zeit als operative Dimension* definiert. Ließ sich die kapitalistische Organisationsform des Wirtschaftens von Anbeginn als »Ökonomie der Zeit« (Marx) bestimmen, so wurden in den letzten Jahrzehnten Schritt für Schritt einzelne Momente der Zeitstruktur systematisch beeinflußbar gemacht, zuerst in den Akkordvorgaben, dann in der spezifischeren Form der »Terminjäger« und der organisierten »Zeitwirtschaft«, zu der auch die systematische Verkürzung der Durchlaufzeiten, zunächst des Materials, neuerdings auch der Kommunikationen und Informationen (s. KIWA), gehört.

Mit den neuen Produktionssystemen, als deren Bestandteil auch »Just-in-Time« anzusehen ist, wird die Beschleunigung der industriellen Prozesse zum integralen Strukturprinzip der Organisation der Arbeit. Das aber läßt sich nicht verwirklichen ohne entsprechende Veränderungen der wissenschaftlichen Vorbereitung und Durchdringung der materiellen und immateriellen Produktionsprozesse.

2. Bearbeitung der Zeit: Antizipation, Simulation, Reversibilität

»Verwissenschaftlichung der Industrie« ist keineswegs identisch mit einer durchgehenden »Theoretisierung« der industriellen Produktionsprozesse. Zwar läßt sich für die letzten Jahrzehnte sehr wohl eine starke Zunahme *spezieller Techniktheorien* (G. Böhme u. a., 1978) konstatieren, die für die systematische Beherrschung der Abläufe der Technologieentwicklung und ihrer industriellen Verwendung außerordentlich wichtig sind; aber dieser Tendenz korrespondiert gegenläufig ein stark angewachsener Apparatebezug der Naturwissenschaften (ebd.), der die grundlegende *Funktionsorientierung* des neuzeitlichen naturwissenschaftlichen Wissens nachdrücklich verstärkt hat.

Zweifellos spielt der systematische Einsatz naturwissenschaftlicher Theorien eine wichtige Rolle etwa in der Pharmaindustrie bei dem Versuch, die Untersuchung von Struktur-Wirkungs-Zusammenhängen bei neuen chemischen Substanzen gezielter zu betreiben.[6] Und auch die Verwendung *mathematischer Modelle* hat in den letzten Jahren in vielen Bereichen der industriellen Forschungs- und Entwicklungsarbeit stark zugenommen, so beispielsweise zur Formulierung von theoretischen Voraussagen von Fahrversuchen in der Reifenindustrie.[7]

Kennzeichnend für die »verwissenschaftlichte Industrie« sind allerdings eher die *Simulationsverfahren*, die nicht nur im Kraftwerksbetrieb und beim Flugzeugbau, sondern zunehmend auch im Automobilbau von großer Bedeutung sind. Das zentrale Problem der Simulation ist nicht die theoretische Konsistenz der Modelle, sondern der *Realitätsbezug*. Anläßlich einer Fachtagung der VDI-Gesellschaft Fahrzeugtechnik (1984) wurde dieser Aspekt immer wieder als zentrales Problem vorgestellt: »Auch wenn das Problem der Leistungsbeschränkung der Computer gelöst wäre, bleibt die Hauptschwierigkeit von Berechnung und Simulation: eine möglichst große Wirklichkeitsnähe der Eingabewerte und die Übereinstimmung der Ergebnisse mit später gemessenen Prototypen. Hier ist die *Zusammenarbeit zwischen Berechnung und Versuch* erforderlich, denn die Berechnung und Simulation wird nur dann eine Bedeutung gewinnen, wenn von einer *hohen Übereinstimmung mit der Rea-*

lität ausgegangen werden kann.«[8] Während man sich bei den frühen Modellen damit begnügte, die Straßenoberflächen durch eine Sinuskurve darzustellen oder mühsam stochastische Profile zu erstellen, werden nun solche unrealistischen Theoretisierungen dadurch vermeidbar gemacht, daß man mit einem technisch verbesserten Braunschweiger Profilographen[9] exakte Erhebungen von tatsächlichen Straßenprofilen durchführt. Die Verbesserung des Simulationsverfahrens besteht hier gerade in einer Zurücknahme einer (realitätsfremden) Theoretisierung (Sinuskurve = mathematische Funktion) im Gefolge von verbesserten technischen Meßvorrichtungen.

Welches konstruktive Potential in dieser technologischen Entwicklung angelegt ist, demonstrierte Daimler-Benz im Frühjahr 1985 mit seinem neuen Fahrsimulator, in den rd. 25 Millionen DM investiert wurden. »Die Konstrukteure wollen die Anlage nutzen, um Fahrzeugtypen und -teile zu testen, die zwar noch nicht gebaut sind, sich aber bereits per Computer simulieren lassen.« (Klingholz, 1985, S. 46) Für Forschung und Entwicklung sollen damit neue Perspektiven erschlossen werden. »Der Bau vieler Prototypen wird überflüssig. Während bisher zum Beispiel bei der Entwicklung neuer Radaufhängungen viele Varianten gebaut und erprobt werden mußten, übernimmt nun der Fahrsimulator diese Aufgaben. Die Versuchsstrecken und wichtigen Fahrzeugdaten sind im Rechner gespeichert.« (Fuhrmann, 1985, S. 162)[10] Der Fahrsimulator kann aber auch dazu dienen, das Fahrverhalten von Menschen in kritischen Situationen oder unter besonderen Belastungsbedingungen zu testen.[11]

Der französische Elektronikkonzern Thomson-CSF hat bereits vor Jahren einen eigenen Unternehmensbereich »Simulatoren« eingerichtet, zu dem drei Werke gehören mit ca. 1100 Beschäftigten, wovon 80 % entweder Techniker oder Diplom-Ingenieure sind.[12] Erwartet wird, daß auch die verarbeitende Industrie in Zukunft verstärkt Simulatoren einsetzen werde. Es gehört im übrigen nicht viel Phantasie dazu, in vereinfachten Versionen solcher Simulatoren ein künftiges Produkt der Unterhaltungsindustrie und der Ausbildung zu sehen.

Auch wenn mit solchen Simulatoren sowie mit Computer-Simulationen insgesamt[13] die Anzahl von Versuchsserien, Test- und Probeläufen sowohl von Komponenten als auch von ganzen technologischen Systemen reduziert werden kann, ist nicht damit zu rechnen, daß deren Bedeutung insgesamt abnimmt. Mit der Zahl der Parameter und Faktoren, die bei der Entwicklung und Konstruktion komplexer technologischer Systeme zu beachten sind, ist der Umfang der Erprobungen dermaßen angewachsen, daß der Gebrauch von Simulationstechniken und -modellen vor allem ein Mittel ist, diesen rasanten Auswuchs beherrschbar zu machen.

Entscheidend ist allerdings, daß Simulationen eine Methode der *aktiven und systematischen Bearbeitung von Zeit* ermöglichen (s. Hack/Hack, 1985, S. 556). Dafür ist es wiederum entscheidend, in welcher Weise die Umsetzung der »durchgespielten« Überlegungen in die Realität zum Beispiel der materiellen Güterproduktion erfolgt. Der Einsatz der »Simulationstechnik zur Planung und Optimierung« (Hardeck, 1985) komplexer fertigungstechnischer Abläufe wird von einem Mitarbeiter des »Zentralbereichs Forschung und Technik« der Siemens AG, in Erlangen, folgendermaßen beschrieben:

»Mit Hilfe der Simulationstechnik lassen sich fertigungstechnische Abläufe planen und optimieren. Dabei ist man heute nicht mehr auf reale Modelle angewiesen, sondern arbeitet mit formalen Modellen, die als Simulationsprogramme in Rechnern nachgebildet werden.

Der Weg zum Verständnis komplizierter technischer Systeme führt über die Modellbildung. Je komplizierter die Systeme werden, desto genauer muß die Modellbildung sein, um bereits in der Entwurfsphase Fragen über den *Steuer- bzw. Regelmechanismus des Systems* beantworten zu können. Mit zunehmender Automatisierung der Fertigung muß in der Entwurfsphase die *Prozeßführung* wesentlich sorgfältiger durchdacht werden, als dies früher der Fall war. [...]

Wird die Simulation in der Planungsphase für die *Projektierung eines Fertigungssystems* eingesetzt, dann läuft diese völlig *losgelöst von dem realen Prozeß* (Offline) ab. Es müssen viele Simulationsläufe mit unterschiedlichen Auftragswerten durchgeführt werden, um gesicherte Aussagen über das spätere Prozeßverhalten mit täglich wechselndem Auftragsbestand zu erhalten. Man kann aber ein Simulationsprogramm *auch an einen realen Prozeß koppeln*, um schrittweise, jeweils von der neuesten Datenkonstellation aus, die Prozeßführung zu optimieren (On-line-Simulation).« (S. 24)

»Der Einsatz von Optimierungsverfahren für den Fertigungsablauf scheiterte in der Vergangenheit daran, daß die Optimierung lange vor dem eigentlichen Prozeßablauf durchgeführt werden mußte. So wird z. B. eine Reihenfolgenoptimierung für die Bearbeitung eines Auftragsvolumens auf Werkzeugmaschinen hinfällig, wenn eine Maschine längere Zeit gestört ist oder ausfällt.

Durch die Mikrocomputer-Technologie ist es nun möglich und wirtschaftlich, *Optimierungen in Prozeßnähe* durchzuführen.

Das in der Realität vorhandene Fertigungssystem wird durch ein Simulationsprogramm in einem Rechner nachgebildet und mit dem Prozeß verbunden. Jede Zustandsänderung wird direkt dem Simulationsprogramm mitgeteilt und mit dem durch Simulation ermittelten Zustand verglichen. Sobald eine Abweichung festgestellt wird, werden mit den neuen Ausgangsdaten die Optimierungsrechnungen wiederholt.

Leider gibt es zur Zeit noch keine Programmierumgebung, in der ein Off-line-Simulations-Programm in ein On-line-Simulations-Programm überführt werden kann. Es gibt allerdings Ansätze [...], z. B. [...] PEARL [...].« (S. 25. Alle Hervorhebungen von mir.)

Die Voraussetzung für die enge Verbindung von Simulation und realer Prozeßführung waren wissenschaftlich-technische Verbesserungen, vor allem bei den Mikroprozessoren bzw. Mikrocomputern, durch die Echtzeit-Berechnungen (»real time«) und entsprechende Rückkoppelungen überhaupt erst möglich wurden. »Verwissenschaftlichung der Industrie« bedeutet demnach vor allen Dingen die Systematisierung und Vervollständigung von Prozessen der *symbolischen Antizipation* realer Abläufe und, damit gekoppelt, die *verbindliche Vorwegdefinition* der realen Prozesse und deren Regulierung.

Die Verbindung zu den Mechanismen der »organisierten Antizipation«, die im Zusammenhang mit den Prozeduren der Wertanalyse und Wertgestaltung beschrieben und analysiert wurden, ist offensichtlich. Jetzt läßt sich die Interpretation des Gesamtzusammenhangs einen Schritt weitertreiben. Als organisierte Form der *Bearbeitung von Zeit* unterscheiden sich die Mechanismen sozial strukturierter Antizipation von Prognosen oder Prophezeiungen dadurch, daß sie das, was sie »gedanklich vorwegnehmen«, nicht unberührt bzw. unbeeinflußt lassen. So wie sich die soziale Organisation des Versicherungswesens als »Bewirtschaftung der Zukunftsperspektive« (Hack/Hack, 1979) interpretieren läßt, durch die potentielle künftige Risiken und Unsicherheiten ökonomisch »kleingearbeitet« werden[14], so bedeuten die naturwissenschaftlich-technisch ausgerichteten Formen der organisierten Antizipation, daß bestimmte Linien der Zukunftsgestaltung präferiert werden, allein schon dadurch, daß bestimmte Kriterien und Parameter in Betracht gezogen und in die Planungs- und Optimierungsstrategien aufgenommen werden und andere nicht. In jedem Fall liegen hier Formen der *gesellschaftlichen Bewertung und Entwertung* vor, die nachträglich kaum korrigiert werden können.

Was damit gemeint ist, läßt sich an einem Aspekt der Zukunftsdefinition erläutern, dessen Bedeutung in den letzten Jahren stark zugenommen hat und der inzwischen, im doppelten Wortsinne, unübersehbar geworden ist: die *Reversibilität* sozialer Strukturierungen. In Jahrhunderten zählende Halbwertzeiten bestimmter radioaktiver Substanzen (Caesium 137), die gefährlich gewordene Belastung der Ozonschicht und die Vergiftung des Bodens durch unkontrolliert abgelaufenen chemischen Abfall mögen als Beispiele genügen. Die Entwicklung von Kommunikations- und Informationssystemen, die uno actu als Überwachungs- und Herrschaftssysteme ausgelegt sind (vgl. Ortmann,

1984; Hessendienst, 1984), macht die direkten sozialstrukturellen Implikationen vielleicht noch deutlicher. In allen diesen Fällen kann man unterstellen, daß die Frage der *Rücknahme* von unbedachten Nebenfolgen oder unübersehbaren Begleitumständen keine (nennenswerte) Rolle gespielt hat, als es um die Festlegung spezifischer Zukunftsentwicklungen ging. Dabei muß Irreversibilität keineswegs beabsichtigt sein; in vielen Fällen rührt sie allein daher, daß die Möglichkeit der Reversion kein Kriterium bei der Definition von Planungs- und Optimierungsprozessen gewesen ist.

Die Mechanismen der sozialen Bearbeitung von Zeit werden zu einem entscheidenden Machtpotential, wenn Reversibilität, die Rücknahme von Entscheidungen, ausgeschlossen wird. Die Produktion von gesellschaftlichen Sachzwängen vollzieht sich vor allem in dieser Dimension.

Hier liegt zugleich eine der Einfalls-Schneisen (im doppelten Wortsinne), durch die naturwissenschaftliche Theoriekonzepte in die gesellschaftstheoretische bzw. politische Diskussion eingebracht und zu fatalen Analogiebildungen verwendet werden. So gehört es zu dem von Ilya Prigogine entwickelten Konzept der »dissipativen Strukturen«[15], daß »*irreversible Prozesse* als Quelle von Ordnung«[16] vorgestellt werden. Eine Übertragung dieses, subjektfrei gedachten, Musters auf soziale Vorgänge würde den Spielraum für soziale Lernprozesse und politische Entscheidungen in verhängnisvoller Weise einschränken. Gleiches gilt für das Argument, »Reversibilität« widerspreche den Gesetzen der Thermodynamik. Wenn man, mit N. Luhmann (1980), davon ausgeht, daß »komplexe Systeme Zeit konstituieren«[17], dann heißt das, für die Strukturen dynamischer Systeme sei kennzeichnend, daß sie »zeitorientiert«[18] sind. Für komplexe *soziale* Systeme aber muß es bedeuten, daß sie eine Form finden müssen, Zeit in bewußter und reflektierter Weise *bearbeitbar* zu machen. Herstellung von kontrollierter Reversibilität wäre dafür eine wesentliche Voraussetzung. Damit würden die Differenzen zwischen »Faktizität« und »Möglichkeit« und, entsprechend, zwischen »Erinnerung« und »Antizipation« zwar sozial verändert, aber nicht aufgehoben, wie C. F. v. Weizsäcker in einem Fernseh-Interview (am 26. 6. 1987) meinte.

Bisher sieht es allerdings so aus, als ob die im Kapitalverwertungsprozeß angelegte »Ökonomie der Zeit« nur in einer Richtung beeinflußbar gemacht worden ist: als *Beschleunigung aller relevanten Prozesse* nach ganz formalen und abstrakten Kriterien, für die die »verschärfte Weltmarktkonkurrenz« die einzig verfügbare Legitimation bzw. plausibel klingende Begründung bildet. So ließe sich freilich auch der Mechanismus der Beschleunigung legitimieren, der aus dem Sog eines Strudels resultiert, wenn man immer mehr in dessen Zentrum gerissen wird.

Die Dynamisierung der sozialen Strukturzusammenhänge ist das eine; der Einbau von »Zeit« in die gesellschaftstheoretische Diskussion (s. Giddens, 1980) als Reflexion dieser realen Entwicklung ist etwas anderes. Dabei allerdings kommt es darauf an, einen vergleichsweise blind-wirkenden Mechanismus der »Beschleunigung« bzw. der »Dynamisierung« nicht auch noch kategorial, als »Temporalisierung von Komplexität« (Luhmann, 1980) etwa, zu verklären, sondern vielmehr Überlegungen anzustellen, die eine gesellschaftliche bzw. politische Beeinflußbarkeit gerade auch auf der Ebene der zeitlichen Strukturierung *denkbar* machen.

Die gegenwärtig forcierte Variante der »Politik der vollendeten Tatsachen« legt die Verfügung über die soziale Konstruktion von Zeit uneingeschränkt in die Hände von Technologiekonzernen. Ein Bericht über die Grundsteinlegung des »Technologiezentrums Nord/TZN«, dessen Finanzierung vom Land Niedersachsen getragen, dessen FE-Potential jedoch an den Geheimhaltungsinteressen des Rüstungsunternehmens Rheinmetall ausgerichtet wird, war bezeichnenderweise überschrieben mit der aufschlußreichen Ziel-Orientierung »Schon heute an der Technik von morgen mitarbeiten«.[19] Auf dieses Muster einer zukunftsmächtigen Technologieentwicklung, für die Forschungseinrichtungen unter (militärisch begründetem) Geheimhaltungszwang auf- und ausgebaut werden, läßt sich auch das gesamte SDI-Programm zurückführen: Es ist eine Form der *Industriepolitik*, die aus der Sphäre der politischen und offenen gesellschaftlichen Diskussionen herausgenommen wird.

Während sich Unternehmen der Mikroelektronik, wie Texas Instruments, neue Unternehmensorganisationen zulegen, die auf Dynamisierung und Flexibilisierung angelegt sind und insgesamt als »Institutionalisierung der Innovation« begriffen werden (s. Kieser, 1984), ziehen die konservativ-technokratischen Regierungen die staatlich-administrativen Institutionen aus den Entscheidungsprozessen heraus, statt die Institutionen auf die neuen Strukturprobleme einer Industriegesellschaft einzustellen, für die die Formen und Mechanismen des Umgangs mit der Zeit von zentraler Bedeutung geworden sind. Die Apparaturen der »Zukunftsgestaltung« werden als »privat« definiert. Das gilt nahezu für den gesamten Einsatz von Wissenschaft und Forschung, der für diese Zwecke betrieben wird, vor allem vermittels staatlicher Finanzierung.

3. Umgang mit der normativen Kraft des Faktischen

In einem Aufsatz mit dem Titel »Technology and the Construction of Social Reality« (1974) hat David Dickson darauf hingewiesen, daß die vorgebliche politische Neutralität von Technologien ein »Mythos« sei, der systematisch und absichtsvoll erzeugt werde (S. 39f.). In technologisch ausgelegten Verkehrs- und Kommunikationssystemen sind zugleich spezifische politische und soziale Strukturierungen eingebaut.

Wie am Beispiel des Problemzusammenhangs Reversibilität/Irreversibilität angedeutet, sind solche sozialen und sozial belangvollen Strukturierungen keineswegs immer das Ergebnis kontrollierter und bewußter Entscheidungsprozesse. So deutet vieles darauf hin, daß die bei der Konstruktion von Rechner-Architekturen lange Zeit verfolgte Strategie der Komplexitäts-Steigerung, die den Umgang mit Computern nicht gerade erleichterte, Resultat einer relativ blinden Unterstellung war und nicht etwa einer bewußten Mystifizierung. »Als vor einigen Jahren Ingenieure systematisch analysierten, was Computer intern eigentlich so machen, stellten sie mit Verblüffung fest, daß die einfachsten Befehle die meistverwendeten waren. Ein anderes Ergebnis der Studien: Viel Zeit verliert die Zentraleinheit beim Datentransport von und zum Speicher. An den Universitäten und in Laboratorien der Industrie kristallisierte sich dann der Plan heraus, es doch einmal andersherum zu versuchen und Rechnerarchitekturen mit möglichst wenigen Befehlen zu entwickeln, dafür aber mit mehr Registern, die viele Speicherzugriffe erübrigen. Das Ergebnis war RISC, der ›Reduced Instruction Set Computer‹.«[20] Komplexitäts-Reduktion bzw. Vermeidung überflüssiger Komplexität ist demnach ein Kriterium, das für die Technologieentwicklung Bedeutung haben kann, das aber zugleich als soziales Kriterium eingeführt und auf Verwendungskontexte hin vorbedacht werden könnte.

Ob »Irreversibilität« und »Komplexitätssteigerung« bewußt erzeugt werden oder ob sie das unbedachte Produkt vergleichsweise blind ablaufender Prozesse sind, ist in bezug auf die sozialstrukturellen Folgen möglicherweise gleichgültig. In jedem Fall begründen sie machtstrategische Vorteile für die Interessen, die über die Erzeugungsbedingungen verfügen. »Reversibilität« von sozialen »Strukturierungen« und »Vermeidung überflüssiger Komplexität« sind hingegen Kriterien, die in wissenschaftlich-technologische Prozesse und ihre gesellschaftlichen Bedeutungen nur dann eingebaut werden können, wenn sie sorgfältig und systematisch bedacht wurden.

Die normative Kraft des Faktischen resultiert heute nicht mehr so sehr aus der puren Existenz einzelner technischer Artefakte oder aus isolierten Tatsachenentscheidungen autorisierter Funktionsträger. Es sind vielmehr vor allem die technologischen Systeme und die in den technologischen Wissensformen manifest gewordenen Folgen des wissenschaftlichen Wissens insgesamt, durch die die unverrückbaren Festlegungen vollzogen werden.

Diese Funktionalisierung bleibt der Wissenschaft keineswegs äußerlich. Peter Weingart (1975a) hat das am Begriff der »Bewährungsregeln« festzumachen versucht: »Das nach [spezifischen] Bewährungsregeln produzierte Wissen erlangt im Zeitablauf eine ›normative Kraft des Faktischen‹, insofern es die gesellschaftliche Perspektive strukturiert. Da jeweils bestimmte Wissensbestandteile Grundlage der *Perzeption der Realität und handlungsanleitend* sind, generieren sie neue Probleme und darum wiederum neues Wissen, das nach den gleichen Regeln erzeugt wird. Sind die Bewährungsregeln erst einmal institutionalisiert, erhält die nach ihnen erfolgende *Wissensproduktion eine Eigendynamik*.«[21]

Die Institutionalisierung bestimmter Formen der Wissensproduktion strukturiert jedoch nicht nur die »Perzeption der Realität«, sondern auch die Formen des wahrgenommenen Gegenstandsbereiches selbst (s. Horkheimer, 1937): die materiellen Produktionsprozesse, die Informationsverarbeitungssysteme, die technischen Sedimente in ihrer physischen Präsenz wie in ihrer immateriellen Form. Nicht zufällig hat sich in neueren sozialwissenschaftlichen Untersuchungen eine Begrifflichkeit durchgesetzt, die diesem breiteren Verständnis gesellschaftlicher Erzeugungsprozesse Rechnung trägt. Die Rede ist jetzt von »Fabrikation von Zustimmung« (Burawoy, 1982) und von »Fabrikation von Erkenntnis« (Knorr-Cetina, 1984) sowie von »Produktion geschichtlicher Erfahrung« (Thompson, 1980b) und von »Produktion sozialer Realität« (Hack/Hack, 1985a). In allen diesen Untersuchungen wird es zum zentralen Problem, zu überlegen, *wie* solche Prozesse der Fabrikation bzw. der Produktion betrieben werden, und zugleich zu ergründen, *welche Rolle die Wissenschaft* mit ihrer spezifischen Vorgehensweise dabei spielt. Die Fragestellungen zielen jetzt nicht mehr darauf, funktionalistisch und resignativ zu rekonstruieren, warum es so, wie es gelaufen ist, zwangsläufig – nach der »Logik des Kapitals« oder der »Eigenlogik eines wissenschaftlich-technischen Ablaufmusters« oder dem »Schema eines unilinearen Industrialisierungsprogramms« – hat kommen müssen. Gefragt wird jetzt, *wie* soziale Realität und Erfahrung, technische Artefakte und wissenschaftliche Tatsachen *gemacht* werden. Erst in einer derart veränderten Fragestellung wird es möglich, die normative Kraft des Faktischen rechtzeitig zu brechen, nämlich *bevor* sie installiert worden ist.

Ob die Landesregierung von Baden-Württemberg sich »Zukunftsperspektiven« zeigen läßt, in denen ökonomische Zwangsläufigkeiten stilisiert und sozialwissenschaftlich eingewattet werden (1983), oder ob die Landesregierung von Nordrhein-Westfalen sich der Förderung von »Zukunftstechnologien« (1984) verschreibt – die systematische Erzeugung von Zukunft (s. a. Riesenhuber, 1985; Diebold, 1986) wird allenthalben als Gebot der Stunde vorgestellt, das durch die Freisetzung der »modernsten wissenschaftlichen Methoden und Instrumente« befolgt werden muß. Verbessert werden mag auf diesem Wege das Erzeugungspotential, das im naturwissenschaftlichen und technologischen Wissen steckt. Nur in der Unverbindlichkeit von Sonntagsreden und Preisverleihungen wird das Reflexionsvermögen einer noch nicht vollständig instrumentalisierten und industrialisierten Wissenschaft eingeklagt.

Angesichts des industriell sowie militärisch erzeugten globalen Gefährdungspotentials, für dessen Entstehung wissenschaftliches Wissen in aller Regel grundlegend geworden ist, häufen sich die Forderungen, »die Menschheit« müsse »um-denken«. Der Doppelsinn ist makaber genug. Um-werfend ist auch das vorherrschende Muster eines ausschließlich auf Erzeugung hin funktionalisierten industrialisierten Wissens, durch dessen planmäßigen Einsatz Widerborstiges und Widersprüchliches in der sozialen Realität um-gedacht wird. Die Funktionalisierung dieser Formen und Organisationen wissenschaftlichen Wissens auf Herrschaftsinteressen und Machtverhältnisse ist offensichtlich (Lyotard, 1986; Spinner, 1986).

Will man seine Zuflucht nicht in den erneut grassierenden Heilslehren suchen, die die normative Kraft des Faktischen mit Weihrauchschwaden verhüllen, sind wissenschaftliche Methoden und Denkstile zur Bewältigung der Probleme der dritten Phase der Industriellen Revolution unerläßlich. Erforderlich sind allerdings wissenschaftliche Wissensformen, die es ermöglichen zu *reflektieren* (und gegebenenfalls auch zu *kritisieren*), was die Methoden der rigoros funktionalisierten Wissenschaft und die Prozesse der »Informatisierung« anrichten. Dabei geht es auch darum, deutlich zu machen, daß die Formen des *Realitätsbezugs*, die in den wissenschaftlichen und technologischen Simulationsverfahren vorgegeben oder unterstellt sind, *nicht* zum Muster oder Vorbild dienen können, wenn es um die Erzeugung komplexer Strukturen der sozialen Realität geht.

Die Rückverlagerung der Prozeduren der Zukunftsgestaltung in den Bereich der privatwirtschaftlich eingeengten Rationalitätskonzepte ist vermutlich diejenige Tatsachenentscheidung, die die größte normative Ausstrahlung entfalten wird. Die Entwicklung der dritten Phase der Industriellen Revolution wird nicht so sehr durch die wissenschaftlichen und technologischen Abläufe als solche gekennzeichnet sein, sondern vielmehr durch die Formen und Methoden der gesellschaftlichen Bearbeitung, die zugelassen bzw. untersagt oder kriminalisiert sind. Daß der Kampf um die Wissenschaft auf eine fatale Weise in den Einzugsbereich des Terrorismus geraten ist, hängt wohl auch damit zusammen, daß er nicht mit den politischen und intellektuellen Methoden ausgetragen wird, die geboten wären.

Wenn es richtig ist, wie Günther Anders (1956; 1980) mit schlimmen Gründen vermutet, daß die wissenschaftliche und technologische Potenzierung menschlicher Handlungen und ihrer Folgen zur Unfähigkeit geführt hat, uns wirklich *vorstellen* zu können, was wir alles *herstellen* und *anstellen*, dann ist Wissenschaft in veränderter Form und Funktion gefordert: sie muß *einzuholen* suchen, was in den je vorschießenden Prozessen der Herstellung sozialer Realität vorgegeben wird. Und sie muß *Zurückhaltung zu erzwingen* versuchen, wenn die normative Kraft des Faktischen installiert werden soll, lange bevor ihre oft unausdenklichen und unbegreiflichen Folgen zu erkennen sind. Hans Jonas (1984) hat das Motiv aufgenommen und weiter entfaltet:

»Unter solchen Umständen wird Wissen zu einer vordringlichen Pflicht über alles hinaus, was je vorher für seine Rolle in Anspruch genommen wurde, und das Wissen muß dem kausalen Ausmaß unseres Handelns größengleich sein. Die Tatsache aber, daß es ihm nicht wirklich größengleich sein *kann*, das heißt, daß das vorhersagende Wissen hinter dem technischen Wissen, das unserem Handeln die Macht gibt, zurückbleibt, nimmt selbst ethische Bedeutung an. Die Kluft zwischen Kraft des Vorherwissens und Macht des Tuns erzeugt ein neues ethisches Problem. Anerkennung der Unwissenheit wird dann die Kehrseite der Pflicht des Wissens und damit ein Teil der Ethik, welche die immer nötiger werdende Selbstbeaufsichtigung unserer übermäßigen Macht unterrichten muß« (S. 28).

Leichtfertig bleibt in solchen philosophischen Interpretationen die Unterstellung, es sei »unsere Macht«, ein gleichsam gattungsgeschichtliches Allgemeingut, aus dem die Risiken und Gefahren der modernen technologischen Vermögen erwüchsen. Die normative Kraft des Faktischen läßt sich nur brechen, wenn sich die Wissenschaft der Mühe unterzieht, konkret und detailliert nachzuweisen, in welchem Maße und in welcher Form sehr *spezifische Interessen* sich in den Mystifikationen technischer und technologischer Artefakte zu verbergen suchen.

Anmerkungen

Einleitung

1 *Der Spiegel* brachte zum Jahreswechsel 1983/84 (H. 52,1983) eine entsprechende Titelgeschichte, die auf dem Deckblatt überschrieben war mit: »Deutsche Industrie – Verschlafen wir die Zukunft?« und deren Text (S. 19–29) mit der Überschrift aufgemacht war »Wir brauchen ein Apollo-Programm«. Das Buch des stellvertretenden Chefredakteurs von *Business Week*, Bruce Nussbaum (1983), eine wirtschaftspolitische Kampfschrift mit vielen sachlichen Fehlern, wurde dabei unkritisch und inkompetent als Tatsachenbericht ausgegeben. Inzwischen haben sich die Gemüter beruhigt, das Problem ist aus den Wirtschaftsteilen der Zeitungen in die Feuilletons abgeschoben worden, vgl. Bernhard Flossdorf, »Schöpferisches Chaos (Wirtschaft und Kultur im Zeichen der ›Pazifischen Herausforderung‹)«. In: *Süddeutsche Zeitung* Nr. 25, 31. Januar 1987.

2 Der Weg in die Kommunikationsgesellschaft sei »nicht mehr eine Frage des Ob, sondern nur noch des Wie«. So der Bundesminister für das Post- und Fernmeldewesen, Chr. Schwarz-Schilling, auf einer »Fachtagung des Evangelischen Arbeitskreises der CDU Hessen (EAK)« im Frankfurter Dominikanerkloster im August 1986. Zitiert nach *Frankfurter Rundschau*, Nr. 202, vom 2. September 1986.

3 Vgl. Jean Castarede: »Au-delà du ›ras-le-bol‹.« In: *Le Monde* vom 23. 12. 1986. Castarede, Ko-Autor des Berichts »Technologies et Société«, verwendet den englischen Begriff »Knowledge Revolution«.

4 So *Fortune* vom 7. 3. 1981, S. 86. Am 2. und 3. Dezember 1980 veranstaltete die Zentralsparkasse und Kommerzbank von Wien ein Symposium zum Thema »Industrieroboter im Einsatz (Flexible Automation – Eine Chance für Industrie und Gewerbe in den achtziger Jahren)« (Wien, 1981). Hier stellte A. Etzioni, Direktor des »Center for Policy Research« in Washington D. C., ein Konzept vor, das wenig mit dem Thema der Tagung zu tun hatte, aber weitgehend der Darstellung entsprach, die *Business Week* fünf Monate vorher vorgestellt hatte. Etzionis Überlegungen wurden von westdeutschen Industriesoziologen aufgegriffen.

5 Vgl. vor allem: »Special Project. American Renewal«. In *Fortune*, 9. 3. 1981, S. 71–115; verwiesen wird auf ein entsprechendes Unternehmen aller Magazine der TIME-Gruppe im gleichen Monat (S. 71). Vgl. auch Bylinski, 1981. Das Thema ist immer noch aktuell: »Special Report

The High-Tech Race«. In: *Fortune*, 13. 10. 1986, S. 18–52. Hier ist immerhin die Rede von einem »mörderischen Kampf zwischen den industriellen Demokratien« auf dem Weltmarkt (S. 18).

6 Vgl. Jonathan Ferber: »Industrienation mit antiindustrieller Kultur«. In: *VDI-Nachrichten*, Nr. 9, 28. 2. 1986. Das »Jahr der Industrie« wurde getragen von der Confederation of British Industry (CBI), dem britischen Arbeitgeberverband der Industrie, und beschwor »Erinnerungen an die erste industrielle Revolution«. Hintergrund dieser Anstrengung ist der starke Rückgang der fertigungstechnischen Industrie in GB, die zudem immer stärker unter US-amerikanischen und japanischen Einfluß gerät. Zum neuerdings verschärften »Brain drain« aus GB in die USA (im FE- und Managementbereich) vgl. *Manager Magazin*, September 1986, S. 230–234. Seit 1984 werden an englischen Universitäten verstärkt industriepolitische Analysen betrieben, wobei das »Modell Deutschland« eine beträchtliche Faszination ausübt. Die Beratergruppe ist ein Unterausschuß des Industriestruktur-Beratungsausschusses des MITI. Vgl. *Handelsblatt*, vom 7. Februar 1986.
Vgl. »Flanders investment guide«. The president of Flanders' government, in cooperation with the regional development authorities of Flanders. Siehe auch: »Mit einer industriellen Revolution in die Zukunft«. In: *Handelsblatt* Nr. 61, vom 27. März 1986. Belgien-Beilage, S. B 17.

7 Vgl. zur detaillierten Kritik an Bells Art der Theoretisierung und an seinem Umgang mit empirischem Material: Hack/Hack, 1985a. Vgl. auch die Kritiken von Lucien Kern (1976), J. Gershuny (1981/1978), K. Kumar (1983/1978) und R. Badham (1984).

8 Zum »verarbeitenden Gewerbe« wird ein großer Teil des Handwerks gerechnet sowie der Gesamtbereich der »Industrie« im traditionellen Verständnis. Die Abgrenzung zwischen beiden Bereichen erfolgt oft nur noch formal nach der Anzahl der Beschäftigten (mehr als 10 bzw. 20 pro »Betrieb« gehören zur »Industrie«). Bei der Entstehung kleiner Industrieunternehmen, beispielsweise in der Elektronikindustrie, führt das leicht zu konfusen Statistiken. Teilweise werden die einschlägigen Handwerksbetriebe inzwischen pauschal zur »Industrie« gezählt.

9 Vgl. *Frankfurter Rundschau* vom 14. Juni 1985; *Handelsblatt* Nr. 111, vom 13. Juni 1986. Vgl. auch ZVEI: Elektroindustrie in Zahlen. Ausgabe 1986.

10 Vgl. *Handelsblatt* Nr. 160, vom 22. August 1986; *Süddeutsche Zeitung* vom 23. August 1986. Die Zahlenangaben in beiden Fällen vom VDMA.

11 Einer Erhebung des Bundesverbandes Druck e. V. zufolge hat die Anzahl der Kleinbetriebe (1–19 Beschäftigte) in der Druckindustrie in den letzten Jahren stark zugenommen; hier arbeiteten 1985 mehr als 30000 Personen (BRD). Im traditionellen Einzugsbereich der Druckindustrie (Betriebe mit 20 und mehr Beschäftigten) waren es 163555 Personen. Vgl. *Druck-Sachen. Informationsdienst der deutschen Druckindustrie*, Oktober 1985, S. 1.

12 Vgl. »Branchenreport Transportwesen: Rollender Einsatz«. In: *UNI Berufswahl-Magazin* H. 4, 1984, S. 9–14.

13 *Le Monde*, 24 décembre 1985, page 13: »Le Disneyland français inquiète les

élus locaux«. Vgl. auch *Frankfurter Allgemeine Zeitung* vom 12. Dezember 1985.

14 Vgl. hierzu die Hinweise von J. Huber (1984), vor allem unter dem Stichwort »Konsumarbeit« (S. 83 ff.). F. Naschold (1985) hat das Motiv der »Verlagerung von betrieblichen Arbeitsprozessen auf die Kunden« zu Recht als »weitreichende Veränderung der Arbeitsteilung« bezeichnet (S. 8). Dabei geht es keineswegs nur um Verlagerungen, die an den Kauf von Konsumgütern gebunden sind. Die Eliminierung von Schaffnern aus dem öffentlichen Nahverkehr und die Aufstellung von Fahrkartenautomaten haben eine »Selbstbedienungssituation« geschaffen, die für die Kunden außerordentlich arbeitsintensiv sein kann (genaue Ortskenntnisse und Kleingeld müssen mitgebracht werden). Das Ergebnis ist ein technisch und sozial relativ primitiver Verkehrsautomat, der mit den industriellen Transportsystemen in der materiellen Produktion nicht konkurrieren könnte.

15 Eine nützliche Korrektur bei der Aufbereitung der Daten der Erwerbstätigenstatistik ist sicher die Einführung der Kategorie »Dienste für Produzenten«, zu der 1980 bereits 18,4 % der Beschäftigten der BRD gerechnet wurden (vgl. *Zukunftsperspektiven*, 1983, S. 72).

16 Vgl. »Die Informationsgesellschaft löst die Industriegesellschaft ab«. In: *Handelsblatt* Nr. 213, 8. 11. 1984. Berichtet wird über einen Workshop der RWE zum Thema »Energie«. Der Titel zitiert einen Ausspruch von Prof. Herbert Giersch, dem Präsidenten des Instituts für Weltwirtschaft an der Universität Kiel. – Vgl. »Die Zukunft fordert Kreativität. Von der Industriegesellschaft zur Kommunikationsgesellschaft«. In: *VDI-Nachrichten* Nr. 9, 3. März 1984. Hier handelt es sich um einen Bericht über eine Diskussionsveranstaltung in Davos über Neue Technologien.

17 Zu bedenken ist, daß der Ausdruck »industry« im US-amerikanischen Alltagssprachgebrauch weitgehend mit »big business« synonym ist. Das schlägt auch in den Formulierungen bei Feigenbaum/McCorduck durch, wenn zum Beispiel verwiesen wird auf »andere Industrien wie Warenverteilung und öffentliche Dienste« (S. 156). Die Frage ist dann aber, ob diese Erweiterung des Begriffes »Industrie« nicht gerade symptomatisch ist.

18 Vgl. dazu Klaus Kemper: »Die Revolution in den Fabrikhallen (Durch Logistik wird die Industrieproduktion neu organisiert)«. In: *Frankfurter Allgemeine Zeitung* Nr. 86, 13. April 1985.

19 Der Fachverband »Informations- und Kommunikationstechnik« gehört zum Zentralverband der Elektrotechnischen Industrie/ZVEI. Der IuK-Fachverband wurde Anfang 1985 durch Zusammenlegung der beiden traditionellen Fachverbände »Datenverarbeitung« und »Fernmeldetechnik« gegründet (vgl. *VDI-Nachrichten* Nr. 45, 9. 11. 1984; *Handelsblatt* vom 17. 4. 1985); darin manifestieren sich die technologischen Veränderungen (Digitalisierung) und ihre organisatorischen Begleitumstände. Im Sommer 1986 wurde im übrigen der ZVEI umbenannt in »Zentralverband Elektrotechnik- und Elektronikindustrie e. V.« (s. *Handelsblatt* vom 12. Juni 1986) – Die im Text genannten Beschäftigtenzahlen stammen aus: *Handelsblatt* Nr. 193, vom 8. Oktober 1985. Zum IuK-Bereich zählt der Fachverband

insgesamt 280000 Beschäftigte; über 72000 in der Datenverarbeitung und rd. 100000 in der Nachrichtentechnik (Draht und Funk).

20 Vgl. dazu »Krach bei Opel: Detroiter Schachzug erschwert Arbeit der Betriebsräte«. In: *Frankfurter Rundschau* Nr. 109, 11. Mai 1985.

21 Vgl. *Frankfurter Rundschau* und *Handelsblatt* vom 28. Februar 1986; *Le Monde* vom 1. März 1986.

22 Vgl. auch »Die Wertschöpfung verlagert sich in die Software (Ingenieurleistung macht die Chips erst wertvoll)«. In: *VDI-Nachrichten* Nr. 18, vom 3. Mai 1985. Berichtet wird, daß der Schweizer Maschinen- und Elektrokonzern BBC in der Bundesrepublik Deutschland Ingenieurleistungen für mehr als eine halbe Milliarde DM erbringt; das sei etwa ein Viertel der gesamten Wertschöpfung des Unternehmens. Außer den Entwicklungsarbeiten ist dabei auch das »auftragsspezifische Engineering« mitgerechnet. – Vgl. auch: »Schon seit einigen Jahren verfolgen wir den Trend der Wertschöpfungsanteile, die sich von der Fertigung zur Entwicklung verlagern. Hier ist es vor allem die Software-Erstellung, die zum Teil schon mehr als die Hälfte der Wertschöpfung ausmacht.« (Zeidler, 1982, S. 160f.) Gerhard Zeidler ist das für Technik zuständige Vorstandsmitglied von SEL.

23 »Informationsfluß beschleunigt die automatische Produktion«. In: *VDI-Nachrichten* Nr. 18, 3. Mai 1985.

24 Es geht hierbei nicht allgemein um »immaterielle Produktionsprozesse«, wie man bei oberflächlicher Interpretation meinen könnte. Die »Erzeugung materieller und immaterieller Güter und Dienstleistungen« ist trivialer Bestandteil der volkswirtschaftlichen Gesamtrechnung. Der soziologisch aufschlußreiche Vorgang besteht in jenen Formveränderungen, die die Industrialisierbarkeit immaterieller Produktionsprozesse begründen und auf einen »strukturell veränderten Typus von Industriegesellschaft« zuschneiden.

25 Vgl. hierzu die Berichte in der *Frankfurter Rundschau* vom 9. Oktober 1985 und in der *Frankfurter Allgemeinen Zeitung* vom 10. Oktober 1985. Der deutsche Wirtschaftsminister zu dieser Zeit hieß Martin Bangemann, der französische Kulturminister war Jacques Lang.

26 Nach Vorarbeiten in den 30er Jahren begann der Ingenieur Rudolf Hell 1951 damit, nach dem Prinzip der Bildzerlegung eine elektronisch gesteuerte Graviermaschine zur Herstellung druckfertiger Klischees zu entwikkeln.

27 In: *Frankfurter Allgemeine Zeitung* vom 7. Dezember 1983: »Die zweite industrielle Revolution geht auf die Erfindung des Transistors im Jahre 1948 zurück.« – Die Zahl der Belege ließe sich im übrigen fast beliebig erweitern: Am 13. März 1985 brachte die *Frankfurter Rundschau* einen Vierspalter über die Maschinenbauindustrie, dessen Untertitel lautete: »Zweite industrielle Revolution soll längerfristig Wachstum sichern.«

28 Hans Heigert: »Herausforderungen einer Revolution«. In: *Süddeutsche Zeitung* vom 12. Januar 1985.

29 Nach einem Bericht in den *VDI-Nachrichten* vom 13. Juli 1984.

30 Kommentar im *Süddeutschen Rundfunk*, am 9. April 1986, 12.45–12.50 h.

31 Vgl. Balkhausen (1978), *Ruprecht-Karls-Universität* (1984/1982). In diesem Band schreibt Karl Steinbuch über »Probleme der Informationsgesellschaft«, ohne sich im geringsten um das Oberthema der »dritten Industriellen Revolution« zu scheren, und beklagt sich dabei angelegentlich über die Begriffsverwirrung, die allerorten herrsche.

32 Natürlich konnte es nicht ausbleiben, daß in populärwissenschaftlichen Darstellungen auch dieser einzige feste Bezugspunkt in Frage gestellt wurde: auch der Wissenschaftsbetrieb (oder sollte man sagen: die Wissenschaftsindustrie) hat seine Marktlücken. So hat D. Otten (1986) aus dem berechtigten Argument, Maschinen und ausgefeilte Technik habe es bereits lange vor der industriekapitalistischen Periode gegeben, die eigenwillige Interpretationsfigur destilliert, die erste Industrielle Revolution habe bereits zwischen 1200 und 1500, also tief im Mittelalter, stattgefunden. Eine zweite Industrielle Revolution findet Otten, entsprechend gerüstet, um 1830 (vgl. Hobsbawm). Da er sich nicht um die spezifischen Implikationen und Konsequenzen der »science based industry« im ausgehenden 19. Jahrhundert kümmert (sie nicht einmal wahrnimmt), kann er den hier vorliegenden Bruch auch nicht begreifen. Eine dritte Industrielle Revolution wird mit den siebziger und achtziger Jahren dieses Jahrhunderts (S. 555) angesetzt, verliert sich aber in der Beliebigkeit vieler Einzelphänomene, wobei die meisten einfach falsch beschrieben sind. Entscheidend ist jedoch, daß das völlige Fehlen einer theoretisch reflektierten soziologischen Argumentation und die solide Unkenntnis industrieller Strukturen keineswegs eine hinreichende Basis für großzügige bzw. großspurige Interpretationen sind.

33 Wie sehr gerade auch die Soziologie, speziell die soziologische Theoriebildung, Teil dieser Entwicklung (gewesen) ist, haben K. Kumar (1983/1978) und R. Badham (1984) herausgearbeitet. – Bei Wolf Lepenies heißt es allgemein: »Die Soziologie entstand als Wissenschaft, die aus unterschiedlichen politischen Motiven ihrer Gründer den Anspruch erhob, den gesellschaftlichen Wandel, der zur Herausbildung der modernen Industriegesellschaft führte, erklären und seine weitreichenden Folgen voraussehen, wenn nicht gar kontrollieren zu können. Dieser Anspruch wurde der Soziologie von anderen akademischen Disziplinen streitig gemacht. Darüber hinaus entwickelte sich seit der ersten Hälfte des 19. Jahrhunderts ein Wettbewerb zwischen einer sozialwissenschaftlichen und einer aus Kritikern und Autoren bestehenden literarischen Intelligenz, die darum konkurrierten, die Industriegesellschaft angemessen zu interpretieren und dem modernen Menschen eine Art Lebenslehre zu bieten.« (1985, S. 11)

34 Es werden nicht gerade die großspurigen Interpretationen von Naisbitt, Nussbaum etc. sein, die historisch übergreifende Entwicklungsphasen verständlich machen. Interessanter ist sicher Ribeiros Evolutionskonzept, in dem der Eurozentrismus aufgebrochen und ein zivilisatorischer Prozeß skizziert wird, der in der »Kombination der technologischen Revolution, der zivilisatorischen Prozesse und der soziokulturellen Prozesse« (S. 200) bestehe. Die Annahme einer neuen Entwicklungsstufe, die durch die »Thermonukleare Revolution« begründet worden sei, zeigt, daß auch der

Brasilianer Ribeiro nicht vor den Kurzschlüssen der Nachkriegseuphorie in den Industriegesellschaften gefeit war.

35 Vgl. die Darstellung bei Eric Hobsbawn, Bd. I, 1970, S. 40ff.

36 Hughes (1969) verweist in seiner Arbeit über die Hydrogenisierung in der deutschen Großchemie der zwanziger und dreißiger Jahre beiläufig (S. 115) auf die »zweite Industrielle Revolution« vor dem I. Weltkrieg, die an die Bereiche Stahl, Elektrizität und Chemie gebunden gewesen sei.

37 Massenproduktion beginnt nicht erst, wie Piore/Sabel (1985) glauben machen wollen, mit dem Fordschen Fließband in der US-amerikanischen Automobilindustrie. Massenproduktion, insbesondere für den militärischen Bedarf (Stoffe bzw. Tuche, Uniformen, Stiefel etc.), war bereits Bestandteil des Wirtschaftslebens vor Beginn des Industriekapitalismus. Der Siegeszug der deutschen Teerfarbenindustrie im letzten Drittel des 19. Jahrhunderts gründete nicht zuletzt auf der Tatsache, daß die synthetische Chemie – im Unterschied zur Naturstoffchemie – auf sehr viel günstigere Bedingungen der großtechnischen Massenproduktion aufbauen konnte (Hack/Hack, 1985a). Für die Bereiche der Werkzeuge, Werkzeugmaschinen und elektromechanischen Geräte waren Formen der Massenfertigung entwickelt worden, lange bevor das Automobil überhaupt erfunden (1886) war.

38 Vgl. Hack/Hack, 1985a. Die vor allem bei der BASF in Ludwigshafen entwickelten Formen und Verfahren der großindustriellen Forschungsorganisation lieferten im übrigen auch wichtige Vorkenntnisse für das »Manhattan-Projekt«, das üblicherweise als Beginn der Großforschung genannt wird. Die US-amerikanischen Großkonzerne der Mineralöl- und Chemieindustrie, vor allem Stanford Oil und DuPont, fungierten dabei als Vermittler zwischen Ludwigshafen und den verschiedenen FE-Zentren, die zum Manhattan-Projekt gehörten.

39 Vgl. zur Rolle der Elektrizität im Rahmen der zweiten Industriellen Revolution die detaillierte Darstellung in: *Historisches Museum Frankfurt* (1981). – Wie kurz die gesamte Zeitspanne des zweiten Industrialisierungsschubes ist, zeigen drei kurze Beispiele: Die erste elektrische Straßenbahn wurde 1885 vorgestellt, in der kanadischen Stadt Toronto (*FAZ* vom 26. 9. 1985). Der Beginn der Automobilgeschichte wird auf 1886 (Daimler, Benz) datiert. Die technischen Voraussetzungen für das Fernsehen lagen bereits lange vor Ausbruch des Zweiten Weltkrieges vor.

40 Wie weich das Abgrenzungskriterium der »Lagerfähigkeit« für soziologische Interpretationen ist, zeigt sich daran, daß die Verfügbarkeit von Tonband- und Videogeräten aus dem »Dienstleistungs«-Apparat Rundfunk/Fernsehen eine »Industrie« gemacht hätte. Vergleichbare Wunder vollzieht jede Batterieaufladung, die die elektrische Energie aus der »Dienstleistungs«-Steckdose konserviert.

41 Dem Leiter der Hauptabteilung Personalpolitik und Personalentwicklung bei BMW, Gerhard Hehl (1985), zufolge, werden »ca. 75 % aller kostenrelevanten Entscheidungen für einen Automobilhersteller schon im Konstruktionsbereich getroffen« (S. 295).

42 Prof. Rudolf Scheid: »Technischer Fortschritt unter sozialer Kontrolle (Nicht die Behinderung, die Beschleunigung neuer Technologien ist geboten).« In *Frankfurter Allgemeine Zeitung* Nr. 231, 5. 10. 1985. Hervorhebungen im Text von mir.

43 Es handelt sich um Forderungen, die der Landesvorsitzende des DGB in Nordrhein-Westfalen, Dieter Mahlberg, auf einer Pressekonferenz aufgestellt hat. Zitiert nach: *Handelsblatt* vom 13. Februar 1986.

44 Vgl. zu diesem Komplex die ausführliche Darstellung im Abschnitt IX. 4 in: Hack/Hack, 1985a, (S. 614ff.). Vgl. auch Noble (1984, S. 230, 235, 253), wobei es insbesondere um die Zeit um 1955 geht und um die Anfänge der Fabrikautomatisierung, vor allem in der Flugzeugindustrie der USA.

45 Thematisch ausgerichtete Vorträge hielten Leo Brandt und Carlo Schmid. Vgl. dazu auch Stahlschmidt (1977, S. 13f.).

46 Wie schwierig die Numerierung industrieller Revolutionen ist, zeigt sich u. a. daran, daß Alexander King zweieinhalb Jahrzehnte nach seinen Überlegungen zu einer »dritten Phase der industriellen Revolution« eine vorsichtige Auseinandersetzung mit der neu aufgetauchten These einer »2. industriellen Revolution« vornahm, wobei auch hierbei Elektronik und »Informationsindustrien« die Grundlage abgaben.

47 Im Unterschied zur bundesdeutschen Diskussion der sechziger Jahre konzentrierte sich James R. Bright, einer der Automatisierungsexperten der vorangegangenen Diskussion, alsbald auf den Zusammenhang von Forschung, Entwicklung und technologischer Innovation (1964).

48 Zu bedenken ist allerdings, daß die Bedeutung der Atomtechnik in dieser Zeit nicht nur mit der unerschöpflichen Energie begründet wurde, sondern mit einem sehr viel breiteren Anwendungsspektrum der Rationalisierung und Produktivitätssteigerung (radioaktive Isotope etc.).

49 Als Schulbeispiel der »science based industry« gilt in vieler Hinsicht (s. Bernal, 1939; Beer, 1975; Braverman, 1977) die deutsche Chemieindustrie des ausgehenden 19. Jahrhunderts mit ihren systematisch aufgebauten wissenschaftlichen Kontakten (Hack/Hack, 1985a; Kapitel II).

50 Vgl. Prof. Herbert Grünewald, damals noch Vorstandsvorsitzender von Bayer: »Die industrielle Biotechnologie steht vor einem entscheidenden Durchbruch«. In: *Handelsblatt* Nr. 39, 22. 3. 1984. S. a. »Biotechnologie: Bald die gleiche Bedeutung wie die Mikroelektronik«. In: *Handelsblatt* vom 9. 10. 1985.

51 Hania Luczak: »Das Geschäft mit dem Lebendigen.« In: *Süddeutsche Zeitung* Nr. 218, 21. 9. 1985.

52 Vgl. Lillian Hoddeson (1977); Braun/Macdonald (1978/1982); J. Halfmann (1984); H. Queisser (1985); K. Mainzer (1979); Lindner u. a. (1984).

53 Um diese Linie ernsthaft verfolgen zu können, wäre es erforderlich, die Veränderungen herauszuarbeiten, die sich in den letzten zwei Jahrzehnten im Bereich der schulischen und beruflichen Ausbildung und der familialen Sozialisationsbedingungen ergeben haben.

54 In einem Bericht über eine mittelständische Werkzeugmaschinenfabrik hieß es unter anderem: »Abgerundet wird das Programm heute mit soge-

nannten intelligenten Fertigungssystemen, wobei es sich um eine Gruppe von sich ergänzenden oder ersetzenden Werkzeugmaschinen handelt, die durch ein Materialflußsystem verkettet sind und durch einen Rechner gesteuert werden, sowie mit flexiblen Transferlinien.« (*Frankfurter Allgemeine Zeitung* vom 7. Juni 1985.)

55 Prof. Zadeh (Berkeley) in einer Sendung über »künstliche Intelligenz« im III. Programm des Bayerischen Fernsehens am 17. Februar 1986.

56 R & D Scoreboard. In: *Business Week* July 8, 1985, pp. 73, 74. *Annual Report 1984* von General Electric, p. 27. Im Februar 1987 wurde das FE-Zentrum von RCA – das »David Sarnoff Research Center« in Princeton –, mit seinen 1200 Beschäftigten, von denen allerdings 300 entlassen wurden, »verschenkt« an das SRI International. Vgl. *Frankfurter Allgemeine Zeitung* vom 12. 2. und 14. 4. 1987.

57 »Eine offene Kommunikation verlangt einheitliche Schnittstellen und Protokolle für den Informationsaustausch, die zwischen unterschiedlichen Herstellern vereinbart und abgesprochen werden müssen. Wir beteiligen uns deshalb an einem von der General Motors Corporation in Detroit, Mi, USA, initiierten Standardisierungsvorhaben, das unter dem Projektnamen MAP [. . .] läuft. Wir arbeiten hier als europäischer Hersteller mit den bedeutendsten amerikanischen Produzenten von Automatisierungssystemen zusammen, um die internationale Standardisierung der industriellen Kommunikation voranzutreiben.« Siemens AG: *Geschäftsbericht 1985*, S. 18.

58 Vgl. *VDI-Nachrichten* Nr. 38, 20. September 1985.

59 Die Gewerkschaften in der BRD können sich offenbar noch nicht entscheiden, ob sie es mit der dritten »industriellen« Revolution zu tun haben (so Vorstandsmitglied Bleicher auf der Technologiepolitischen Konferenz 1985; Steinkühler, 1986) oder mit der dritten »technischen« Revolution (so die IG Metall 1984), wobei auch gleich der ideologische »Wandel der Industriegesellschaft zur Informationsgesellschaft« angesagt wurde. (Bericht im *Handelsblatt* Nr. 78, 18. April 1984)

60 Vgl. zur Kritik an dieser neokonservativen Ideologie Badham (1984).

61 Vgl. den Bericht im *Handelsblatt* vom 7. Oktober 1985.

62 Bruce Nussbaum: »The Case Against GE's Megamerger with RCA«. In: *Business Week* December 30, 1985, p. 28.

63 Die Studie der bundeseigenen Industrieanlagen-Betriebsgesellschaft hat den Titel »Ziviler Nutzen militärisch motivierter Forschung und Entwicklung« (Literaturauswertung). Die Studie kritisiert im übrigen ein weiteres Mal den »Mythos« des hitzebeständigen Werkstoffs Teflon, der als gängiger Beleg für den zivilen Nutzen militärischer Projekte (aus dem Zweiten Weltkrieg) gilt, tatsächlich aber bereits 1938 bei DuPont entwickelt wurde. Vgl. *Frankfurter Rundschau* vom 4. Dezember 1985.

64 Eine Enquête-Kommission »Einschätzung und Bewertung von Technikfolgen; Gestaltung von Rahmenbedingungen der technischen Entwicklung«, die der Deutsche Bundestag im März 1985 eingesetzt hatte, legte im Juli 1986 einen Bericht vor, in dem sie die »Institutionalisierung einer Beratungskapazität für Technikfolgen-Abschätzung und -Bewertung beim

Deutschen Bundestag« empfahl. Obwohl der Vorschlag der Enquête-Kommission zur Stärkung der Position der Legislative einstimmig vorgetragen wurde, wurde er von den Regierungsfraktionen und ihnen nahestehenden Industrieverbänden weitgehend blockiert. Ob diese Blockade in absehbarer Zeit aufgehoben wird, bleibt abzuwarten. Mitte Oktober 1987 wurde eine Meldung lanciert, derzufolge eine »Zweite Enquête-Kommission« eingesetzt werden solle: »Die zweite Kommission erhält den Auftrag, bis zum 30. April 1989 neue Vorschläge vorzulegen für eine Institution im Bundestag, die als ›ständige Beratungskapazität‹ den Parlamentariern Hilfestellung geben soll für die Abschätzung von Folgen der Technik.« (*Frankfurter Allgemeine Zeitung* Nr. 241, vom 17.10.1987) In der Zwischenzeit haben die Verbände (BDI, DIHT; VDI, DVT) und die großen Industrieunternehmen ihre entsprechenden Stäbe ausgebaut, wobei der *Kompetenz-Verbund* zwischen Industrie und Wissenschaft immer enger institutionalisiert wird. Am weitesten in dieser Richtung gehen die Bemühungen, Ulm zu einer »Wissenschaftsstadt« auszubauen, wozu neben der Erweiterung der technischen Disziplinen der Universität Ulm und der örtlichen Fachhochschule auch die im Mai 1987 vereinbarte Gründung eines Forschungsinstituts für anwendungsorientierte Wissensverarbeitung gehört. Die sechs beteiligten Industrieunternehmen – Hewlett-Packard GmbH, IBM Deutschland GmbH, Mannesmann-Kienzle GmbH, Nixdorf AG, Siemens AG und Daimler-Benz AG – tragen 60 % der Kosten; das Land Baden-Württemberg übernimmt 40 % der Kosten (vgl. *Handelsblatt* vom 11.5.1987). Den Schwerpunkt der »Wissenschaftsstadt Ulm« werden aber die Konzernforschungszentren von AEG, das verlegt und ausgebaut werden soll, und Daimler-Benz, das neu errichtet werden soll, bilden. Kapazitäten für »Technikfolgen-Abschätzung« sollen sowohl im FE-Zentrum von Daimler-Benz als auch in einer neu zu errichtenden Akademie aufgebaut werden (vgl. Späth, 1987). Auch die im Oktober 1987 neu gegründete Berliner »Akademie der Wissenschaften« hat als einen ihrer Arbeitsschwerpunkte die Erörterung und »Besetzung« der Technikfolgen vorgesehen, wobei es offenbar um eine *Interpretationsdominanz* der Technikwissenschaften und der Betriebswirtschaften geht, also um eine doppelte Eingrenzung der Rationalität technologischer Prozesse (vgl. *Die Zeit* Nr. 43, 16. Oktober 1987).

65 Für eine Mitbestimmung der Gewerkschaften bei der Einführung neuer Technologien plädieren nicht nur der DGB und mehrere Einzelgewerkschaften (IG Druck, IG Metall, ÖTV), sondern auch die Sozialausschüsse der CDU (CDA) und bemerkenswerterweise auch der ZVEI-Fachverband »Informations- und Kommunikationstechnik« (vgl. *Frankfurter Rundschau* vom 8.10.1985). – »Gegen ein erzwingbares Mitbestimmungsrecht« sprach sich allerdings gleichzeitig der Parlamentarische Staatssekretär im Bundesarbeitsministerium, Wolfgang Vogt, aus (vgl. *Handelsblatt* vom 4.10.1985). Gegen ein solches Mitbestimmungsrecht sind (natürlich) auch die Vertreter der Industrie- und Handelskammer und großer Unternehmen, wie IBM.

66 R. Braun u. a., S. 12.

67 Vgl. Hessendienst der Staatskanzlei (Hg.): »Informationsgesellschaft oder Überwachungsstaat«, Gutachten und Protokoll des Symposiums vom 3. bis 5. September 1984 im Hessischen Landtag. S. a. Ortmann, 1984; Schiller, 1984.

68 Seltsamerweise hat Adorno den Begriff der »Kulturindustrie«, der ursprünglich bei ihm eine sehr scharfe Bedeutung hatte (Horkheimer/Adorno, 1947, Adorno, 1953), später in den Bereich des Metaphorischen zurückzuschicken versucht: »Der Ausdruck Industrie ist dabei nicht wörtlich zu nehmen. Er bezieht sich auf die Standardisierung der Sache selbst – [...] – und auf die Rationalisierung der Verbreitungstechniken, nicht aber streng auf den Produktionsvorgang.« (1963, S. 62f.) Dieser strategische Rückzug war 1963 schon nicht mehr richtig, heute wäre eine entsprechende Formulierung schlicht falsch. Die Kulturindustrie ist gerade auch in ihren Produktionsformen »Industrie« geworden. »Extrem wird die Sache, wenn Musiker ihr Heil in der Gigantomanie suchen. Zum Beispiel die britische Gruppe Queen. Für ihre 86er-Materialschlacht wurden zwei Road-Crews gebildet, die eine Last von fast 100 Tonnen in 15 Trucks durch Europa karrten und von Ort zu Ort bei einer Mindestlaufzeit von 48 Stunden eine 557 Quadratmeter große Bühne mit einer elektrischen Gesamtleistung von einer halben Million Watt ausstatteten. [...] Rock ist Big Business. Eine Industrie und kein Handwerksbetrieb mehr, [...]« (Brem, 1986, S. 96).

69 Vgl. BMFT (Bundesministerium für Forschung und Technologie): *Forschungsverbund sozialwissenschaftlicher Technikforschung*, Oktober 1985, S. 1. Dieses Programm erhielt in der Presse große Beachtung (vgl. *VDI-Nachrichten* 23.8.1985; 17.1.1986 jeweils auf der ersten Seite) und wurde als Ausdruck großzügiger Forschungsförderung zum Thema »Technik und sozialer Wandel« interpretiert, geht es doch um eine Gesamtsumme von 42 Millionen DM allein für das Jahr 1986. Tatsächlich aber geht der weitaus größte Betrag an die GESIS (Gesellschaft Sozialwissenschaftlicher Infrastruktureinrichtungen), einer neuen Dachkonstruktion für bereits bestehende Einrichtungen wie ZUMA, Mannheim, das Informationszentrum für Sozialwissenschaften in Bonn und das Zentralarchiv für empirische Sozialforschung in Köln. Was bleibt, sind zwei unterschiedliche Kartellierungsformen der empirischen Sozialforschung, offenbar mit dem Ziel einer besseren vorbeugenden Kontrolle empirischer Untersuchungen. Man kann es auch anders formulieren: Das Thema »Technik und Gesellschaft« ist offenbar recht brisant. B. Rompeltien (1986) sieht in dem ganzen Vorgang nicht zu Unrecht einen »Prozeß der Formierung der Sozialwissenschaften«, eine »Integration auch traditionell eher reformorientierter Sozialforschungseinrichtungen in einer forschungspolitischen ›großen Koalition‹« (S. 4).

70 »Riesenhuber will Finanzierung der Grundlagenforschung sichern«. In: *Frankfurter Allgemeine Zeitung* vom 20. September 1986.

71 HHI: Jahresbericht 1985, S. 53 (Hervorhebungen von mir.)

72 Vgl. Jürgen Mittelstraß: »Wissenschaft droht zum Job zu werden (Bereit-

schaft zur hervorragenden wissenschaftlichen Leistung: Voraussetzungen und Hindernisse)«. In: *Frankfurter Allgemeine Zeitung* Nr. 21, 26. Januar 1987, Seite 8.

73 »Brainworkers. Qualifikationsfeld der Träger des Fortschritts«. In: *zfo/ Zeitschrift Führung + Organisation* H. 6, 1986, S. 426–427. Berichtet wird über ein Projekt, das darauf abziele, »den Schlüsselfaktor für die Zukunft einer durch Wissenschaft und Forschung geprägten Gesellschaft festzustellen.« (S. 426) Gedacht ist offenbar an die endgültige Domestizierung der Reste »wilden Denkens«.

Anmerkungen zu Kapitel I

1 Vgl. »Technologie in Niedersachsen. Wirtschaft und Wissenschaft eng verzahnt.« Sonderbeilage des *Handelsblatt* Nr. 212, 5. 11. 1985.

2 Bericht über das Technologiezentrum Nord/TZN (a. a. O.), das im niedersächsischen Unterlüß bei Celle entstehen soll. Vorgesehen sind Investitionen in Höhe von 65 Mio. DM, beschäftigt werden sollen »bis zu 230 hochqualifizierte Wissenschaftler«. 40,1 % der Gesellschaftsanteile soll das Rüstungsunternehmen Rheinmetall übernehmen; als Vorbild wird von der Regierung Niedersachsens das Forschungszentrum von MBB in Ottobrunn bei München angegeben. (*Frankfurter Rundschau* vom 24. 7. 1985; 31. 7. 1985; 1. 8. 1985) Rheinmetall verfügt in Unterlüß bereits über eine Produktionsstätte, in der etwa 1000 Personen beschäftigt sind. (*Handelsblatt* vom 25. 7. 1985)

3 Matthias Kleinert, Staatssekretär und Sprecher der Landesregierung von Baden-Württemberg, in einem Leserbrief in der *Frankfurter Allgemeinen Zeitung* vom 2. 11. 1984.

4 Vgl. GEW (1985).

5 Vgl. allgemein Huster u. a. (1977); speziell zu forschungsbezogenen Fragestellungen Stamm (1981) und Brautmeier (1983). Vgl. auch den II. Teil dieser Arbeit.

6 Habermas (1968c), S. 129. Habermas verweist auf empirische Belege in Arbeiten von Helmut Krauch, die sich allerdings auf die Verhältnisse in den USA beziehen. Gerade bezüglich des Stellenwerts der Rüstungsindustrie bzw. der militärisch orientierten Forschung sind die Bedingungen in der Bundesrepublik Deutschland recht verschieden; das gilt sowohl für die sechziger Jahre als auch für die achtziger Jahre.

7 Vgl. hierzu die Aufsätze in den von Gernot Böhme u. a. herausgegebenen bzw. geschriebenen Sammelbänden *Experimentelle Philosophie* (1977) und *Die gesellschaftliche Orientierung des wissenschaftlichen Fortschritts* (1978). Siehe auch die frühen Texte von Boris Hessen (1931), Robert K. Merton (1938/1970), John D. Bernal (1954ff.) sowie, als neueren Text, Weingart (1975a).

8 Ganze Generationen von Beamten waren/sind damit beschäftigt, die großen wissenschaftlichen Entwürfe auf- und kleinzuarbeiten, die von mittellosen Privatdozenten produziert worden waren. Vgl. auch Max Webers

(1919) Darstellung und Kritik des Umstandes, »daß zweifellos so viele Mittelmäßigkeiten an den Universitäten eine hervorragende Rolle spielen« (S. 585).

9 Ausgangspunkt der folgenden Differenzierung ist der Text von G. Böhme u. a. (1972). Wie im Verlauf der weiteren Argumentation plausibel gemacht werden soll, scheint es mir sinnvoll zu sein, zwischen kulturellen und sozioökonomischen Aspekten der Wissenschaft zu unterscheiden (was Böhme u. a. nicht tun). Der analytische Status der Differenzierungen erscheint im übrigen bei den Autoren eher verdeckt in dem Argument, die Dimensionen seien im »context of discovery« »offenbar ungeschieden«, während man sie im »context of justification« klar trennen könne (S. 308).

10 T. Parsons (1951), p. 342. Vgl. zum kulturellen Aspekt des Wissenschaftsverständnisses von Max Weber und der Einengung in der Rezeption durch Merton auch die Kritik von Tenbruck (1974), beispielsweise mit dem Argument: »science depends for its social legitimation on favorable cultural norms.« (p. 314)

11 Die Prozesse und Mechanismen der sozialen Formung und Definition wissenschaftlicher Ergebnisse und technischer Artefakte sind Gegenstand des III. Teils dieser Arbeit.

12 Die geläufigen Indikatoren zur Bestimmung der Größe des Forschungspotentials sind (1.) die Anzahl der im FE-Bereich beschäftigten Personen resp. Wissenschaftler, in der Regel ausgedrückt in »Mannjahren«, und (2.) der zur Verfügung stehende FE-Aufwand (in DM, $ etc.) Vgl. zu den Größenordnungen der einzelnen Träger des westdeutschen Forschungspotentials Hack/Hack (1985a), insbesondere das I. Kapitel. S. a. die Publikationen des Stifterverbandes für die Deutsche Wissenschaft, herausgegeben von Echterhoff-Severitt u. a.; sowie die Forschungsberichte des jeweils zuständigen Bundesministers.

13 Als Maß der Größenordnung der jeweiligen Forschungsressourcen wurden die verfügbaren Finanzmittel (bzw. Personalstellen) angenommen, also nicht die Herkunft der Finanzmittel: die akademische Forschung wird bekanntlich fast vollständig von den Bundesländern und partiell von der Bundesregierung finanziert; ein erheblicher Teil der Mittel, die von der Industrieforschung ausgegeben werden können, stammen vom BMFT, BMWI, BMVtg etc. (s. u.)

14 Forschung wird offiziell definiert als »geistige Tätigkeit mit dem Ziele, in methodischer, systematischer und nachprüfbarer Weise neue Erkenntnisse zu gewinnen«, so das Bundesverfassungsgericht und der *Bundes-Forschungsbericht III* (Jakob, 1985, 543).

15 Vgl. »Über die Bedeutung und die Ziele einer zu begründenden physikalisch-technischen Reichsanstalt« (Aus einer Denkschrift an den Reichstag betreffend die Errichtung einer physikalisch-technischen Reichsanstalt für die experimentelle Förderung der exakten Naturforschung und der Präzisionstechnik). (1884) In: Werner v. Siemens (1891), S. 576–580. – Vgl. auch: »Bereits 1883, als er die Schaffung einer zentralen Forschungsanstalt (der späteren PTR) mit aller Eindringlichkeit, u. a. durch Schenkung von

Gelände, vorantrieb, stellt Werner von Siemens fest: ›Die naturwissenschaftliche Forschung bildet immer den sicheren Boden des technischen Fortschritts, und die Industrie eines Landes wird niemals eine internationale, leitende Stellung erwerben und sich selbst erhalten können, wenn das Land nicht gleichzeitig an der Spitze des naturwissenschaftlichen Fortschritts steht. Dieses herbeizuführen, ist das wirksamste Mittel zur Hebung der Industrie.« (S. 70) E. Arnst in: Sobotta (1967).

16 Vgl. hierzu und zum folgenden den Forschungsbericht von Lundgreen u. a. *Struktur und Dynamik staatlicher Forschung* (1985).

17 Der Ausbau der staatlichen Forschungskapazitäten vollzieht sich allerdings häufig nur unter großen Schwierigkeiten und mit langwierigen Verzögerungen. So versuchte der Bundesrechnungshof zunächst, dem Bundesgesundheitsamt/BGA nahezulegen, die Prüfungsunterlagen der Pharmaindustrie zu übernehmen, um seiner Kontrollfunktion nachzukommen. Erst nach mehrjährigen Auseinandersetzungen wurde dem BGA der erforderliche Ausbau (mit 57 zusätzlichen Mitarbeiterstellen) des Arzneimittelinstituts zugestanden. Vgl. *Frankfurter Allgemeine Zeitung* Nr. 38, 14. 2. 1986.
Zu bedenken ist auch, daß die behördlichen Kontrollaufgaben nur zum geringen Teil den Einsatz von Forschungskompetenz voraussetzen: So gehören zum Fernmeldetechnischen Zentralamt/FTZ der Bundespost, in Darmstadt, ca. 3000 Beschäftigte, während das Forschungsinstitut/FI nur über gut 300 Stellen (davon ca. 120 Wissenschaftler) verfügt.

18 Hier haben inzwischen die Maßnahmen einer forcierten Förderung des Technologietransfers angesetzt, wobei naturgemäß die Technischen Hochschulen eine zentrale Rolle spielen. Um welche Größenordnungen es dabei geht, zeigt das Beispiel des »Laboratoriums für Werkzeugmaschinen und Betriebslehre (WZL)« der RWTH Aachen, in dem mehr als 600 Personen beschäftigt sind. – Während die Fachhochschulen in der Vergangenheit nur in Sonderfällen mit umfangreicheren FE-Aufgaben befaßt waren, so die Fachhochschulen für die Textil- und Bekleidungstechnik in Baden-Württemberg, gibt es seit etwa 1984 einen starken Trend in allen Bundesländern, sie als Lieferanten neuester Technologien an die umliegende mittelständische Industrie aufzuwerten.

19 1984 verfügte die MPG über 8413 Planstellen, davon 2189 (26%) für wissenschaftliches Personal; hinzu kommen allerdings noch über 3000 Gastwissenschaftler. Der Etat (1984) belief sich auf insgesamt 1039 Millionen DM, davon 844 Mio. DM für die laufenden Betriebsaufgaben. Vgl. das *Jahrbuch 1985 der Max-Planck-Gesellschaft*, S. 100ff.

20 Es ließen sich beliebig viele Belege finden, nur als Beispiele: Hans-Rainer Schuchmann: »High-tech als Brücke zwischen Industrie und Hochschule«. In: *etz (Elektrotechnische Zeitschrift)* Bd. 106, H. 17, 1985, S. 914–916. »Hochschule und Wirtschaft rücken zusammen«. In: *VDI-Nachrichten* Nr. 19, 10. 5. 1985. »(Großforschung:) Forschungszentren wollen Wege zur industriellen Innovation weisen.« In: *Handelsblatt* vom 7. 11. 1985. Prof. Jürgen Drews: »Ein Bündnis für die Forschung (Zusammenarbeit von Industrie und Universität am Beispiel der Biologie und der

Medizin).« In: *Frankfurter Allgemeine Zeitung* Nr. 45, 22. 2. 1986, S. 15. – Vgl. zum »akademisch-industriellen Komplex« Hack/Hack (1985b).

21 Vgl. *Frankfurter Allgemeine Zeitung* vom 28. 12. 1985. *Süddeutsche Zeitung* vom 11. 1. 1986. *VDI-Nachrichten* Nr. 8, 21. 2. 1986. – Erschließen läßt sich aus diesen Angaben, daß die Bundesregierung etwa 50% der FE-Aufwendungen für Rüstungsprojekte aufbringt, die Industrie den Rest.

22 Das MEGA-Projekt wird im Rahmen des europäischen Mikroelektronik-Förderprogramms ESPRIT abgewickelt. Für den 4Mbit-Speicher, an dem vor allem bei Siemens gearbeitet wird, werden insgesamt 1,4 Mrd. DM angesetzt, wobei Siemens selbst mehr als 500 Mio. DM für die Forschungsarbeit in München und ca. 600 Mio DM an Investitionen für die Fertigung in Regensburg veranschlagt hat. In München wurden 200 Entwickler zusätzlich für das Projekt eingestellt. Vgl. *Frankfurter Allgemeine Zeitung* vom 16. 12. 1985.

23 Friedrich (1985), S. 7. Alle Hervorhebungen im Text von mir.

24 Vier Jahre lang jeweils 60 Mio. DM an Siemens und zusätzlich jeweils 20 Mio. DM an die Deutsche Philips bzw. Valvo.

25 Am 23. Januar 1986 kam es sogar zu einer Großen Anfrage im Deutschen Bundestag, bei der die Subventionierung des MEGA-Projekts eine wichtige Rolle spielte. Vgl. *Bundestagsdrucksache Plenarprotokoll* 10/191.

26 Vgl. das Interview von Egon Schmidt mit Dr. Ernst Hofmeister (UB Bauelemente der Siemens AG) in den *VDI-Nachrichten* Nr. 7, 14. 2. 1986, S. 6, veröffentlicht unter der Überschrift »Staatsgelder für die Industrieforschung?«

27 Vgl. Winfried Rauscheder: »(Arbeitsmarkt Elektronik:) Zwischen Aufbruchstimmung und Wegwerf-Mentalität«. In: *Elektronik* H. 5, 7. 3. 1986, S. 70ff.

28 *Handelsblatt* vom 25. 4. 1984. Beckurts begann seine wissenschaftliche Laufbahn am MPI für Physik in Göttingen, ging 1958 zum KfZ nach Karlsruhe und 1970 nach Jülich, wo er 1975 zum Vorstandsvorsitzenden berufen wurde.

29 *Handelsblatt* vom 12. 3. 1986. Danielmeyer studierte Physik in Stuttgart und Göttingen, ging anschließend ans MPI für Festkörperforschung in Stuttgart. Seit 1978 war er Gründungspräsident der TU Hamburg-Harburg.

30 In den siebziger Jahren hat Siemens, das die Steuerungen des japanischen Unternehmens FANUC in der BRD vertrieb, zunächst eine normale Strategie der Profitmaximierung betrieben, was zur Folge hatte, daß die Steuerungen relativ teuer waren und sich eine Reihe von Werkzeugmaschinenherstellern bemühten, eigene elektronische Entwicklungsgruppen aufzubauen, was zu zahlreichen Parallelentwicklungen führte. Nach einer heftigen Kritik, die teilweise bis in die Öffentlichkeit (der Wirtschaftspresse) drang, stellte Siemens seine Strategie offenbar auf eine nationale Gemeinschaftskonzeption um.

31 Vgl. *VDI-Nachrichten* Nr. 19, 10. Mai 1985; Bayerisches Fernsehen, III. Programm vom 25. Juni 1985 (20.45 h). Die Technischen Universitäten

in Berlin und München erhalten danach Zuschüsse von bis zu 2 Mio. DM pro Jahr, so vor allem das Institut für Festkörperforschung und der Lehrstuhl für Technische Elektronik an der TU München (Arbeiten an Flüssigkeits- und Gassensoren). Die Regelung von wissenschaftlichen Veröffentlichungen wird als »problemlos« dargestellt; bei Innovationen gelte das Arbeitnehmer-Erfindergesetz.

32 OECD (1985), S. 9.

33 OECD (1985), S. 43f. Vgl. auch die Darstellung der Details in Hack/Hack (1985a), im 1. Abschnitt des II. Kapitels.

34 »Aufträge für die nächsten 30 Jahre (Nach drei Jahrzehnten nuklearer Hochrüstung brauchen Amerikas Waffenkonzerne SDI zum Überleben)«. In: *Der Spiegel* Nr. 40, 25. November 1985, S. 145–149.

35 *Frankfurter Rundschau* vom 28. Oktober 1985.

36 Vgl. den Aufsatz von Rilling (1986). Insbesondere die Forschungen im Bereich der Informatik resp. der Computerwissenschaften, der Kryptologie sind inzwischen zum großen Teil zu Geheimwissenschaften geworden; vgl. Lindner u. a. (1984).

37 V. Ronge (1977), S. 31 (zitiert wird eine Arbeit von Huar, 1976).

38 Interview von Gunhield Freese und Klaus-Peter Schmid in: *Die Zeit* Nr. 8, vom 14. Februar 1986, S. 25–26. Hervorhebung im Text von mir.

39 *VDI-Nachrichten* Nr. 42, vom 18. Oktober 1985: »Hier entsteht also unter dem Stuttgarter Stern eines der größten High-Tech-Unternehmen der Bundesrepublik. Allein bei Daimler-Benz, [...], sind etwa 10000 Menschen im FE-Bereich tätig. Und die hier entwickelten Methoden und Produkte sind sicher nicht nur bei der Herstellung von Automobilen einsetzbar. Und was die Tausende von Wissenschaftlern und Ingenieuren bei MTU, Dornier und in Zukunft auch der AEG entwickeln, kann wiederum fruchtbar für die Automobilentwicklung sein.«

39a Vgl. *Süddeutsche Zeitung* vom 7. Februar 1987; *Handelsblatt* vom 9. Februar 1987. Berichtet wird über einen Vortrag Breitschwerdts bei der Bank Hoffmann in Düsseldorf, in dem auch auf die unternehmerische Verantwortung für die Folgen des technischen Fortschritts verwiesen und die Notwendigkeit einer Bundestagskommission zur Abschätzung und Bewertung von Technikfolgen unterstrichen wurde. Allerdings solle sich der Staat dort, wo negative Technikfolgen zu befürchten seien, auf die Festlegung von Zielen und Grenzwerten beschränken und nicht bestimmte Techniken vorschreiben.

40 Gespräch, veröffentlicht im *Handelsblatt* Nr. 241, vom 17. Dezember 1985 unter der Überschrift: »Bei den Megachips will Siemens die Japaner mit finanzieller Hilfe Bonns bis 1990 eingeholt haben«.

41 »Industriepolitik: Wir Europäer müssen uns auf unsere eigenen Stärken und Potentiale besinnen.« In: *Handelsblatt* Nr. 198, vom 15. Oktober 1985. Hier steht auch der Satz: »Freilich darf Auswahl und Regie industrieller Gemeinschaftsforschungsprojekte nicht in Beamtenhänden liegen.«

42 Vgl. *VDI-Nachrichten* Nr. 6, vom 8. Februar 1985.

43 Die Bedeutung, die dem neuen Kabinettsausschuß für Zukunftstechnolo-

gien von der Bundesregierung zugemessen wird, zeigt sich auch darin, daß gleichzeitig mit dessen Neueinrichtung die Zahl der (sonstigen) Kabinettsausschüsse von 15 auf fünf verringert wurde. Vgl. *VDI-Nachrichten* Nr. 14, vom 5. April 1985; s. a. *Frankfurter Allgemeine Zeitung* vom 19. März 1985.

44 »Auf der Suche nach einer vernünftigen Zukunft (Eine Steuerung des technisch-wissenschaftlichen und industriellen Wachstums ist nicht beabsichtigt)«. Ganzseitiger Artikel in: *VDI-Nachrichten* Nr. 10, vom 7. März 1986.
(OTA ist das Office for Technology Assessment des US-amerikanischen Kongresses.)

45 Vgl. *Frankfurter Allgemeine Zeitung* Nr. 296, 21. Dezember 1985. Darin heißt es u. a.: »Ein Staat, der sich herausnimmt zu wissen, wo die technologischen Erfordernisse der Zukunft liegen, ist gleichzeitig ein Staat, der die Investitionen lenkt.« Das Argument des Verbandes ist nahezu dekkungsgleich mit dem Dr. Zeppernicks (s. u. im Text); als Zeuge benannt wird aber nur der wirtschaftspolitische Sprecher der FDP-Bundestagsfraktion, Graf Lambsdorff.

46 Zeppernick (1985), S. 74. Hervorhebungen von mir.

47 Vgl. Commes/Lienert (1983, 1986); sowie diverse Aufsätze in: Domsch/Jochum (1984). Im folgenden Abschnitt sowie im II. Teil werde ich detailliert auf das Problem der Planung bzw. der Herstellung der Planbarkeit eingehen.

48 Zeppernick (1985), S. 81.

49 Der Ministerpräsident von Baden-Württemberg, Lothar Späth, setzte bereits im Mai 1982 – offenbar ohne die Ministerialbürokratien und das Hochschulestablishment sonderlich zu beachten (s. GEW, 1985) – drei Expertenkommissionen ein, und zwar zur Forschungsförderung, Exportförderung und zu den neuen Kommunikationstechnologien. Im Dezember 1982 fand ein »Erster Zukunftskongreß« der Landesregierung statt, in den drei darauffolgenden Jahren, jeweils im Dezember, drei weitere. Anläßlich des Vierten »Zukunftskongresses«, Anfang Dezember 1985, verwahrte sich Späth gegen die Lambsdorff-Kritik (»Neomerkantilismus«) und betonte demgegenüber die Notwendigkeit einer »Wissensinfrastruktur« (vgl. *Handelsblatt* vom 6. 12. 1985). Vgl. zum Themenkomplex auch den Kommissionsbericht »Zukunftsperspektiven gesellschaftlicher Entwicklung«. Vgl. auch Späths Aktivitäten zum »Forschungsverbund am Oberrhein« zwischen Basel (Schweiz), Straßburg (Frankreich) und Freiburg (BRD). (Vgl. *Süddeutsche Zeitung* Nr. 294, 21. Dezember 1985) Die Forschungs-, Technologie- und Industriepolitik Bayerns läuft demgegenüber fast vollständig im Arkanbereich zwischen Staatskanzlei, Wittelsbacher Platz und anderen illustren Adressen. Anfang 1986 wurde berichtet, es gebe Ansätze zu einer »gemeinsamen Technologie-Politik Bayerns und Baden-Württembergs«. (Vgl. *Frankfurter Allgemeine Zeitung* vom 21. Februar 1986)

50 Weingart (1982), S. 73. Übersetzung von mir.

51 Hardtwig (1985), S. 240, 241. Alle Hervorhebungen im Text von mir.

52 Vgl. die Berichte »Forschung in der Bundesrepublik Deutschland«, herausgegeben von Matthöfer/Haunschild (1976) und Hauff/Haunschild (1978), wo im Vorwort kurz mitgeteilt wird, daß eine Darstellung der industriellen Forschung »leider nicht möglich« sei (1978, 15).

53 Berger (1974) S. 17–22.

54 Connert (1974) S. 10–11.

55 Erster Ergebnisbericht des ad hoc Ausschusses ›Neue Technologien‹ des Beratenden Ausschusses für Forschungspolitik. Ein methodologischer Beitrag zur Beurteilung von technologischen Forschungs- und Entwicklungsvorhaben unter dem Aspekt ihrer Förderung durch die öffentliche Hand. Schriftenreihe Forschungsplanung (des BMBW, Hans Leussink), Bd. 6, 1971, S. 33.

56 Die Anwesenheit von Prof. Welker – dem einzigen Nicht-Beamten, der neben den formellen Ausschußmitgliedern hinzugezogen wurde – erklärt sich auf folgende Weise: Zwischen Wilhelms (Siemens) und dem Ausschußvorsitzenden Häfele (einem engagierten Anhänger der »Projektwissenschaften«) war es im Verlauf des Jahres 1970 zu »grundlegenden Meinungsverschiedenheiten« darüber gekommen, ob die Förderung der ›Neuen Technologien‹ ausschließlich in Form von Großprojekten erfolgen solle (Häfele) oder ob auch andere, kleinere und flexiblere Formen (Wilhelms) verwendet werden sollten: »Um dem Anliegen der Förderung neuer Technologien gerecht zu werden, sollten aber gerade die ersten Ansätze neuer Ideen besonders sorgfältig bewertet und gefördert werden. Es gibt – auch in unserem Hause – Beispiele dafür, daß gute Ideen nicht mit ganzer Kraft weiterverfolgt wurden, die später an anderer Stelle zu weltweiten Erfolgen geführt haben. Daher bin ich der Meinung, daß neue Technologien eine eigenständige und von Großprojekten weitgehend unabhängige Förderung erfahren müssen.« (Brief von Wilhelms an Häfele vom 23. 6. 1970) So geschah es dann auch. Bevor es zu einem Konsens kommen konnte, versicherte sich Wilhelms der Unterstützung eines Kollegen: »Bei der Bedeutung, die eine diesbezügliche Beschlußfassung für die FuE-Aktivitäten der interessierten und betroffenen Industrie und damit auch für Siemens haben kann, habe ich den Leiter unserer F-Laboratorien, Herrn Prof. Welker, gebeten, auch an der Aussprache teilzunehmen.« (Brief Wilhelms an den Ministerialrat Menden vom 26. 10. 1970)

57 An der Ausarbeitung des Ersten Ergebnisberichtes wirkten (außer den acht Mitgliedern und den vier Beratungsteilnehmern) mit: Dr. P. Drews, TH Aachen; Dr. O. Emrich, GfK Karlsruhe; Dr. P. Günther, Bayer Leverkusen; Dr. P. Jansen, GfK Karlsruhe; Dr. G. Liedke, Ev. Studiengemeinschaft Heidelberg; Dr. D. Schade, VW Wolfsburg; Dr. H. Zajonc, GfK Karlsruhe; und Dr. A Ziegler, Siemens Erlangen. (Also i.d.R. ein wissenschaftlicher Referent für die Top-Manager der FE-Einrichtungen.)

58 Ergebnisbericht, S. 5f. Hervorhebung von mir.

59 So hat der Bundesverband der Deutschen Industrie e. V. (BDI) beispielsweise einen eigenen Bereich »Forschungs- und Technologiepolitik«, zu

dessen Aufgabengebiet u. a. Grundsatzfragen der Forschungs-, Technologie- und Innovationspolitik gehören.

60 Vgl. *Siemens-Mitteilungen* H. 2, 1984, S. 6–7; H. 9, 1984, S. 16–17. Vgl. hierzu auch allgemeiner Hack (1986a).

61 Vgl. hierzu die detaillierte Beschreibung und Analyse im III. Kapitel in: Hack/Hack (1985a).

62 Aufgabenstellung der Hauptabteilung »Technische Planung und Kooperation« ist u. a. die Bestimmung der »Einflußmöglichkeiten der Fertigungsvorbereitung auf Durchlaufzeiten und Bestände. Fertigungsgerechte Konstruktion, Zusammenfassen von Arbeitsgängen, Anwenden alternativer Fertigungsmethoden und neuartiger Betriebsmittel, veränderte Steuerung des Materialflusses und des DV-Einsatzes könnten wesentlich dazu beitragen, die Durchlaufzeiten zu beschleunigen und die Bestände zu senken. Wie wichtig ein *beschleunigter Informationsfluß* ist, machte [der] Leiter der Fachabteilung *Planungs- und Steuerungsmethoden* deutlich. Während die Bearbeitungszeit von Schreiben, Belegen und sonstigen Unterlagen in der Regel nur 10 Prozent beträgt, würden auf Warte-, Liege- und Transportzeiten mehr als 90 Prozent entfallen. Dies will man mit Hilfe der *Kommunikations- und Informations-Wertanalyse* drastisch reduzieren. Dabei steht an erster Stelle die Frage, ob die Information überhaupt notwendig ist. Erst dann werde diese im einzelnen analysiert, wobei auch der ›nutzergerechten Erstellung‹ große Bedeutung zukommt.« *Siemens-Mitteilungen* H. 9, 1984, S. 17. Hervorhebungen von mir.

63 Die Formel »Structure follows strategy« stammt aus der US-amerikanischen Unternehmensforschung von der Harvard-Gruppe um Alfred D. Chandler, der in einer Reihe von empirischen Fallstudien den Nachweis zu führen versuchte, daß Unternehmensorganisationen Resultat vorgängiger Strategien gewesen seien. Nachfolgeunternehmungen haben auch Beispiele für eine gegenläufige Einflußrichtung ausgemacht, derzufolge organisatorische Strukturveränderungen den Unternehmensstrategien vorausgingen. Kreikebaum (1981) schließt den entsprechenden Abschnitt mit dem Satz: »Die oben dargestellten Modifizierungen der Ausgangsthese Chandlers legen nahe, daß es nicht so sehr auf die zeitliche Reihenfolge der Veränderungen von Strategie und Struktur ankommt, sondern vielmehr auf die konsistente Verbindung zwischen Organisationsstruktur, Strategie, Situationsbedingungen und Managementaktivitäten.« (S. 93)
Für Fragestellungen gesamtgesellschaftlicher Analysen ist eine solche kategoriale Ausdifferenzierung ohnehin unerläßlich, zumal objektive gesellschaftliche Strukturen auch jene Dimension der »gesellschaftlichen Verhältnisse« implizieren, deren naturwüchsige (Re-)Produktionsprozesse nicht nach dem Modell strategischen Handelns gedacht werden können.

64 An der jährlich stattfindenden »Strategic Planning Conference« von TI, die als »Höhepunkt des strategischen Planungswesens« des Unternehmens bezeichnet wird, nehmen ca. 400 Top-Manager teil (Kieser, 1984, S. 65). Zentrum der strategischen Planung von TI ist das sog. OST-Programm, dessen zeitliche Reichweite von 9 bis 12 Jahren (Objectives) über 3 bis 5

Jahre (Strategies) bis zu alle drei Monate stattfindenden »Review Sessions« (Tactics) reicht (S. 63 f.).

65 Vgl. zum folgenden den Bericht im *Handelsblatt* vom 11. Februar 1986.

66 Vgl. hierzu das *Memorandum der informationstechnischen Wirtschaft an die Bundesregierung* von Ende August bzw. Anfang September 1983 und die Mitte März 1984 vom BMFT vorgelegte *Konzeption zur Förderung der Informationstechnik* (vgl. Hack/Hack, 1985a, S. 113ff.).

Anmerkungen zu Kapitel II

1 C. G. Lasby: *Project Paperclip. German Scientists and the Cold War.* Das Projekt hieß ursprünglich »Overcast« und wurde 1946 in »Paperclip« umbenannt. Seine Aufgabe war es, den Wissensstand der deutschen und österreichischen Wissenschaftler zu ermitteln und eine Remilitarisierung Deutschlands verhindern zu helfen. Erst jüngst hat Linda Hunt (1985) in einem kritischen Bericht auf wichtige Mängel und Defizite der Darstellung durch Lasby hingewiesen, dem einzigen bisher vorliegenden Buch zu diesem Thema, dessen Veröffentlichung durch das Pentagon »freigegeben« (»cleared«) worden sei. Hunt belegt vor allem, daß die US-amerikanischen Institutionen in der unmittelbaren Nachkriegszeit eine Reihe von führenden deutschen Wissenschaftlern und Ingenieuren eingekauft hätten, von deren (exponierter) Nazi-Vergangenheit sie genau informiert gewesen seien (was gegen die einschlägigen gesetzlichen Bestimmungen verstoßen habe). Lasby verweist in seinem Buch unter anderem darauf, daß die FEA (Foreign Economic Administration), im Auftrag Roosevelts und im Gefolge der Vereinbarungen von Quebec, 32 Technical Industrial Disarmament Committees einsetzte, um zu untersuchen, »what should be done after the surrender of Germany to control its power and capacity to make war in the future« (S. 58). Das Komitee der National Academy of Sciences plädierte unter anderem dafür, eine Emigration deutscher Wissenschaftler nicht zu erlauben, da sie für die Rehabilitation in Deutschland gebraucht würden. Ein aus Militärs gebildetes Komitee forderte eine »Demystifikation des deutschen Forschergeistes« und eine »Extraktion« des vorhandenen Wissens in Deutschland selbst. Die Vorschläge dieser Ausschüsse seien allerdings zu spät gekommen, um noch in irgendeiner Direktive berücksichtigt werden zu können (Lasby, S. 61).

2 Vgl. *Physikalische Blätter* 1947, S. 94. Direktor des OSRD war Vanevar Bush. James B. Conant war Vorsitzender (Chairman) des NDRC (National Defense Research Committee), einer Unterabteilung des OSRD.

3 Die Control Commission for Germany/British Element (CCG/BE) war Bestandteil der britischen Militärregierung; die Wirtschaftsabteilung war eine ihrer »Subdivisions« (Osietzki, S. 95). Brautmeier (1983, S. 16) nennt noch eine weitere Zwischenstufe, die Planungs- und Nachrichtenabteilung, deren Unterabteilung Forschung als »Research Branch« firmiert. Leiter des »Research Branch« war Brigadier Spedding, später Wissen-

schaftsattaché an der britischen Botschaft. Einer der beiden Obersten, die ihm im »Research Branch« unterstanden, war B. Blount, vorher beim S.H.A.E.F. in Paris (Osietzki, ebd.).

4 Vgl. den Bericht von I. M. Witte in: *Rationalisierung* H. 3, 1950, S. 71.

5 Dr. Hildegard Brücher: »›Exportschau‹ der deutschen Wirtschaft«. In: *Neue Zeitung* vom 30. 9. 1948.

6 Lasby nennt für den Zeitraum zwischen Mai 1945 und Dezember 1952 insgesamt 642 »Abwerbungen« (S. 5). Hunt gibt für die Zeit bis August 1955 eine Zahl von 765 an, bezogen auf Paperclip-Kontrakte (S. 23). Sie fügt hinzu: »It is ironic that this program, whose original purpose was to assure that Nazi Germany could not rearm, officially ended in 1957 due to protests by West Germany that the United States had stripped that country of scientific skills«. (ebd.) Die Rede war jetzt in Europa von »brain drain«. Dahinter steckte allerdings auch ein sog. »Project 63« der Army Chemical Corps, das am 21. August 1951 unterzeichnet worden war, »a Paperclip-type program whose purpose was to deny the Soviet Union the German scientists' skills« (Hunt, 1985, S. 22).
Hinzu kommen kleinere Gruppen von Wissenschaftlern, die nach England bzw. Frankreich gingen, sowie nach Australien, Kanada, Argentinien, Jugoslawien etc. Nach Frankreich gingen beispielsweise Fritz Schröter, Leiter der Fernsehentwicklung von Telefunken, und Fachleute für den Bau elektronischer Röhren wie Dr. Kleen, Dr. Bartels und Dr. Veith (s. *Physikalische Blätter* 1947, S. 161). – Besondere Bedingungen herrschten i.d.R. bei der Überführung in die UdSSR. Während einige Forschungsteams weitgehend freiwillig gingen, teilweise zusammen mit ihrer ganzen Laborausstattung, wurden in anderen Fällen sogar ganze Fabrikbelegschaften samt Einrichtung demontiert und ohne große Rücksichtnahme »verladen«. Vgl. die autobiographischen Berichte von Max Steenbeck (1977), Heinz und Elfi Barwich (1967), Manfred von Ardenne (1972).

7 Vgl. insbesondere die sog. »Heidenheim-Gruppe« mit ca. 560 Wissenschaftlern, vor allem aus den aus Jena ausgelagerten Zeiss-Werken (vgl. »Physiker-Tagung in Heidenheim« in: *Physikalische Blätter* 1947, S. 398 f.; s. a. Osietzki, S. 80). Aus Halle wurden zahlreiche Flugzeugingenieure nach Westdeutschland gebracht, das Raketenteam aus Peenemünde wurde direkt in die USA verbracht (Osietzki, S. 80).

8 W. Kliefoth: »Physiker als Reparationen«. In: *Physikalische Blätter* H. 11, 1947, S. 369–370; F. K. Haas: »Wissenschaftler als Beute.« In: *Rheinischer Merkur* Nr. 9, 1950. Hier wird auch der Ausdruck »unsichtbare Reparationen« verwendet.

9 Hahn/Rein: »Einladung nach USA.« In: *Physikalische Blätter* H. 2, 1947, S. 33 ff. (Nachdruck aus: Göttinger Universitäts-Zeitung vom 21. 2. 1947).

10 *Physikalische Blätter* 1946, S. 51.

11 Vgl. *Physikalische Blätter* 1950, S. 316 ff.

12 »Für uns gab es in Wiesbaden eine Stelle, die von der amerikanischen Militärregierung eingerichtet worden war, die von uns, also von der industriellen Forschung, Berichte haben wollte über das, was man getan hat. Wir

haben natürlich diesen Auftrag erfüllt, aber nicht mit großer Freude und auch nicht sehr inhaltsreich. Wir haben also ein bißchen versucht, das zu verwässern. Und ich bin auch nicht davon überzeugt, daß das jemand gelesen hat.« (Auszug aus einem Interview mit einem Forschungs-Chemiker, durchgeführt im November 1985.)

13 Vgl. Dr. Frowein: »Forschungskontrolle in Westdeutschland«. In: *Physikalische Blätter* 1950, S. 222–225. Frowein war Leiter der Deutschen Stelle für Forschungsüberwachung in Hessen.

14 Brautmeier, 1983, S. 28. Etwas vorschnell scheint mir Brautmeiers Einschätzung der allgemeinen politischen Bedeutung dieser Entscheidungen der britischen Kontroll-Kommission zu sein: »Damit waren die Weichen für die Forschungspolitik gestellt. Die britische Kontrollkommission setzte sich mit der Billigung Londons im Rahmen der gegebenen Beschränkungen früher und entschlossener für eine Unterstützung der deutschen Forschung ein als die Amerikaner und Franzosen in ihren Zonen. Sie ermöglichte der deutschen Forschung in der britischen Zone einen gezielten, wenn auch gelenkten Wiederaufbau.« (ebd.) Die weitgehende Vormachtstellung, die die USA ab 1947 etwa unter den West-Alliierten hatten (vgl. Huster u. a.), steht dieser geradlinigen Interpretation entgegen.

15 Eine Bernals Vorstellungen entsprechende Auffassung hat (Osietzki, S. 98; s. a. S. 104f., 115f.) Ronald C. J. Fraser vertreten, neben Blount der zweite Oberst im »Research Branch« der britischen CCG/BE (s. Anm. 3). – Vgl. zur Präsenz J. D. Bernals im Westdeutschland der Nachkriegsperiode die Artikel von Bernal bzw. über die Arbeit der Association of Scientific Workers in den *Physikalischen Blättern* 1947, S. 303–305; 1948, S. 246f.
Vgl. zur Programmatik einer utilitaristischen und sozial orientierten Wissenschaft Bernals eigene große Studie *The Social Function of Science* (1938) sowie die Arbeiten von L. Hogben: *Science for the Citizen* (1938) und J. G. Crowther: *The Relations of Science* (1941). Eine eher populärwissenschaftliche Darstellung des Zusammenhangs von Wissenschaft und sozialen Bedürfnissen ist die Arbeit von Julian Huxley: *Scientific Research and Social Needs* (1934). Der Bericht beruht auf einer Reihe von Besichtigungen in Forschungseinrichtungen und auf Gesprächen mit Wissenschaftlern, die J. Huxley führte. (Huxley war zeitweise auch Präsident der Association of Scientific Workers.) Der Text ist gegliedert in Abschnitte über »Wissenschaft und Nahrung«, »...und Wohnen«, » ... und Gesundheit« usw. – Diese Orientierung an gesellschaftlichen Bedürfnissen gilt auch für die Arbeit von A. M. Low: *Science in Industry* (1939), mit Kapitelüberschriften wie »Science Keeps Our Food«, »Science Moves Us About« etc. Lows Hoffnung, daß das »Heilmittel« für die Probleme der Industrie »in weniger Politik und mehr Wissenschaft« (S. 11) bestehe, zeigt allerdings eine eher unpolitische Interpretation der gesellschaftlichen Funktion der Wissenschaft an. – Diese Tradition des sozialen Verständnisses der Wissenschaft ist auch noch in dem Bericht (1955) zu erkennen, der vom britischen Wissenschaftsattaché in Bonn an das DSIR erstellt wurde (s. Anm. 64).

16 Nach einer ersten Tagung (1950 in Berlin) veranstaltete der sogenannte

»Kongreß für die Freiheit der Kultur« vom 23.–26. Juli 1953 in Hamburg (zusammen mit der dortigen Universität) eine Tagung mit dem Thema »Wissenschaft und Freiheit«. Auffallend ist die große Zahl von Sozial- und Geisteswissenschaftlern, die an der Tagung teilnahmen: Raymond Aron, Max Horkheimer, René König, Siegfried Landshut, Joachim Lieber, Karl Löwith, Alexander Mitscherlich, Helmuth Plessner, Wilhelm Weischedel u. v. a. Gerade das aber wurde in dem Kongreßbericht der *Physikalischen Blätter* (H. 8, 1950, S. 384) moniert: der Phalanx der »abendländischen Kulturträger« hätten zu wenig »Wissenschaftler und Techniker« gegenübergestanden.

17 Vgl. die detaillierte Darstellung im II. Kapitel in: Hack/Hack, 1985.

18 *Der Vierjahresplan* 3. Jg., Nr. 13, 1939, S. 814–815.

19 *Physikalische Blätter* I. Jg., H. 1–2.

20 Der Text der Denkschrift ist hier zitiert nach dem Abdruck in den *Physikalischen Blättern* H. 12, 1947, S. 409–411, mit dem Titel »Forschung und künftiger Lebensstandard«.

21 *Neue Zeitung* vom 14. Oktober 1948.

22 Zitiert nach: Brautmeier (1983), S. 134. Hervorhebung von mir.

23 Der Artikel ist unterzeichnet mit H. B., wahrscheinlich Hildegard Brücher (später: Hamm-Brücher).

24 Vgl. hierzu den *Abschlußbericht des Deutschen Forschungsrats/DFR*. Über seine Tätigkeit von seiner Gründung am 9. März 1949 an bis zum 15. August 1951, mit einem kurzen Abriß der Gründungsgeschichte und der Überleitungsarbeiten in die ›Deutsche Forschungsgemeinschaft‹ bis Ende 1952. München 1953.

25 *Neue Zeitung* vom 14. Oktober 1948.

26 *Physikalische Blätter* 1949, S. I–IV.

27 »Stiefkind Forschung« erschien im November 1948, S. 28f.; »Sorgen um die Forschung« im Januar 1949, S. 36–38.

28 *Neue Zeitung* Nr. 7, 18. Januar 1949, S. 4.

29 Bedenklich, wenn nicht obskur, ist allerdings die Art und Weise, in der in dieser Artikelserie die Eliminierung deutscher Wissenschaftler während der Zeit des Nationalsozialismus heruntergespielt und gegen das Nachkriegselend aufgerechnet wird.

30 Das Vorwort zu der Broschüre des Stifterverbandes schrieb H. Eickemeyer, Geschäftsführender Vizepräsident des Deutschen Forschungsrates. Angefügt sind der Broschüre »Vier Forderungen« von Werner Heisenberg, dem Präsidenten des Forschungsrates.

31 In den *VDI-Nachrichten* schrieb Fritz Gummert, Vorstandsmitglied der Ruhrgas AG sowie des Stifterverbandes, zwei Artikel: »Förderung der Forschung – eine Schicksalsfrage deutscher Zukunft« (Nr. 8, 19. 4. 1952); und »Zur Lage und Organisation der deutschen Forschung« (Nr. 2, 1. 11. 1952).

32 Die AIF war keine Neugründung. Nach dem Vorbild anderer europäischer Länder, vor allem Großbritanniens (vgl. die Diskussion in: Steimel, 1963, S. 81), schlossen sich bereits bestehende Einrichtungen der Gemeinschaftsforschung, die es in einer Reihe von Industriezweigen seit langem gab bzw.

die bereits neu entstanden waren, in der AIF zusammen. Ein wichtiges Motiv der Gründung war der Zugang zu ERP-Mitteln (Brandt, 1962).
Der DVT war 1916 gegründet und 1934 aufgelöst worden. Er wurde am 9. 8. 1948 wieder errichtet. Vgl. DVT: *Organisation, Aufgaben und Tätigkeit, Geschichte*. Düsseldorf 1972.
Der Stifterverband war 1920 gegründet und 1942 umdefiniert worden. Am 21. 9. 1949 wurde er in Frankfurt/M. wieder gegründet. Vgl. Stamm, S. 121; *Jahrbuch 1950 des Stifterverbandes*, S. 20–25.
Die Neugründung des Bundesverbandes der Deutschen Industrie (BDI) erfolgte im Winter 1949/50 (s. Stamm, S. 116).

33 Vgl. Fritz Reuter: »50 Jahre RKW«. In: *Zeitschrift für Organisation / ZO* H. 6, 1971, S. 309–311.

34 Hermann Schenck: »Zur Rationalisierung von Forschung und Forschungsmethodik«. In: *Rationalisierung* 2. Jg., August 1951, S. 201–203; Erwin Samal: »Die Organisation der Entwicklungstätigkeit in der Industrie«. Oktober 1951, S. 249 – 252; und November 1951, S. 278–281. Heinrich Voigt: »Rationalisierung industrieller Forschungsarbeit«, Juni 1952, S. 155–157; Wilhelm Büchen: »Die Bedeutung der wirtschaftsnahen Forschung für die Produktivitätssteigerung«, März 1953, S. 79–80.

35 Vgl. K. P. Harten: »Das Programm der Europäischen Produktivitäts-Zentrale / EPA«. In: *Rationalisierung*, Januar 1954, S. 1–4.

36 Vgl. Simon Hausberger (1952) mit einem 25-seitigen Abschnitt über die BRD, der auf dem Vortrag von Dr. J. Pretsch beruhte, einem OReg.-Rat im Bundeswirtschaftsministerium. Vgl. auch die Berichte von Pretsch (1952) selbst und Sörensen (1952).

37 H. Gross war zeitweilig als »Leiter einer volkswirtschaftlichen Forschungsabteilung in einem der größten Industrieunternehmen Deutschlands« (H. Gross, 1955, S. 9) tätig gewesen. Der Text von Gross (1955) war eine Gemeinschaftsveröffentlichung des Instituts für Weltwirtschaft an der Universität Kiel, an dem damals ein Forschungsschwerpunkt auf dem Gebiet der »wirtschaftswichtigen Forschung« bestand, und dem Stifterverband für die Deutsche Wissenschaft.

38 Vgl. hierzu die fraktionierten Informationen in: *Handelsblatt* Nr. 24, 7. Februar 1950; 31. Mai 1977; *Süddeutsche Zeitung* vom 28. Mai 1977; *VDI-Nachrichten* Nr. 21, 27. Mai 1977; Nr. 24, 11. Juni 1982, *Der Spiegel* Nr. 26, 25. Juni 1984, S. 188.

39 Prof. Dr.-Ing. Hermann R. Schenck war später u. a. Leiter der »Forschungsstelle Technisch-wirtschaftlicher Unternehmensstrukturen der Stahlindustrie« an der RWTH Aachen. In den Nachkriegsjahren war er Direktor des Instituts für Eisenhüttenwesen an der TH Aachen und spielte in der Forschungspolitik der Nachkriegsjahre, insbesondere in NRW, eine wichtige Rolle.

40 Für die CSU übernahm Dollinger im neuen Kabinett das Bundesschatzministerium, das bis dahin H. Lenz (FDP) innehatte.

41 So Eugen Kogon, nach Speer (1966, S. 150), und auch Alfred Grosser (1977, S. 72).

42 Vgl. zur Monte-Carlo-Tagung Hetzler (1965) sowie die Diskussion zum Vortrag Helmut Krauchs in: *VDI-Zeitschrift* Nr. 1, 1966, S. 12. Zur Ménars-Tagung vgl. insbesondere die Berichte in *Chemistry and Industry* Dec. 31, 1966, p. 2195; August 27, 1966, p. 1471; May 21, 1966, p. 862.
Den Statuten zufolge hat die EIRMA folgende »grundlegende Ziele«: (I) Das Studium von Organisation und Management der Industrieforschung, einschließlich wissenschaftlicher Forschung und technologischer Entwicklung. (II) Die Entwicklung und weitere industrielle Nutzung von verbesserten, ökonomischeren und effektiveren Methoden und Techniken der Leitung der industriellen Forschung. (III) Ein breiteres Verständnis der Stellung der Forschung in der Firma und ihrer Rolle in der Industrie allgemein; sowie jener Aspekte der Wirtschafts-, Bildungs- und Wissenschaftspolitik, die Auswirkungen auf die Industrieforschung haben bzw. die die Industrieforschung beeinflussen können.

43 Vgl. *Chemistry and Industry* Dec. 31, 1966, p. 2195.

44 Bereits im Vorfeld der Publikation des Berichtes von Freeman/Young stellten Siemens und Telefunken 1965 ein Memorandum an die Bundesregierung zusammen über »Forschung und Entwicklung von elektronischen Datenverarbeitungsanlagen in Deutschland« (atomzeitalter H. 12, 1966, S. 385). Die in dem Memorandum vorgestellten Ideen fanden Eingang in das I. DV-Programm der Bundesregierung.
Ähnliche Mechanismen der Definition der Forschungspolitik zeigten sich später (1968) beim Förderungsprogramm »Physikalische Technologien« (für die Jahre 1970–1974). Hierbei spielte ein Memorandum des »Erbachshofer Kreises« eine wichtige Rolle, in dem die Notwendigkeit staatlicher Förderung auf diesem Gebiet unterstrichen wurde. Dem »Erbachshofer Kreis« gehörten die Leiter der Forschung von Siemens, AEG, Bosch, Zeiss, Krupp, Leybold, Varta u. a. an. Vgl. AEG-Telefunken u. a.: *Physikalische Technologie* (Studie über ein Förderprogramm der BRD). Juni 1969. Erstellt im Auftrag des BMwF.

45 Vgl. Friederick Seitz: *Wissenschaft im Vormarsch*. Schriftenreihe des Stifterverbandes. 1962/IX. S. a. Richard Clausen (im Auftrag der DFG): *Stand und Rückstand der Forschung in Deutschland in den Naturwissenschaften und den Ingenieurwissenschaften*. 1964.

46 Vgl. *VDI-Zeitschrift* Bd. 108, Nr. 1, Januar 1966, S. 1–17. Neben Krauch (S. 1–8) sprachen noch Karl Steimel (S. 9–12) und S. Balke (S. 12–13).

47 Die Heidelberger Studiengruppe spielte Mitte der sechziger Jahre eine wichtige Rolle bei dem Versuch, in der BRD eine Diskussion über Probleme der Forschungspolitik und der Forschungsplanung zu initiieren. Vgl. den zusammen mit dem RKW von H. Krauch, W. Kunz, H. Rittel herausgegebenen Band *Forschungsplanung* (1966). Vgl. zum »forschungspolitischen Dreieck« auch: *Forschung, Staat und Gesellschaft*. Beilage »Der Mensch und die Technik« der *Süddeutschen Zeitung* vom 6. März 1964; mit Beiträgen von Krauch, Paschen u. a.

48 Vorwort des BDI in der 1967 publizierten Fassung des Hennenhöfer-Gutachtens (S. 5).

49 BDI-Memorandum über die gesamtindustrielle Bedeutung der Luft- und Raumfahrttechnik. Köln, 1966. Abgedruckt als Anhang von: *Wirtschaft und Wissenschaft* A 1967 (Gesprächsprotokoll).

50 Prof. Reerink vom Steinkohlebergbauverein; RA Schmidt-Cotta vom Wirtschaftsverband Stahlverformung; Dr. Ziersch vom Forschungskuratorium Gesamttextil.

51 Menke-Glückert geht in diesem Text kurz auf die spezifischen Widerstände ein, die es in der BRD gegen den Begriff der »Forschungsplanung« gibt, und verweist insbesondere auf die Erfahrungen während der Zeit des Nationalsozialismus sowie, andererseits, auf die traditionsreiche Leitbildfunktion der deutschen Wissenschaft.

52 Zu den Referenten gehörten unter anderem auch Prof. David, Leiter der Abteilung für »Ressources Planning« der NSF der USA, sowie Christopher Freeman, Leiter der »Unit for the Study of Science Policy« der University of Sussex, zusammen mit A. Young Autor der OECD-Studie von 1967.

53 Im Juli 1971 begründete der Stifterverband für die Deutsche Wissenschaft eine »Projektgruppe Wissenschaftswissenschaft«, »mit der Aufgabe, den konzeptionellen und institutionellen Stand der Wissenschaftsforschung in der Bundesrepublik und im Ausland zu erheben und auf dieser Grundlage einige Überlegungen zur Förderung der Wissenschaftsforschung auszuarbeiten« (S. 3), wie es in dem *Memorandum* hieß, das die »Projektgruppe« im Dezember 1973 vorlegte. Bereits im Januar 1972 richtete der Stifterverband einen Förderungsschwerpunkt »Wissenschaftswissenschaft« ein, der im Juli 1972 auf Schloß Reisenburg bei Ulm eine erste Tagung abhielt, die unter dem Vorsitz von Derek de Solla Price (Yale-Universität) stand. Vgl. *Wirtschaft und Wissenschaft* H. 4, 1972, S. 29f. 1973 legte Ina Spiegel-Rösing einen Bericht vor, in dem der internationale Stand der Wissenschaftsforschung dargestellt wurde; Aufarbeitung und Publikation erfolgten mit Unterstützung des Stifterverbandes und der DFG. Die Fritz Thyssen-Stiftung errichtete (ab 1974) eine Forschungsgruppe »Wissenschaftsforschung«, die »Stiftung Volkswagenwerk« (ab 1975) einen Forschungsschwerpunkt »Wissenschaft und Technik« (vgl. Gethmann, in: Janich, 1981, S. 11 und 135). – Von den 32 »Institutionen und Forschungsgruppen«, die das *Memorandum* der »Projektgruppe Wissenschaftsforschung« 1973 in der Bundesrepublik Deutschland verzeichnete, sind Mitte der achtziger Jahre nur noch wenige übriggeblieben; die Gruppe »Großforschung« (Göttingen) verschwand ebenso wie die »Forschungsgruppe Wissenschaftsplanung« (Universität Frankfurt) oder die »Projektgruppe Wissenschaftswissenschaft« (Universität Bochum). Mit dem MPIL wurde schließlich auch die Starnberger Projektgruppe »Alternativen in der Wissenschaft« aufgelöst. – Mitte der achtziger Jahre gibt es jedenfalls gute Gründe, erneut eine Verbesserung der institutionellen Förderung der Wissenschaftsforschung in der Bundesrepublik Deutschland zu fordern (s. Burrichter, 1985). Die wechselseitigen Vorbehalte von Wissenschaftstheoretikern, Technikphilosophen, Wissenschaftshistorikern und Wissen-

schaftssoziologen scheinen in der Zwischenzeit kaum abgebaut worden zu sein, zumal es kaum konkrete Projekte verbindlicher Kooperation zwischen den verschiedenen Disziplinen gegeben hat.

54 So die redaktionelle Vorbemerkung zum November-Heft von *Wirtschaft und Wissenschaft* (1966), in dem der Aufsatz von Menke-Glückert erschien. Im gleichen Heft findet man im übrigen auch einen Artikel von Georg Hartmut Altenmüller mit dem programmatischen Titel »Rationalisierung der Forschung«.

55 AGF, Serie »Natur-, Ingenieur- und Gesellschaftswissenschaften« H. 122. Köln/Opladen: Westdeutscher Verlag, 1963, S. 75.

56 Vgl. Wolfgang Berkefeld im *Sonntagsblatt* Nr. 12, 19. Jg., vom März 1966. S. a. den Bericht »Wechselwirkung zwischen Industrieforschung und Hochschulforschung« in: *Wirtschaft und Wissenschaft* Nr. 2, Mai 1966, S. 9.

57 Abgedruckt in: *VDI-Zeitschrift* Bd. 91, 1. Mai 1949, S. 195–198.

58 Die bisher vorliegenden, spärlichen Berichte über die Bedingungen in der (west-)deutschen Industrieforschung in der Zeit vor 1948 sind eher widersprüchlich. Brautmeier (1983) zitiert einen Bericht der Firma Henkel, Düsseldorf, an das Wirtschaftsministerium von NRW vom September 1947, in dem es heißt: »Die Forschung leidet heute unter dem katastrophalen Mangel an verschiedenen materiellen Dingen. Chemikalien, Apparaturen, elektrische und optische Instrumente, Metalle und Baumaterialien sind nur in sehr ungenügendem Maße vorhanden. Wir halten es für eine sehr wichtige Aufgabe, daß die amtlichen Stellen helfend bei der Beschaffung solcher Hilfsmittel einspringen.« (S. 63) In einer Anmerkung (95, S. 190) zu einem anderen Kontext notiert Brautmeier, bei einer Besprechung am 1. August 1947 im nordrhein-westfälischen Wirtschaftsministerium habe Prof. Bayer (Bayer Leverkusen) die Meinung vertreten, »daß sich die großen Firmen, die in erster Linie Träger der Industrieforschung seien, finanziell zu helfen wüßten. In der gleichen Sitzung wurde sogar die Meinung vertreten, die Industrie habe keinen Mangel an Geldmitteln«.

59 Abgedruckt im Diskussionsprotokoll zu: Houdremont (Krupp-Forschung), erschienen 1953.

60 Vgl. »Stiefkind Forschung« in: *Wirtschaftsverwaltung*, November 1948, S. 28.

61 »Von den Siemens-Schuckertwerken wurde bereits 1946 für die noch in der Verlagerungsstätte Sielbeck (Holstein) ansässige sogenannte ›Selengruppe‹ in dem aus dem Mittelalter stammenden Schloß Pretzfeld (Oberfranken) ein Laboratorium eingerichtet.« (Trendelenburg, 1975, S. 258)

62 Vgl. die *Dokumente* aus Hoechst-Archiven Nr. 48–50. S. a. Borkin (1979), Michaelis/Schmid (1983), S. 44 ff.

63 Vgl. Stifterverband/*Christ und Welt:* »Forschung heißt Arbeit und Brot«. 1950, S. 56 f. – Mit dem Bau des Kautschuklaboratoriums war 1937 begonnen worden. Die Anlage kostete insgesamt 8 Millionen Reichsmark. Gearbeitet wurde an der laufenden Verbesserung der Polymerisation sowie an Problemen des Prüfwesens und der Verarbeitung bei Hilfsprodukten und Füllstoffen. »Zu diesem Zweck stand ein vollständiger Maschinenpark für

die verschiedensten Erzeugnisse (Reifenbecken und -schläuche, Transportbänder, Kabel, technische Artikel aller Art) zur Verfügung, nebst den benötigten Prüfgeräten, Reifenversuchsstand usw.« Fritz Ter Meer: *Die IG Farben AG.* 1953, S. 94. Die Verfahrensforschung auf diesem Gebiet war vor allem in Ludwigshafen (BASF) betrieben worden, die Anwendungstechnische Entwicklung in Leverkusen (Reppe, 1951, S. 127). – In dem B.I.O.S. *Overall Report* No. 7 über die Gummiindustrie Deutschlands während der Periode 1933–1945 (erschienen 1948) wurde die Buna-Entwicklung anerkennend beschrieben, vor allem die Laboratoriumstests für die Verfahrenstechnik (processibility). Vgl. *Nature*, January 22, 1949, p. 147.

64 Der Bericht hat eine ungewöhnliche Bandbreite sowohl der Themen als auch der Institutionalisierungsformen, die vorgestellt werden. Er reicht von »Physical Science and Technology« (Kap. II) und »Electrical Engineering and Electronics« (Kap. III) und Chemie als Wissenschaft sowie Technologie, Materialforschung, Biologische und Medizinische Wissenschaften bis zu »Agriculture and Forestry« und »Productivity and Industry« (Kap. IX), wozu unter anderem Abschnitte über Industriesoziologie, Industriepsychologie und die Arbeit des RKW gehören. Die Darstellung der Forschungsthemen und -ressourcen geht dabei quer zu den üblichen institutionellen Grenzziehungen. Beschrieben wird, selektiv und exemplarisch, die wissenschaftliche Arbeit in: Universitäten, MPG-Instituten, Bundesanstalten u. dgl. (Materialforschung, PTB, Bodenforschung), Battelle und, vergleichsweise ausführlich, industriellen FE-Einrichtungen bei Bayer, Siemens & Halske, AEG, Philips in Hamburg etc. Die allgemeine Tendenz der Darstellung ist positiv, anerkennend: das Ergebnis des zehnjährigen Wiederaufbaus des wissenschaftlichen Potentials wird abschließend zusammengefaßt in dem Satz: »it is an impressive achievement« (p. 86).

65 In den Geschäftsberichten von Bayer finden sich teilweise genaue Angaben über den Auf- und Ausbau der FE-Bereiche. Im GB 1954 heißt es u. a.: »In 1954 wurden für Laboratoriumsbauten DM 11,5 Mio. aufgewendet. Die seit der Währungsreform für diese Zwecke gemachten Gesamtaufwendungen in Höhe von rd. DM 30 Mio. haben in erster Linie dazu gedient, durch Kriegseinwirkungen verlorengegangene Einrichtungen zu ersetzen. Die Zahl der in der Forschung tätigen Akademiker hat sich weiter erhöht. Sie umfaßt Chemiker, Physiker, Ingenieure, Mediziner, Biologen und Zoologen.« (S. 8f.) Von den in der Forschung tätigen Akademikern ist die Gesamtzahl der Akademiker zu unterscheiden, die bei Bayer bereits Ende 1952 wieder etwa 1100 betrug. Hierunter befanden sich: 652 Chemiker, 52 Ärzte und Tierärzte, 70 Apotheker, 31 Diplomlandwirte, Biologen und Botaniker; 191 Ingenieure und 40 Physiker.
Bereits im Geschäftsbericht des folgenden Jahres wird betont, daß es nunmehr in verstärktem Maße um die Errichtung von Neubauten bei FE-Laboratorien gehe, um die Errichtung »moderner Arbeitsplätze« und um die Steigerung des »Volumens der Forschungsarbeiten«. (GB 1955, S. 9)

66 *Chemiker-Zeitung* 77. Jg., Nr. 22, 1953, S. 748–749.

67 W. A. Menne (Hoechst): »Weltwirtschaftliche Arbeitsteilung tut not!« In: *Der Volkswirt*, April 1954, S. 2–3.

68 »Dank der verständnisvollen tatkräftigen Mitwirkung des Kultus- und Wiederaufbauministeriums Nordrhein-Westfalen konnte [...] das Pharmakologische Institut der Universität Bonn ausgebaut werden, das nicht der routinemäßigen Entwicklung und Prüfung neuer Substanzen auf breitester Basis dient, sondern als Hochschulinstitut vor allem die Aufgabe der Nachwuchserziehung und Grundlagenforschung hat. In der Industrie ist die Ausgestaltung solcher Laboratorien den besonderen Zwecken entsprechend noch weit vielgestaltiger und umfangreicher.« (S. 18) Prof. W. Schulemann in einem Vortrag über »Theorie und Praxis pharmakologischer Forschung«. Abgedruckt in: *Schriftenreihe der AGF* H. 18, 1953, S. 7–22. Beispiele für die bessere Ausstattung der Industrieforschung ließen sich auch aus anderen Bereichen finden, nur ein Beispiel: E. Sörensen (MAN) schrieb im *Jahrbuch 1953 des Stifterverbandes* einen Abschnitt über »Industrie-Forschung«, in dem es, unter dem Stichwort »Umfang«, unter anderem hieß: »[...] die Industrielaboratorien [sind] heute in Deutschland insgesamt weit größer geworden als die der Universitäten, der Technischen Hochschulen sowie der anderen wissenschaftlichen Organisationen.« (S. 32) Unter dem Stichwort »Niveau«: »Von den leitenden Mitarbeitern in den industriellen Forschungsabteilungen wird heute ein wissenschaftliches und technisches Können erster Ordnung verlangt. Die Folge ist, daß gegenwärtig die Forschungsinstitute der großen Firmen in ihrem wissenschaftlichen Gewicht dem der ersten Forschungsinstitute an Universitäten und Technischen Hochschulen gleichzusetzen sind. Deutlich kann man hier eine Gefahr für die beiden letzteren erkennen. Das Niveau der wissenschaftlichen Forschung wird heute nicht nur durch die Qualität der leitenden Forscher, sondern in wachsendem Maße auch durch die Ausrüstung der Institute mit Apparaten und Einrichtungen geprägt. Diese Einrichtungen kosten aber viel Geld, und unsere Hochschulen sind weithin nicht mehr in der Lage, sich damit auszurüsten.« (S. 33f.)

69 Vgl. hierzu und zur weithin parallelen Entwicklung in anderen Industriezweigen, insbesondere der Elektro/nik/industrie: Hack/Hack, 1985, vor allem die Kapitel I bis IV.

70 Geschäftsbericht der Bayer AG 1960.

71 Vgl. »Von langer Hand« (Neue Wege in der Pharma-Forschung). In: *research* (Bayer-Forschungsmagazin), Ausgabe 1986, S. 24ff.

72 Vgl. »Hoechst baut neue Forschungsstätten«. In: *Hoechst heute* H. 4, 1960, S. 14–18. Zu planen waren nicht nur Be- und Entlüftungsformen, Umbaumöglichkeiten und Flexibilität der technischen Ausstattung u. dgl., sondern auch die Arbeitssituation selbst, zum Beispiel wie viele Chemiker in einer Laboreinheit zusammenarbeiten sollen etc. (Expertengespräch mit einem Forschungs-Chemiker, November 1985.)

73 Winnacker (1971) verweist auf Erkundungsreisen in die USA und das dabei erworbene Wissen über die Erfahrungen in den US-amerikanischen Che-

miekonzernen, die eine stärkere Tendenz zur ausgelagerten Zentralisierung ihrer Forschungszentren haben als die deutschen Chemieunternehmen.

74 Vgl. den Bericht des Arbeitskreises Hax der Schmalenbach-Gesellschaft über »Forschung und Entwicklung als Gegenstand unternehmerischer Entscheidungen« in: *zfbf* 1968, S. 549–580.

75 Das Pharma- und Chemieunternehmen Boehringer Ingelheim gibt für 1985 an, daß bereits 1270 von insgesamt 3290 (38,6 %) der FE-Beschäftigten außerhalb der Bundesrepublik tätig sind (Geschäftsbericht 1985, S. 34).

76 Vorwort von Bundesforschungsminister Riesenhuber, auf dem Vorblatt des *Faktenberichts 1986.*

77 Referiert nach dem Bericht von Ulrike Füssel: »Beim Hochschulbau ist die Zeit der Expansion endgültig vorbei«. In: *Frankfurter Rundschau* Nr. 131, 10. Juni 1986.

78 Vgl. Abschnitt II.3 in Hack/Hack, 1985. Vgl. auch die neuere Darstellung von Prof. H. Harnisch (Hoechst) in: BDI, 1986a, S. 19–42, insbesondere S. 35 ff.

79 Aufschlußreich sind in diesem Zusammenhang die Neubestimmungen in der dritten Novelle zum Hochschulrahmengesetz (HRG) von 1985, mit dem neuen Institut der »Sonderkontenverwahrung«, durch das die Kontrollierbarkeit von Drittmitteln stark zurückgenommen wurde. Vgl. hierzu den Artikel von Bernhard Nagel: »Stehen Wissenschaft und Forschungsförderung jetzt auf dem Prüfstand?« In: *Frankfurter Rundschau* vom 26. August 1986.

80 Unter dem Zwischentitel »Verbesserung der Forschungseffizienz« verlangte Prof. K. H. Beckurts (Siemens) u. a., »Kooperationen innerhalb der Forschung sowie Technologietransfer zwischen Hochschule und Wirtschaft müssen marktwirtschaftlich organisiert sein« (S. 10). Angesichts der Strukturen großindustrieller Forschungsorganisationen ist das kaum mehr möglich; es muß wohl heißen: Forschungsprojekte müssen sich ökonomischen Effektivitätskriterien stellen. Was das heißen würde, ist einem Artikel von *Business Week* vom 27. August 1984 zu entnehmen: »›Formerly‹, says University of Miami President Edward T. Foote II., ›there was a sense of higher education that we were different from business and didn't have to need good management techniques. We don't have that luxury anymore‹.« (S. 71)

81 Der antibürokratische Affekt, den Riesenhuber auch bei dieser Gelegenheit einbrachte, ist im übrigen keineswegs unbegründet. Der aus den Stichworten »Antrag, Prüfung, Zurückweisung, erneute Überprüfung, Neuschreiben, Wiedereinreichung und nochmalige Überprüfung« konstruierte Mechanismus der »Innovationsverzögerung« bzw. Forschungsverhinderung trifft den in der sog. »Forschungsförderung« üblichen Bürokratismus recht gut; ebenso Riesenhubers Formulierung: »Unternehmungsgeist wird in Aktenschränke gelenkt statt in Märkte.« (1985, S. 8)

82 Vgl. »(Forschung:) Riesenhuber will Einfluß des Staates verringern«. In: *Handelsblatt* vom 18. August 1986. (Die bei dieser Gelegenheit vom BMFT publizierten Daten über den absoluten und relativen Umfang der wirtschaftseigenen bzw. Industrieforschung sind allerdings falsch.)

83 G. Hartmut Altenmüller: »(Forschungspolitik aus der Sicht der CDU:) Der Staat zieht sich zurück (Eine gewisse Leitungsfunktion soll jedoch erhalten bleiben).« In: *VDI-Nachrichten* Nr. 34, 22. August 1986.

84 Vgl. das *Handelsblatt* vom 10. März 1986.

85 Vgl. den *Bericht der Enquête-Kommission ›Einschätzung und Bewertung von Technologiefolgen‹*. Der Kommission gehörten neun Bundestagsabgeordnete an und acht Sachverständige, darunter S. Bleicher (DGB), Prof. H. Grünewald (Bayer AG), Prof. M. Dierkes (WZB), Prof. E. Staudt und Otto Ullrich.

86 Vgl. *Frankfurter Allgemeine Zeitung* vom 19. März 1985; *VDI-Nachrichten* Nr. 14, vom 5. April 1985; *DUZ/Deutsche Universitätszeitung* Nr. 7, 1. April 1985, S. 4.

87 Vgl. *Handelsblatt* vom 10. Juni 1986. Siehe auch *BMFT-Journal* Nr. 3, Juli 1986, S. 3.

88 Vgl. die Berichte im *Handelsblatt* vom 27. Juni 1986 und in der *Süddeutschen Zeitung* vom 28. Juni 1986. S. a. den Bericht der EG-Kommission über BRITE, 1985. Vgl. zum forschungspolitischen Kontext: Hack/Hack, 1985, S. 115 ff.

89 Vgl. die Berichte im *Handelsblatt* Nr. 121, vom 30. Juni 1986, und Nr. 122, vom 1. Juli 1986. Die Bundesrepublik Deutschland will sich zunächst an 15 Projekten beteiligen, die insgesamt 1,9 Mrd. DM kosten sollen, von denen deutsche Partner 625 Mio. DM aufbringen sollen, davon wiederum 485 Mio DM, das sind knapp 80 %, die Bundesregierung.

90 Zitiert nach der *Süddeutschen Zeitung* vom 28. Juni 1986.

91 Vgl. hierzu *Die Zeit* Nr. 28, vom 4. Juli 1986.

92 Vgl. zu den Bedenken des DIHT-Präsidenten die Berichte in: *Frankfurter Rundschau* vom 1. November 1985; *Handelsblatt* vom 5. November 1985; *Frankfurter Allgemeine Zeitung* vom 9. Januar 1986. Das Thema des Albpach-Gespräches von 1986 »Eurosklerose – das Ende unserer Zukunft?« wurde von Wolff v. Amerongen ziemlich nachdrücklich, als überholt, zurückgewiesen (vgl. v. Amerongen, 1986). Vgl. zum Presseecho die Berichte in der *Frankfurter Allgemeinen Zeitung* vom 23. August 1986 (Vorabbericht!) und vom 27. 8. (zwei Berichte, die sich mit der Reaktion der EG-Kommission auf die Kritik des DIHT-Präsidenten beschäftigen); s. a. die stark hervorgehobenen Berichte im *Handelsblatt* vom 25. 8. (1. Seite: »Scharfe Rüge für die EG«) und in der *Frankfurter Rundschau* vom 25. 8. (Vier-Spalter: »Wolff rügt Brüsseler ›Programmakrobaten‹«).

93 Vgl. den Bericht im *Handelsblatt* vom 25. August 1986.

94 Vgl. den Kommentar von Eberhard Wisdorf »Blütenträume reifen nicht«. In: *Handelsblatt* vom 11. August 1986.

95 H. Riesenhuber, 1985, S. 14. Hervorhebungen von mir.

96 *ATE-Pressedienst* vom 19. Februar 1986. Vgl. zur Initiative von Daimler-Benz bzw. des für FE zuständigen Vorstandsmitglieds, Dr. Rudolf Hörnig, und zur Begründung des Kooperationsprojektes »Prometheus«: *Handelsblatt* vom 14. Januar 1986; *Frankfurter Allgemeine Zeitung* vom 27. Februar 1986. S. a. auch die Darstellung des Vorhabens in dem Artikel von Hans-

Rüdiger Etzold: »Das Autofahren wird anders werden«. In: *Süddeutsche Zeitung* Nr. 192, vom 23. August 1986. Am »Prometheus«-Projekt beteiligen sich, von Fiat bis Volvo, praktisch alle europäischen Autokonzerne, mit Ausnahme der Niederlassungen der US-amerikanischen und japanischen Unternehmen.

97 W. Breitschwerdt in einem Interview mit Redakteuren des *Spiegel* (Nr. 7, 9. Februar 1987, S. 84–94: Zitat S. 92). Nach Schätzungen der baden-württembergischen Landtagsfraktion der Grünen wird das Land rd. 150 Mio. DM bereitstellen, um den Plänen Daimlers, in Ulm ein konzernumfassendes Forschungszentrum zu errichten, entgegenzukommen. Allein die Universitätserweiterung am Institut für Hochfrequenz- und Elektrotechnik werde ca. 100 Mio. DM kosten (vgl. *taz*, vom 6. Februar 1987). Während zu diesem Zeitpunkt auch der *Spiegel* (s. Interview) und das *Handelsblatt* (s. Heller) über das gemeinsame Forschungsprojekt von Land und Unternehmen berichteten, hatte ein halbes Jahr zuvor allein *die tageszeitung* über erste Hinweise berichtet; vgl. Dietmar Bartz: Der gute Stern über Rastatt. In: *taz*, vom 12. August 1986.

98 So die Überschrift des entsprechenden Berichts im *Handelsblatt* vom 4. August 1986.

99 Vgl. den Bericht im *Handelsblatt* vom 22. August 1986.

100 Abgedruckt in Hirsch/Leibfried, 1971, S. 481–497; Zitate auf S. 490.

101 Die folgenden Bemerkungen beziehen sich ausdrücklich nicht auf die Arbeitsgruppe »Alternativen in der Wissenschaft« und auf das von ihr entwikkelte Konzept der »Finalisierung der Wissenschaft« (vgl. G. Böhme u. a. 1972, 1973; 1978.)

102 Der Bericht des »Arbeitskreises Hax« ist abgedruckt in: *Zeitschrift für betriebswirtschaftliche Forschung/zfbf*, 1968, S. 549–580; Zitate auf S. 565. – Natürlich sind die Arbeiten auch in den siebziger und achtziger Jahren fortgesetzt worden. Im Auftrag der Schmalenbach-Gesellschaft/Deutsche Gesellschaft für Betriebswirtschaft e. V. gaben Blohm und Danert 1983 einen Sammelband über Probleme des »Forschungs- und Entwicklungsmanagements« heraus, in dem u. a. Beiträge von K.-H. Beckurts (Siemens) und Zeidler (SEL) abgedruckt waren. Das Vorwort der Herausgeber beginnt mit den Sätzen: »Die internationale Wettbewerbsfähigkeit der Unternehmen wird in Zukunft mehr denn je durch die Innovationspolitik bestimmt. Dementsprechend kommt dem Forschungs- und Entwicklungsbereich in der Unternehmung ein immer höherer Stellenwert zu. Die schöpferischen, kreativen Leistungen dieses Bereichs sowie die Ungewißheit, mit der dieser Sektor der Unternehmung belastet ist, verstärkt den Eindruck, daß Forschung und Entwicklung (FuE) sich einer systematischen Planung und Kontrolle entziehen. Dennoch muß FuE in die strategische Planung der Unternehmung eingebunden werden, damit ein ausgewogenes Verhältnis zwischen kurzfristig, mittelfristig und langfristig gewinnwirksamen Produktionszweigen hergestellt werden kann. Hier öffnet sich ein weites Feld offener Fragen an die Betriebswirtschaftslehre.« (S. 1) Beckurts notiert in seinem Beitrag: »Nicht nur im Bereich grundlegender Neuerungen,

sondern bei allen FuE-Arbeiten muß man feststellen, daß wir weitaus weniger über zuverlässige Instrumente der Steuerung, Planung und Erfolgskontrolle verfügen als in anderen Bereich der Unternehmensführung. FuE-Management ist damit heute mehr noch ein Kunsthandwerk als eine mit wissenschaftlichen Leitsätzen der Betriebswirtschaft beherrschte Methodik.« (1983a, S. 16)

103 So wurde an der Universität Mannheim 1962 von Gert von Kortzfleisch das Industrieseminar aufgebaut, an dem einer der Arbeitsschwerpunkte die Untersuchung der Organisation und Leitung der Industrieforschung wurde; vgl. die Angaben zum 60. Geburtstag v. Kortzfleischs in *zfbf* H. 8, 1981, S. 762/3. Vgl. die Untersuchung von Berthold (1969), die aus dem Mannheimer Industrieseminar stammt.

104 Die von Schelsky an der Sozialforschungsstelle begründete Forschungsrichtung ist abgerissen. Schelsky selber mag seine Fragestellungen in die von ihm mit betriebene Gründung der Universität Bielefeld einzubringen versucht haben; der dortige Forschungsschwerpunkt »Wissenschaftsforschung« verfolgt andere Ziele. Klages und Hetzler wechselten noch Ende der sechziger Jahre an die TU Berlin. Nach fast zwei Jahrzehnten hat R. Mayntz (1985) auf ihre Arbeiten rekurriert, ohne deren Entstehungszusammenhang allerdings zu erwähnen.

105 In den soziologischen Arbeiten dieser Zeit wird immer wieder auf die frühen Texte von A. Harnack, Max Weber und Helmuth Plessner verwiesen, die alle aus dem ersten Viertel dieses Jahrhunderts stammen und den Aspekt der neu entstehenden »Betriebsförmigkeit« der Forschung betonten. In den 35 bis 40 Jahren, die seither ins Land gegangen waren, hatte sich die Realität der industrialisierten Forschung bemerkenswert geändert. Vgl. dazu auch die ad hoc-Interpretationen von H. P. Bahrdt.

106 Mit einem Vorwort von Robert K. Merton erschienen. Anders als die Stilisierung auf den »technischen Staat« es glauben machen will, sind bei Ellul gerade auch die Bezüge der technischen Entwicklung auf die ökonomischen Strukturen und die kulturellen Muster durchgespielt.

107 Während Habermas (1968) beispielsweise noch Ende der sechziger Jahre in seiner Marcuse-Kritik bruchlos die Gehlen-Konzeption der technischen Entwicklung als »Organ-Entlastung« übernimmt, hat Schelsky diese Interpretation bereits 1961 mit guten Gründen in Frage gestellt.

Anmerkungen zu Kapitel III

1 Zitiert nach der *Süddeutschen Zeitung* vom 11. Januar 1986.

2 Vgl. Michael Jürgs: »Wie die Macht schmeckt«. In: *Stern* Nr. 4, 17. 1. 1985.

3 Vgl. »Schon vollendete Tatsachen?« In: *Frankfurter Rundschau* vom 13. Mai 1986.

4 In: *Produktion (Die Wochenzeitung für das Technische Management)*. Nr. 15, 10. April 1986. S. 3.

5 Ausspruch eines Sprechers der Grundig AG anläßlich der Bekanntgabe des

Belegschaftsabbaus im Werk Vohenstrauß von 300 auf 180 Personen (vgl. *Süddeutsche Zeitung* vom 17. Januar 1985; s. a. »Grundig: Betriebsrat fühlt sich übergangen.« In: *Handelsblatt* vom 25. Januar 1985.)

6 Die Errichtung eines »Amtes zur Bewertung technologischer Entwicklung beim Deutschen Bundestag« war von der CDU/CSU-Fraktion bereits 1973 gefordert worden (vgl. Lichtenberg, 1984, S. 754).

7 Hans-Joachim Vogel: »Den Wechsel gestalten und ihn sozial beherrschbar machen.« In: *Handelsblatt* Nr. 251, 30./31. Dezember 1983.

8 Zitiert nach: *Der Spiegel* H. 2, 7. Januar 1985, S. 42. Bericht über die Arbeiten am neuen Parteiprogramm der SPD.

9 Vgl. *Handelsblatt* vom 13. August 1986.

10 Dr.-Ing. Ulrich Haier, zu dieser Zeit Vorsitzender des DVT und Präsident des DIN, war zugleich Vorstandsmitglied von Siemens.

11 Dr. Karl Eugen Becker: »Technischer Fortschritt ist kein Selbstzweck«. Abgedruckt in: *VDI-Nachrichten* Nr. 22, 31. Mai 1985, S. 13.

12 In neuer Form gefordert sind deshalb auch die Sozialwissenschaften. Anläßlich der Verleihung des DVT-Preises »Technik und Öffentlichkeit«, am 9. Mai 1985, wurde deren Funktion folgendermaßen umrissen: »[...] Zum gegenwärtigen Zeitpunkt der technischen Entwicklung [ist] die Sozialwissenschaft gefragt wie kaum zuvor. Mikroelektronik, Fabrikautomation mittels Roboter, Bio- und Gentechnik revolutionieren unsere Welt, aber die theoretische Auseinandersetzung der Gesellschaftswissenschaften mit den neuen Möglichkeiten der Technik unterbleibt weitgehend. Im Ergebnis findet eine oft von Halbwissen geprägte öffentliche Diskussion statt, die voreilig den Naturwissenschaftler, den Ingenieur auf die ›gesellschaftliche Anklagebank‹ zerrt, zur wirklichen Lösung der vor uns liegenden Probleme aber wenig hilfreich ist.« Bericht in den *VDI-Nachrichten* Nr. 21, vom 24. Mai 1985. Die Rolle, die die Sozialwissenschaften spielen sollen, wird allerdings allzu sehr auf die »Akzeptanzsicherung« eingeengt, für die sie vorgreifend Ergebnisse des sog. Wertewandels aufbereiten soll (ebd.). In dem Bericht zur Verleihung des DVT-Preises heißt es anschließend, die Ingenieure im DVT wollten sich auf ihren Verbandstagen künftig »mit sozialwissenschaftlichen Theorien auseinandersetzen«.

13 U. Lohmar: »Im Schatten der Giganten.« In: *Die Zeit* Nr. 21, vom 17. Mai 1985.

14 Wie Mitte der sechziger Jahre üblich, versuchte E. Kogon allerdings, die gesellschaftliche Rolle bzw. Haltung der Technischen Intelligenz noch ausschließlich über ihr gesellschaftliches und politisches Bewußtsein zu bestimmen. Eine direkte Teilnahme der Ingenieure (und Naturwissenschaftler) am Prozeß der Erzeugung neuer Technologien und der sozialen und politischen Strukturen wurde noch nicht bedacht. Vgl. entsprechend Barck, Mickler, Schumann, 1972.

15 Neef geht davon aus, daß sich die soziale Situation der Ingenieure, »mit einer Verzögerung sicherlich«, im Gefolge der »Einführung der EDV-Maschinerie«, der der Handarbeit angleichen werde (1982, S. 197). Die Verengung liegt also bereits in der konzeptionellen Auslegung der Studie.

16 In dieser analytisch formalisierenden Interpretation ist vernachlässigt, daß zumindest die reflektierteren Varianten der Taylorisierungsthese keineswegs (ausschließlich) handlungstheoretisch argumentieren, sondern gerade auf objektive Strukturzusammenhänge verweisen. Bei der Operationalisierung der Fragestellungen, mit ihrer Umrüstung auf Interviews, wird diese gesellschaftstheoretische Grundlage allerdings häufig unterlaufen.

17 Die Forderung zumindest, zwischen den Auswirkungen neuer Techniken »auf die größere Sozialstruktur« einerseits und auf die unmittelbare Arbeitssituation in der Fabrik andererseits zu unterscheiden, findet sich bereits in einer kleinen programmatischen Studie von R. K. Merton (1947) »The Machine, the Worker, and the Engineer« (abgedruckt in ders., 1967/1949, speziell S. 567).

18 Die folgende Passage stammt aus Mertons Einleitungsbemerkungen zum IV. Teil von *Social Theory and Social Structure* (1967/1949), in dem seine »Studies in the Sociology of Science« zusammengefaßt sind. Übersetzung und Hervorhebungen der im folgenden zitierten Passage stammen von mir.

19 Die Formel »Before the Fact«, die die Verwendbarkeit der Nobleschen Überlegungen für meine Argumentation unterstreicht, ist in der Zeitschriftenveröffentlichung des Textes (unverständlicherweise) fortgelassen worden. Zitiert wird allerdings im folgenden nach dem Text in *Politics & Society*.

20 In der neueren Publikation (1984) notiert Noble, es habe eine ganze Reihe von interessanten Varianten des Record-Playback-Verfahrens gegeben, von denen allerdings keine ernsthaft eingeführt worden sei. Immerhin habe eine der Varianten zur Gründung von UNIMATION (Joseph Engelberger; DeVol) geführt, einem der ersten Unternehmen auf dem Gebiet der Herstellung von Industrierobotern (S. 187ff.).

21 Das Konzept »Technology as Social Production« hat Noble bereits 1977 in seinem Buch *America by Design* vorgestellt.

22 Noble (1984), S. 191/2. Übersetzung und Hervorhebungen von mir. Da Nobles Buch nicht zu den wissenschaftlichen Schnellschüssen gehört, die den herrschenden Interessen in den Kram passen, ist eine Übersetzung in absehbarer Zeit ebenso wenig zu erwarten wie bei *America by Design*: es scheint mir deshalb legitim zu sein, auch eine relativ lange Passage zu zitieren.

23 Niklas Luhmann hat in seinem Text über »Komplexität« (1975) auf die frühe Arbeit von W. Weaver hingewiesen (vgl. *Soziologische Aufklärung* 2, S. 204 bzw. 216).

24 Radkau bezieht sich hierbei auf die Heisenberg-Gruppe, auf die Gruppen um Bagge/Diebner in Hamburg, um Maier-Leibnitz etc.

25 Weingart (1975) verweist darauf, daß die Klärung der »Letztursachen« in jedem Fall zu einem infiniten Regreß führe (wenn man auf eine empirische Entscheidung hoffe): »[...] führen die Versuche, das Abhängigkeitsverhältnis von Technik- und Wissenschaftsentwicklung genetisch näher zu bestimmen, in die gleichen Schwierigkeiten. Der Zugang über die Abfolge

von Ideen, Erfindungen, Verfahren etc. führt tendenziell in einen infiniten Regreß. So ist es weitgehend in das Belieben des jeweiligen Autors gestellt, welche wissenschaftliche Entdeckung oder technische Erfindung er für den Ausgangspunkt einer Kette von Folgeentwicklungen hält. Innerhalb bestimmter Grenzen lassen sich derartige ›Wahlen‹ ideengeschichtlicher Ereignisse überzeugend begründen und nicht gegenseitig widerlegen.« (S. 393/4)

26 Vgl. den Artikel von Abir-Am (1982) und die in No. 2, 1984, der *Social Studies of Science* geführte Diskussion (Fuerst, Yoxen u. a.; Abir-Am). Die Zusammenfassung der Kontroverse von Sund (1984) schlägt sich etwas zu einseitig und parteiisch auf die Seite von Abir-Am. Abir-Am zufolge wurde in den 30er Jahren so etwas wie ein »Technologie-Transfer« praktiziert, der von der vergleichsweise hochentwickelten Physik und ihren Methoden zur unterentwickelten Biologie gerichtet war und der von der Politik der Rockefeller Foundation vor allem auch deshalb gefördert wurde, weil ihre gesamte Förderungspolitik auf kurzfristig erreichbare Erfolge gerichtet war.

27 So Habermas (1968a) in seiner Analyse von Ernst Machs Elementenlehre (S. 105).

28 »Der Unterschied zwischen Symptomen und Indizien beruht auf der Tatsache, daß die Enzyklopädie bei den Symptomen eine *notwendige* gegenwärtige oder vergangene Kontinuität zwischen Wirkung und Ursache verzeichnet, wobei die Anwesenheit der Wirkung auf die notwendige Anwesenheit der Ursache zurückverweist; während die Enzyklopädie bei den Indizien nur eine *mögliche* vergangene Kontinuität zwischen dem Besitzer und dem Besitz verzeichnet, wobei die Anwesenheit des Besitzes auf die mögliche Anwesenheit des Besitzers zurückverweist.« So die semiotische Unterscheidung von Eco in: Eco/Sebeok, 1985, S. 307.

29 Vgl. Arthur Conan Doyles Geschichte. *Der blaue Karfunkel*. U. Eco hat inzwischen auf entsprechende Passagen in Voltaires *Zadig* aufmerksam gemacht (in: Eco/Sebeok, S. 301 ff.) und damit zugleich das von den Kritikern nicht bemerkte Vorbild für die Brunellus-Passage im *Namen der Rose* preisgegeben.

30 Smuda, S. 50. Unmittelbar anschließend verweist Smuda auf Benjamins berühmte Analyse des bürgerlichen Interieurs, mit den Anspielungen auf die Beziehungen zwischen »Zimmerflucht« und »Fluchtbahn« und der Pointe: »auf diesem Sofa kann die Tante nur ermordet werden«.

31 Die Biographien von Raymond Chandler (Frank MacShane) und Dashiell Hammett (Diane Johnson) zeigen im übrigen, daß der von ihnen praktizierte Wandel der Erzählformen keineswegs nur »aus dem Bauch« gekommen ist, sondern Ergebnis sehr genauer Überlegungen war.

32 Das gilt auch für Alfred Lorenzers (1985) Versuch, das Verhältnis zwischen Psychoanalyse bzw. S. Freud und dem klassischen Kriminalroman neu zu konzeptualisieren. Demnach könne man, bereits am Fall von Poes *Doppelmord in der Rue Morgue*, die »Erkundungsweise« des Detektivs Dupin als »verstehende Rekonstruktion der Dramatik de[s] lebenspraktischen

Sinn[s]« (S. 3) auffassen, also als eine Form der Aufklärung verborgener Zusammenhänge, die gerade nicht »auf rationales, logisches Denken« beschränkt bleibe, sondern die den »Kern eines Problems [...] durch nichtlogisches Denken, durch szenisches Verstehen [enthülle]« (S. 1). Die Rückprojektion von Denkstilen ist wohl immer eine zweischneidige Sache.

33 In: Eco/Sebeok, 1985, S. 307. Hervorhebungen von mir.

34 Zu bedenken ist dabei allerdings, daß marxistisch angehauchte Varianten der Wissenschaftssoziologie, wie sie von Boris Hessen, John Desmond Bernal und anderen vertreten worden waren, in der Periode des ›Kalten Krieges‹ mit einiger Brutalität aus der öffentlichen und der fachwissenschaftlichen Diskussion eliminiert wurden. Der ideologische Kampfruf war »Freiheit der Wissenschaft« (s. Polanyi). David F. Noble (1984) hat einiges zum sozialpolitischen Kontext dieser »innerwissenschaftlichen« Diskussion und ihren makabren Begleiterscheinungen zusammengetragen, speziell zur Person und Rolle des Wissenschaftsmanagers Vanevar Bush.

35 Schwer einzuschätzen ist allerdings die Bedeutung der Tatsache, daß in den meisten Studien Forschungsarbeiten aus dem etwas »weicheren« naturwissenschaftlichen Bereich der Medizin und Biologie zum Gegenstand der Soziologisierungsbemühungen genommen wurden.

36 S. 15 (in der zusammenhängenden Publikation von Shils, 1968). Übersetzung und Hervorhebung von mir. Der Kontext ist bei Polanyi allerdings die konventionelle Unterwerfung unter die »wissenschaftliche Autorität« der (vorgeblichen) »Wissenschaftsrepublik«: an der Evidenz und Legitimität der Meinungsbildungsprozesse in dieser »Republik« sind, Polanyi zufolge, keine Zweifel erlaubt.

37 Diese Kennzeichnung bezieht sich ausdrücklich *nicht* auf Arbeiten wie die von H. M. Collins (1983), der selbst von der »körnigen Struktur« (granular structure, S. 86f.) des Gegenstands vieler Studien der neueren Wissenschaftssoziologie spricht und hinzufügt: »Unter [bestimmten] Umständen wird das Granulat sich nie zu irgendetwas aufaddieren« (S. 79).

38 Der Begriff der »Ressourcen« wird hier sehr extensiv gebraucht; er kann die Verfügung über (knappe, exklusiv zugängliche) Instrumente und Apparaturen bedeuten, spezifische Kontakte zu potenten Auftraggebern und zu (guten) Publikationsorganen etc. Der Bezug zum Marxschen Argument der (knappen) »Verfügung über Produktionsmittel« ist, nicht zuletzt über den Begriff des »symbolischen Kapitals« (Bourdieu) deutlich zu erkennen, bleibt aber doch wohl weitgehend metaphorisch. Kenntnis der Marxschen Theorietradition gehört sicher nicht zu den herausragenden Stärken der Wissenschaftssoziologie (deutlich bei Knorr-Cetina; Ausnahme: D. MacKenzie, 1981).

39 Die wissenschaftstheoretische Position von Reichenbach ist weiter dadurch zu erklären, daß er den Gegenstandsbereich, mit dem sich die Erkenntnistheorie zu beschäftigen habe, als »*Konstruktion* des Rechtfertigungszusammenhangs« (S. 3) bestimmt. An Anlehnung an Carnaps *Der logische Aufbau der Welt* bedeutet das genauer: »Die Erkenntnistheorie behandelt also nich

den wirklichen Prozeß, sondern einen logischen Ersatz, für den der Ausdruck ›rationale Nachkonstruktion‹ geprägt worden ist.« (S. 2)

40 Da auch selbsterrichtete Normen nicht unbedingt verbindlich sind: das von Latour/Woolgar (1979) untersuchte Fallbeispiel (das Hormon TRF/H, Thyrotropin, Realeasing Factor) ist, genau genommen, zum Zeitpunkt der Untersuchung bereits abgeschlossen; auch von Latour/Woolgar wird der eigentliche Forschungsprozeß also *rekonstruiert*. Die Autoren trösten sich und ihre Leser zum einen mit dem Hinweis, dabei sei immerhin ein Nobelpreisträger entstanden, was die Relevanz des Fallbeispiels unterstreiche; zum anderen damit, es gebe immer noch die Möglichkeit, den »Dekonstruktionsprozeß« harter Fakten demonstrieren zu können (S. 107).

41 Man denke auch an die geläufige Definition »Intelligenz ist, was der IQ-Text mißt«. Allgemeiner ausgedrückt handelt es sich um ein Kardinalproblem des ausschließlich subjektiven Verständnisses von Realitätskonstruktion, das sich am Doppelsinn des Begriffs von »Design« festmachen läßt. Vgl. zur einen Seite »Das Design bestimmt das Bewußtsein« (in: Hack, 1977); die andere Seite steht im Vordergrund von *America by Design* (Noble, 1979).

42 Theoretische Artefakte sind Kunstgebilde, die einen Realitätsbezug unterstellen, den es tatsächlich nicht gibt. In der Regel handelt es sich wohl genauer um empirische Aussagen, die irrtümlicherweise als theoretische Aussagen präsentiert werden.

43 »David Nobles Studie über die Einführung der numerisch kontrollierten Werkzeugmaschine kann ebenfalls als ein bedeutender Beitrag zu einer sozial konstruktiven Perspektive der Technik angesehen werden. Nobles Erklärungsziel kommt aus einer ziemlich differierenden (marxistischen) Tradition, und seine Studie hat vieles, was man empfehlen kann: er betrachtet die Entwicklung sowohl einer erfolgreichen wie einer gescheiterten Technologie und gibt einen symmetrischen Zugang zu beiden Entwicklungen.« (Pinch/Bijker, 1984, S. 408) Die »Symmetrie«-Forderung bedeutet, daß erfolgreiche und nicht erfolgreiche (gescheiterte) Entwicklungen in gleicher Weise für *erklärungsbedürftig* gehalten werden. Entsprechendes gilt für wissenschaftliche Ideen, Theorien, Tatsachen etc.

44 Auf der Tagung der Sektion »Wissenschaftsforschung« am 16. November 1985 in Bielefeld. Knorr-Cetina formulierte ihre »Externalisierungsthese« gegen den Vorschlag, in Anlehnung an Piaget von einer Internalisierung des Handelns im Denken auszugehen.

45 Da die Kappung der vorgegebenen Strukturzusammenhänge zugleich eine Ausblendung der Machtstrukturen darstellt, ist es wohl nicht ganz unangebracht, in den konstruktivistischen Laborstudien so etwas wie ein funktionales Äquivalent zu den Hawthorne-Studien der 30er Jahre in den USA zu sehen (s. Nowotny, 1982), die dazu dienten, neue Methoden der Rationalisierung und der Produktivitätssteigerung (bei einfachen Industriearbeiten) zu erproben, ohne an die Machtverhältnisse und die ökonomischen Grundstrukturen der Industriearbeit zu rühren. Auch hier ging

es darum, genauere Einblicke in die kommunikativen Strukturen der alltäglichen Arbeitsabläufe zu gewinnen.

46 Vgl. bspw. Robert Held: »Los Alamos und Livermore (Ein Blick in die Hochburgen amerikanischer Rüstungsforschung)«. In: *Frankfurter Allgemeine Zeitung* Nr. 42, 19. Februar 1986, S. 11.

47 Die Interpretation von Technologie als Denkstruktur (Skolimowski, 1966) ist ein vergleichsweise neuer theoretischer Ansatz, der von Rapp (1973), Weingart (1976b), Layton (1977) und anderen aufgenommen und weiterentwickelt wurde (vgl. auch Hack/Hack, 1985, speziell den Abschnitt »Technologie als Wissensform«, S. 594–598). Im vorliegenden Zusammenhang impliziert diese Verknüpfungsmöglichkeit, daß nicht nur von naturwissenschaftlichen Theorien und dgl. die Rede ist, sondern auch von der »Wissensform Technologie«.

48 E. Teschner, 1974, S. 208f. Alle Hervorhebungen von mir.

49 Zu den (hier nicht weiter beachteten) Funktionsbedingungen gehören natürlich auch technische Apparate wie Hochgeschwindigkeitskameras und Verfahren der Wiedergabe in Zeitlupe, ohne die solche radikalen Formen der Analyse nicht erstellt werden könnten.

50 Vgl. Hack/Hack, 1985, S. 606ff.; 1986. Vgl. insbesondere die umfassende und sorgfältige Darstellung und Kritik von G. Bender (1986).

51 Prewo, Ritsert, Stracke (1973), S. 145. Vgl. auch die Aufnahme und Weiterführung (auf den Bereich der Personalinformationssysteme) des Arguments bei G. Ortmann (1984), insbesondere in dem Abschnitt »Vor der Synthetisierung der Realität« (S. 145ff.).

52 Es gehört wohl zu den vergleichsweise harmlosen, aber dennoch ungeheuer folgenreichen Verwerfungen und Zerstörungen, die der Nationalsozialismus bewirkt hat, daß die Arbeiten von Boris Hessen (1931), Ludwik Fleck (1935), John Desmond Bernal (1939), Edgar Zilsel (1940–1945) und auch von Alfred Sohn-Rethel erst mit jahrzehntelanger Verspätung rezipiert wurden, und nicht zu der Zeit, als sie der realen gesellschaftlichen Entwicklung der Wissenschaften und ihrer gesellschaftlichen Funktion (in unterschiedlicher Weise) zum Ausdruck verholfen haben. Der teilweise desolate Zustand der wissenschafts- und techniksoziologischen Diskussion in der Bundesrepublik Deutschland ist auch ein Resultat dieser makabren gesellschaftlichen Diskontinuitäten.

53 Horkheimer, 1937, S. 255. Hervorhebungen von mir. »Menschliche Aktivität« meint bei Horkheimer im übrigen nicht »intentionales Handeln« oder dergleichen. Wenige Sätze nach der im Text zitierten Passage heißt es: »Die Existenz der Gesellschaft hat entweder auf unmittelbarer Unterdrükkung beruht oder ist eine blinde Resultante widerstrebender Kräfte, jedenfalls nicht das Ergebnis bewußter Spontaneität der freien Individuen. Daher wechselt die Bedeutung der Begriffe von Passivität und Aktivität, je nachdem, ob sie auf die Gesellschaft oder das Individuum bezogen werden. In der bürgerlichen Wirtschaftsweise ist die Aktivität der Gesellschaft blind und konkret, die des Individuums abstrakt und bewußt.« (S. 256) Das wäre in den Grundzügen auf den Bereich der Wissenschaft zu erweitern:

daß wissenschaftliche Arbeit per definitionem als bewußte Tätigkeit erfolgt, schließt keineswegs aus, daß sie unter den vorherrschenden Bedingungen nicht zugleich in ihrer realen Wirkungsweise ziemlich blind zu funktionieren vermag.

Anmerkungen zu Kapitel IV

1 Vgl. L. Hack u. a., 1979. Es handelt sich um ein Interview mit einem Facharbeiter (E 961), der im Berliner Betrieb der Kraftwerk Union/KWU beschäftigt war.

2 Man könnte die Erzählung sicher auch auf das Problem der Berufsbiographien von Ingenieuren beziehen, insbesondere auf die großen Orientierungsprobleme in der 1. Phase der Berufstätigkeit (vgl. Hermanns u. a., 1984).

3 Die Siemens AG beispielsweise gibt für 1983 an, daß im Bereich »Fertigungsvorbereitung und -planung« 6580 Personen beschäftigt sind, bei ca. 40000 Personen im Bereich der unmittelbaren Produktion (vgl. Hack, 1986a).

4 Entsprechende Planungs- und Kontrollmethoden gibt es im übrigen schon seit längerem in den Bereichen der sog. »indirekten Arbeit«. Sie bestehen z. B. in der Vorgabe von Soll-Werten für den Normalbetrieb, die teilweise abgesprochen und auch »ausgehandelt« werden; solange sich die tatsächlich realisierten Ist-Werte der Ergebnisproduktion (Umsätze im Vertrieb oder von Betrieben) auf der Höhe der Vorgabewerte (oder darüber) bewegten, wird nicht von oben eingegriffen. Ähnliches gilt für die Instandhaltung, deren Aufgabenbestimmung etwa darin besteht, Stillstandszeiten der Anlagen durch vorbeugende Wartung zu vermeiden.

5 Vgl. den Bericht im *Handelsblatt* Nr. 167, vom 2. September 1986, anläßlich der bevorstehenden Fachtagung »Just-in-Time« in Böblingen. Diesem Bericht zufolge liegen bereits Erfahrungen aus 100 Pilotprojekten vor, die in der Regel in engem Verbund zwischen Unternehmen und Hochschulen (insbesondere Universität Passau) unternommen wurden. Dem Bericht im HB entstammt auch das anschließende Zitat im Text (Hervorhebung von mir).

6 Vgl. den Exkurs in: Hack/Hack, 1985a.

7 Vgl. *VDI-Nachrichten* Nr. 35, vom 31. August 1984; *Frankfurter Allgemeine Zeitung* vom 28. März 1984. Berichtet wird von entsprechenden Arbeiten im FE-Zentrum von Continental in Hannover.

8 M. Bartels: »Der Rechner weiß, wie Bremsen quietschen.« In: *VDI-Nachrichten* Nr. 44, vom 2. November 1984. Die Vorträge der Fachtagung »Berechnung im Automobilbau« sind zusammengestellt in: *VDI-Berichte* Nr. 537.

9 Mit großem Arbeits- und Zeitaufwand konnten Fahrstrecken auch früher schon auf langen Strecken vermessen werden. Der verbesserte Profilograph ermöglicht es, auch lange Strecken einfach und schnell zu vermessen.

»Mittels eines Spezialanhängers werden Fahrbahn-Unebenheiten als Funktion des Weges mit hoher Geschwindigkeit gemessen und diese Informationen auf einem Magnetband im Zugfahrzeug gespeichert.« (Bartels, a. a. O.)

10 Entsprechende Entwicklungen gibt es auch in der Kfz-Zulieferindustrie, z. B. bei TEVES, einem Hersteller von Bremsen u. dgl.: »Früher mußten sie beim Überprüfen herkömmlicher Bremsen aufs Stilfserjoch fahren, um in den dort vorhandenen 42 Haarnadelkurven das Gefühl höchster Beanspruchung zu erleben. Heute, so erzählt [der] Pressereferent [...], wird die rasante Paßfahrt im Computer simuliert.« Walter Wehrli: »Forschung in Frankfurter Firmen: TEVES.« In: *Frankfurter Neue Presse* vom 14. August 1986. Vgl. auch: »Simulationstechnik im Automobilbau: Ein Rechner läßt das Auto schleudern.« In: *VDI-Nachrichten* Nr. 47, 23. November 1984.

11 Vgl. Gerold Lingnau: »Der Mercedes in der Kapsel (Daimler-Benz stellt seinen Fahrsimulator im Berliner Werk vor)«. In: *Frankfurter Allgemeine Zeitung* vom 15. Mai 1985; Gernot Rothig: »Wo die Unfälle ohne Folgen bleiben.« In: *Süddeutsche Zeitung* Nr. 113, 17. Mai 1985.

12 Vgl. den Artikel in *Wehrtechnik* 1986a. »Angefangen hat es im Jahre 1939, als unser ursprüngliches Unternehmen LMT ein Patent für den Einsatz elektrischer und elektronischer Verfahren in der Pilotenausbildung anmeldete. 1945 begannen wir mit der Herstellung einer Reihe von Simulatoren, die damals übrigens noch keine Außensicht-Systeme hatten.« (S. 82) Der Durchbruch kam 1966 mit dem Auftrag für den Bau des Concorde-Forschungs-Simulators, für den in Europa erstmals Digitalrechner eingesetzt wurden (ebd.).

13 Für die Entwicklung komplexer Flugkörper-Systeme werden Methoden der Systemsimulation eingesetzt, so im MBB-Entwicklungszentrum in Ottobrunn bei München. Die Anwendung der numerischen Simulation, bei der technische Vorgänge in mathematische Modelle übersetzt werden, reicht von der Strömungsmechanik, der Plasma- und Halbleiterphysik, der Thermodynamik und der Meteorologie bis zur Medizin und zur Ökonomie. Vgl. Roland Zistler: »Modellrechnungen mit dem Mehrgitterverfahren.« In: *Frankfurter Allgemeine Zeitung* vom 24. Mai 1985.

14 In Verbindung mit der versicherungsmathematischen Analyse von Schadensfällen werden von den Versicherungsunternehmen durchaus Anstrengungen unternommen, *Schadensursachen* zu reduzieren, wie am Allianz-Zentrum für Technik in der Nähe von München. Allerdings lassen sich bestimmte soziale Risiken und Gefährdungen auf diesem Wege eben nicht bearbeiten.

15 Physikalische oder chemische Strukturen werden »dissipativ« genannt, weil sie, verglichen mit den einfacheren Strukturen, die sie ersetzen, mehr Energie verlangen (vgl. Prigogine/Stengers, 1984).

16 Vgl. das Vorwort, »Science and Change«, von Alvin Toffler zu Prigogine/Stengers, 1984, S. XXI. Die von den Autoren selbst betonte »Kohärenz unseres Wissens über den Menschen und über die Natur« (S. 4) sollte nicht

dazu führen, daß die Besonderheiten der sozialen Konstitution der Realität weggedacht werden.

17 »Geht man [...] davon aus, daß komplexe Systeme Zeit konstituieren, um ihr Relationierungspotential zu erweitern, ergeben sich ganz andere Ansatzpunkte für Theoriebildung. Man muß dann nach den Bedingungen [!!] und den Folgen der Temporalisierung von Komplexität fragen.« (Luhmann, 1980, S. 240/1)

18 Vgl. Toffler (Vorwort a. a. O.), S. XX. Norbert Elias' (1982) Forderung, die geläufigen funktionalistischen Interpretationsmodelle der Soziologie durch ein »Prozeßparadigma« zu ersetzen, ließen sich von hier aus nachdrücklich stützen (vgl. auch Hack, 1986a).

19 Vgl. den Aufsatz in *Wehrtechnik* H. 6, 1986. Hier finden sich bezeichnenderweise die genauesten Angaben über den organisatorischen Aufbau und die Funktionsbestimmung des »Technologie-Zentrums Nord«.

20 »Kein Wunschtraum: Einfacher, aber schneller (Computer-Hersteller Hewlett-Packard sieht seine Zukunft in der neuartigen RISC-Architektur).« In: *Handelsblatt* vom 4. März 1986.

21 P. Weingart, 1975a, S. 395. Hervorhebungen von mir.

Literaturverzeichnis

Abelshauser, Werner, 1979: »Probleme des Wiederaufbaus der westdeutschen Wirtschaft 1945–1953.« In: H. A. Winkler (Hg.), S. 208–253

Abir-Am, Pnina, 1982: »The Discourse of Physical Power and Biological Knowledge in the 1930s: A Reappraisal of the Rockefeller Foundation's ›Policy‹ in Molecular Biology.« In: *Social Studies of Science*, S. 341–382

Adorno, Theodor W., 1953: »Prolog zum Fernsehen.« Abgedruckt in: ders.: *Eingriffe. Neun kritische Modelle*. Ffm: Suhrkamp, 1963, S. 69–80

Adorno, Theodor W., 1963: »Résumé über Kulturindustrie.« Abgedruckt in: ders.: *Ohne Leitbild. Parva Aestetica*. Ffm: Suhrkamp 1969, S. 60–70

Adorno, Theodor W., 1968: Einleitungsvortrag zum 16. Deutschen Soziologentag »Spätkapitalismus oder Industriegesellschaft?«. In: ders.: (Hg.): *Verhandlungen des 16. Deutschen Soziologentages 1968*. Stuttgart: Enke 1969, S. 12–26

AGF/Arbeitsgemeinschaft der Großforschungseinrichtungen; BDI/Bundesverband der Deutschen Industrie e. V., 1978: *Möglichkeiten und Grenzen der Zusammenarbeit zwischen Großforschungseinrichtungen und der Industrie. Ergebnis-Bericht einer gemeinsamen Arbeitsgruppe*. Bonn/Köln, Juni 1978

AGF/Arbeitsgemeinschaft der Großforschungseinrichtungen, 1983: *Großforschung und Industrie. Formen der Zusammenarbeit und beteiligte Partner*. Bonn

Altwegg, Jürg, 1986: *Die Republik des Geistes (Frankreichs Intellektuelle zwischen Revolution und Reaktion)*. München: Piper

Amerongen, Otto Wolff von, 1986: »Die industriellen Möglichkeiten Europas und ihre Weiterentwicklung.« Manuskript eines Vortrags beim Alpbach-Gespräch am 23. August 1986. Bonn: *DIHT-Informationen*, 8 Seiten

Anders, Günther, 1956 und 1980: *Die Antiquiertheit des Menschen*. Bd. I und II. München: Beck

Arbeitsgruppe Fortbildung im Sprecherkreis der Hochschulkanzler, 1984: *Industrieforschung und ihre Relevanz für Hochschulen*. (Projekt im Rahmen des OECD-Hochschulverwaltungsprogramms. Tagung vom 7.–8. November 1984 in München.) Essen: Gesamthochschule

Ardenne, Manfred von, 1976 (1972): *Ein glückliches Leben für Technik und Forschung*. Ffm: Suhrkamp

Badham, Richard, 1984: »The Sociology of Industrial and Post-Industrial Societies. Trend Report.« In: *Current Sociology* Vol. 32, No. 1, Spring, S. 1–141

Bahrdt, Hans Paul, 1964 (1968): »Organisation der Forschung. Soziologische

Probleme der Forschungsverwaltung.« In: Renate Mayntz (Hg.): *Bürokratische Organisation*. Köln: Kiepenheuer & Witsch, S. 249–261
Bahrdt, Hans Paul, 1971: *Wissenschaftssoziologie – ad hoc. Beiträge zur Wissenschaftssoziologie und Wissenschaftspolitik aus den letzten zehn Jahren*. Düsseldorf: Bertelsmann
Bahrdt, Hans Paul; Helmut Krauch, Horst Rittel, 1960: »Die wissenschaftliche Arbeit in Gruppen.« In: *Kölner Zeitschrift für Soziologie und Sozialpsychologie* H. 1, S. 1–40
Balkhausen, Dieter, 1978: *Die dritte industrielle Revolution. Wie die Mikroelektronik unser Leben verändert*. Düsseldorf: Econ
Barck, Klaus; Otfried Mickler, Michael Schumann, 1974: *Perspektiven des technischen Wandels und soziale Interessenlage*. Göttingen: Schwartz
Baritz, Loren, 1960: *The Servants of Power. A History of the Use of Social Sciences in American Industry*. Westport/Conn.: Greenwood Press
Barnes, S. Barry, 1971: »Making Out in Industrial Research.« In: *Science Studies* Vol. 1, S. 157–175
Barwich, Heinz und Elfi, 1970 (1967): *Das rote Atom*. Ffm: Fischer
BDI/Bundesverband der Deutschen Industrie e. V., 1979: *Industrieforschung. Eine Dokumentation des BDI und seiner Mitgliedsverbände*. Köln
BDI, 1986a: *Industrieforschung: Schlüsseltechnologien. Eine Dokumentation des BDI-Technologiegesprächs* vom 22. Januar 1986. Köln
BDI, 1986b: *Wirtschaftspolitik in der Pflicht. Zehn Thesen*. Köln
Beckurts, Karl Heinz, 1983a: »Forschungs- und Entwicklungsmanagement – Mittel zur Gestaltung der Innovation.« In: Blohm/Danert (Hg.), S. 15–40
Beckurts, Karl-Heinz, 1983b: »Rückblick und Ausblick. Veränderungen der industriellen Forschung und Entwicklung.« In: *Die Umschau* Nr. 25/26, 9. Dezember 1983, S. 746–748
Beckurts, Karl-Heinz, 1985a: »High Tech – Mode oder Chance? (Investitionen, Grundlagenforschung und Aufbruchstimmung nachhaltig stärken).« In: *Frankfurter Allgemeine Zeitung* Nr. 171, 27. Juli 1985, S. 11
Beckurts, Karl-Heinz, 1985b: Innovation – die Herausforderung für Industrie und Wissenschaft (Rede anläßl. der Eröffnung der Ausstellung »Made in Germany«, am 2. 12. 1985 im Deutschen Museum in München). Vortragsmanuskript, 7 Seiten
Beckurts, Karl-Heinz, 1986: »Wirtschaftsfaktor Informationstechnik.« In: *Harvard manager*, II. Quartal 1986, S. 26–33
Beer, John Joseph, 1975: »Die Teerfarbenindustrie und die Anfänge des industriellen Forschungslaboratoriums.« In: K. Hausen, R. Rürup (Hg.), S. 106–119
Bell, Daniel, 1964: »The Post-Industrial Society.« In: Eli Ginzberg (Ed.): *Technology and Social Change*. New York: Columbia University Press, pp. 44–59
Bell, Daniel, 1975 (1973): *Die nach-industrielle Gesellschaft*. Ffm: Campus
Bell, Daniel, 1976: »Die Dimensionen des Wissens und der Technologie.« In: L. Kern (Hg.): *Probleme der postindustriellen Gesellschaft*. Köln: Kiepenheuer & Witsch, S. 128–174
Bell, Daniel, 1981 (1979): »The Social Framework of the Information Society.«

In: Tom Forester (Ed.): *The Microelectronics Society*. Oxford: Basil Blackwell, pp. 500–549 und 571–574 (Reply to Weizenbaum's Reply)

Bender, Gerd, 1986: *Organisierte Antizipation. Zur gesellschaftlichen Bewertung von Arbeit in der dritten Phase der industriellen Revolution*. Ffm: Dipl.-Arb. Fachbereich Gesellschaftswissenschaften, J. W. Goethe-Universität

Berger, Rolf, 1974: »Forschungsplanung als Kommunikations- und Inhaltsplanung.« In: *Wirtschaft und Wissenschaft*. H. 1, S. 17–22

Bernal, John Desmond, 1946: »Lessons of the War for Science.« In: *Report on Progress in Physics*. Vol. 9, S. 418–436

Bernal, John Desmond, 1967 (1939): *The Social Function of Science*. Cambridge/Mass.: MIT Press

Berthold, Klaus, 1969: *Die Grundlagenforschung industrieller Großunternehmen in der Bundesrepublik Deutschland*. Berlin: E. Schmidt

Birnbaum, Norman, 1970: »Is There a Post-Industrial Revolution?« In: ders., 1971: *Towards a Critical Sociology*. Oxford University Press, S. 393–415

Blackaby, Frank (Ed.), 1981 (1978): *De-Industrialisation*. London: Heinemann

Bloch, Ernst, 1965: »Philosophische Ansicht des Detektivromans.« In: J. Vogt (Hg.), 1971, S. 322–342

Blohm, Hans; Günter Danert (Hg.), 1983: *Forschungs- und Entwicklungsmanagement* (i. A. Schmalenbach-Gesellschaft). Stuttgart: Poeschel

BMFT, Bundesministerium für Forschung und Technologie, 1986: *Förderungskatalog 1985*, Bonn

Böhme, Gernot, 1984: *Die Gesellschaftlichkeit von Technik und Natur*. Man., 16 Seiten

Böhme, Gernot; Wolfgang van den Daele, Wolfgang Krohn, 1972: »Alternativen in der Wissenschaft.« In: *Zeitschrift für Soziologie* H. 4, S. 302–316

Böhme, G.; W. v. d. Daele, W. Krohn, 1973: »Die Finalisierung der Wissenschaft.« In: *Zeitschrift für Soziologie*, H. 2, S. 128–144

Böhme, G.; W. v. d. Daele, W. Krohn, 1977: *Experimentelle Philosophie*. Ffm: Suhrkamp

Böhme, G. u. a., 1978: *Die gesellschaftliche Orientierung des wissenschaftlichen Fortschritts*. Ffm: Suhrkamp

Bonß, Wolfgang; Heinz Hartmann (Hg.), 1985: »Entzauberte Wissenschaft (Zur Relativität und Geltung soziologischer Forschung).« Sonderband 3 der *Sozialen Welt*. Göttingen: Schwartz

Borkin, Joseph, 1979: *Die unheilige Allianz der I. G. Farben. Eine Interessengemeinschaft im Dritten Reich*. Ffm: Campus

Borsdorf, Ulrich; Lutz Niethammer (Hg.), 1976: *Zwischen Befreiung und Besatzung (Analysen des US-Geheimdienstes über Positionen und Strukturen deutscher Politik 1945)*. Wuppertal: Peter Hammer

Brandt, Leo, 1956: *Die 2. industrielle Revolution*. Vortrag a. d. SPD-Parteitag, 10.–14. Juli 1956 in München. Bonn: SPD-Vorstand

Brandt, Leo, 1962: *Forschen und Gestalten. Reden und Aufsätze 1930–1962*. Köln: Westdeutscher Verlag

Braun, Ernest; Stuart Macdonald, 1982 (1978): *Revolution in Miniature. The history and impact of semiconductor electronics*. Cambridge: University Press

Braun, Rudolf; Wolfram Fischer, Helmut Großkreutz, Heinrich Volkmann (Hg.), 1973: *Gesellschaft in der industriellen Revolution*. Köln: Kiepenheuer & Witsch

Braun, R.; W. Fischer, H. Großkreutz, H. Volkmann (Hg.), 1976: *Industrielle Revolution (Wirtschaftliche Aspekte)*. Köln: Kiepenheuer & Witsch

Brautmeier, Jürgen, 1983: *Forschungspolitik in Nordrhein-Westfalen 1945–1961*. Düsseldorf: Schwann

Braverman, Harry, 1977 (1974): *Die Arbeit im modernen Produktionsprozeß*. Ffm: Campus

Brem, Martin, 1986: »Star Wars im Rock 'n' Roll.« In: *Stern* Nr. 35, 21. August 1986, S. 90–98

Breßler, Reinhard, 1986: *Soziologische Interpretation des betriebswirtschaftlich orientierten Umgangs mit der industriellen Forschung und Entwicklung*. Ffm: Man., 52 Seiten

Briefs, Ulrich, 1984: *Informationstechnologien und Zukunft der Arbeit. Mikroelektronik und Computertechnik*. Köln: Pahl-Rugenstein

Bright, J. R., 1964: *Research, Development, and Technological Innovation*. Homewood

Brockhoff, Klaus, 1984: »Forschungs- und Entwicklungsproduktivität als Aufgabe des Forschungs- und Entwicklungsmanagements.« In: Domsch/Jochum (Hg.), S. 1–15

Brücher, Hildegard; Clemens Münster, 1949: »Deutsche Forschung in Gefahr?« In: *Frankfurter Hefte* H. 4, April 1949, S. 333–344

Bühl, Walter L., 1985: *Eine Zukunft für Deutschland (Grundlinien der technologischen, gesellschaftlichen und politischen Entwicklung)*. München: Günter Olzog Verlag

Burawoy, Michael, 1982: *Manufacturing Consent (Changes in the Labour Process under Monopoly Capitalism)*. Chicago: University Press

Burrichter, Clemens (Hg.), 1985: *Wissenschaftsforschung – neue Probleme, neue Aufgaben* (Kolloquium des IGW im Wissenschaftszentrum Bonn am 10./11. Juni 1985). Erlangen: IGW/Institut für Gesellschaft und Wissenschaft

Business Week, 1980: *The Reindustrialization of America*. Special Issue. June 30, 1980, pp. 55–142

Business Week, 1986: *The Hollow Corporation*. Special Report. March 3, 1986, pp. 52–75

Bylinsky, Gene, 1981: »A New Industrial Revolution is on the Way.« In: *Fortune*, October 5, S. 106–114

Callon, Michel; John Law, Arie Rip (Eds.), 1986: *Mapping the Dynamics of Science and Technology (Sociology of Science in the Real World)*. Houndsmill: Macmillan

Cartellieri, Wolfgang, 1965: *Bildungs- und Forschungspolitik für 1980*. Schriftenreihe des Stifterverbandes. (Mit Anhang). 1965/II

Cartellieri, Wolfgang, 1967/68: *Die Großforschung und der Staat*. Gutachten über die zweckmäßige rechtliche und organisatorische Ausgestaltung der Institutionen für die Großforschung. 2 Bde. München: Gersbach

Christ, Charles F., 1980: »Auf Kooperation fixiert (Produktentwicklung bei Xerox).« In: *Manager Magazin* H. 11, November, S. 84–89
Collins, Harry M., 1983: »An Empirical Relativist Programme in the Sociology of Scientific Knowledge.« In: Knorr-Cetina/Mulkay (Eds.), S. 85–114
Commes, Max-Theodor; Richard Lienert, 1983: »Kreativität und Effektivität – Betriebswirtschaftliche Planung und Steuerung im Bereich Forschung und Entwicklung.« In: *Siemens-Zeitschrift* H. 6, S. 24–28
Commes, Max-Theodor, Richard Lienert, 1986: »Controlling im FE-Bereich.« In: *RKW-Handbuch*, 1976ff.
Connert, Winfried, 1974: »Staatliche Planung versus Marktwirtschaft.« In: *Wirtschaft und Wissenschaft* H. 3, S. 10–11
Cooley, Mike, 1981: »The Taylorisation of Intellectual Work.« In: Levidow/Young (Eds.), S. 46–65

Daele, Wolfgang van den; Wolfgang Krohn, Peter Weingart (Hg.), 1979: »Die politische Steuerung der wissenschaftlichen Entwicklung.« In: dies. (Hg.): *Geplante Forschung (Vergleichende Studien über den Einfluß politischer Programme auf die Wissenschaftsentwicklung)*. Ffm: Suhrkamp, S. 11–63
Deutsch, Karl W., 1980: »Eine veränderte Menschheit? (Technologie und Gesellschaftsstrukturen).« In: *IBM-Nachrichten* Nr. 248, S. 7–14
Dickson, David, 1974: »Technology and the Construction of Social Reality.« In: *Radical Science Journal* No. 1, January, S. 29–50
Diebold, John, 1985: *Die Zukunft machen*. Düsseldorf/Wien: Econ
Diekhof, Rolf, 1986: »Der Aufstand der Zwerge (Telekommunikation: IBM gegen den Rest der Welt).« In: *Manager Magazin* H. 4, April 1986, S. 34–49
Dokumente aus Hoechst-Archiven. 1976, Bd. 48: *US-Administration. Die Verwaltung des Werkes Hoechst 1945–1953*
Dokumente aus Hoechst-Archiven, 1978, Bd. 49 und 50: *Die Verhandlungen über die Auflösung von IG-Farben und die Gründung der Farbwerke Hoechst AG 1945–1953*
Domsch, Michel, 1977: »Betriebliche Forschungs- und Entwicklungsplanung.« In: *zfbf* H. 1, 1977, S. 3–10
Domsch, Michel; Eduard Jochum (Hg.), 1984: *Personal-Management in der industriellen Forschung und Entwicklung* (F & E). Köln/Berlin: Heymanns Verlag
Dreyfus, Hubert L., 1985 (1972): *Die Grenzen künstlicher Intelligenz. Was Computer nicht können*. Königstein/Ts.: Athenäum
Drick, Klaus J. (Hg.), 1985: *Management geistiger Arbeit*. Ffm: Nexus Vlg.
DVT (Deutscher Verband Technisch-wissenschaftlicher Vereine), 1984: *Wissenschaftsinstitutionen im Wandel* (Ergebnisse der Jahrestagung 1984 des DVT). Düsseldorf. Nr. 17/1984

Echterhoff-Severitt, Helga u. a., 1983: *Forschung und Entwicklung in der Wirtschaft 1979 und 1981*. Essen: SV – Gemeinnützige Gesellschaft für Wissenschaftsstatistik mbH im Stifterverband für die Deutsche Wissenschaft
Eckert, Michael; Helmut Schubert, 1986: *Kristalle, Elektronen, Transistoren (Von der Gelehrtenstube zur Industrieforschung)*. Reinbek b. Hbg.: Rowohlt
Eco, Umberto, 1982: *Der Name der Rose*. München: Hanser

Eco, Umberto, 1983: »Die Abduktion in Uqbar.« In: Borges, Jorge Luis; Adolfo Bioy: *Sechs Aufgaben für Don Isidro Parodi und andere Erzählungen* (1951–1953). München: Hanser, S. 271–286

Eco, Umberto; Thomas A. Sebeok (Hg.), 1985: *Der Zirkel oder Im Zeichen der Drei (Dupin–Holmes–Peirce)*. München: Fink

Eggeling, Jörn, 1985: *Die Industrialisierung von Programmarbeit. Ihr Ausdruck in Kontroversen um Programmiersprachen und Sprachelemente*. Ffm: Lang

Eickemeyer, H., 1953: »ERP-Mittel für die Wissenschaft (Die deutsche Forschung im europäischen Wiederaufbauprogramm).« In: *Abschlußbericht des Deutschen Forschungsrates/DFR*. München: Oldenbourg, S. 254–259

EIRMA/European Industrial Research Management Association (1965): *Bericht von der Gründungskonferenz in Monte Carlo vom 22.–24. Februar 1965*. Conference Papers Volume II. Paris, 1967

EIRMA (1977): *Planning for Research and Development. EIRMA-Konferenz in Rotterdam vom 11.–13. Mai 1977*. Conference Papers Volume XIX. Paris, 1977

EIRMA (1978): *The Changing Interface Between Research and Marketing*. Paris, 1978

EIRMA (1984): *Managing the Human Resource of Industrial R & D Today*. EIRMA-Tagung in Cannes, vom 6.–8. Juni 1984. Conference Papers Volume XXX. Paris, 1984

Elias, Norbert, 1982: »Scientific Establishments.« In: N. Elias, H. Martins, R. Whitley (Eds.): *Scientific Establishments and Hierarchies*. Dordrecht: Reidel, S. 3–70

Ellul, Jacques, 1967 (1964): *The Technological Society*. New York: Random House

Enquête-Kommission, 1986: *»Einschätzung und Bewertung von Technologiefolgen; Gestaltung von Rahmenbedingungen der technischen Entwicklung«. Zur Institutionalisierung einer Beratungskapazität für Technologie-Abschätzung und -Bewertung beim Deutschen Bundestag*. Bundestags-Drucksache 10/5844, 14. 07. 1986

Enzensberger, Hans-Magnus, 1962: »Bewußtseins-Industrie.« In: ders.: *Einzelheiten*. Ffm: Suhrkamp, S. 7–15

Feddersen, Rolf, 1986: *Personalbedarfsermittlung mit »harten Daten« im Angestelltenbereich*. Vortrag a. d. 12. Angestelltenkonferenz der IG Metall vom 13. bis 15. 1986 in Frankfurt. Man., S. 81–117 der Konferenzmaterialien

Feigenbaum, Edward A.; Pamela McCorduck, 1984: *Die Fünfte Computer-Generation. Künstliche Intelligenz und die Herausforderung Japans an die Welt*. Basel/Stuttgart: Birkhäuser Vlg.

Fleck, Ludwik, 1980 (1935): *Entstehung und Entwicklung einer wissenschaftlichen Tatsache*. Ffm: Suhrkamp

Fondran, Dieter, 1986: »Das Forschungs- und Technologiekonzept (des BMVg).« In: *Wehrtechnik* H. 7, S. 82–88

Forster, Tom, 1981 (1980): *The Microelectronics Revolution (The Complete Guide to the New Technology and its Impact on Society)*. Oxford: Basil Blackwell

Fourastié, Jean, 1969 (1949): *Die große Hoffnung des zwanzigsten Jahrhunderts*. Köln: Bund

Freeman, C.; A. Young, 1965: *The Research and Development Effort in Western Europe, North America, and the Soviet Union*. Paris

Fricke, Werner u. a., 1971: *Auf dem Wege zur Dienstleistungsindustrie?* (Forschungsprojekt des RKW »Wirtschaftliche und soziale Aspekte des technischen Wandels in der Bundesrepublik Deutschland«). IV. Bd. Ffm: EVA

Friedmann, Georges, 1953 (1950): *Zukunft der Arbeit. Perspektiven der industriellen Gesellschaft*. Köln: Bund

Friedrich, Hannes, 1970: *Staatliche Verwaltung und Wissenschaft (Die wissenschaftliche Beratung der Politik aus der Sicht der Ministerialbürokratie)*. Ffm: EVA

Friedrich, Hans, 1985: »Das MEGA-Projekt.« In: *Siemens-Zeitschrift*. H. 1, 1985. Sonderdruck, S. 3–7

Friedrichs, Günter (Redaktion), 1963: *Automation und technischer Fortschritt in Deutschland und den USA*. Ffm: EVA

Friedrichs, Günter; Adam Schaff (Hg.), 1982: *Auf Gedeih und Verderb. Mikroelektronik und Gesellschaft (Bericht an den Club of Rome)*. Wien: Europaverlag

Fuhrmann, Thomas, 1985: »Was der ›Simi‹ alles kann (Der neue Fahrsimulator von Daimler-Benz in Berlin-Marienfelde).« In: *Stern* Nr. 20, 9.5. 1985, S. 162–164

Gershuny, Jonathan, 1981 (1978): *Die Ökonomie der nach-industriellen Gesellschaft (Produktion und Verbrauch von Dienstleistungen)*. Ffm: Campus

Gibbons, Michael; Björn Wittrock (Eds.), 1985: *Science as a Commodity (Threats to the open community of scholars)*. Harlow/Essex: Langman

Giddens, Anthony, 1979a (1973): *Die Klassenstruktur fortgeschrittener Gesellschaften*. Ffm: Suhrkamp

Giddens, Anthony, 1979b: *Central Problems in Social Theory (Action, Structure and Contradiction in Social Analysis)*. London: Macmillan

Giddens, Anthony, 1980: »Time and Space in Social Theory.« In: J. Matthes (Hg.): *Lebenswelt und soziale Probleme* (Verhandlungen des 20. Deutschen Soziologentages zu Bremen). Ffm: Campus, S. 88–97

Ginzburg, Carlo, 1980: *Spurensicherung (Der Jäger entziffert die Fährte, Sherlock Holmes nimmt die Lupe, Freud liest Morelli – Die Wissenschaft auf der Suche nach sich selbst)*. In: *Freibeuter* H. 3, S. 7–17; H. 4, S. 11–36

Goeschel, Heinz, 1965a: »Gearing Research Into Overall Company Activity.« In: EIRMA, 1965, S. 67–80

Goeschel, Heinz, 1965b: »Das neue Forschungszentrum der Siemens-Schuckertwerke.« In: *Siemens-Zeitschrift* 39. Jg, Mai 1965, S. 413–420

Goeschel, Heinz, 1967: *Aktuelle Aspekte in Forschung und Entwicklung* (Vortrag, gehalten am 6. Juli 1967 auf der Aktionärsversammlung der Siemens AG in der Berliner Kongreßhalle). Broschüre, 26 Seiten

Goldsmith, Maurice; Alan Mackay (Eds.); 1964: *The Science of Science (Society in the Technological Age)*. London: Souvenir Press

Goudsmit, Samuel A., 1946: »Wissenschaft oder Geheimhaltung.« In: *Physikalische Blätter* H. 8, S. 203–207

Goudsmit, Samuel A., 1947: *ALSOS*. New York: H. Schumann

Gross, Hermann, 1955: *Wirtschaftswichtige Forschung und Wissenschaftsfinanzierung in Deutschland und den USA*. Gemeinschaftsveröffentlichung des Instituts für Weltwirtschaft an der Univ. Kiel und des Stifterverbandes. Essen

Gross, Hermann, 1960a: »Eine Billion für naturwissenschaftliche und technische Forschung (Die Forschungs-Perspektive der sechziger Jahre).« In: *Wirtschaft und Wissenschaft*. Nr. 30

Gross,Hermann, 1960a: *Internationaler Wettbewerb in Wissenschaft und Bildungswesen zwischen West und Ost*. Schriftenreihe des Stifterverbandes. 1960/V

Grosser, Alfred, 1977 (1970): *Geschichte Deutschlands seit 1945*. Eine Bilanz. München: dtv

Grüner, Martin, 1985: »Ansprache des Parlamentarischen Staatssekretärs beim Bundesminister für Wirtschaft, anläßl. des 10. Jahrestages der Gründung der AGF (Arbeitsgemeinschaft der Großforschungseinrichtungen).« In: *AGF Mitteilungen*, Dezember 1985, S. 6–18

Gunn, Thomas G., 1982: »Konstruktion und Fertigung.« In: *Spektrum der Wissenschaft* H. 11, S. 76–98

Haak, Werner, 1982: *Produktion in Banken (Möglichkeiten eines Transfers industriebetrieblich-produktionswissenschaftlicher Erkenntnisse auf den Produktionsbereich von Bankbetrieben)*. Ffm: Lang

Habermas, Jürgen, 1962: *Strukturwandel der Öffentlichkeit. Untersuchungen zu einer Kategorie der bürgerlichen Gesellschaft*. Neuwied: Luchterhand

Habermas, Jürgen (1968a): *Erkenntnis und Interesse*. Ffm: Suhrkamp

Habermas, Jürgen (1968b): *Technik und Wissenschaft als ›Ideologie‹*. Ffm: Suhrkamp

Habermas, Jürgen (1981): *Theorie des kommunikativen Handelns*. 2 Bde. Ffm: Suhrkamp

Habermas, Jürgen 1968c: »Praktische Folgen des wissenschaftlich-technischen Fortschritts (Anmerkungen zu einer Kontroverse).« In: Heinz Maus u. a. (Hg.): *Gesellschaft, Recht und Politik (Wolfgang Abendroth zum 60. Geburtstag)*. Neuwied: Luchterhand, S. 121–146

Hack, Lothar u. a., 1972: »Klassenlage und Interessenorientierung.« In: *Zeitschrift für Soziologie* Jg. I, H. 1, S. 15–30

Hack, Lothar, 1977: *Subjektivität im Alltagsleben*. Ffm: Campus

Hack, Lothar u. a., 1979: *Leistung und Herrschaft*. Ffm: Campus

Hack, Lothar, 1986a: »Wie man die Wirklichkeit auf/um den Begriff bringt (Zur handlungstheoretischen Erzeugung ungeahnter Autonomiespielräume).« Papier für einen Workshop am WZB, Ende Juni 1986 in Berlin. 38 Seiten, abgedruckt in: Thomas Malsch, Rüdiger Seltz (Hg.), 1987: *Die neuen Produktionskonzepte auf dem Prüfstand (Beiträge zur Entwicklung der Industriearbeit)*. Berlin: Sigma/WZB

Hack, Lothar, 1986b: »Technologieentwicklung als sozialer Prozeß.« In: *Kritisches Gewerkschaftsjahrbuch*. Berlin: Rotbuch. November 1986

Hack, Lothar; Irmgard Hack, 1979: »Bewirtschaftung der Zukunftsperspektive.« In: *Gesellschaft* Bd. 12. Ffm: Suhrkamp, S. 101–237

Hack, L.; 1981: *Multinational organisierte Forschung als private Verfügung über gesellschaftlich generiertes Wissen*. Ffm: Hekt. Man., 300 Seiten

Hack, L.; I. Hack, 1985a: *Die Wirklichkeit, die Wissen schafft (Zum wechselseitigen Begründungsverhältnis von ›Verwissenschaftlichung der Industrie‹ und ›Industrialisierung der Wissenschaft‹)*. Ffm: Campus

Hack, L.; I. Hack, 1985 b: »Kritische Massen. Zum akademisch-industriellen Komplex in der Mikrobiologie/Gentechnologie.« In: *Technik und Gesellschaft* Bd. 3. Ffm: Campus, S. 132–158

Hack, L.; I. Hack, 1986: »Gesamtarbeiter, aufgemischt und umgeforscht. Veränderte Formen und Strukturen industrieller Produktionssysteme.« In: *PROKLA* H. 64, September, S. 46–63

Hales, Mike, 1974: »Management Science and ›The Second Industrial Revolution‹.« In: *Radical Science Journal*, January 1974, S. 5–28

Hales, Mike, 1980: *Living Thinkwork. Where do Labour Processes Come From?* London: CSE Books

Halfmann, Jost, 1980: *Innenansichten der Wissenschaft. Die Vergesellschaftung der abstrakten Geistesarbeit und die Krise der Metatheorie.* Ffm: Campus

Halfmann, Jost, 1982: *Die Entstehung der Mikroelektronik. Abschlußbericht eines DFG-Projekts.* Man.

Hardeck, Willi, 1985: »Simulationstechnik zur Planung und Optimierung.« In: *Siemens-Zeitschrift* 59, H. 1, S. 24–26

Hardtwig, Wolfgang (1985): »Jacob Burckhardt. Wissenschaft als gesellschaftliche Arbeit und als Askese.« In: Peter Alter, W. J. Mommsen, Th. Nipperdey (Hg.): *Geschichte und politisches Handeln. Studien zu europäischen Denkern der Neuzeit (Theodor Schieder zum Gedächtnis).* Stuttgart: Klett-Cotta, S. 216–242

Harman, Willis W., 1978 (1976): *Gangbare Wege in die Zukunft? (Zur transindustriellen Gesellschaft).* Darmstadt: Vlg. Darmstädter Blätter

Harmssen, G. W., 1951: *Am Abend der Demontage. Sechs Jahre Reparationspolitik (Mit Dokumentenanhang).* Bremen: Friedrich Trüjen Verlag

Harnack, Adolf, 1905: »Vom Großbetrieb der Wissenschaft.« In: ders.: *Aus Wissenschaft und Leben.* I. Bd. Gießen: Töpelmann, 1911, S. 10–20

Hauff, Volker; Hans-Hilger Haunschild, 1978: *Forschung in der Bundesrepublik Deutschland.* Stuttgart: Kohlhammer

Haunschild, Hans-Hilger, 1986: »Zivile Forschungsförderung und Perspektiven der Technologieentwicklung.« In: *Wehrtechnik* H. 7, S. 61–64

Hausberger, Simon, 1952: *Industrieforschung in Westeuropa (Bericht über eine Studienreise in Westeuropa auf Einladung der OEEC*, Oktober 1951). Wien: Österreichisches Produktivitätszentrum

Hausen, Karin; Reinhard Rürup (Hg.); 1975: *Moderne Technikgeschichte.* Köln: Kiepenheuer & Witsch

HdK (Hochschule der Künste); DGB, Landesverband Berlin u. a., 1985: *Technik, Kultur, Gesellschaft.* Berlin: Elefanten Press

Heinen, Edmund, 1985: »Das Menschliche und sein Einfluß auf das Bestehen der Unternehmung im internationalen Wettbewerb (Entscheidungsorientierte BWL/Unternehmenskultur als Produktionsfaktor).« In: *Handelsblatt* Nr. 169, 4. April 1985

Heißenbüttel, Helmut, 1966: »Spielregeln des Kriminalromans.« In: J. Vogt (Hg.), 1971, S. 356–371

Heller, Georg, 1987: »(Forschung und Ausbildung:) Das Ding von Späth an der Universität Ulm gewinnt Gestalt.« In: *Handelsblatt* Nr. 20, 29. Januar 1987

Hennenhöfer, Joachim, 1966/1967: *Die Aufgaben der deutschen Industrie im Rahmen einer zeitgemäßen Forschungspolitik*. Gutachten, erstattet für den BDI Essen: Wissenschaft und Wirtschaft/WuW, 1967B

Hermanns, Harry; Christian Tkocz, Helmut Winkler, 1984: *Berufsverlauf von Ingenieuren. Biographie-analytische Auswertung narrativer Interviews*. Ffm: Campus

Heß, Klaus-Dieter, 1982: »Automatisierung geistiger Prozesse – Was bedeutet: menschliche Fähigkeiten verschwinden im Computer.« In: *Technologie und Politik* Bd. 19. Reinbek b. Hbg.: Rowohlt, S. 124–145

Hessen, Boris, 1931 (1974): »Die sozialen und ökonomischen Wurzeln von Newtons ›Principia‹.« In: P. Weingart (Hg.), 1974, Bd. 2, S. 262–325

Hessendienst der Staatskanzlei (Hg.), 1984: *Informationsgesellschaft oder Überwachungsstaat* (Strategien zur Wahrung der Freiheitsrechte im Computerzeitalter). Gutachten; Protokoll. Wiesbaden

Hetzler, Hans Wilhelm, 1965: »Forschung und Unternehmenspolitik (Anmerkungen zur Europäisch-Nordamerikanischen Konferenz über Forschungsorganisation der OECD in Monte Carlo, 22.–24. 2. 1965).« In: *Soziale Welt* H. 1, 1965, S. 70–78

Hetzler, Hans Wilhelm (Hg.), 1966: *Entwicklungstendenzen in der Forschung. Werkstattgespräche*. Dortmund: Sozialforschungsstelle an der Univ. Münster

Hetzler, Hans Wilhelm, 1970: *Soziale Strukturen der organisierten Forschung (Trägerschaft und Organisation außeruniversitärer Forschungseinrichtungen)*. Düsseldorf: Bertelsmann

Hetzler, Hans Wilhelm; Renate Rausch, 1962/63: »Integrationsprobleme der industriellen Forschung.« In: *Soziale Welt* Jg. 13, H. 3/4, S. 228–238

HHI, Heinrich-Hertz- Institut für Nachrichtentechnik GmbH, 1986: *Jahresbericht 1985*. Berlin

Hirsch, Joachim, 1970: *Wissenschaftlich-technischer Fortschritt und politisches System. Organisation und Grundlagen administrativer Wissenschaftsförderung in der BRD*. Ffm: Suhrkamp

Hirsch, Joachim, 1974: *Staatsapparat und Reproduktion des Kapitals* (Projekt Wissenschaftsplanung 2). Ffm: Suhrkamp

Hirsch, Joachim, 1975: »Ökonomische Verwertungsinteressen und Lenkung der Forschung.« In: P. Weingart (Hg.), 1975b. S. 194–212

Hirsch, Joachim; Stephan Leibfried, 1971: *Materialien zur Wissenschafts- und Bildungspolitik*. Ffm: Suhrkamp

Historisches Museum Frankfurt/M., 1981: *Die zweite industrielle Revolution. Frankfurt und die Elektrizität 1800–1914*. Ffm

Hirschberg, G., 1981: »Softwareproduktivität und Softwaremanagement. Einführungsvortrag zur 3. Fachtagung Prozeßrechner.« Man., 25 Seiten

Hobsbawm, Eric J., 1969: *Industrie und Empire. Britische Wirtschaftsgeschichte seit 1750*. 2 Bde. Ffm: Suhrkamp

Hoddeson, Lillian H., 1977: »The Roots of Solid-State Research at Bell Labs.« In: *Physics Today*. March 1977 (reprint)

Horkheimer, Max, 1937: »Traditionelle und kritische Theorie.« In: *Zeitschrift für Sozialforschung*, S. 245–294

Horkheimer, Max, 1985 (1947): *Zur Kritik der instrumentellen Vernunft*. Ffm: Fischer

Horkheimer, Max; Theodor W. Adorno, 1947: *Dialektik der Aufklärung. Philosophische Fragmente*. Amsterdam: Querido

Houdremont, Edouard, 1952: »Art und Organisation der Forschung in einem Industriekonzern.« In: H. 17 der *Schriftenreihe der AGF* (17. Sitzung, am 9. 1. 1952). Köln/Opladen: Westdeutscher Verlag, 1953, S. 38–90 (incl. Diskussion)

Huber, Joseph, 1984: *Die zwei Gesichter der Arbeit. Ungenutzte Möglichkeiten der Dualwirtschaft*. Ffm: Fischer

Hughes, Thomas P., 1968: »Das ›technologische Momentum‹ in der Geschichte. Zur Entwicklung des Hydrierverfahrens in Deutschland 1898–1933«. In: Hausen/Rürup (Hg.), 1975, S. 358–383

Huning, Alois; Carl Mitcham (Hg.), 1983: *Technikphilosophie im Zeitalter der Informationstechnik (Beiträge zum deutsch-amerikanischen Symposium in Tarrytown, N. Y., und New York, Sept. 1983)*. Braunschweig/Wiesbaden: Vieweg

Hunt, Linda, 1985: »U. S. cover-up of Nazi scientists.« In: *Bulletin of the Atomic Scientists*. April 1985, pp. 16–24

Huster, Ernst-Ulrich u. a., 1977/1972: *Determinanten der westdeutschen Restauration 1945–1949*. Ffm: Suhrkamp

Huxley, Julian, 1934: *Scientific Research and Social Needs*. London: Watts & Co.

IG Metall, 1984: *Beschäftigungsrisiken in der Autoindustrie* (Vorschläge zur Beschäftigungssicherung und zur Stabilisierung in diesem Industriebereich). Ffm

IG Metall-Vorstand, 1984: *Aktionsprogramm Arbeit und Technik: Der Mensch muß bleiben!* Ffm

Jacobsen, Hanns-D., 1986: »Die Ängste Washingtons vor den Verbündeten (Die Exportkontrollen der USA sollen auch den Technologietransfer zu den westlichen Industriestaaten verhindern).« In: *Handelsblatt* Nr. 170, 5. 9. 1986

Jakob, Wolfgang, 1985: »Forschungsfinanzierung durch den Bund (Gedanken zur Kompetenz des Bundes zu ›Ressortforschung‹ und ›Modellversuchen‹. Zugleich ein Beitrag zur Dogmatik der Aufgabenfinanzierung im Bundesstaat).« In: *Der Staat* H. 4, 1985, S. 527–564

Janich, Peter (Hg.), 1981: *Wissenschaftstheorie und Wissenschaftsforschung*. München: Beck

Johnson, P. Grant, 1980: »Der Computer und die Technologisierung des Innern.« In: *Psyche* H. 9, S. 790–811

Johnston, Ron D., 1972: »The Internal Structure of Technology.« In: Paul Halmos (Ed.): *The Sociology of Science. The Sociological Review* Monograph No. 18, S. 117–130

Jonas, Hans, 1984: *Das Prinzip Verantwortung (Versuch einer Ethik für die technologische Zivilisation)*. Ffm: Suhrkamp

Kern, Horst; Michael Schumann, 1984: *Das Ende der Arbeitsteilung? (Rationalisierung in der industriellen Produktion)*. München: Beck

Kern, Lucien (Hg.), 1976: *Probleme der post-industriellen Gesellschaft*. Köln: Kiepenheuer & Witsch

Kern, Werner; Hans-Horst Schröder, 1977: *Forschung und Entwicklung in der Unternehmung*. Reinbek b. Hbg.: Rowohlt

Kerr, Clark, 1966 (1963): *The Use of the University*. New York: Harper

Kerr, Clark u. a., 1966 (1960): *Der Mensch in der industriellen Gesellschaft*. Ffm: EVA

Kieser, Alfred, 1984: »Organisation der industriellen Forschung und Entwicklung.« In: Domsch/Jochum (Hg.), S. 48–68

Kieser, Alfred; Herbert Kubitschek, 1977: *Organisation*. Berlin: Walter de Gruyter

King, Alexander, 1952: *Wissenschaft und internationale Beziehungen*. In: Arbeitsgemeinschaft für Forschung des Landes Nordrhein-Westfalen (Sondersitzung am 23. Juli 1952 in Düsseldorf). H. 20. Köln: Westdeutscher Verlag, S. 59–75

King, Alexander, 1956: *Die Wissenschaft und das veränderte Gesicht der Industrie: Die soziale Phase*. In: Arbeitsgemeinschaft für Rationalisierung des Landes Nordrhein-Westfalen H. 22. Dortmund: Verkehrs- und Wirtschaftsverlag

King, Alexander, 1974: *Science and Policy (The International Stimulus)*. Oxford: University Press

King, Alexander, 1982: »Eine neue industrielle Revolution oder bloß eine neue Technologie?« In: Friedrichs/Schaff (Hg.), S. 11–48

Kipp, Helmut, 1986: »Industriepolitik: Intellektueller Disput zwischen Scheid und Riesenhuber blieb ohne Sieger.« In: *Handelsblatt* Nr. 191, 6. Oktober

Klages, Helmut, 1967: *Rationalität und Spontaneität (Innovationswege der modernen Großforschung)*. Düsseldorf: Bertelsmann

Klingholz, Reiner, 1985: »Kommt ein Auto geflogen (Simulationen bei der Arbeit von Automobilkonstrukteuren).« In: *Zeit-Magazin* Nr. 20, 10. 5. 1985, S. 42–48

Knorr-Cetina, Karin, 1983: »The Ethnographic Study of Scientific Work: Towards a Constructivist Interpretation of Science.« In: Knorr-Cetina/Mulkay (Eds.), S. 114–140

Knorr-Cetina, Karin, 1984: *Die Fabrikation von Erkenntnis (Zur Anthropologie der Naturwissenschaft)*. Ffm: Suhrkamp

Knorr-Cetina, Karin, 1985: »Zur Produktion und Reproduktion von Wissen: Ein deskriptiver oder ein konstruktiver Vorgang? (Überlegungen zu einem Modell wissenschaftlicher Ergebniserzeugung).« In: Bonß/Hartmann (Hg.), S. 151–178

Knorr-Cetina, Karin; Michael Mulkay (Eds.), 1983: *Science Observed. Perspectives on the Social Study of Science*. London: Sage

Kobbe, Bruni, 1986: »M. I. T.: Die Denkfabrik am Fluß.« In: *Bild der Wissenschaft* H. 4, S. 38–57

Kocka, Jürgen, 1969: *Unternehmensverwaltung und Angestelltenschaft am Beispiel Siemens 1847–1914 (Zum Verhältnis von Kapitalismus und Bürokratie in der deutschen Industrialisierung)*. Stuttgart: Klett

Kölbel, H.; J. Schulze, 1967: »Die Organisation der Forschung und Entwicklung in Industriebetrieben.« In: *Betriebswirtschaftliche Forschung und Praxis*. S. 80–89, 152–167
Kogon, Eugen, 1976: *Die Stunde der Ingenieure. Technologische Intelligenz und Politik*. Düsseldorf: VDI Verlag
Kommission der Europäischen Gemeinschaften. Generaldirektion Wissenschaft, Forschung und Entwicklung; Gemeinsame Forschungsstelle: *BRITE. Grundlagenforschung über industrielle Technologien für Europa*. 1985
Kongreß für die Freiheit der Kultur, 1954: *Wissenschaft und Freiheit*. Internationale Tagung Hamburg, 23.–26. Juli 1953. Berlin: Grunewald Verlag
Kowarski, Lew, 1949: »Psychology and Structure of Large-Scale Physical Research.« In: ders.: *Reflections on Science*. Genève: Institut Universitaire de Hautes Etudes Internationales, 1987, S. 151–168
Krauch, Carl, 1939: »Forschung tut not!« In: *Der Vierjahresplan*. Jg. 3, Juli 1939, S. 814–815
Krauch, Helmut (Hg.): *Beiträge zum Verhältnis von Wissenschaft und Politik*. Symposion »Forschung, Staat und Gesellschaft«, Berlin, 22.–26. Juni 1964. Heidelberg: Studiengruppe für Systemforschung
Krauch, Helmut, 1970: *Die organisierte Forschung*. Neuwied: Luchterhand
Krauch, H.; W. Kunz, H. Rittel (Hg.), 1966: *Forschungsplanung. Eine Studie über Ziele und Strukturen amerikanischer Forschungsinstitute*. München: Oldenbourg
Kreibich, Rolf, 1986: *Die Wissenschaftsgesellschaft (Von Galilei zur High-Tech-Revolution)*. Ffm: Suhrkamp
Kreikebaum, Hartmut, 1981: *Strategische Unternehmensplanung*. Stuttgart: Kohlhammer
Kreklau, Carsten, 1986: *Forschungsförderung für die 90er Jahre*. Vortrag, gehalten auf dem VDI-Kolloquium am 8. Juli 1986 in Düsseldorf. Man., 16 + 14 Seiten
Krohn, Wolfgang, 1981: »›Wissen ist Macht‹. Zur Soziogenese eines neuzeitlichen wissenschaftlichen Geltungsanspruchs.« In: Kurt Bayertz (Hg.): *Wissenschaftsgeschichte und wissenschaftliche Revolution*. Köln: Pahl-Rugenstein.
Krohn, Wolfgang, 1985: *Wie konstruktiv ist der Konstruktivismus? (Eine epistemologische Auseinandersetzung)*. Vortrag auf der Tagung der Sektion ›Wissenschaftsforschung‹, November 1985 in Bielefeld. Man., 14 Seiten
Krohn, Wolfgang; Edwin T. Layton, Jr.; Peter Weingart (Eds.), 1978: *The Dynamics of Science and Technology*. Dordrecht: Reidel
Kuhn, Thomas S., 1976 (1962): *Die Struktur wissenschaftlicher Revolutionen*. Ffm: Suhrkamp
Kumar, Krishan, 1983 (1978): *Prophecy and Progress (The Sociology of Industrial and Post-Industrial Society)*. Hammondsworth: Penguin

Lakatos, Imre; Alan Musgrave (Hg.), 1974: *Kritik und Erkenntnisfortschritt* (Abhandlungen des Internationalen Kongresses über die Philosophie der Wissenschaft, London 1965). Braunschweig: Vieweg
Landes, David S., 1973 (1969): *Der entfesselte Prometheus (Technologischer Wandel und industrielle Entwicklung in Westeuropa von 1750 bis zur Gegenwart)*. Köln: Kiepenheuer & Witsch

Lane, Robert E., 1966: »The Decline of Politics in a Knowledgeable Society.« In: *American Sociological Review*, S. 649–662

Lasby, Clarence G.; 1975 (1971): *Project Paperclip. German Scientists and the Cold War*. New York: Atheneum

Latour, Bruno, 1983: »Give me a Laboratory and I will Raise the World.« In: Knorr-Cetina, Mulkay (Eds.), S. 141–170

Latour, Bruno; Steve Woolgar, 1979: *Laboratory Life (The Social Construction of Scientific Facts)*. Beverly Hills: Sage

Laudan, Richard (Ed.), 1986: *The Nature of Technological Knowledge. Are Models of Scientific Change Relevant?* Dordrecht: Reidel

Lauder, K. H., 1955: *A Brief Review of Science and Technology in Western Germany. (Department of Scientific and Industrial Research)*. London: Her Majesty's Stationary Office

Law, John; R. J. Williams, 1982: »Putting Facts Together: The Study of Scientific Persuasion.« In: *Social Studies of Science* Vol. 12, S. 535–558

Leisewitz, André, 1972: »Die Auswirkungen der Verwissenschaftlichung der Produktion auf die Monopolbildung und auf das Verhältnis von Ökonomie und Politik, dargestellt am Beispiel der chemischen Industrie.« In: *Das Argument* H. 73, S. 444–508

Lembcke, Jerry; Martin Hart-Landsberg, 1985: »Reindustrialization and the Logic of Class Politics in Late Twentieth Century America.« In: *The Insurgent Sociologist*, S. 7–22

Lepenies, Wolfgang, 1985: *Die drei Kulturen (Soziologie zwischen Literatur und Wissenschaft)*. München: Hanser

Levidow, Les; Bob Young (Eds.), 1981: *Science, Technology and the Labour Process*. London: CSE Books

Lichtenberg, Peter, 1984: »Der Bundestag und die Technikfolgenabschätzung. Enquête-Kommission bringt die Lösung.« In: *Die Umschau* Nr. 25/26, 7. Dezember, S. 754–755

Lindblom, Charles E., 1959: »The Science of Muddling Through.« In: *Public Administration Review*. Vol. XIX, No. 2, Spring

Lindner, Rudolf; Bertram Wohak, Holger Zeltwanger, 1984: *Planen, Entscheiden, Herrschen (Vom Rechnen zur elektronischen Datenverarbeitung)*. Reinbek b. Hbg.: Rowohlt

Lohmar, Ulrich, 1967: *Wissenschaftsförderung und Politik-Beratung. Kooperationsfelder von Politik und Wissenschaft in der Bundesrepublik Deutschland*. Gütersloh: Bertelsmann

Lorenzer, Alfred, 1985: »Der Analytiker als Detektiv, der Detektiv als Analytiker.« In: *Psyche* H. 1, S. 1–11

Low, A. M., 1939: *Science in Industry*. London: Oxford University Press

Luhmann, Niklas, 1966: »Die Bedeutung der Organisationssoziologie für Betrieb und Unternehmung.« In: *Arbeit und Leistung* H. 10, S. 181–189

Luhmann, Niklas, 1968: »Selbststeuerung der Wissenschaft.« In: ders.: *Soziologische Aufklärung* Bd. 1. Opladen: Westdeutscher Vlg., S. 232–252

Luhmann, Niklas, 1973 (1968): *Zweckbegriff und Systemrationalität (Über die Funktion von Zwecken in sozialen Systemen)*. Ffm: Suhrkamp

Luhmann, Niklas, 1975: »Komplexität.« In: ders.: *Soziologische Aufklärung* Bd. 2. Opladen: Westdeutscher Vlg., S. 204–220
Luhmann, Niklas, 1980: »Temporalisierung von Komplexität: Zur Semantik neuzeitlicher Zeitbegriffe.« In: ders.: *Gesellschaftsstruktur und Semantik* Bd. I. Ffm: Suhrkamp, S. 235–300
Luhmann, Niklas, 1984: *Soziale Systeme (Grundriß einer allgemeinen Theorie)*. Ffm: Suhrkamp
Lundgreen, Peter (Hg.), 1976: *Zum Verhältnis von Wissenschaft und Technik. Erkenntnisziele und Erzeugungsregeln akademischen und technischen Wissens.* (Vortragstexte einer Tagung). Bielefeld: Forschungsschwerpunkt Wissenschaftsforschung
Lundgreen, Peter; Bernd Horn, Wolfgang Krohn, Günter Küppers, Rainer Paslack, 1985: *Strukturen und Dynamik staatlicher Forschung. Zur Geschichte der staatlichen Versuchs- und Prüfanstalten in Deutschland.* Bielefeld: Forschungsschwerpunkt Wissenschaftsforschung
Lynch, Michael, 1985: *Art and Artefact in Laboratory Science (A Study of Shop Work and Shop Talk in a Research Laboratory)*. London: Routledge & Kegan Paul
Lynch, Michael; Eric Livingston, Harold Garfinkel, 1985: »Zeitliche Ordnung in der Arbeit des Labors.« In: Bonß/Hartmann (Hg.), S. 179–206
Lyotard, Jean-François, 1986 (1979): *Das postmoderne Wissen. Ein Bericht.* Graz/Wien: Edition Passagen

MacKenzie, Donald, 1981: »Notes on the Science and Social Relations Debate.« in: *Capital and Class*, S. 47–60
MacKenzie, Donald; Judy Wajcman (Eds.), 1985: *The Social Shaping of Technology*. Milton Keynes: Open University Press
Mainzer, Klaus, 1979: »Entwicklungsfaktoren der Informatik in der Bundesrepublik Deutschland.« In: P. Weingart (Hg.), *Geplante Forschung*, S. 117–180
Malsch, Thomas, 1983: »Erfahrungswissen versus Planungswissen (Facharbeiterkompetenz und informationstechnologische Kontrolle am Beispiel der betrieblichen Instandhaltung.)« In: U. Jürgens, F. Naschold (Hg.): *Arbeitspolitik*. Opladen: Westdeutscher Vlg., S. 231–251
Marcuse, Herbert, 1964: »Industrialisierung und Kapitalismus im Werk Max Webers.« In: ders.: *Kultur und Gesellschaft 2*. Ffm: Suhrkamp, 1965, S. 107–129
Marcuse, Herbert, 1977 (1964): *Der eindimensionale Mensch (Studien zur Ideologie der fortgeschrittenen Industriegesellschaft)*. Neuwied: Luchterhand
Mast, Claudia, 1983: »Abschied vom Blei – Neue Technik in Zeitungsredaktionen.« In: *Siemens-Zeitschrift* 57, H. 6, S. 15–17
Matthes, Joachim (Hg.), 1983: *Krise der Arbeitsgesellschaft?* (Verhandlungen des 21. Deutschen Soziologentages in Bamberg 1982). Ffm: Campus
Matthöfer, Hans, 1978: »Forschungsplanung und Grundlagenforschung.« In: ders.: *Für eine menschliche Zukunft*. Düsseldorf: Econ, 1978 (1976), S. 41–45
Mayntz, Renate, 1985: *Forschungsmanagement – Steuerungsversuche zwischen Scylla und Charybdis (Probleme der Organisation und Leitung von hochschulfreien, öffentlich finanzierten Forschungsinstituten)*. Opladen: Westdeutscher Verlag

Mayntz, Renate; Fritz Scharpf (Hg.), 1973: *Planungsorganisation (Die Diskussion um die Reform von Regierung und Verwaltung des Bundes)*. München: Piper
Meadows, Dennis u. a., 1973: *Die Grenzen des Wachstums. Bericht des »Club of Rome« zur Lage der Menschheit*. Reinbek b. Hbg.: Rowohlt
Mellerowicz, Konrad, 1958: *Forschungs- und Entwicklungstätigkeit als betriebswirtschaftliches Problem*. Freiburg: Rud. Haufe Vlg.
Merton, Robert K., 1970 (1938): *Science, Technology and Society in Seventeenth-Century England*. New Jersey: Humanities Press
Merton, R. K., 1957 (1949): *Social Theory and Social Structure*. New York: Free Press
Merton, R. K., 1985 (1973): *Entwicklung und Wandel von Forschungsinteressen. Aufsätze zur Wissenschaftssoziologie*. Ffm: Suhrkamp
Michaelis, Anthony R.; Roswitha Schmid, 1983: *Wissenschaft in Deutschland. Niedergang und neuer Aufstieg*. Stuttgart: Wissenschaftliche Verlagsgesellschaft
Mock, Wolfgang, 1986: »Die Forschungsschwerpunkte verschieben sich (Großforschung in der Bundesrepublik Deutschland (4): Die Kernforschungsanlage Jülich). In: *VDI-Nachrichten* Nr. 31, 1. August 1986, S. 11
Münch, Richard, 1984: *Die Struktur der Moderne. Grundmuster und differentielle Gestaltung des institutionellen Aufbaus der modernen Gesellschaften*. Ffm: Suhrkamp

Naisbitt, John, 1984: *Megatrends. The New Directions Transforming Our Lives*. London/Didney: Macdonald & Co.
Neef, Wolfgang, 1982: *Ingenieure. Entwicklung und Funktion einer Berufsgruppe*. Köln: Bund Vlg.
Negt, Oskar; Alexander Kluge, 1972: *Öffentlichkeit und Erfahrung*. Ffm: Suhrkamp
Neuendorff, Hartmut, 1972: »Die Programme des BMWB zur Förderung der ›technologischen Forschung und Entwicklung‹.« In: Wolfgang Pohrt (Hg.): *Wissenschaftspolitik – von wem, für wen, wie? Prioritäten in der Forschungsplanung*. München: Hanser, S. 144–172
Noble, David F., 1977: *America by Design (Science, Technology, and the Rise of Corporate Capitalism)*. Oxford: Univ. Press
Noble, David F., 1978: »Social Choice in Machine Design: The Case of Automatically Controlled Machine Tools, and a Challenge for Labor.« In: *Politics & Society*, No. 3/4, S. 313–347
Noble, David F., 1984: *Forces of Production (A Social History of Industrial Automation)*. New York: Knopf
Noble, David F., 1986: *Maschinenstürmer oder die komplizierten Beziehungen der Menschen zu ihren Maschinen*. Berlin: Wechselwirkung Vlg.
Nowotny, Helga, 1982: »Leben im Labor und draußen: Wissenschaft ohne Wissen? (Anmerkungen zu neueren Ansätzen innerhalb der Wissenschaftssoziologie).« In: *Soziale Welt* H. 2, S. 208–220
Nussbaum, Bruce, 1983: *The World after Oil. The Shifting Axes of Power and Wealth*. New York: Simon & Schuster

OECD/Organisation for Economic Co-Operation and Development, 1976: *»Frascati Manual«. The Measurement of Scientific and Technical Activities*. Paris
OECD-Report, 1981: *Die Zukunftschancen der Industrie-Nationen*. Ffm: Campus
OECD, 1984: *Industry and University (New Forms of Co-operation and Communication)*. Paris
OECD, 1985: *Science and Technology Policy Outlook*. Paris
OECD, 1986: *Science and Technology Indicators*. No. 2: R & D., Invention and Competitiveness. Paris
OECD-Hochschulverwaltungsprogramm, 1984: *Industrieforschung und ihre Relevanz für Hochschulen*. (Referate gehalten in Kurs H des Fortbildungsprogramms für die Wissenschaftsverwaltung, vom 7.–9. 11. 1984 in München.) Essen: Gesamthochschule
Osietzki, Maria, 1984: *Wissenschaftsorganisation und Restauration. Der Aufbau außeruniversitärer Forschungseinrichtungen und die Gründung des westdeutschen Staates 1945–1952*. Köln/Wien: Böhlau Vlg.
Ortmann, Günther, 1984: *Der zwingende Blick (Personalinformationssysteme – Architektur der Disziplin)*. Ffm: Campus
Otten, Dieter, 1986: *Die Welt der Industrie*. Reinbek b. Hbg.: Rowohlt

Parsons, Talcott, 1951: »The Institutionalization of Scientific Investigation.« In: Bernard Barber, Walter Hirsch (Eds.), 1967: *The Sociology of Science*. New York: Free Press, S. 7–15
Peters, Thomas J.; Robert H. Waterman jr., 1983: *Auf der Suche nach Spitzenleistungen*. Landsberg/Lech: Verlag moderne industrie
Pinch, Trevor J.; Wiebe E. Bijker, 1984: »The Social Construction of Facts and Artefacts: or How the Sociology of Science and the Sociology of Technology might Benefit Each Other.« In: *Social Studies of Science*. No. 3, S. 399–441
Pinch, Trevor; Wiebe Bijker, 1986: »Science, Relativism and the New Sociology of Technology: Reply to Russell.« In: *Social Studies of Science*. Vol. 16, S. 347–360
Piore, Michael J.; Charles F. Sabel, 1985: *Das Ende der Massenproduktion*. Berlin: Wagenbach
Plessner, Helmuth, 1966: »Zur Soziologie der modernen Forschung und ihrer Organisation in der deutschen Universität.« In: ders.: *Diesseits der Utopie*. Düsseldorf: Dieserichs, S. 121–142
Polanyi, Michael, 1943: »Research and Planning.« In: *Nature* Aug. 21, S. 217–218
Polanyi, Michael, 1947: *The Logic of Liberty*. London
Polanyi, Michael, 1968: »The Republic of Science: Its Political and Economic Theory« (1962). In: E. Shils (Ed.), 1968, S. 1–20
Polanyi, Michael, 1985: *Implizites Wissen (The Tacit Dimension*, 1966). Ffm: Suhrkamp
Pollock, Friedrich, 1964 (1955): *Automation. Materialien zur Beurteilung ihrer ökonomischen und sozialen Folgen*. Ffm: EVA
Popitz, Heinrich, 1986: »Technisches Handeln.« In: ders.: *Phänomene der Macht (Autonomie – Herrschaft – Gewalt – Technik)*. Tübingen: Mohr, S. 107–129

Pretsch, E., 1955: »Das zweite Internationale Symposium über die Organisation der angewandten Forschung in Nancy.« In: *VDI-Zeitschrift* Bd. 97, Nr. 4, 1. Februar 1955, S. 105–108

Prewo, Rainer; Jürgen Ritsert, Elmar Stracke, 1973: *Systemtheoretische Ansätze in der Soziologie – Eine kritische Analyse*. Reinbek b. Hbg.: Rowohlt

Prigogine, Ilya; Isabelle Stengers, 1984: *Order Out of Chaos (Man's New Dialogue with Nature)*. London: New Science Library

Proebster, W. E. (Hg.), 1986: *Datentechnik im Wandel* (75 Jahre IBM Deutschland). Heidelberg/New York: Springer

Projektgruppe Wissenschaftswissenschaft (H. Baitsch, Th. M. Fliedner, J. B. Kreutzkam, Ina S. Spiegel-Rösing), Dezember 1973: *Memorandum zur Förderung der Wissenschaftsforschung in der Bundesrepublik Deutschland*. Essen: Stifterverband für die Deutsche Wissenschaft (Hg.)

Prüß, Karsten, 1974: *Kernforschungstechnik in der Bundesrepublik Deutschland*. Ffm: Suhrkamp

Queisser, Hans, 1985: *Kristallene Krisen (Mikroelektronik. Wege der Forschung, Kampf um Märkte)*. München: Piper

Queisser-Kommission, 1985: *Informationstechnik. Förderung der institutionellen Forschung und Entwicklung*. (Bericht an das BMFT.) Bonn: BMFT, Oktober 1985

Rademacher, Horst, 1986: »Bell Laboratories. Die High-Tech-Tochter.« In: *Bild der Wissenschaft*. H. 9, S. 62–74

Radkau, Joachim, 1983: *Aufstieg und Krise der deutschen Atomwirtschaft 1945–1975*. Reinbek b. Hbg.: Rowohlt

Rapp, Friedrich, 1973: »Technik und Naturwissenschaften – eine methodologische Untersuchung.« In: Hans Lenk, Simon Moser (Hg.): *Techne, Technik, Technologie (Philosophische Perspektiven)*. Pullach b. München: Verlag Dokumentation/UTB. S. 108–132

Ravetz, J. R., 1973: *Die Krise der Wissenschaft (Probleme der industrialisierten Forschung)*. Neuwied: Luchterhand

Reichenbach, Hans, 1983 (1938): *Erfahrung und Prognose (Eine Analyse der Grundlagen und der Struktur der Erkenntnis)*. Braunschweig/Wiesbaden: Vieweg

Reppe, Walter, 1951: *Chemie und Technik der Acetylen-Druck-Reaktionen*. Weinheim

Ribeiro, Darcy, 1983 (1968): *Der zivilisatorische Prozeß*. Ffm: Suhrkamp

Riesenhuber, Heinz, 1985: »Mit Hochtechnologie die Zukunft sichern.« In VDMA, Landesgruppe Hessen. S. 3–20

Rilling, Rainer, 1987: »Militärische Wissenschaftspolitik und Geheimhaltung in den USA seit Anfang der 80er Jahre.« In: *Technik und Gesellschaft* Bd. 4, S. 233–258

RKW-Handbuch: Forschung, Entwicklung, Konstruktion (F + E). Berlin: Erich Schmidt Verlag, 1976 ff. (Loseblatt-Sammlung)

Rompeltien, Bärbel, 1986: »Was erwartet die Bundesregierung von den Sozialwissenschaften? (Das Förderkonzept des BMFT. Dauerbeobachtung der Gesellschaft, Frühwarnung, Krisenmanagement).« In: *Forum Wissenschaft*, H. 2, S. 3–4

Ronge, Volker (1977): *Forschungspolitik als Strukturpolitik*. München: Piper

Ronge, Volker (1978): »Möglichkeiten und Restriktionen der Forschungspolitik.« In: Christoph Hubig, Wolfert von Rahden (Hg.): *Konsequenzen kritischer Wissenschaftstheorie*. Berlin: de Gruyter, S. 252–272

Ronge, Volker; Günter Schmieg (1973): Restriktionen politischer Planung. Ffm: Fischer Athenäum

Roy, D., 1955: »Making-out: a workers' counter-system of control of work situation and relationship.« In: Tom Burns (Ed.): *Industrial Man*. Harmondsworth: Penguin, 1976 (1969), S. 359–379

Rudzinski, Kurt, 1986: »Die gegängelte Forschung (Wo die Ministerialbürokratie herrscht, wird die Wissenschaft um ihre Kreativität gebracht).« In: *Frankfurter Allgemeine Zeitung* Nr. 144, vom 26. Juni 1986

Ruppert, Wolfgang, 1983: *Die Fabrik (Geschichte von Arbeit und Industrialisierung in Deutschland)*. München: Beck

Russell, Stewart, 1986: »The Social Construction of Artefacts: A Response to Pinch and Bijker.« In: *Social Studies of Science*. Vol. 16, S. 331–346

Schäfer, Wolf, 1985: *Die unvertraute Moderne*. Ffm: Fischer

Schätzle, Gerhard, 1965: *Forschung und Entwicklung als unternehmerische Aufgabe*. Köln/Opladen: Westdeutscher Verlag

Schaff, Adam, 1985: *Wohin führt der Weg? (Die gesellschaftlichen Folgen der zweiten industriellen Revolution)*. Wien: Europaverlag

Scharpf, Fritz, 1986: »Strukturen der industriellen Gesellschaft, oder: Verschwindet die Massenarbeitslosigkeit in der Dienstleistungs- und Informationsökonomie?« In: *Soziale Welt* H. 1, 1986, S. 4–24

Schatz, Heribert, 1973: »Auf der Suche nach neuen Problemlösungsstrategien: Die Entwicklung der politischen Planung auf Bundesebene.« In: Mayntz/Scharpf (Hg.), 1973, S. 9–67

Scheler, Max, 1960 (1925): *Die Wissensformen und die Gesellschaft*. Berlin/München: Francke

Schelsky, Helmut, 1954: »Zukunftsaspekte der industriellen Gesellschaft.« In: ders., 1979, S. 99–117

Schelsky, Helmut, 1961: »Der Mensch in der wissenschaftlichen Zivilisation.« In: ders., 1979, S. 449–499

Schelsky, Helmut, 1979: *Auf der Suche nach Wirklichkeit. Gesammelte Aufsätze zur Soziologie der Bundesrepublik*. München: Goldmann

Schelsky, Helmut, 1963: *Einsamkeit und Freiheit. Idee und Gestalt der deutschen Universität und ihrer Reformen*. Reinbek b. Hbg.: Rowohlt

Schiller, Herbert I., 1984: *Die Verteilung des Wissens (Information im Zeitalter der großen Konzerne)*. Ffm: Campus (1981)

Schlaffer, Heinz, 1986: »Die Gelehrten auf dem Markt.« In: *Merkur*. 40. Jg., H. 7, Juli, S. 610–613

Schlitzberger, Hans A., 1986: »Neue Technologien und ihre Auswirkungen auf die Arbeitswelt.« In: *Siemens-Zeitschrift* H. 3, S. 10–13

Schmitz-Esser, Winfried; Herbert Gareis (Hg.), 1967: *German Science Re-emerges*. Bonn-Lengsdorf: Heinz Möller Vlg.
Schulz, Werner, 1986: »(Neue Wege in der Industrieforschung:) Forschen und Lehren im Zweckverbund (MCC).« In: *VDI-Nachrichten* Nr. 37, 12. September, S. 30
Scriverius, Dieter (Bearb.), 1981: *Demontagen im Land Nordrhein-Westfalen 1946 bis 1951*. Respublica Verlag
Senghaas, Dieter, 1966: »Sachzwang und Herrschaft (Nachtrag zu einer Diskussion).« In: *atomzeitalter* H. 12, Dezember 1966, S. 366–370
Servan-Schreiber, Jean-Jacques, 1970 (1967): *Die amerikanische Herausforderung*. Reinbek b. Hbg.: Rowohlt
Shils, Edward (Ed.), 1968: *Criteria for Scientific Development: Public Policy and National Goals*. Cambridge: MIT Press
Shonfield, Andrew, 1968 (1965): *Geplanter Kapitalismus. Wirtschaftspolitik in Westeuropa und USA*. Köln: Kiepenheuer & Witsch
Siemens, Werner: *Wissenschaftliche und Technische Arbeiten*. Bd. 1: *Wissenschaftliche Abhandlungen und Vorträge* (1889). Bd. 2: *Technische Arbeiten* (1891). Berlin: Verlag von Julius Springer
Simon, Leslie E., 1948 (1947): *German Research in World War II (An Analysis of the Conduct of Research)*. New York: Wiley
Smuda, Manfred, 1970: »Variation und Innovation.« In: J. Vogt (Hg.), 1971, S. 33–62
Skolimowski, Henryk, 1966: »The Structure of Thinking in Technology.« In: *Technology and Culture*, pp. 371–383
Snow, C. P., 1967 (1959): *Die zwei Kulturen (Literarische und naturwissenschaftliche Intelligenz)*. Stuttgart: Klett
Sobotta, Johannes (Red.), 1967: *Staat, Wissenschaft und Wirtschaft als Partner* (Herausgegeben in Zusammenarbeit mit dem Bundesministerium für wissenschaftliche Forschung). Berlin/Wien: A. F. Koska
Sobotta, Johannes, 1969: *Das Bundesministerium für wissenschaftliche Forschung*. Bonn: Boldt Verlag
Sörensen, E., 1952: »Organisation der Forschung.« Sonderdruck aus: *VDI-Zeitschrift* Nr. 6, 21. 2. 1952
Solla Price, Derek J. de, 1965 (1963): *Little Science, Big Science*. New York: Columbia University Press
Späth, Lothar, 1987: *Regierungserklärung zum Forschungszentrum Ulm am 17. September 1987 vor dem Landtag von Baden-Württemberg in Stuttgart*. Man., 31 Seiten
Speer, Gerhard, 1966: *Die naturwissenschaftlich-technische Forschung im Herrschaftssystem des westdeutschen staatsmonopolistischen Kapitalismus*. TU Dresden, Diss.
Spiegel-Rösing, Ina, 1973: *Wissenschaftsentwicklung und Wissenschaftssteuerung. Einführung und Material zur Wissenschaftsforschung*. Ffm: Athenäum
Spiegel-Rösing, Ina; Derek de Solla Price (Eds.), 1977: *Science, Technology and Society. A Cross-Disciplinary Perspective*. London: Sage
Spinner, Helmut F., 1986: »Liberalismus ohne liberales Vorurteil (Zur neuen

Wissensordnung der Informationsgesellschaft: Wenn Wissen Macht wird...).« In: Hans G. Nutzinger (Hg.): *Liberalismus im Kreuzfeuer*. Ffm: Knecht, S. 195–223

Spur, Günter, 1985 a: »Der Ingenieur braucht die Kreativität des Künstlers.« In: *IBM-Nachrichten*, April, S. 7–15

Spur, Günter, 1985 b: »Produktivität durch rechner-integrierte Fabrikstrukturen.« In: *VDMA*, Landesgruppe Hessen, S. 21–55

Stahlschmidt, Rainer, 1977: *Quellen und Fragestellungen einer deutschen Technikgeschichte des frühen 20. Jahrhunderts bis 1945*. Göttingen: Vandenhoeck & Ruprecht

Stamm, Thomas, 1981: *Zwischen Staat und Selbstverwaltung. Die deutsche Forschung im Wiederaufbau 1945–1965*. Köln: Verlag Wissenschaft und Politik

Staudt, Erich, 1984: »Die Rolle der Wissenschaft im gegenwärtigen Innovationsgeschehen.« In: *DVT*, S. 7–16

Staudt, Erich, 1985: »Technik dient dem sozialen Fortschritt. Visionen über grundlegend veränderte Beziehungen zwischen Arbeit und technischer Umwelt.« In: *Frankfurter Allgemeine Zeitung* Nr. 98, 27. April

Steenbeck, Max, 1977: *Impulse und Wirkungen*. Berlin: Verlag der Nation

Stehr, Nico; René König (Hg.), 1975: *Wissenschaftssoziologie. Studien und Materialien*. Sonderheft 18 der *KZSS*. Köln: Westdeutscher Vlg.

Steimel, Karl, 1963: »Der Standort der Industrieforschung in Forschung und Technik.« In: Arbeitsgemeinschaft für Forschung des Landes Nordrhein-Westfalen. H. 122. Opladen: Westd. Vlg.

Steimel, Karl, 1966: »FuE im Spiegel der Statistik.« In: *Wirtschaft und Wissenschaft*. Nr. 2, 1966, S. 1–2

Steinkühler, Franz, 1986: *Technik, Fortschritt und soziale Gestaltung*. Rede auf dem Ingenieurkongreß der SPD am 18./19. Februar 1986 in Düsseldorf. Hekt. Man., 17 Seiten.

Steinmüller, Wilhelm, 1981: »Die zweite industrielle Revolution hat eben begonnen. Über die Technisierung der geistigen Arbeit.« In: *Kursbuch* Nr. 66, Dezember, S. 152–188

Stock, Walter, 1986: *High Technology (Amerikanische Vorherrschaft und globalstrategische Absichten der USA)*. Köln: Pahl-Rugenstein

Stoltenberg, Gerhard, 1966: »Forschungsplanung – Möglichkeiten und Grenzen.« In: ders., 1968: *Hochschule, Wissenschaft, Politik*. Ffm: Ullstein, S. 113–126

Summers, Gene F. (Ed.), 1984: *Deindustrialization: Restructuring the Economy. The Annals of the American Academy of Political and Social Sciences*, Vol. 475. Beverly Hills/London: Sage

Sund, Christian, 1984: »Kolonisierung der Biologie? (Neues zur Entstehung der Molekularbiologie).« In: *Wechselwirkung* Nr. 23, November, S. 48–51

Tenbruck, Friedrich H., 1974: »Max Weber and the Sociology of Science: A Case Reopened.« In: *Zeitschrift für Soziologie* H. 3, S. 312–320

Teschner, Eckart, 1974: »Neue Entlohnungsmethoden.« In: *Kritisches Gewerkschaftsjahrbuch 1974*. Ffm: Fischer, S. 204–214

Teschner, Eckart; Klaus Hermann, 1981: »Zur Taylorisierung technisch-geistiger Arbeit.« In: *Gesellschaftliche Arbeit und Rationalisierung*. Opladen: Westdeutscher Vlg., S. 118–135

Thedieck, Reiner, 1956: »Betriebswirtschaftliche Organisationsformen industrieller Forschungsinstitute.« In: *Arbeitsgemeinschaft für Rationalisierung des Landes Nordrhein-Westfalen*, H. 18

Thedieck, Reiner, 1958: »Betriebswirtschaftliche Probleme der industriellen Forschung.« In: *Betriebswirtschaftliche Forschung und Praxis*. H. 10, S. 596–599

Thedieck, Reiner, 1960: »Industrieforschung und internationale Wettbewerbsfähigkeit der Industrie.« In: *Betriebswirtschaftliche Forschung und Praxis*. H. 10, S. 563–572

Theenhaus, Rolf, 1985: »Die Kommunikation steht seit je in engem Zusammenhang mit der zivilisatorischen Entwicklung der Menschheit.« In: *Handelsblatt* Nr. 184, 22. September, S. 18 und 19

Thompson, Edward P., 1980a (1955–1976): *Plebejische Kultur und moralische Ökonomie. Aufsätze zur englischen Sozialgeschichte des 18. und 19. Jahrhunderts*. Ffm/Berlin: Ullstein

Thompson, Edward P., 1980b (1978): *Das Elend der Theorie. Zur Produktion geschichtlicher Erfahrung*. Ffm: Campus

Toffler, Alvin, 1975: *Die Grenzen der Krise*. Bern/München: Scherz

Toffler, Alvin, 1980: *The Third Wave*. London: Collins

Toffler, Alvin (1985/1972): *The Adaptive Corporation/Social Dynamics and the Bell System*. London: Pan Books

Trendelenburg, Ferdinand, 1975: *Aus der Geschichte der Forschung im Hause Siemens*. Düsseldorf: VDI-Verlag

Turkle, Sherry, 1984: *Die Wunschmaschine. Vom Entstehen der Computerkultur*. Reinbek b. Hbg.: Rowohlt

Ullrich, Otto, 1977: *Technik und Herrschaft*. Ffm: Suhrkamp

Ullrich, Otto, 1979: *Weltniveau*. Berlin: Rotbuch

VDI-Gesellschaft Fahrzeugtechnik, 1984: *Berechnung im Automobilbau* (Tagung Fellbach, 4. und 5. Oktober 1984). Düsseldorf: VDI Berichte 537

VDMA, Landesgruppe Hessen, 1985: *Perspektiven einer modernen Industrie* (Referate anläßlich der Jahrestagung 1985). Ffm: VDMA

Vogt, Jochen (Hg.), 1971: *Der Kriminalroman. Zur Theorie und Geschichte einer Gattung*. 2 Bde. München: Fink/UTB

Voigt, Claus-Dieter, 1970: *Systematik und Einsatz der Wertanalyse*. München: Siemens AG

Volpert, Walter, 1985: »Computer Aided Taylorism – die Fortsetzung der Persönlichkeitszerstörung am Arbeitsplatz mit anderen Mitteln.« In: HdK/DGB: *Technik, Kultur, Gesellschaft*. Berlin: VAS, S. 229–236

Weaver, Warren, 1948: »Science and Complexity.« In: *American Scientist*. Vol. 36, No. 4, Oct. 1948, S. 536–544

Weber, Max, 1919: »Wissenschaft als Beruf.« In: ders.: *Gesammelte Aufsätze zur Wissenschaftslehre*. Tübingen: Mohr, 1968, S. 582–613

Wehrtechnik, 1986 a: »Schon heute an der Technik von morgen mitarbeiten...« (Grundsteinlegung des Technologie-Zentrums Nord/TZN am 23. Mai). In: *WT* H. 6, S. 61–64

Wehrtechnik, 1986 b: (Firmenportrait:) »Thomson-CSF, Unternehmensbereich Simulatoren.« In: *WT* H. 4, S. 82–87

Weiher, Sigfrid von; Herbert Goetzeler, 1981 (1972): *Weg und Wirken der Siemens-Werke im Fortschritt der Elektrotechnik 1847–1980*. Wiesbaden: Steiner

Weingart, Peter (1970 a): »Selbststeuerung der Wissenschaft und staatliche Wissenschaftspolitik.« In: *Kölner Zeitschrift für Soziologie und Sozialpsychologie*. H. 3, 1970, S. 597–592

Weingart, Peter (1970 b): *Die amerikanische Wissenschaftslobby (Zum sozialen und politischen Wandel des Wissenschaftssystems im Prozeß der Forschungsplanung)*. Düsseldorf: Bertelsmann Universitätsverlag

Weingart, Peter (1972): *Wissenschaftssoziologie I. Wissenschaftliche Entwicklung als sozialer Prozeß*. Ffm: Fischer/Athenäum

Weingart, Peter (1974): *Wissenschaftssoziologie* 2. Determinanten wissenschaftlicher Entwicklung. Ffm: Fischer/Athenäum

Weingart, Peter (1975): »Das Verhältnis von Wissenschaft und Technik im Wandel ihrer Institutionen.« In: Stehn/König (Hg.), S. 393–418

Weingart, Peter (Hg.) (1975 b): *Wissenschaftsforschung*. (Eine Vorlesungsreihe). Ffm: Campus

Weingart, Peter (1976 a): *Wissenschaftsproduktion und soziale Struktur*. Ffm: Suhrkamp

Weingart, Peter (1976 b): »Wissenschaftssoziologie und Technik. Die soziologische Analyse wissenschaftlicher und technischer Handlungsorientierung.« In: Peter Lundgreen (Hg.), S. 6–31

Weingart, Peter (1982): »The Scientific Power Elite – a Chimera; The De-institutionalization and Politization of Science.« In: Elias et al. (Eds.), pp. 71 bis 88

Weingart, Peter (1983): »Verwissenschaftlichung der Gesellschaft – Politisierung der Wissenschaft.« In: *Zeitschrift für Soziologie*, H. 3, 1983, S. 225–241

Weingart, Peter (1984): »Anything goes – rien ne va plus. Der Bankrott der Wissenschaftstheorie.« In: *Kursbuch* Nr. 78, S. 61–76

Welteke, Marianne, 1976: *Theorie und Praxis der sozialen Marktwirtschaft*. Ffm: Campus

Wetzel, Günther, 1966: *Die Konzernforschung als wichtigste Form der Unterordnung der Produktivkraft Wissenschaft unter die Interessen der Monopole – dargestellt am Beispiel Westdeutschlands*. Diss., TU Dresden

Whitley, Richard D., 1974: »Cognitive and Social Institutionalization of Scientific Specialties and Research Areas.« In: ders.: (Ed.): *Social Processes of Scientific Development*. London: Routledge & Kegan Paul, S. 69–95

Whitley, R. D., 1978: »The Organization of Scientific Work in ›Configurational‹ and ›Restricted‹ Sciences: A Study of Three Research Laboratories.« In: *International Journal of Sociology*, S. 95–112

Whitley, R. D., 1979: »The Fragmentation of Science: Remarks on the Decline of University Disciplines as Units of Knowledge Production and Evaluation.« In: W. Callebaut et al. (Eds.): *Theory of Knowledge and Science Policy*. Gent, S. 306–314

Whitley, R. D., 1982: »The Establishment and Structure of the Sciences as Reputational Organizations.« In: N. Elias et al (Eds.), S. 313–357

Whitley, R. D., 1983: »From the sociology of scientific communities to the study of scientists' negotiations and beyond.« In: *Social Science Information*. S. 681–720

Whitley, R. D., 1984: *The Intellectual and Social Organization of the Sciences*. Oxford: Clarendon Press

Wieß, Bettina, 1985: *Die ›programmierte‹ Produktion wissenschaftlichen und technischen Wissens im Kontext der pluralistischen Struktur von Produktinnovationen – eine vergleichende Analyse der Forschungs- und Entwicklungslaboratorien von IBM und Philips*. (Mit einem Interview-Anhang). Man., 34 + 13 Seiten

Winkler, Heinrich August (Hg.), 1979: *Politische Weichenstellungen im Nachkriegsdeutschland 1945–1953*. Sonderheft 5 von *Geschichte und Gesellschaft*. Göttingen: Vandenhoeck & Ruprecht

Winnacker, Karl, 1971: *Nie den Mut verlieren (Erinnerungen an die Schicksalsjahre der deutschen Chemie)*. Düsseldorf: Econ

Wirsig, Gerhard, 1986: »Crash im Rechner erfreut den Ingenieur (Grenzen der Simulation bei der Konstruktion im Automobilbau).« In: *VDI-Nachrichten* Nr. 36, September, S. 46

Witte, Eberhard (Hg.), 1979: *Telekommunikation für den Menschen. Vorträge eines Kongresses des »Münchner Kreises« vom 29.–31. Oktober*. Berlin/Heidelberg: Springer

Yoxen, Edward, 1981: »Leben als Produktivkraft. Die Kapitalisierung der Wissenschaft und Technologie der Molekularbiologie.« In: Klaus J. Drick (Hg.), 1985, S. 65–137

Zeidler, Gerhard, 1982: »In der Elektronik wird Tempo zur Überlebensfrage.« In: *Manager Magazin* H. 4, April, S. 160–161

Zeppernick, Ralf, 1985: »Mehr Staat oder mehr Markt – Die Forderungen nach einer neuen Industrie- und Forschungspolitik.« In: *Hamburger Jahrbuch für Wirtschafts- und Gesellschaftspolitik*. Tübingen: Mohr, S. 69–84

Zilsel, Edgar, 1976 (1940–1945): *Die sozialen Ursprünge der neuzeitlichen Wissenschaft*. Hgg. von Wolfgang Krohn. Ffm: Suhrkamp

Zündorf, Lutz; Manfred Grunt, 1982: *Innovation in der Industrie (Organisationskulturen und Entscheidungsprozesse betrieblicher Forschung und Entwicklung)*. Ffm: Campus

Zukunftsperspektiven gesellschaftlicher Entwicklung, 1983: *Kommissions-Bericht im Auftrag der Landesregierung von Baden-Württemberg*. Stuttgart, November 1983

»Zukunftstechnologien in Nordrhein-Westfalen,« 1984: Regierungserklärung von Ministerpräsident Johannes Rau vor dem Landtag Nordrhein-Westfalen am 13. Juni 1984 und Bericht einer Arbeitsgruppe der Landesregierung NRW. Düsseldorf

Bildnachweise

Siemens (A, B); IPK (C); Philips-Pressephotos (D, E); Degussa (F); »Bild Bayer AG« (G, H, I); Hoechst (K); Opel (L, M).

Personenregister

Abelshauser, Werner 107, 280
Abir-Am, Pnina 273, 280
Adenauer, Konrad 106, 116, 134
Adorno, Theodor W. 27, 44, 248, 280, 290
Altenmüller, Hartmut 264, 268
Altwegg, Jürg 280
Amerongen, Otto Wolff von 143, 144, 268f., 280
Anders, Günther 27, 36, 236, 280
Ardenne, Manfred von 258, 280
Arnst, E. 251
Aron, Raymond 260

Bacon, Francis 207
Badham, Richard 240, 243, 246, 280
Bahrdt, Hans Paul 160, 270, 280, 281
Balke, Siegfried 113, 116, 121, 262
Balkhausen, Dieter 28, 37, 243, 281
Bangemann, Martin 242
Barber, Bernard 296
Barck, Klaus 271, 281
Baritz, Loren 211, 281
Barnes, S. Barry 49, 207, 281
Bartels, M. 278
Bartz, Dietmar 269
Barwich, Heinz und Elfi 258, 281
Bayer, Otto 134, 264
Bayertz, Kurt 292
Bechmann, Gotthart 175
Becker, Eugen 271
Becker, G. W. 141
Beckurts, Karl-Heinz 25, 26, 28, 37, 39, 79, 138, 252f., 267, 269, 281
Beer, John Joseph 245, 281
Bell, Daniel 16, 19, 22, 93, 240, 281
Bender, Gerd 82, 208, 276, 282
Berger, Rolf 86, 138, 255, 282
Berkefeld, Wilhelm 127, 264
Bernal, John Desmond 23, 36, 37, 106, 194, 245, 249, 259, 274, 276, 282
Berthold, Klaus 270, 282
Biekert 138
Bijker, Wiebe E. 196ff., 202, 275, 296, 297
Birnbaum, Norman 51, 282
Blackaby, Frank 18, 282
Bleicher, Siegfried 246, 268
Bloch, Ernst 190f., 282
Blohm, Hans 269, 282
Blount, Bertie 103, 258f.
Böhme, Gernot 207, 227, 250, 269, 282
Bonß, Wolfgang 200, 282, 291, 293
Borkin, Joseph 264, 282
Borsdorf, Ulrich 282
Brandt, Leo 35, 107, 111, 113, 245, 261, 282
Braun, Ernest 245, 282
Braun, Rudolf 248, 283
Brautmeier, Jürgen 99, 103, 106ff., 110, 113, 129, 249, 257ff., 264, 283
Braverman, Harry 21, 30f., 87, 245, 283
Breitschwerdt, Werner 79, 146, 254, 269
Brem, Harry 283
Breßler, Reinhard 158, 283
Briefs, Ulrich 40, 283
Bright, James R. 245, 283
Brockhoff, Claus 92, 283
Brücher, Hildegard 131, 258f., 283
Büchen, Wilhelm 261
Bühl, Walter L. 16, 283
Bütefisch, Heinrich 104
Bugl, Josef 80f., 83, 169, 246
Burawoy, Michael 49, 223, 234, 283
Burckhardt, Jacob 84
Burrichter, Clemens 205, 263, 283
Bush, Vanevar 258, 274
Bylinski, Gene 239, 283

Callon, Michel 283
Carnap, R. 274
Cartellieri, Wolfgang 110, 117f., 124, 283
Castarede, Jean 239
Chandler, Alfred D. 256
Chandler, Raymond 191ff., 273
Christ, Charles F. 284
Churchill, Winston 100
Clausen, Richard 262
Clay (General) 107
Collins, Harry M. 198, 274, 284
Commes, Max-Theodor 254, 284
Conant, James B. 134, 258
Connert, Winfried 255, 284
Cooley, Mike 175, 284
Crowther, J. G. 259

Daele, Wolfgang van den 282, 284
Danert, Günter 269, 281
Danielmeyer, Hans Günter 71, 252
Deutsch, Karl W. 16, 284
Dickson, David 233, 284
Diebold, John 172, 235, 284
Diekhof, Rolf 144, 284
Dierkes, Meinolf 268
Dollinger, Werner 262
Domsch, Michel 254, 284, 290
Doyle, Arthur Conan 189f., 192, 273
Drews, Jürgen 251
Drews, P. 256
Dreyfus, Hubert L. 37, 193, 284
Drick, Klaus J. 284, 303
Durkheim, Emile 94

Echterhoff-Severitt, Helga 115, 118, 250, 284
Eckert, Michael 284
Eco, Umberto 189ff., 273f., 284f.
Eden, Anthony 103
Eggeling, Jörn 22, 24, 37, 285
Eichhorn, F. 88
Eickemeyer, H. 129f., 260, 285
Elias, Norbert 162, 210, 279, 285, 303
Ellul, Jacques 160, 167, 285
Emrich, O. 256
Engelberger, Josef 272
Engell, H. J. 88
Enzensberger, Hans-Magnus 27, 285
Erdmann, W. 127
Erhard, Ludwig 118
Etzioni, Amitai 17, 239
Etzold, Rüdiger 269

Feddersen, Rolf 285
Feigenbaum, Edward A. 16, 23, 37f., 41, 241, 285
Ferber, Jonathan 240
Finke, W. 88
Fischer, W. 283
Fleck, Ludwik 37, 276, 285
Fliedner, Th. M. 297
Flossdorf, Bernhard 239
Foote, Edward T., II. 267
Forester, Tom 281
Forster, Tom 285
Foucault, Michel 188
Foudran, Dieter 285
Fourastié, Jean 20, 285
Fraser, Ronald C. J. 259
Freeman, C. 121, 162f., 285
Freese, Gunhild 253
Frenzel, D. 88
Freud, Sigmund 189f., 220, 273
Fricke, Werner 20, 32, 286
Friedmann, Georges 35f., 286
Friedrich, Hannes 60, 286
Friedrich, Hans 70, 252, 286
Friedrichs, Günter 35, 286, 291
Fritsch, B. 88
Frowein 259
Füssel, Ulrike 267
Fuhrmann, Thomas 228, 286

Garfinkel, Harold 293
Gehlen, Arnold 270
Gerlach, Walter 109
Gershuny, Jonathan 21, 240, 286
Gibbons, Michael 14, 286
Giddens, Anthony 232, 286
Giersch, Herbert 241
Ginzberg, Eli 281
Ginzburg, Carlo 189, 286
Goeschel, Heinz 286
Goetzeler, Herbert 131, 302
Goldsmith, Maurice 286

Goudsmit, Samuel A. 102, 105, 286
Gross, Hermann 113, 119, 135, 261, 286f.
Grosser, Alfred 261, 287
Großkreutz, H. 283
Groves (General) 102
Grüner, Martin 286
Grünewald, Herbert 245, 268
Grunt, Manfred 90, 303
Gummert, Fritz 260
Gunn, Thomas G. 41, 287

Haak, Werner 43, 287
Haas, F. K. 258
Habermas, Jürgen 29, 60, 160, 178, 197, 212, 249, 270, 273, 287
Hack, Irmgard 97
Hack, Lothar 51, 170, 188, 209, 214, 223, 256, 275, 277, 279, 287f.
Hack, I; L. Hack 20, 25, 37, 73, 82, 91, 138, 162, 174, 203, 210, 213, 224, 229f., 234, 240, 244ff., 252ff., 258ff., 266f., 277f., 287f.
Häfele, Wolfgang 88, 141, 255f.
Hahn, Otto 105, 109, 258
Haier, Ulrich 141, 271
Hales, Mike 288
Halfmann, Jost 209, 245, 288
Halmos, Paul 290
Hammet, Dashiell 191f., 273
Hardeck, Willi 229, 288
Hardtwig, Wolfgang 84, 255, 288
Harman, Willis W. 15, 288
Harmssen, G. W. 100f., 288
Harnack, Adolf 270, 288
Harnisch, H. 267
Harten, K. P. 261
Hart-Landsberg, Martin 293
Hartmann, Heinz 200, 282, 294
Hauff, Volker 255, 288
Haunschild, Hilger 255, 288
Hausberger, Simon 261, 288
Hausen, Karin 281, 288
Hehl, Gerhard 244
Heigert, Hans 28, 242
Heinen, Edmund 41, 288
Heisenberg, Werner 105, 109, 260, 273
Heißenbüttel, Helmut 190, 288
Held, Robert 276
Hell, Rudolf 242
Heller, Georg 146, 269, 288
Hellmann, H. 127
Hennenhöfer, Joachim 122ff., 289
Hermann, Klaus 175, 301
Hermanns, Harry 277, 289
Hess, G. 121
Heß, Klaus-Dieter 175, 289
Hessen, Boris 194, 249, 274, 276, 289
Hetzler, Hans Wilhelm 120, 158f., 262, 270, 289
Hirsch, Joachim 61, 269, 289
Hirsch, Walter 296
Hirschberg, G. 24, 289
Hobsbawm, Eric J. 44, 48, 243f., 289
Höcherl, Hermann 116
Hörnig, Rudolf 268
Hoddeson, Lillian H. 245, 289
Hofmeister, Ernst 252
Hogben, L. 259
Holmes, Sherlock 14, 190ff.
Holste, W. 88
Holtschmidt, H. 88
Horkheimer, Max 27, 214, 222, 234, 248, 259, 276, 289f.
Horn, Bernd 293
Houdremont, Max 265, 290
Huber, Joseph 20, 241, 290
Hubig, Christoph 298
Hughes, Thomas P. 244, 290
Huning, Alois 290
Hunt, Linda 104, 256f., 290
Huster, Ernst-Ulrich 130, 249, 259, 290
Huxley, Julian 259, 290

Jacobsen, Hanns-D. 290
Jakob, Wolfgang 65, 251, 290
Janich, Peter 264, 290
Jebsen-Marwedel 127
Jochum, Eduard 254, 284, 291
Johnson, Diane 274
Johnson, P. Grant 27, 290
Johnston, Ron D. 167, 290
Jonas, Hans 236, 290
Jürgens, U. 294

Kantzenbach, Erhard 78

Kartte, Wolfgang 29
Kemper, Klaus 241
Kern, Horst 15, 291
Kern, Lucien 240, 281, 291
Kern, Werner 291
Kerr, Clark 44, 67, 291
Kienbaum, Gerhard 126
Kieser, Alfred 38, 92, 232, 257, 291
King, Alexander 35, 49, 290
Kipp, Helmut 145, 291
Klages, Helmut 159, 270, 291
Kleen, W. 127, 258
Kleinert, Matthias 249
Kliefoth, W. 258
Klingholz, Reiner 291
Kluge, Alexander 27, 295
Knorr-Cetina, Karin 93, 162, 196f., 200, 203ff., 234, 274f., 283, 291f.
Kobbe, Bruni 291
Kocka, Jürgen 31, 291
Kölbel, H. 292
König, René 260, 299, 302
Kogon, Eugen 160, 174, 261, 271, 292
Kortzfleisch, Gert von 270
Kowarski, Lew 36, 292
Krauch, Carl 104, 108, 292
Krauch, Helmut 122, 160, 250, 262f., 281, 292
Kregsz, H. 127
Kreibich, Rolf 15f., 292
Kreikebaum, Hartmut 257, 292
Kreklau, Carsten 141, 292
Kreutzkam, J. B. 297
Krohn, Wolfgang 199, 207, 282, 284, 292f., 303
Kubitschek, Herbert 291
Küppers, Günter 294
Kuhn, Richard 110
Kuhn, Thomas S. 161, 188, 194, 196, 292
Kumar, Krishan 21f., 32, 240, 243, 292
Kunz, Werner 125, 205, 262, 292

Lakatos, Imre 204, 292
Lambsdorff, Otto Graf 254f.
Landes, David S. 30, 292
Landshut, Siegfried 260
Lane, Robert E. 293
Lang, Jacques 242
Lasby, Clarence G. 101f., 104, 257f., 293
Latour, Bruno 195, 198ff., 201, 209, 275, 293
Laudan, Richard 293
Lauder, K. H. 132, 293
Law, John 195, 283, 293
Layton, Edwin T. 276, 292
Leibfried, Stephan 269, 289
Leisewitz, André 293
Lembcke, Jerry 293
Lenk, Hans 297
Lenz, Hans 116f., 262
Lenzer, Christian 141
Lepenies, Wolf 243, 293
Leussingk, Hans 115, 255
Levidow, Les 284, 293
Lichtenberg, Peter 169, 271, 293
Lieber, Joachim 259
Liedke, G. 256
Lienert, Richard 254, 284
Lindblom, Charles E. 187, 293
Lindner, Rudolf 245, 253, 293
Lingnau, Gerold 278
Livingston, Eric 293
Löwith, Karl 259
Lohmar, Ulrich 173ff., 271, 293
Lorenzer, Alfred 273, 293
Low, A. M. 259, 293
Luczak, Hania 245
Luhmann, Niklas 82, 208, 231f., 272, 279, 293f.
Lundgreen, Peter 65, 67, 251, 294, 302
Lynch, Michael 162, 195, 202, 294
Lyotard, Jean-François 235, 294

Macdonald, Stuart 245, 282
Mach, Ernst 273
MacKay, Alan 286
MacKenzie, Donald 47, 172, 274, 294
Mac Shane, Frank 274
Mahlberg, Dieter 245
Mainzer, Klaus 37, 245, 294
Malsch, Thomas 225, 294
Mann, Siegfried 143
Marcuse, Herbert 45, 270, 294
Marlowe, Philip 191, 193

Marx, Karl 49, 226
Mast, Claudia 28, 294
Matthes, Joachim 15, 286, 294
Matthöfer, Hans 61, 246, 294
Maus, Heinz 287
Mayntz, Renate 138, 203, 270, 281, 294
McCorduck, Pamela 16, 23, 37f., 41, 241, 285
Meadows, Dennis 39, 295
Mellerowicz, Konrad 157, 295
Menden, W. 88
Menke-Glückert, Peter 124f., 263
Menne, W. A. 136, 266
Merton, Robert K. 61, 63, 179, 194, 250, 270, 272, 295
Michaelis, Anthony R. 264, 295
Mickler, Otfried 271, 281
Miles, Lawrence D. 213
Mitscherlich, Alexander 259
Mittelstraß, Jürgen 248
Mock, Wolfgang 50, 295
Morelli, Giovanni 189
Moser, Simon 297
Münch, Richard 205, 295
Münster, Clemens 131, 283
Mulkay, Michael 283, 291f.
Musgrave, Alan 204, 292

Nabokow, Vladimir 163
Nagel, Bernhard 267
Naisbitt, John 15, 22, 243, 295
Narjes, Karl-Heinz 142f.
Naschold, Frieder 241, 294
Naujoks, E. 128
Neef, Wolfgang 175, 271, 295
Negt, Oskar 27, 295
Neuendorff, Hartmut 121, 295
Niethammer, Lutz 282
Noble, David F. 28, 33, 43, 162, 175f., 181–183, 187, 193, 202, 212, 245, 272, 274f., 295
Nowotny, Helga 275, 295
Nussbaum, Bruce 16, 239, 243, 246, 295

Ortmann, Günther 230, 248, 276, 296
Osietzki, Maria 99, 103, 106f., 257f., 296
Otten, Dieter 243, 296

Parsons, Talcott 64, 250, 296
Paschen, Herbert 262
Paslack, Rainer 294
Pasteur, Louis 200
Peirce, Charles S. 189f., 197
Peters, Thomas J. 296
Piaget, Jean 276
Pinch, Trevor J. 196ff., 201f., 275, 296, 297
Piore, Michael J. 15, 244, 296
Plessner, Helmuth 259, 270, 296
Poe, Edgar Allen 189f., 192, 273
Pohrt, Wolfgang 295
Polanyi, Michael 194, 195, 274, 296
Pollock, Friedrich 111, 296
Popitz, Heinrich 167f., 296
Popper, Karl 196
Pretsch, E. 112, 127, 261, 297
Prewo, Rainer 213, 276, 297
Prigogine, Ilya 231, 278, 297
Proebster, W. E. 297
Prüß, Karsten 110, 297

Queisser, Hans 15, 37, 88, 245, 297

Rademacher, Horst 297
Radkau, Joachim 162, 185–187, 193, 297
Rahden, Wolfert von 298
Raiser, Ludwig 112, 115
Rapp, Friedrich 194, 276, 297
Rausch, Renate 159, 289
Rauscheder, Winfried 252
Ravetz, J. R. 23, 47, 61ff., 209, 297
Reichenbach, Hans 198, 275, 297
Rein, F. H. 105, 258
Reppe, Walter 109, 265, 297
Reuter, Edzard 80
Reuter, Fritz 261
Ribeiro, Darcy 29, 44, 243f., 297
Riesenhuber, Heinz 92, 139, 141, 235, 249, 267ff., 297
Rilling, Rainer 253, 297
Rip, Arie 283
Ritsert, Jürgen 213, 276, 297
Rittel, Horst 125, 205, 262, 281, 292

Robertson, H. P. 103
Rompeltien, Bärbel 248, 297
Ronge, Volker 44, 61, 86, 138, 253, 298
Roosevelt, Theodore 100, 257
Rothig, Gernot 278
Roy, D. 223, 298
Rudzinski, Kurt 298
Rürup, Reinhard 281, 288
Ruppert, Wolfgang 48, 298
Russel, Stewart 196, 202, 298

Sabel, Charles F. 15, 244, 296
Samal, Erwin 261
Sambom, Morgan W. 74
Sayers, Dorothy 196
Schade, D. 255
Schäfer, Wolf 99, 298
Schätzle, Gerhard 157, 298
Schaff, Adam 28, 35, 286, 291, 298
Scharpf, Fritz 16, 138, 295, 298
Schatz, Heribert 137, 298
Scheid, Rudolf 92, 245
Scheler, Max 211, 220f., 298
Schelsky, Helmut 35, 60, 158–162, 270f., 298
Schenck, Hermann 116, 261f.
Schiller, Herbert I. 298
Schiller, Karl 126
Schlaffer, Heinz 298
Schlecht, Otto 142f.
Schlitzberger, Hans A. 298
Schmid, Carlo 111, 245
Schmid, Roswitha 264, 295
Schmidt, Alfred 214
Schmidt, Egon 252
Schmidt, Klaus-Peter 253
Schmieg, Günter 86, 298
Schmitz-Esser, Winfried 299
Schröder, Hans-Horst 291
Schubert, Helmut 284
Schuchmann, Hans-Rainer 72, 251
Schulemann, W. 266
Schulz, Werner 299
Schulze, J. 292
Schumann, Michael 15, 271, 281, 291
Schumann, Robert 143
Schwarz-Schilling, Christian 239
Scriverius, Dieter 100, 299
Sebeok, Thomas A. 189, 273f., 285
Seitz 122, 262
Senghaas, Dieter 160, 299
Servan-Schreiber, Jean Jacques 121, 299
Shils, Edward 274, 296, 299
Shonfield, Andrew 87, 126, 299
Siemens, Werner 65, 251, 299
Simon, Leslie E. 103, 299
Skolimowski, Henryk 161, 276, 299
Smuda, Manfred 191, 273, 299
Snow, C. P. 299
Sobotta, Johannes 59, 124, 251, 299
Sörensen, E. 127, 261, 266, 299
Sohn-Rethel, Alfred 276
Solla Price, Derek J. de 263, 299
Späth, Lothar 248, 254f., 299
Speer, Gerhard 261, 299
Spiegel-Rösing, Ina S. 194, 263, 297, 299
Spinner, Helmut F. 235, 299
Spur, Günter 42, 173, 176, 224, 299
Stahlschmidt, Rainer 29, 245, 299
Stalin, Josef 100
Stamm, Thomas 99, 107, 110, 115ff., 120, 250, 261, 299
Staudt, Erich 141, 201, 268, 299
Steenbeck, Max 258, 299
Stehr, Nico 300
Steimel, Karl 121, 126, 159, 262, 300
Steinbuch, Karl 243
Steinkühler, Franz 19, 28, 300
Steinmüller, Wilhelm 28, 39, 175, 300
Stengers, Isabelle 278, 297
Stock, Walter 74, 300
Stoltenberg, Gerhard 118, 124, 142, 300
Stracke, Elmar 213, 276, 297
Strauß, F. J. 113, 116
Stücklen, Richard 114
Summers, Gene F. 18, 300
Swart, K. 91

Taylor, F. W. 31, 211, 225
Tenbruck, Friedrich 250, 300
Ter Meer, Fritz 265
Teschner, Eckart 175, 212, 276, 301
Thedieck, Reiner 301

Theenhaus, Rolf 37, 39, 301
Thompson, Edward P. 30, 48, 187, 234, 301
Tkocz, Christian 288
Toffler, Alvin 16, 29, 278, 301
Trendelenburg, Ferdinand 131 f., 265, 301
Turkle, Sherry 27, 301

Ullrich, Otto 40, 45, 268, 301

Vogel, Hans-Joachim 271
Vogt, Jochen 282, 288, 298, 301
Vogt, Wolfgang 248
Voigt, Heinrich 261
Voigt, Claus-Dieter 213, 301
Volkmann, H. 283
Volpert, Walter 175, 301

Wajcman, Judy 47, 172, 294
Wallraff, Günter 14
Wankel, Felix 68
Waterman jr., Robert H. 295
Weaver, Warren 183, 272, 302
Weber, Max 249, 270, 302
Wehrli, Walter 278
Weiher, Sigfrid von 131, 302
Weingart, Peter 47, 60 f., 63, 65, 85, 207, 234, 240, 254, 272, 276, 279, 284, 302
Weischedel, Wilhelm 259
Weizel, Walter 108 f.
Weizsäcker, C. F. von 157, 231
Welker, H. 88, 255 f.
Welteke, Marianne 130, 302
Wetzel, Günther 135, 302
Whitley, Richard D. 205 f., 285, 302 f.
Wieß, Bettina 73, 303
Wilhelms, H. 88, 255
Williams, R. J. 196, 293
Windaus, Adolf 109
Winkler, Christian 288
Winkler, Heinrich August 130, 303
Winnacker, Karl 156 f., 267, 303
Wirsig, Gerhard 303
Wisdorf, Eberhard 268
Witte, Eberhard 172, 303
Witte, I. M. 104, 258
Wittrock, Björn 14, 286
Woolgar, Steve 195, 197 ff., 203, 275, 293

Young, A. 121, 262 f.
Young, Bob 293
Yoxen, Edward 37, 273, 303

Zeidler, Gerhard 16, 242, 269, 303
Zeppernick, Ralf 81 ff., 254, 303
Zettler, Hans 28
Ziegler, A. 256
Zilsel, Edgar 276, 303
Zistler, Roland 278
Zündorf, Lutz 90, 303
Zuse, Konrad 68

Sachregister

Alliierte 60, 98f., 100–108,110, 131f.
Alltagsroutinen 9
Anlagenbau 24f.
Antizipation 82, 98, 224, 227ff., 231
Arkanpolitik 108
Atomenergie (Kernenergie) 35, 111, 174
Atomwirtschaft 184ff.
Ausdifferenzierung, funktionale 31
Autonomie der Wissenschaft 58, 62, 138, 178

Bearbeitungszentrum 9, 12
Bildungs-Katastrophe 118
Biotechnik/-technologie 174, 245
Brain drain 52, 240
Brainworkers 52

CIM/Computer Integrated Manufacturing 26, 41, 144, 224, 226
Computer-Generation, Fünfte 16, 23, 38, 41, 74
Dampfmaschine 22, 30
De-Industrialisierung 18, 46
De-Kontextualisierung 44, 52, 126, 188
Demontage(-plan) 100, 129
Denkfabrik 11, 24, 148, 202–210
Denkmaschine 24
De-Politisierung 44
De-Professionalisierung 60, 85
Deregulierung 13
Destruktionspotential (der Wissenschaft) 36, 207, 209
De-Thematisierung 99
Dienstleistungsgesellschaft 19ff.
Dienstleistungsindustrie(n) 32
Digitaltechnik 38
Disziplinen, wissenschaftliche 67, 243

Energieversorgungssysteme 9, 31f., 219
Entdeckungszusammenhang 198, 203, 250
Erkenntnis 16, 205ff., 220ff.
Epistemologie 64, 195, 197, 199, 202

Forschungseffizienz 140, 267
Forschungskontrolle 105ff., 259
Forschungslaboratorien (industrielle) 31, 34, 84, 90, 94, 103, 110, 119, 131, 132ff., 265f.
Forschungsorganisation 11, 126, 138, 158f., 261f., 267
Forschungsplanung 86ff., 107, 115f., 122ff., 127, 138, 141, 255, 263, 270
Forschungs(struktur)politik 10, 42f., 55, 61, 67, 74, 78ff., 86ff., 90ff., 98, 111–119, 119–127, 134, 137f., 140f., 145, 156, 255f., 259, 262
Forschungsstrategie 103, 113, 270
Forschungs- und Entwicklungspotential
  industrielles 42, 119, 127, 144
  militärisches 101ff.
Forschungsüberwachungsstellen (alliierte) 105, 106f., 129
Forschungsverbote (alliierte) 100ff., 129, 131
Funk(-ortung) 101

Gelehrte 64, 84f., 159, 204
Geheimwissenschaften 253
Gesellschaft
  Informations- 11, 15, 19, 22f., 37, 241, 243, 245ff.
  Kommunikations- 15, 19, 239, 241
  nachindustrielle 11, 16ff., 45, 51
  transindustrielle 15

Wissens- 11, 19
Wissenschafts- 11, 15, 19, 51

Indizien(paradigma) 189ff., 272
Industrielle Revolution 15ff., 34ff.
zweite (Phase der) 11, 28f., 30f., 35, 111, 210, 244
dritte (Phase der) 11, 18, 28f., 35, 45, 98, 235f., 245
vierte (Phase der) 11, 29
superindustrielle 16
Industrieforschung 31, 60f., 67, 68ff., 77, 120f., 126, 128ff., 131–140
Industrieforschungs-Plan 129
Industriekultur 48
Industriemüll 48
Industriepolitik 17f., 44ff., 55, 74, 78ff., 90ff., 98, 100, 253
Industriesystem 44ff.
Informatik 37
Ingenieure 10, 39, 78, 173, 175, 207, 233, 271f.
Intelligenz 275
kritische 16
künstliche 16, 23
technische 174, 272
ISDN / Integrated Systems Digital Networks 41

JIT / Just-in-time 225f.

Kognitive Strukturen 161f., 173
Konferenzen (Abkommen)
Berlin 100
Jalta 100
Potsdam 100, 106
Konstruktivismus 196f., 199ff.
Konsumarbeit 241
Kontrollrat(sgesetze) 105f., 131
Korea-Krieg 111
Krisen(situation) 13, 97f.
Kulturhoheit (der Länder) 115f., 129
Kulturindustrie 27, 48, 248
Kulturträger (abendländische) 260

Lichtsatzverfahren 9, 27

Macht(strukturen) 10, 15, 52, 84, 93, 99, 165ff., 168f., 172, 182, 207, 210f., 236f.
Inszenierung der 12, 201
Machtverhältnisse
gesellschaftliche 33, 235
innerbetriebliche 28
Machtzentren 44, 90ff.
MAP / Manufacturing Automation Protocol 43, 74, 166, 246
Markt(-mechanismus) 82ff., 85f., 88, 90, 92, 97, 255, 267
Marktwirtschaft 107
Militärisch-industrieller Komplex 61, 122
Modernisierungsrückstand 125

Nationalsozialismus 60, 100ff., 108, 128, 261
Naturforschung 251
Naturstoffchemie 244
Naturwissenschaftler 10, 39, 78, 133ff., 173, 175, 271f.
Neomerkantilismus 80, 255
Nobelpreisträger 56, 110, 122
Normen
gesellschaftliche 160, 165
wissenschaftliche 63ff., 195
Normierung
gesetzlich 98
technisch 65, 70, 88, 144f.

Operations Research 125, 158
Optimierungsprozesse 186
Optimierungsstrategien 220

Planungsprogrammatik 125
Planungsstrategien 82, 90ff., 125, 137f.
Professionalisierung 64

Realitätserzeugung 13, 29, 37, 97ff., 205, 211, 213, 234f., 272
Realitätskonstruktion 209ff., 275
Rechnerarchitektur 233
Rechtfertigungszusammenhang 198, 203, 250
Re-Industrialisierung 17
Rekonstruktion 162, 179–188, 191ff., 201, 274

Rekonstruktionsperiode 98
Reparationen 100, 104 ff.
  intellektuelle 104 f.
Reputation 208
Ressortforschung (staatliche) 65
Reversibilität 227 ff., 233 f.
Risiko 82, 167, 170, 236
Rüstungsforschung 13, 45 f., 74 ff., 100 ff., 111, 119 f.

Sachgesetzlichkeit(en) 159 ff.
Sachzwänge 10, 145, 167, 185 f., 220
Selbststeuerung (der Wissenschaft) 208
Siliziumzeit 15
Simulation(sverfahren) 227 ff., 278
Software-Fabriken 24
Software-Technologien 142, 202
Sozialkontrakt 17
Staat 17, 55 ff., 59 ff., 160, 270
Staatsfunktion(en) 60, 65
Staatsverwaltung 81 f., 84, 145 f.
Standardisierung 65, 70, 88, 144, 166, 246 f.
Subsidiarität(sprinzip) 92, 139, 141, 145
Synergieeffekte 79

Technikfolgenabschätzung und -bewertung 79, 80 ff., 142, 254
Techniktheorien, spezielle 227
Technokorporatismus 33
Technokratie-Debatte 159 f., 270 f.
Technologie als Wissensform 161
Technologieparks 11, 55
Technologiepolitik 10, 44, 74, 90 ff., 256
Technologietransfer 99, 251
Teerfarbenindustrie 30, 244
Theoriegeladenheit/-imprägniertheit 196
Todesstrafe 106

Unsicherheit 63, 82, 91, 182, 213
Unternehmenskultur, als Produktionsfaktor 41
Unternehmensplanung, strategische 89 f., 93, 257, 270
Unwissenheit 236

VDT/Video Display Terminals 27
Verbände, wissenschaftlich-technische 10, 140, 144
Verbände, Herrschaft der 123
Verfassung (politische) 98
Verkehrsführung, rechnergesteuerte 9
Verkehrssystem 12, 32, 145, 201, 219, 233, 241
Vietnam-Krieg 17

Währungsreform 109
Weltausstellung 168
Weltmarktkonkurrenz 9, 13, 33, 38, 44, 56, 67, 99, 111, 123, 143, 167
Wertanalyse 31, 49, 212, 255
Wertewandel 40, 270
Wertschöpfung 25 f., 242
Wissensansprüche 195, 211
Wissenschaft, akademische 56 f., 62 ff., 66
Wissenschaftsforschung (-wissenschaft) 103, 113, 263 f., 275
Wissenschaftsindustrie(n) 11
Wissenschaftspolitik 10, 61, 117 f., 121, 138
Wissenschaftsrepublik 274
Wissenschaftssoziologie 169, 194 ff., 199, 272, 276
Wissenschaftssystem (Wissensch. als soziales System) 61, 62–68, 194, 205
Wissenschaftstheorie 194, 196, 203
Wissensindustrie 23
Wissensinfrastruktur 255
Wissensproduktion 157
Wissensumschlag 15

Zeit, als komplexes System 231, 279
  Durchlaufzeiten 26, 41, 91, 226
Zeitkontrolle 158
Zeitlupe 276
Zeitperspektiven 186
Zeitstrukturen 11, 226
Zeitwirtschaft 226
Zukunftsindustrie(n) 11, 34
Zweckforschung 126, 128

Verzeichnis der Institutionen und Organisationen

(Unternehmen, Verbände, staatliche Einrichtungen, Kommissionen etc.)

Ad hoc Ausschuß »Neue Technologien« 88
AEG 25, 42, 108, 110, 126, 146, 159, 253, 262, 265
AGF, Arbeitsgemeinschaft für Forschung des Landes Nordrhein-Westfalen 110, 113, 126, 130, 159, 264, 266
AGF, Arbeitsgemeinschaft der Großforschungseinrichtungen 138, 280, 287
AIF, Arbeitsgemeinschaft Industrieller Forschungsvereinigungen 112, 260
ALSOS 102, 286
Anstalt für Kabelkommunikation 174
Association of Scientific Workers 259f.
atomzeitalter (Zft.) 111, 159
Asta-Werke 127
A. T. & T. 25, 74
AVCO 76
AZT, Allianz Zentrum für Technik 278

BASF 79, 108, 131, 138, 244, 265
Battelle 55, 265
Bayer AG 79, 88, 100, 131f., 134–137, 139, 152f., 245, 256, 264ff.
BBC 242
BDI, Bundesverband der Deutschen Industrie 122f., 138, 141, 143f., 255, 261, 267, 281f.
Bell Laboratories 289, 297
Bertelsmann 25
BESSY, Berliner Elektronenspeicherring für Synchrotronstrahlung 70
B.I.O.S., British Intelligence Objectives Sub-Committee 103, 104, 264
BMW 244
Boehringer Ingelheim 267
Boeing 75ff.
Bosch GmbH 261
BRITE, Basic Research in Industrial Technologies for Europe 142, 268, 292
Bundesanstalt für Material(forschung und)-prüfung 141, 265
Bundesgesundheitsamt, BGA 251
Bundeskartellamt 29
Bundesministerium für
Atomfragen 113f.
Bildung und Wissenschaft, BMBW 80, 87f., 255
Finanzen, BMF 80, 142, 144
Forschung und Technologie, BMFT 49, 68, 71, 80f., 83, 86f., 115, 117f., 141, 144, 251, 257, 268, 282, 297
Post- und Fernmeldewesen 80, 114, 239
Verteidigung, BMVtg 68, 80, 87, 114, 251, 285
Wirtschaft, BMWI 68, 80ff., 87, 124, 130, 142, 251, 261
wissenschaftliche Forschung, BMwF 116f., 124f., 262
Bundes-Patentamt 112
Bundes-Rechnungshof 251
Bundesverband Druck 240
Bundesverfassungsgericht 251

CDU (CSU) 141f., 239, 247f., 262, 268, 271
Center for Policy Research, Washington D.C. 239
CERN 139
Chemische Werke Hüls 100, 127
C.I.O.S., Combined Intelligence Objectives Sub-Committee 103
Confederation of British Industry, CBI 240

Continental AG 277
Control Data 74

Daimler-Benz 42, 78ff., 145f., 228, 244, 253, 268, 278, 286
DECHEMA 114
Degussa AG 136
Deutsche Atom-Kommission/DAtK 185
Deutsche Edelstahlwerke 86
Deutsche Forschungsgemeinschaft/DFG 110, 112, 121f., 138, 260, 263
Deutscher Forschungsrat/DFR 109, 129, 260f., 285
Deutscher Kältetechnischer Verein 128
Deutsche Physikalische Gesellschaft/DPG 109, 111
DFVLR, Deutsche Forschungs- und Versuchsanstalt für Luft- und Raumfahrt 67, 125
DIHT, Dt. Industrie- und Handelstag 92, 124, 143f., 247, 268f.
DIN, Dt. Institut für Normung 88f., 271
Dornier GmbH 42, 78, 146, 253
DSIR, Department of Scientific and Industrial Research 132, 259
DuPont 244, 246
DVT, Dt. Verband Technisch-wissenschaftlicher Vereine 111f., 121f., 141, 172f., 261, 271f., 284

EDS, Electronic Data Systems 24, 42
EG-Kommission 142–145, 268f.
EIRMA, European Industrial Research Management Ass. 91, 121, 262, 285f.
Enquête-Kommissionen d. Dt. Bundestages 50, 80f., 142, 169, 246, 268, 285, 293
Erbachshofer Kreis 262
ERP, European Recovery Program 100, 129f., 132, 261, 285
ESA, European Space Agency 139
ESPRIT, European Strategic Program of Research in Information Technology 139, 142, 144, 252
ESSO 127
EURECA, European Research Coordination Agency 142
EUREKA 143, 145

Fanuc 252
FDP 116, 254, 262
FEA/Foreign Economic Administration 102, 257
FEANI 114
FhG Fraunhofer-Gesellschaft 66f., 70, 149, 173
F.I.A.T./Field Information Agency, Technical 103
Fiat 91, 269
Fonds der Chemischen Industrie 111
Fordwerke 155
Forschungskuratorium Gesamttextil 262
Forschungsverbund sozialwissenschaftlicher Technikforschung 49ff., 248f.
Frascati-Handbuch 120

Gemeinschaftsausschuß der Technik/GdT 116
General Dynamics 75f.
General Electric/GE 42, 79, 111, 182, 211f., 246
General Motors/GM 24, 42f., 76, 166, 246
German Science and Industry Committee 103, 106
GESIS/Gesellschaft Sozialwissenschaftlicher Infrastruktureinrichtungen 248
Gesprächskreis Wissensch. und Wirtsch. des Stifterverbandes 121, 127
Gewerkschaften
  DGB 34, 170, 245, 247, 268, 288, 301
  GEW 249, 254
  IG Chemie 170
  IG Druck 247
  IG Metall 19, 24, 28, 170,. 247f., 285, 290
  ÖTV 247

GID/Ges. f. Information u. Datenverarbeitung 50
GMD/Ges. für Mathematik u. Datenverarbeitung 50
Grumman 75
Grundig 270

Hartmann & Braun 42
Hax-Arbeitskreis d. Schmalenbach-Gesellschaft 157, 267, 269f.
Heidenheim-Gruppe 259
Henkel 264
Hessendienst d. Staatskanzlei 231, 248, 288
Hewlett-Packard 247, 279
HHI/Heinrich-Hertz-Institut f. Nachrichtentechnik 50, 171, 248, 289
Historisches Museum Frankfurt 244, 289
Hitachi 24
Hoechst AG 79, 91, 114, 132–134, 136, 156, 266ff., 284
Hohe Kommission, Alliierte 100, 105f., 131
Hochschulen *s.* Universitäten
Hochschulrahmengesetz/HRG 142, 267
Holtzbrinck 166
Hughes Aircraft 42, 75 f.

IAB/Institut f. Arbeitsmarkt- u. Berufsforschung 171
IABG/Industrie-Anlagen Betriebs-Gesellschaft 46
IBM 72–75, 79, 111, 144, 247, 284, 296
ICL 74
IFO-Institut 142f., 171
I.G. Farben 104, 108, 132, 158, 265
IGW/Institut f. Gesellschaft u. Wissenschaft 283
IHK *s.* DIHT
ILL/Institut Laue-Langevin 139
Informationszentrum Sozialwissenschaft 249
Institut für Weltwirtschaft 241, 261
IPK/Institut f. Produktionsanlagen u. Konstruktionstechnik der FhG 149
IW/Institut d. Dt. Wirtschaft 92
IWF Zürich 88

Japan Inc. 56
J.C.S./Joint Chiefs of Staff 100, 105
J.O.I.A./Joint Intelligence Objectives Agency 103f.

Kabinettsausschuß für
Technologie 80, 83
Wissenschaft 118
Zukunftstechnologien 142, 254
KFA/Kernforschungsanlage Jülich 50, 67, 71, 111, 125, 136, 138, 141, 295
KfK/Kernforschungszentrum Karlsruhe (früher auch: GfK, KfZ) 50, 67, 88, 111, 124f., 136, 252, 258
Kienzle 42
Kommission der Europäischen Gemeinschaft *s.* EG-Kommission
Kongreß Freiheit der Kultur 107, 260, 291
Kontrollkommission der Alliierten 103, 106, 258f.
Krupp 59, 262, 265
KWG/Kaiser-Wilhelm-Gesellschaft 59, 108
KWU 277

Lawrence-Livermore-National-Laboratory 209, 276
Leybold 262
Litton 75f.
Lockheed 75f.
Los Alamos National Laboratory 209, 276
LTV 76
LURGI/Metallgesellschaft 136

Machines Bull 74
MAN 127, 266
Manhattan Project 101f., 158, 244
Mannesmann AG 42, 247
Marshall-Plan *s.* ERP
Martin Marietta 75
MBB, Messerschmidt-Bölkow-Blohm 78, 278

McDonnall Douglas 75f.
MEGA-Projekt 70, 74, 79, 81, 145, 252
MIT, Massachusetts Institute of Technology 179, 182, 291
MITI, Ministerium für Industrie und Handel (Japan) 18, 240
Monopol-Kommission 78
MPG, Max-Planck-Gesellschaft 66f., 114, 122, 131, 138, 156, 251, 265
MPI für Festkörperforschung 88, 252
MPI für Physik 252
MPIL 156f., 264
MTU 42, 78, 146, 253
Münchener Kreis 44, 172, 303

NATO 74, 121
Nixdorf AG 72, 247
NSF, National Science Foundation (USA) 119ff., 258, 263

OECD, Organization of European Cooperation and Development 44, 72, 74, 119–122, 140, 253, 263, 280, 289, 296
OEEC, Organization for European Economic Cooperation (Wirtschaftsrat) 100, 112f., 288
Opel AG 24, 242
Olivetti S.A. 74
OSRAM GmbH 108, 110
OSRD, Office of Scientific Research and Development 102, 257
OTA, Office for Technology Assessment 81, 254

Philips 70, 74, 91, 111, 252, 265, 303
  FE-Zentrum 73, 91, 150f.
Project Paperclip 101f., 104, 257f.
Projektgruppe »Wissenschaftswissenschaft« 263f., 297
PROMETHEUS, Program for a European Traffic with Highest Efficiency and Unprecedented Safety 145, 269
PTB, Physikalisch-technische Bundesanstalt 122, 265
PTR, Physikalisch-technische Reichsanstalt 59, 65f., 108

Queisser-Kommission 297

RACE, Research and Development in Advanced Telecommunications Technology in Europe 143
Raytheon 75
RCA 42, 79, 211, 246
REFA 88
Rheinmetall 249
RKW 88, 112f., 158, 262, 265
Rockwell 74ff.
Rocky Goldstar 24
Rowohlt 166f.
RWE 241

Sandoz 91
Scientific and Technical Research Board 129
SDI, Strategic Defense Initiative 46, 74ff., 232, 253
SEL 242, 269
S.H.A.E.F., Supreme Headquarter of the Allied Expeditionary Forces 102, 257
Shell 91
Siemens AG 28, 43, 70ff., 79, 88, 90, 108, 110, 131f., 140, 229, 246, 252–256, 262, 267, 270f., 277, 286
  FE-Organisation 71, 73, 90, 148
Siemens & Halske 59, 125, 127, 265
Siemens-Schuckertwerke 265
SPD 35, 108, 111, 170, 246, 271, 282, 300
SRI, Stanford Research Institute 122, 246
Standard Oil 244
Statistisches Bundesamt 117
Steinkohlenbergbauverein 125, 263
Stifterverband für die deutsche Wissenschaft 110, 112, 117ff., 124, 132, 134, 250, 261ff.
Stiftungen
  Robert-Bosch 147
  Fritz-Thyssen 263
  Volkswagen 264
Studiengruppe für Systemforschung, Heidelberg 122, 124f., 236

Technologie-Kabinett *s.* Kabinetts-Ausschuß
Telefunken 108, 258, 262
Teves/ATE 25, 269, 278
Texas Instruments/TI 92, 257
Thomson CSF 228, 301
TIIC, Technical Industrial Intelligence Committee 102f.
TIME-Gruppe 239
Toyota 24
Triumph-Adler 42
TRW 76
TÜV 88, 114
TZN, Technologie-Zentrum Nord 232, 249, 279, 301

Unilever 91
Unimation 271
Universitäten
  RWTH Aachen 88, 251, 256, 262
  FU Berlin 147, 171
  TU Berlin 149, 253, 270
  Bielefeld 270
  Bochum 171, 263
  Bonn 108, 266
  Erlangen-Nürnberg 146
  Frankfurt/M 88, 264
  Göttingen 264
  Hamburg 71, 158, 253
  Heidelberg 244
  Mannheim 270
  München 253
  Münster 158
  Passau 277
  Saarbrücken 72
  Ulm 146, 269, 288
  Bundeswehrhochschule 171
UTC, United Technologies Corp. 75f.

VCI/Verband der Chemischen Industrie 113, 134, 136
VDI/Verein Deutscher Ingenieure 111ff., 141f., 171ff., 227, 301
VDMA, Verband Deutscher Maschinen- und Anlagenbauer 141, 144, 240, 301
VdTÜV *s.* TÜV
Volvo 269
VW 42, 88, 256

Wacker Chemie GmbH 114
Warner Communications 25
Westinghouse 111
Wissenschafts-Pressekonferenz/WPK 147
Wissenschaftsrat 115, 122, 140
»Wissenschaftsstadt Ulm« 146, 247f., 269
WRK/Westdeutsche Rektorenkonferenz 115, 122
WZB/Wissenschafts-Zentrum Berlin 268, 287

Zeiss 262
Zentralarchiv für empirische Sozialforschung 248
ZUMA/Zentrum für Umfragen, Methoden und Analysen 248
ZVEI/Zentralverband der Elektrotechnischen Industrie 92, 240f., 247

Detlev Claussen

Grenzen der Aufklärung

Zur gesellschaftlichen Geschichte des modernen Antisemitismus

Fischer Taschenbuch Band 6634

Es ist nicht möglich, das, was mit den Worten ›Holocaust‹ und ›Endlösung‹ umschrieben wird, wirklich zu begreifen, ohne sich seiner Vorgeschichte, seiner Geschichte und seiner Fortwirkungen vergewissert zu haben. Der traditionelle Antisemitismus, wie er sich im 18. und 19. Jahrhundert herausgebildet hat, und der moderne Antisemitismus, der die physische Auslöschung des jüdischen Volkes betrieb, sind nicht ein und dasselbe und dennoch ideologische Geschwister – Ausdrücke einer Barbarei, die der bürgerlichen Zivilisation nicht von außen zugefügt wurde, sondern die in ihr, wenngleich verdeckt, zu Hause war. Es ist nicht ein einziges Volk, das in Auschwitz zerstört worden ist, es ist eine ganze Gesellschaftsform. Die Studie von Detlev Claussen macht ernst mit diesem Zusammenhang: »Auschwitz … liegt am Ende einer langen Wegstrecke, die durch die europäische Geschichte und ihre gesellschaftliche Entwicklung führt. … Auschwitz markiert die Grenze der Aufklärung.«

Fischer Taschenbuch Verlag

fi 1048 / 1